纳米半导体场发射冷阴极
理论与实验

Theory and Experiment of Nano-semiconductor Field Emission Cold Cathode

王如志 严 辉 著

科学出版社

北 京

内 容 简 介

场发射冷阴极在显示技术、微波能源及高频电子等方面具有十分重要的应用。本书基于作者多年来在纳米半导体场发射冷阴极方面的工作积累,对该领域的发展历程、理论基础、设计模型与制备性能进行了系统的介绍与讨论,期望为新型纳米半导体场发射冷阴极研发与器件应用提供指导与参考。

本书主要包括以下内容:半导体场发射理论模型及其在纳米体系下的场发射理论模型的适用性问题;半导体量子结构增强场发射基本原理与思想;从实验与理论两方面系统探讨了不同的量子结构(晶轴取向、膜厚膜层、组分搭配、掺杂浓度及表面处理等)半导体薄膜的场电子发射特性、场发射耦合增强物理机制及其能谱特性。最后,对纳米半导体场发射冷阴极器件的发展与应用进行了展望。

本书主要面向半导体材料、凝聚态物理与真空电子学方向的高年级本科生与研究生,也可供真空电子学、半导体纳米材料、凝聚态理论、量子物理等领域的研究者参考。

图书在版编目(CIP)数据

纳米半导体场发射冷阴极理论与实验/王如志,严辉著. —北京:科学出版社,2016.12

ISBN 978-7-03-051042-6

Ⅰ.①纳… Ⅱ.①王… ②严… Ⅲ.①半导体材料-纳米材料-电子发射-冷阴极-研究 Ⅳ.①TN304②TB383

中国版本图书馆 CIP 数据核字(2016)第 304855 号

责任编辑:周 涵 赵彦超/责任校对:彭 涛
责任印制:徐晓晨/封面设计:无极书装

科 学 出 版 社 出版
北京东黄城根北街 16 号
邮政编码:100717
http://www.sciencep.com

北京京华虎彩印刷有限公司 印刷
科学出版社发行 各地新华书店经销

*

2017 年 1 月第 一 版 开本:720×1000 1/16
2018 年 1 月第二次印刷 印张:21 1/2 彩插:1
字数:421 000
定价:138.00 元
(如有印装质量问题,我社负责调换)

序

场电子发射 (场发射) 是真空电子学的核心课题之一, 对它的研究可以追溯到 20 世纪初前后。电子和 X 射线的发现, 在科学史上留下深重的一笔。20 世纪 20 年代, Fowler 与 Nordheim 提出了平面金属场电子发射的 F-N 理论, 取得了很大的成功。国内从 20 世纪 50 年代开始, 伴随着 X 光发射管和其他众多真空电子器件的研制, 场发射研究也曾经颇为活跃并取得很好成果, 尤其是打破了国外多重技术、产品封锁。

21 世纪初前后, 随着纳米科学技术的兴起和发展, 真空电子学也演变为纳米真空电子学。场电子发射材料也从传统的平面金属或半导体演变为不同结构的半导体, 尤其是宽带半导体纳米薄膜、纳米量子线, 乃至碳纳米管等低维纳米结构, 在微波功率放大器件、显微镜电子源、微型 X 射线管、电子束光刻、场发射显示器件 (FED)、超高亮度光源和复合传感器等方向都具有广泛应用前景。

以本书作者为代表的科研团队, 和国外几乎同步开展纳米真空电子学, 尤其是纳米结构场发射材料和器件的研究, 经过十多年坚持不懈的努力, 取得了可喜的进展和成果。在理论上, 提出了宽带半导体能带弯曲场发射模型和量子结构增强场发射的思想, 并在纳米 GaN 场发射特性实验研究中得到证实。他们研制的几种纳米非晶 GaN 场发射材料, 其场发射电流密度、阈值电压、稳定性等方面均达到国际先进水平, 并研发了高性能薄膜冷阴极的低成本设备, 为这些场发射材料器件的实际应用奠定了基础, 也获得国际同行的认可与赞誉。

本书是作者十多年内研究结果的总结, 有系统性和完备性, 相信本书的出版一定会推动场电子发射的进一步研究, 促进相关产业发展, 并得到广泛应用。

沈学础

2016 年 12 月 22 日

前　言

2000 年，我进入北京工业大学攻读博士学位，在严辉与王波两位老师的引导下，懵懵懂懂闯入场发射 (FE) 研究领域，不知不觉，十几年已经过去。从一个场发射领域的门外汉，到逐步对场发射方向有些思考与领悟，回想历程，韵味绵长，也学会开始慢慢品尝科学研究的味道与真谛。2013 年，有幸获得了 "北京工业大学 '京华人才' 支持计划" 资助。终于，鼓起勇气，下定决心，结合十几年来在半导体场发射研究上的些许收获，集成本书，希望能对国内场发射研究有所促进，并期待得到同行的认可。

场发射现象作为材料的基本物理属性之一，其研究历史悠远漫长，但进展缓慢，争议纷纭。宽带半导体场发射具有优异的场发射特性，但电子如何获得足够大能量以便从价带顶跃迁大的带隙到导带底进行场发射，一直令人困惑。以此为突破口，尝试建立了半导体场发射能带弯曲模型并较完美地解释了宽带半导体具有优异场发射特性的物理根源。以该思想撰写成文并很快被 *Appl. Phys. Lett.* 接受发表并获得评审者高度评价，从此开启了场发射研究的跋涉之旅。博士毕业后，进入复旦大学侯晓远课题组开始了博士后生涯，在侯老师课题组轻松和谐的科研氛围下，我开始思考场发射中一些物理本质问题，在此期间，我提出了半导体场发射能谱的多峰机制与纳米半导体结构增强场发射的思想，其中，纳米结构增强场发射思想在我 2008 年设计的 GaAs/AlAs 纳米超薄膜的场发射实验中得到验证。2004 年年底，我回到了北京工业大学工作，在严辉老师大力支持下，许多研究生加入场发射的研究，我们的半导体纳米场发射研究进入快速的发展阶段。研究方向也牵涉了纳米半导体场发射各个方面：系统而全面地从理论与实验方面研究了纳米半导体场发射厚度影响机制；全面地开展了氮化物纳米半导体场发射实验研究，所制备纳米 GaN 薄膜场发射性能为已有文献报道的最好研究结果，并已接近碳纳米管 (Carbon Nanotube, CNT) 的场发射性能；进一步拓展了半导体量子结构增强场发射研究领域。经过多年的发展成长，我们在场发射的研究成果引起了国际同行的广泛关注与重视，最近，在国际知名的 Wiley 出版社出版的 *Vacuum Nanoelectronic Devices: Novel Electron Sources and Applications*(2015) 书中多次引用我们发表的多篇文章的主要内容作为 GaN 基量子新型场发射冷阴极的理论与实验重要进展进行介绍。

蓦然回首，多年的付出终于有了一定回报，甚感欣慰。但我知道，一山还比一山高，学无止境。鉴于自己的学术水平与知识能力，不妥之处在所难免，恳请各位同行专家、老师、同学，给予批评指正。

在本书的撰写中，第 1，2 章由严辉老师负责，其他各章由我负责。其中，段志强、李军、王峰瀛、李松玲、宋志伟、王京、赵维、王宇清、陈程程、赵军伟、明帮铭与苏超华等参与了资料的收集与整理工作。具体撰写分工如下：

章节	撰写人	负责人
1	段志强、王如志、严辉	严辉
2	段志强、王如志、严辉	严辉
3	宋志伟、王如志	王如志
4	赵维、王如志	王如志
5	王宇清、王如志	王如志
6	赵维、王如志	王如志
7	王如志、苏超华	王如志

本书在撰写时参考了以下学位论文或报告：

作者	指导教师	论文题目	单位	完成时间
王如志	严辉、王波	III 族氮化物半导体薄膜场发射性能研究	北京工业大学	2003.6
王如志	侯晓远	半导体薄膜场发射机理研究	复旦大学	2005.6
段志强	严辉、王如志	纳米体系中场发射的结构效应	北京工业大学	2007.6
李军	王波、王如志	氧化锌薄膜的制备及场发射性能研究	北京工业大学	2008.6
王峰瀛	严辉、王如志	铝镓氮半导体薄膜制备及场发射性能研究	北京工业大学	2009.6
李松玲	王如志	氮化物半导体薄膜的制备及其场发射性能研究	北京工业大学	2011.6
赵维	汪浩、王如志	氮化物半导体纳米薄膜结构增强场发射及其机理研究	北京工业大学	2012.7
宋志伟	王如志	铝镓氮纳米取向薄膜制备及场发射性能研究	北京工业大学	2012.7
王京	王如志	掺杂及表面修饰铝镓氮场发射性能研究	北京工业大学	2012.7
王宇清	王如志	一维氮化镓纳米材料制备与光电性能研究	北京工业大学	2013.6
陈程程	王如志	AlGaN 纳米薄膜结构调控及其场发射性能研究	北京工业大学	2014.6
赵军伟	宋雪梅、王如志	GaN 纳米线的无氨法制备及其性能研究	北京工业大学	2015.7

以上学位论文或报告都是我自己或与严辉老师共同指导的研究生完成的，部分可能未在引文中标注，特此说明。

本书的完成，还要感谢多年以来，在学习、生活与工作中，给予我关心、支持与帮助的以上未提及的老师、同事及朋友们。

最后要特别感谢，曾经在艰难时光里，家人给我的支持、鼓励与陪伴，那是力量的源泉。

本书得到了"北京工业大学'京华人才'支持计划"出版经费资助，在此一并致谢。

王如志

2016 年 12 月 16 日

目 录

第1章 纳米半导体场发射冷阴极概述

1.1 场发射显示器发展历程及相关技术

随着信息化技术的高度发展，在信息处理中最重要的是图像与文字的处理，这就离不开显示设备，显示技术已经成为信息化社会中一个很重要的技术。随着人们对电子产品需求的不断提高，显示器将趋向于超薄、超轻，且具有丰富的色彩特性。

显示器的发展趋势是平板显示器 (Flat Panel Display，FPD) 逐步代替传统阴极射线管显示器 (Cathode Ray Tube，CRT)。CRT 由于其体积大、工作电压高、功耗大、有微弱的 X 射线辐射等不可克服的缺点，不适应显示技术向高密度、高分辨率、平板化、节能化、数字化、集成化方向发展的趋势。随着全球数字化进程的加快，体积轻薄的平板电视迅速发展，逐步占领市场，预示着"平板电视时代"的来临，如图 1.1.1 所示[1]。

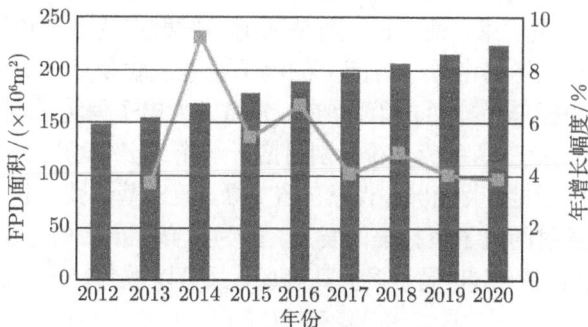

图 1.1.1 2012~2020 年 FPD 面板需求面积及年增长幅度

目前平板显示器分为被动发光显示器及主动发光显示器。被动发光显示器本身不发光，其显示媒质通过电信号调制使其光学特性发生变化，对环境光和外加光源发出的光进行调制，最终在显示屏上进行显示。被动发光显示器主要为液晶显示器 (Liquid Crystal Display，LCD)。主动发光显示器是指显示媒质本身能够发光从而提供可见辐射的显示器件，它主要包括等离子体显示器 (Plasma Display Panel，PDP)、有机发光二极管显示器 (Organic Light-Emitting Diode，OLED)、电致发光显示器 (Electroluminescent Display，ELD) 和场发射显示器 (Field Emission Display，FED) 等。

从表 1.1.1 可知,就 FED 而言[2],它不仅具有 CRT 的高图像质量,LCD 的超薄型及 PDP 的大面积等特性,而且在发光效率、亮度、视角、功耗等综合性能方面比 LCD 和 PDP 更具有明显优势。另外 FED 还具有分辨率高、色再现性好、对比度好、响应速度快、耐苛刻的高低温、抗振动冲击、电磁辐射极微、生产成本较低,易于实现数字化显示等特点,因此其可能在 21 世纪显示器领域占有重要的一席之地。

表 1.1.1　平板显示器性能比较

特性	LCD	PDP	FED
视角/(°)	±60	±80	±80
亮度/(cd/m^2)	200	400	>600
响应时间/μs	30~60	1~10	10~30
对比度	>100:1	100:1	100:1
发光效率/(lm/W)	3~4	1.0	15~20
功耗/W	3	200	2
工作温度/℃	~+50	−20~+55	−45~+85
平板厚度/mm	8	75~100	10

FED 的具体器件结构及原理如图 1.1.2 所示[3,4],主要由阴极、阳极、金属电极、荧光粉层、隔离柱组成。FED 的发光机制与传统的 CRT 显示器基本相同,都是由高能电子轰击三基色荧光粉而发光。两者之间的区别在于 CRT 显示器是利用热发射产生高能电子束,而 FED 则是利用场发射产生高能电子束。最重要的是,FED 将 CRT 显示器中单一且庞大的电子枪系统替换成了对应于每个像素单元的场发射电子阴极单元阵列。因而 FED 无需庞大电子偏转系统,荧光屏上每一像素单元的红、绿、蓝三基色荧光粉分别对应于一个或多个场发射电子源,而 CRT 显示器只有三个电子枪,荧光屏各像素的红、绿、蓝三基色荧光粉分别依靠偏转系统对三个电子枪发射的电子束扫描而发光。因为摒弃了庞大的电子偏转扫描系统,所以 FED 既能够保持 CRT 显示器的高画质,又可以做到轻薄、低功耗。

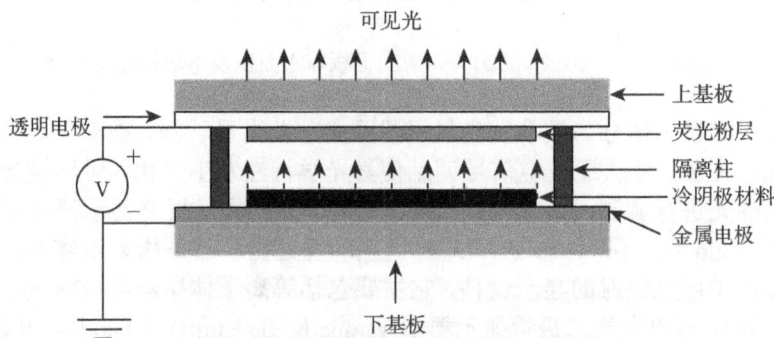

图 1.1.2　场发射显示器的结构原理图

1968 年，Spindt[5] 首次采用半导体微结构加工工艺研制出金属微尖阵列型场发射阴极，使得场发射器件可以在较低电压下工作，且同时能够得到较高的发射电流密度，这一重大突破开创了微尖端场致发射阴极在平板显示中应用的先河。1986 年，法国原子能部电子技术信息研究所 (LETI) 研制出第一个采用 Spindt 微尖端阵列的单色 FED 原型器件，该消息的发布引发了对 FED 的广泛关注，并吸引了诸如 Candescent Technologies、Micron、Ricoh、Motorola、Samsung、Philips 等公司的研发投入，也使得 FED 加入众多平板显示器技术的行列；LETI 对 Spindt 的方法做了进一步改进，于 1990 年研制出首个 15 cm 单色 FED，并于 1992 年成立了 PixTech 公司；1994 年，PixTech 公司成功研发出首个标准 6 英寸①场发射彩色显示器，并在法国 Montpelier 建立了世界上第一座 FED 工厂，计划年产 10 万片 30 cm 以下的 FED；1998 年 Motorola 公司建成了全色 FED 生产线；美国 Candescent Technologies 公司也集资 1.25 亿美元建立了 15 cm FED 生产线。日本 Sony 公司从 20 世纪 90 年代末以来一直在研究 FED 技术，1998~2001 年与 Candescent Technologies 公司合作，2002 年该项合作结束后，Sony 公司继续独自研发。

虽然 FED 被视为可取代 CRT 显示器的技术，但是在发展初期却无法与 CRT 显示器的成本相比，其主要原因是场发射阴极制备工艺的问题。最早提出的 Spindt 形式微尖端阵列虽然是首度实现场发射显示的技术，但采用微结构加工技术制作 Spindt 尖锥阴极，设备投资大、工艺难度高，因而成本高昂。PixTech 公司 5 英寸彩色 FED 市场售价高达 2500 美元，主要应用于国防、医疗卫生等领域，而一直无法在民用上得到推广，解决办法只有采用新一代的场发射阴极技术。

伴随着纳米技术的突破，FED 技术也取得了突破性的进展。过去所采用的 Spindt 技术因可靠度与成本问题无法解决，目前全球绝大多数投入 FED 的厂商纷纷转向纳米碳管 (CNT) 阴极技术。在 CNT 阴极技术 FED 领域，日本伊势电子 (Ise) 与韩国 Samsung 投入较早。Ise 公司早在 1998 年就在国际信息显示学会 (Society for Information Display，SID) 上展示了一款采用 CNT 技术的 FED。随后 Ise 公司于 2001 年成功研制出了 14.5 英寸的彩色 CNT 场发射显示器，其亮度达 10000 cd/m²。并于 2002 年展出了使用 CNT 技术的 40 英寸 FED，使得 Ise 公司成为 CNT 场发射显示器发展最快的厂商；同年，Samsung 宣布成功研制采用 CNT 技术的大面积全彩色 32 英寸、分辨率为 480×720 像素的 FED 面板，并成功实现 100 V 以下的低电压驱动；LG 电子于 2001 年与 LG 综合技术院进行 5~6 英寸 FED 的研发，并于 2002 年成功研发出了 20 英寸 FED。

与此同时，各种新型 FED 也在紧锣密鼓地研发中。其中一种具有大尺寸和低成本竞争优势的 FED 是印刷型 FED。英国 Printable Field Emitters (PFE) 公司自

---

① 1 英寸 = 2.54 厘米。

1997 年就开始了将导电颗粒作为电子发射源的印刷型 FED 研究工作，已成功研制 5.7 英寸彩色样机。据 PFE 公司预测，采用印刷技术，FED 的制造成本将比同尺寸 PDP 或 LCD 低 30%。另外一种是表面传导电子发射显示器[6] (Surface-conduction Electron-emitter Display，SED)。早在 1986 年，日本佳能 (Canon) 公司集中力量攻关 SED 技术，但由于 Canon 缺乏半导体芯片和相关电路技术的支持，因此 SED 发展缓慢。1999 年，日本东芝 (Toshiba) 公司加盟 Canon SED 联合开发表面传导电子发射显示器。结合购买 Candescent Technologies 公司的专利技术，于 2004 年成功研制了 36 英寸彩色 SED 样机。Canon 与 Toshiba 于 2004 年 9 月共同投资 2000 亿日元成立了 "SED 株式会社"，从事 SED 技术研发、生产与销售。作为 SED 唯一的生产企业，2005 年 Toshiba 毅然作出了停止 PDP 生产，集中优势开发 SED 的重大战略决策，并将主攻方向锁定大屏显示以取代 PDP 在大屏显示上的市场份额。在 2006 年 9 月召开的日本 "CEATEC JAPAN 2006" 展会上，公开展出了其最新的 55 英寸 1920×1080 像素 SED 样机，亮度为 450 cd/m^2，对比度高达 50000∶1。这种 SED 技术现在也被认为是 FED 的主流技术之一，并且引起国内外业界的强烈关注。Sony 与东京科技基金 TCI 组建 FED 合资公司在 "CEATEC JAPAN 2007" 展会上正式公开了新一代 FED 240p 电视的样品，如图 1.1.3(a) 所示[7]。这种 FED 电视采用了使用荧光材料碰撞电子使之发光的自发光显像管，采用了这种技术后，除了可以提升显像管的画质以外，还可以保证画面的各个角落实现均衡焦点。

目前在我国进行 FED 研发的机构主要有：中山大学、福州大学、南京大学、西安电子科技大学、西安交通大学、清华大学、中国科学院长春光学精密机械与物理研究所 (简称长春光机所)、东南大学、华东师范大学和郑州大学。其中，福州大学在 FED 领域起步较早，1989 年开始研究场发射材料和发射机理，研制场发射显示器。在国家和政府的大力扶持下，目前已成功研制出 4 英寸、20 英寸、25 英寸、34 英寸单色及彩色 FED，见图 1.1.3(b)[8]。自 2004 年开始，基于印刷型低逸出功冷阴极、微纳冷阴极以及低逸出功型微纳复合冷阴极 FED 背光源的研究，为我们开辟了一条低成本、大尺寸 FED 显示器的全新技术途径 (FED 背光源是只要发光但不要显示图像的 FED 显示器，即 FED 背光源是 FED 显示器的简易版。可作为背光源应用于 LCD 电视机，也可作为普通节能照明光源应用于民用照明[8])；华东师范大学经过十多年的研究，目前已在 FED 材料、器件和设备等方面掌握了全套的工艺及制造技术，独立研制出了基于 CNT 技术的 FED 模块，并成功拼接成 40 英寸的单色大屏幕显示器，各项性能及技术达到国际先进水平；中山大学从 1996 年开始从事场发射阴极及器件的研究，其在新型一维纳米冷阴极材料的研究中取得了部分国际领先的成果，尤其是大面积金属及其氧化物纳米线冷阴极的制备技术方面取得系列成果，并研制出了一维纳米材料 FED 的原型器件；长春光机所在采用印刷法制作基于 CNT 阴极的 FED 研究中也成功研发出了 FED 原型器件。其他科研机构也对 FED 技术展开了各方面的研究，然而目前大多数属于基础性的研究工作，因此还难以满足全面开展以 FED 产品为目标的器件和配套技术的研发工作。但是相对于如 LCD、PDP 等平板显示器的发展，目前国内 FED 的研发水平与国际同行相比较为接近，因此有理由相信 FED 是我国在平板显示领域发展的突破点之一。但相对于国际同行即将投入生产的研发水平，还存在一定的差距。

(a)

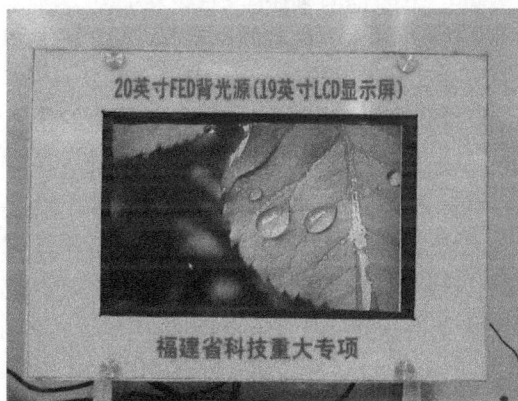

(b)

图 1.1.3 场发射平板显示器

(a) 采用 240fps 技术的 FED 电视样品；(b) 20 英寸 FED 背光源

近几年，场发射显示器的发展进入了一个相对缓慢的阶段，原因是几家大型的研究 FED 的公司停止了开发新技术。2009 年 3 月，因为制造资金的问题 Sony 宣布停止了部分 FED 技术研发。2010 年 1 月，友达光电与由 Sony 持股的两家 FED 技术公司签署资产收购技术移转协议，但 Sony 仍会继续研发用于医疗设备等领域的商用 SED 电视。

综上所述，无论国内外，FED 技术目前均处于高速发展的阶段，但由于性能和成本等多种因素，所以还未能达到商业应用水平。然而无论 FED 场发射阴极采用何种结构、何种材料，对其性能的提高乃至成本的控制都是至关重要的，因为材料本身所具有的物理及化学特性决定了场发射器件的阈值电场、最大电流密度、稳定性及使用寿命。而氮化物半导体材料由于具有优异的物理及化学性能，所以目前受到越来越广泛的关注，且在场发射阴极领域具有巨大的潜力。

FED 的核心部件就是场发射冷阴极。对场发射冷阴极的要求无外乎性能和经济两方面。从性能方面要求阈值电压低，易于开启，饱和电流密度大，结构稳定寿命高；从经济层面要求生产工艺简单，易于大规模生产，材料丰富价格便宜。围绕这两个基本点，现阶段场发射冷阴极结构的研究主要集中在尖端型和薄膜型两个方向。

(1) 尖端型。顾名思义就是冷阴极为尖端结构。尖端型最显著的特点就是阴极表面的局域电场比较大，由此导致阈值电压降低。当前比较成熟的技术有金属微尖阵列，硅尖锥阵列以及 CNT 阵列。金属微尖场发射阴极，又称 Spindt 型阴极[5]，是结合薄膜技术和电子束光刻等工艺方法制造出来的，通常选用金属钼作为阴极材料。目前，Spindt 型阴极的制作工艺较为成熟，发射效率很高，电子束发散程度低。但制作大面积阵列的难度比较大，成本过高，制造和工作过程中易受污染，严重影响 FED 的寿命。硅尖锥场发射阵列阴极是 Gray 等[9] 用各向异性腐蚀液腐蚀单晶硅的方法研制出来的，其制作工艺与半导体工艺类似。硅场发射体存在热稳定性差，发射可靠性低，发射电流有限，且容易受污染而降低发射能力等缺点。CNT 阴极是目前被认为最理想的场发射体[10]，CNT 的长径比大于 1000，因此开启电场很低。但由于单根 CNT 管径小，经常因为电流过大导致局部温度过高而熔断，进而导致整个系统崩溃[11]。

(2) 薄膜型。由于传统的尖锥场发射阵列阴极加工工艺复杂，制作成本昂贵，难以达到大面积均匀，所以经过多年努力，FED 仍未商品化。为了解决上述尖端型阴极所遇到的难题，第二代 FED 致力于寻找性能更好的新型电子发射材料，同时将场发射阴极平面化。以金刚石、氮化铝 (AlN)、氮化硼 (BN) 以及氮化镓为代表的宽带隙半导体薄膜由于具有低的甚至负的电子亲和势 (Negative Electron Affinity, NEA)[12]，稳定的化学物理性质，制备成本比较低，容易获得较大面积，发射电流比较稳定等特点，成为目前场发射研究的热点。

FED 最大的优势在于它的大尺寸、低成本。由于尖端结构难以做到大尺寸，且制作工艺决定了其成本难以降低。因此，宽带隙薄膜型冷阴极结构是目前场发射冷阴极研究的热点。场发射显示器的关键就在于阴极材料的性能，早期阴极材料为金属材料，采用微尖锥形场发射阵列结构，但其制造成本较高、加工难度较大。随着科技的进步，阴极材料开始向硅材料、碳材料 (CNT、石墨烯等) 转化，且结构逐步向薄膜型场发射阵列过渡。

对场发射而言，除了可利用的更大的发射电流密度之外，基于场发射的固体微电子器件在应用方面还有以下几个重要的优势[13]：

(1) 场发射电子传输的介质是真空，因此电子传输是弹道式的，电子运动速度可接近光速且没有能量耗散，可用于快速器件；并且电子运动速度可受到电场的控制，电子的能量可以通过多级降压收集极来回收，因此可用于高频器件。

(2) 工作稳定，且对温度依赖性小，而半导体器件尤其是硅器件对温度非常敏感，在低温时表现出绝缘体性能而在高温时则表现为导体性能，即固体微电子器件可以在较高的温度条件下工作。

(3) 具有很强的抗辐射能力。而其他半导体器件的抗辐射能力较差，其晶体结构容易被辐射所损伤，可能导致器件性能的退化。

(4) 采用半导体的微细加工技术，可以方便集成化且基于量子隧穿原理具有较低的功率损耗。

近年来，场发射平板显示器技术已取得了很大的进展，但距离大规模的应用依然存在不小差距。其原因在于尚未找到一种具有很好发射特性的场发射材料，而现有的场发射材料在性能、制备及加工工艺上也存在许多尚需解决的问题。目前，场发射的研究主要有两方面内容：一方面，是在尽可能没有其他功率损耗 (热损耗、光损耗和电损耗等) 的条件下，探索新材料以提高场发射电流密度；另一方面，场发射现象涉及量子隧穿效应，能带弯曲对电子发射的影响等，其复杂的物理过程依然是值得研究的热点。

1.2 场电子发射基本原理

众所周知，所有的固体内部都含有大量的电子，在常态下这些电子所具有的能量不足以使之逃逸出物体表面，所以电子都被束缚在固体的内部。若要让电子从固体中释放出来，就必须由外界提供给它们足够的能量。根据外界提供能量的不同性质，电子发射可以分为以下四种形式[14]，如图 1.2.1 所示：①热电子发射 (图 1.2.1(a))，将物体加热到足够高的温度后，内部电子就获得了足够的能量而从固体表面逸出，这是最简单、最实用、应用最广泛的一种电子发射形式；②光电子发射 (图 1.2.1(b))，也称为光电效应，是以光辐射的形式对固体内部电子提供能量，电子在吸收了足够的光子能量后，就可以逸出固体；③次级电子发射 (图 1.2.1(c))，用高能电子束轰击固体表面并穿入固体内部，高速电子把动能传递给固体内的电子，使它们有足够的能量而逸出，也被称为二次电子发射；④场致电子发射 (图 1.2.1(d))，可分为外场致电子发射和内场致电子发射。其中，外场致电子发射是

在外加强电场的作用下，使得固体的表面势垒高度降低，宽度变窄，在固体表面形
成隧道效应，因此固体内部的电子不需任何附加能量，即不需要激发，就可以穿透
势垒而逸入真空。而内场致电子发射是指利用内部强场的作用，使电子从基底进入
介质层，并在介质层中不断加速而获得足够的能量，最终导致电子能量大于势垒的
高度而挣脱固体束缚逸出。场致电子发射示意图和原理图如图 1.2.1(d) 所示。可以
看出，场致电子发射与其他三种电子发射在性质上是完全不同的一种电子发射形
式。前三种电子发射均是给予固体内部的电子以附加的能量，使一些高能电子能够
越过物体表面上的势垒而逸出，电子获得能量，能够逸出的电子也只是自由电子的
一小部分。提供给固体的能量大部分以热辐射的形式消耗掉了，这样的热耗散给固
体的电子器件以及整个仪器设备带来不少麻烦，其中热电子发射还会有一段时间
的迟滞。

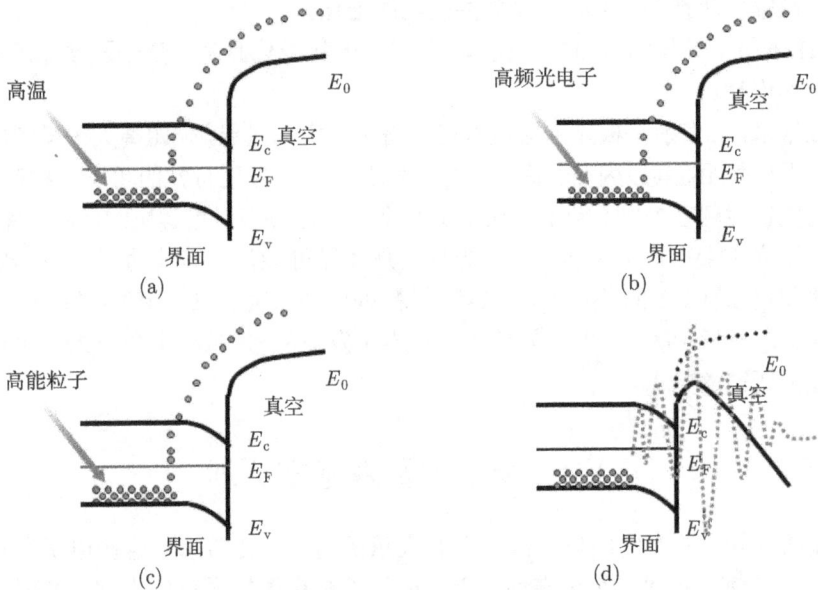

图 1.2.1   四种电子发射类型

(a) 热电子发射；(b) 光电子发射；(c) 次级电子发射；(d) 场致电子发射

    场电子发射通常是指通过在固体表面施加高电场，使固体表面势垒的高度降
低，宽度变窄，致使固体内部的电子不需要另外增加能量，即不需要激发，就可以
穿透势垒逸出的现象，如图 1.2.1(d) 所示。场电子发射过程实质是电子隧穿表面势
垒的过程，电子能否隧穿表面势垒，通常认为是由表面势垒高度与宽度决定的。就
金属而言，表面势垒高度是与功函数密切联系在一起的，而对半导体而言其高度却
是与电子亲和势密不可分的。在金属中降低功函数 (逸出功) 及半导体中实现负电

子亲和势一直是场发射材料研究的重要课题[15]。

所谓逸出功就是指在平衡状态下,从金属内部取出电子所需要的最小能量。逸出功是一个与电子发射密切相关的物理量。对金属而言,尽管其内部的电子具有很大的平均动能,有从金属中逸出的趋势,但在常温下并不能逸出,这意味着表面势垒对于电子隧穿是一个不可忽略的量,也说明逸出功的存在约束了在常温及低温状态下电子从表面的逸出。在选择优异的金属阴极材料时,低的逸出功将是一个十分重要的考虑。

既然外加高场并不能增加固体内部电子的能量,那么,高场作用下电子从表面发射的机理又是如何呢?就经典理论而言,若电子动能低于表面势垒,电子是不可能越过势垒的。所以,基于经典理论是不可能解释场发射过程的。这样就必须从量子理论出发理解场致电子发射的机制。量子理论中,电子是一种几率波,其动能实际是振动幅度的平均表现,无论其遇到多高势垒,总是存在某些电子越过势垒的几率,这实际是把电子看做一种波,碰到势垒时,不管其高度如何,可能反射也可能透射。若对于宽势垒,电子虽然能隧穿,但其指数级衰减也可能导致最终没有电子从表面发射。但是当表面势垒宽度减到与电子波长相同数量级时,根据量子力学原理,其可能发生共振隧穿,即所谓的隧道效应,使得电子最大几率地隧穿表面势垒,这也是场发射电流在外场增加时指数级递增的根本原因。

与金属不同,通常把半导体表面势垒称为电子亲和势。所谓负电子亲和势(NEA),就是指在导带底部的电子所具有的能量大于表面外的自由电子所具有的能量,也就是半导体导带底能级高于真空能级。既然半导体存在 NEA,若半导体导带底存在自由电子,则电子逸出将非常容易。但通常具有 NEA 的半导体同时具有非常大的禁带宽度,如 BN 及 AlN 等,实际上,具有 NEA 的半导体导带底没有自由电子。要理解半导体场发射实质应该从场对其能带结构的作用入手。与金属不同的是,外场对半导体表面具有的渗透作用,导致较大表面能带弯曲。另外掺杂或者其他外来原子形成的表面态也可能导致半导体近表面能带弯曲,在此表面态起到一种表面屏蔽作用,使外场不易渗入半导体内部。根据计算,表面态密度达到 10^{13} cm^{-2} 时,可忽略外场对半导体内部的影响。但在实际场发射研究中,较之于外场能带弯曲,表面态密度很小,通常可忽略其对近表面能带弯曲的影响,只考虑外场的作用。外场作用下的能带弯曲与 NEA 的存在是宽带隙半导体材料之所以具有优异场发射性能所不可或缺的两个重要方面。

1.3 半导体场发射冷阴极发展概述

各种场发射器件的核心部件是场发射阴极。为实现器件的功能,要求场发射阴极具有阈值电压低、饱和电流密度大、寿命高等特点。同时,为实现生产化,要求制备工艺简单，易于大规模生产，原材料丰富。现阶段，场发射阴极就发射微结构而言[16]，分为微尖锥阵列结构、一维纳米阵列结构 (图 1.3.1) 和薄膜结构。

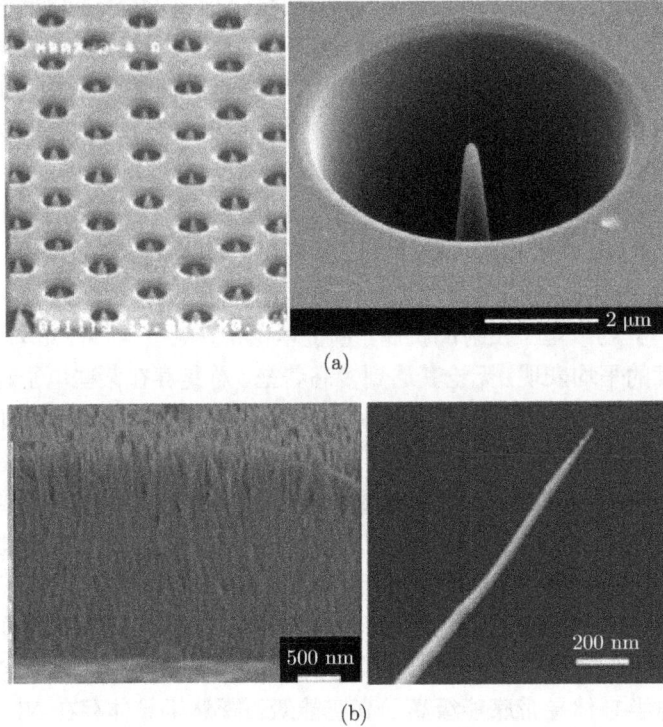

(a)

(b)

图 1.3.1   场发射阴极微结构

(a) 微尖锥阵列结构[17]；(b) 一维纳米阵列结构[18]

1.3.1   微尖锥阵列结构[17]

微尖锥阵列结构是最早研究的场发射阴极微结构，主要有金属微尖锥阵列结构和硅尖锥阵列结构。微尖锥阵列结构由美国斯坦福大学 C. A. Spindt 于 1968 年提出，此后金属微尖阵列场发射阴极的设计思想开始得到广泛的研究[5]。到目前为止，批量生产的器件大部分采用金属尖锥作为冷阴极。但是，制作尖锥的工艺难度很大，工艺难度在于在大面积上制出均匀的、尖锥形状一致的场发射阵列。硅尖锥阵列是金属微尖阵列后发展起来的一种场发射阴极微结构，由 H. F. Gray 等用腐蚀单晶硅的方法研制出来的[9]。其特点是易于集成、工艺相对简单，但稳定性差、发射电流较小，而且尖锥容易受污染或损坏而影响发射能力。

1.3.2   一维纳米阵列结构[18]

自 1991 年 CNT 被发现以来[10]，一维纳米线或者纳米棒开始被深入研究，一维纳米材料具有二维方向上为纳米尺度，长度方向上尺寸较大的结构。1995 年发现 CNT 具有优异的电子发射特性。CNT 较大的长径比使得开启电场很低，发射阈值电场远低于金属微尖。之后，ZnO、AlN、GaN 一维纳米结构的场发射性能也被广泛地研究。它们共同的场发射增强机制是通过增大长径比来增大场增强因子，从而提高场发射性能，所以具有和 CNT 相近的特点：发射电流大、阈值电压低等。但单根纳米结构经常因为局部温度过高而熔断，进而导致整个场发射系统崩溃[11]，所以使用寿命难以提高。

1.3.3 半导体薄膜及发展

微尖锥结构场发射阴极工艺复杂，一维纳米阵列结构虽然发射性能优异，但使用寿命难以提高。工艺简单，容易实现大面积结构，器件寿命长，且易于与其他微电子器件集成的薄膜型场发射冷阴极结构成为目前场发射冷阴极研究的另一热点。尤其在实验上发现宽带隙半导体薄膜因为具有 NEA 而显示出良好的场发射性能后[12]，人们开始采用宽带隙半导体薄膜作为场发射阴极，薄膜场发射阴极结构也因此引起人们的极大关注，并获得迅速发展。目前，半导体薄膜场发射阴极制备主要是在金属或者高掺杂半导体上沉积具有优异发射性能的单层或多层宽带隙半导体薄膜。成熟的半导体薄膜制备技术主要有分子束外延技术 (MBE)、脉冲激光沉积 (PLD)、磁控溅射技术 (MST)、金属有机化学气相沉积 (MOCVD) 及化学束外延技术 (CBE) 等。

由于半导体制造技术及微细加工技术的发展，所以场发射阴极由最早的金属场发射阴极逐渐发展到薄膜半导体场发射阴极，半导体材料由于在电子元件、计算机微处理器及其他各种光学仪器、探测元件中的重要应用，所以自 1949 年发明以来，就一直受到人们的关注与重视。从半导体材料的发展时间历程来看，可把半导体材料分为三代[14]：第一代是以 Si 与 Ge 为代表的半导体材料，它奠定了半导体材料基础，时间大约是从半导体发明到 20 世纪 60 年代末，其发展也使电子材料从电子管时代转向以半导体材料为主的晶体管时代，微电子工艺也因此开始出现。而到 60 年代末，由于半导体异质结的发明也就出现了第二代半导体材料，主要是以 GaAs、InP 及 InAs 等化合物为主体组成的一些半导体材料，其具有更为丰富的光学、电学特性，半导体超晶格的出现与发展就是一个非常有代表性的例子，此外一些具有量子效应的半导体材料也开始被涉及并引起人们的关注。20 世纪 80 年代末，由于信息及某些光电子产业的发展与壮大，所以对于半导体材料光电特性要求必然得到相应提高，于是以 III-V 族氮化物 GaN、AlN、InN、BN 及一些二元、三元半导体化合物第三代半导体材料出现了，这些材料主要是以宽带隙 III-V 族氮化物半导体为主体，其本征发光波长大都位于可见光范围 (图 1.3.2)。

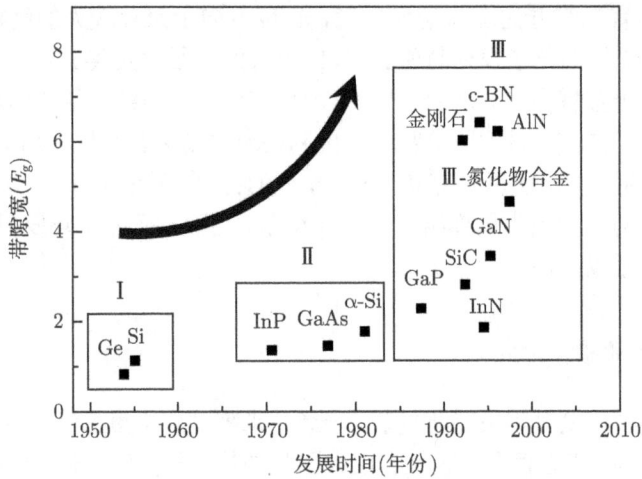

图 1.3.2　半导体发展史

目前人们的兴趣也开始倾向于一些三元 III-V 族氮化物如 AlGaN、GaInN、AlInN 等半导体材料，因为它们可实现一些连续可变的带隙调控，且这类材料大都为直接带隙结构以及具有强度大、熔点高、热导性好、耐腐蚀等优异的物理化学性能，所以很方便地成为实用的微电子器件、存储器件、蓝绿发光器件及其他光电器件中的主体元件，应用前景是十分广阔的。表 1.3.1、表 1.3.2 列出的 GaN 半导体与硅、砷化镓的 Johnson 和 Keyes 优值[19] 的比较就充分说明了这一点。

表 1.3.1　一些半导体材料的 Johnson 优值 $(E_b V_s \cdot \pi^{-1})^{1/2}$

材料	$E_b/(V/cm)$	$E_b/(cm/s)$	$E_b V_s \cdot \pi^{-1}/$ (V/s)	$(E_b V_s \cdot \pi^{-1})^2/$ $(W\cdot\Omega/s^2)$	$(E_b V_s \cdot \pi^{-1})^2$ 与硅之比率
Si	3×10^5	1.0×10^7	9.5×10^{11}	9.0×10^{23}	1.0
GaAs	4×10^5	2.0×10^7	25.0×10^{11}	62.5×10^{23}	38.9
GaN	20×10^5	2.5×10^7	159.2×10^{11}	2534×10^{23}	281.6
α(6H)SiC	40×10^5	2.0×10^7	250.0×10^{11}	6250×10^{23}	694.4
β-SiC	10×10^5	2.5×10^7	320.0×10^{11}	10240×10^{23}	1137.8
金刚石	100×10^5	2.7×10^7	859.4×10^{11}	73658×10^{23}	8200.0

注：E_b 为击穿电场，V_s 为饱和电子漂移速率

表 1.3.2　一些半导体材料的 Keyes 优值 $\sigma t(V_s \cdot K^{-1})^{1/2}$

材料	$\sigma t(300K)/(W/cm)$	$V_s/(cm/s)$	K	$\sigma t(V_s\cdot K^{-1})^{1/2}/$ $(W/(cm^{1/2}\cdot s^{1/2}))$	$\sigma t(V_s\cdot K^{-1})^{1/2}$ 与硅之比率
Si	1.5	1.0×10^7	11.8	13.8×10^2	1
GaAs	0.5	2.0×10^7	12.8	6.3×10^2	0.456

续表

材料	$\sigma t(300K)/(W/cm)$	$V_s/(cm/s)$	K	$\sigma t(V_s \cdot K^{-1})^{1/2}/$ $(W/(cm^{1/2} \cdot s^{1/2}))$	$\sigma t(V_s \cdot K^{-1})^{1/2}$ 与硅之比率
GaN	1.5	2.5×10^7	9.5	24.3×10^2	1.76
α(6H)SiC	5.0	2.0×10^7	10.0	20.7×10^2	5.12
β-SiC	5.0	2.5×10^7	9.7	80.3×10^2	5.8
金刚石	20.0	2.7×10^7	5.5	444×10^2	32.2

注: σt 为热导率, K 为介电常数

要有好的场发射特性, 具有 NEA 是其关键因素之一, 因此寻找 NEA 半导体场发射材料成为目前场发射冷阴极研究的重要方向之一。1965 年 Scheer 和 van Laar 首次成功地报道了 GaAs:Cs 零电子亲和势光电阴极[20], 预示着半导体领域全新 NEA 光电阴极技术的诞生; 1973 年, E. S. Kohn 在硅上沉积金属尖锥, 使硅的真空能级下降, 实现了 NEA, 更使冷阴极的发展进入一个新阶段[21]。以 BN 为代表的第三代宽带隙氮化物半导体, 被发现具有良好的 NEA 特性。因此氮化物半导体场发射冷阴极近年来引起了人们的关注与重视。特别地, 由于分子束外延技术及各种超微工艺的日臻完善与成熟, 以 GaN 及其多元化合物为代表的 III 族氮化物半导体发展异常迅速, 已成为 21 世纪半导体领域研究与开发的新热点。另外, 由于碳材料具有较低的发射电场, 较大的电流密度及较为稳定的场发射性能, 所以在场发射器件的发展中也吸引了大家的关注[22]。其中以金刚石、类金刚石及 CNT 等为代表。金刚石因具有宽带隙半导体材料的特性, 包括较小的发射势垒、NEA、表面稳定及优良的热导率等, 成为场发射阴极材料的关注热点。另外, 氮掺杂的金刚石明显能降低场发射的阈值电场强度。类金刚石薄膜因其低温沉积的简单工艺和较好的稳定性, 可以用来优化场发射材料尖端的性能。CNT 由于其独特的几何结构和优良的热学、电学特性, 成为最具潜力的场发射器件的阴极材料, 另外, 新型纳米结构材料的出现也为阴极材料的选择提供了潜在的应用。

1.4 纳米场发射材料

对于纳米材料场发射特性研究, 仅是随着分子原子技术成熟与完善, 自 1990 年才开始发展。最初, 纳米场发射研究主要是纳米团簇[23-25] 及纳米尖端[26,27], 通过提高表面增强因子用以提高场发射电流。其后, 人们开始关注纳米场发射实质, 也就是因为随着场发射材料尺度减小, 材料中可能出现宏观材料所未有的纳米效应, 从而可能提高场发射特性。

基于纳米材料场发射研究日益成为热门, 对纳米材料场发射理论实质研究目

前也引起关注。例如，Han 等[28,29] 通过第一原理赝势法，并考虑了三维纳米结构的实际形状，在纳米碳管场发射计算中，取得与实验一致的结果，如纳米碳管场发射局域于末端，电子空间波函数隧穿表面势垒时有一定的时序，从而形成发射量子线。这说明理论研究也可能论证或者预言某些纳米场发射奇异现象，也是纳米材料场发射的一个重要发展方向。而 Fisher 等[30] 在理论方面研究了纳米结构材料场发射过程中能量输运问题。当场发射尖端小于 50 nm 时，带弯曲对能级分布的影响是非常明显的，而且研究结果也显示纳米场发射中热量转变电子能量的过程。这也说明了纳米场发射可能有利于热能的损耗，从而实现冷阴极发射的可能。

1.4.1　纳米氮化物半导体场发射材料

与 Si 和 GaAs 等材料相比，氮化物半导体在高电场强度下，具有更大的电子迁移速度，使之在微电子器件方面也具有很高的应用价值。因此人们很早就开始了对氮化物半导体的研究，也是目前全球半导体研究的前沿和热点。

早期半导体场发射材料研究主要是采用各种工艺制备锥尖阵列，从增大几何场增强因子来优化场发射性能。首先 Zhang 等[31] 采用电子回旋共振 ECR 等离子体刻蚀技术，对 GaN 进行表面形貌的刻蚀得到规则的尖端阵列。随后 Kozawa 等[32] 通过用选择区域生长技术在蓝宝石衬底上制备了 GaN 微尖阵列；同年 Underwood 等[33] 利用 MOCVD 制备 GaN 微尖端阵列，这两个研究中场发射开启电压分别为 195 V/μm 和 100 V/μm。随后有人报道[34] 用选区法生长的 GaN 锥形阵列的场发射特性。一些研究者[35] 报道了用选区法生长 Si 掺杂的 GaN 阵列的场发射特性。此时，人们的目光都集中在通过不断完善其工艺条件，缩小 GaN 锥形阵列锥尖尺寸，提高场增强因子，从而改善其场发射性能。但是制备锥形阵列的工艺、设备复杂，且这些实验为了得到六方 GaN 锥形阵列，都采用蓝宝石衬底或 AlN 做缓冲层，这些衬底适合制备高质量的 GaN，但是价格昂贵、面积小，无法实现大面积、低成本生长。为进一步改善其场发射性能以达到应用的目的，纳米结构开始被采用，Berishev 等[36] 通过电子回旋共振分子束外延技术在 Si 衬底上制备了六方 GaN 纳米薄膜，其场发射开启电场降低到 30~40 V/μm，最大电流密度可以超过 100 mA/cm²，近年来 Sun 等[37] 采用 MOCVD 系统在蓝宝石衬底上制备了掺 Si 的非极性 GaN 纳米取向薄膜，开启电压为 10 V/μm，最大电流密度可达 74 mA/cm²。Jejurikar 等[38] 利用脉冲激光沉积系统 PLD 在 Si 衬底上成功制备了 C 轴取向的 GaN 纳米薄膜，其场发射开启电压为 5.5 V/μm，电流密度在 2 μA/cm² 持续时间可达 2.5 h 以上。另外也可采用多层结构改善发射性能，例如，Kimura 等[39] 采用了 BN/GaN 结构进行场发射，实现了 8.8 V/μm 的较低阈值电压。而在纳米氮化镓半导体场发射研究上，近年来也取得了较大的进展，Wang 等在 Si 衬底上，制备出 5 nm 厚非晶 GaN 薄膜，其场发射电流密度为 1 mA/cm²，其阈值电压为 0.87 V/mm；所加电场为 3.72 V/μm 时，电流密度达到 42 mA/cm²[40]；进一步地，他们制备出 40 nm 厚 [001] 取向 GaN 薄膜，其场发射电流密度为 1 mA/cm²，其阈值电压为 1.2 V/mm；所加电场为 2.7 V/mm 时，电流密度达到 40 mA/cm²[41]。这些结果说明在纳米尺度下，宽带隙半导体场电子发射能力大大改善。而 Sugino 等[42] 研究了多晶纳米 BN 薄膜场电子发射特性，也同样发现阈值电压随厚度减少而减小，研究结果也表明场发射的纳米增强不仅可能与表面形貌场增强有关，其实质上也可能是纳米薄膜导致了有效表面势垒的降低。

1.4.2 纳米氧化锌场发射材料

氧化锌 (ZnO)，其带隙为 3.37 eV，作为一个具有典型代表的宽带半导体材料，由于其良好的光电性能，所以近年来引起了人们众多的关注[43]。纳米结构的 ZnO 具有优异的电学、光学、磁学等性能，在当今材料研究热点领域有相当活跃的表现。与普通 ZnO 相比，纳米 ZnO 颗粒尺寸小，微观量子效应显著，并展现出许多优异性质，如压电性、荧光性、散射和吸收电磁波的能力等[44,45]。其中，一维 ZnO 纳米结构因具有较低的表面电子亲和势以及较大的长径比，在场发射研究领域具有一定的应用潜力。已经报道的 ZnO 一维纳米结构主要有纳米线、纳米棒、纳米管、纳米带等，由于 ZnO 纳米线、纳米棒具有与传统金属尖锥冷阴极类似的几何形貌，并且氧化锌纳米线场发射展示了良好的发射特性与高稳定性、低阈值电场和电流密度高等，所以它们在场发射领域备受关注。

早在 2002 年，Lee 等[46] 就以 Co 为催化剂在 Si 衬底上通过简单的化学气相沉积的方法在低温下 (550 ℃) 制备出了较高质量的氧化锌纳米棒阵列 (图 1.4.1(a))，其开启电场为 6.0 V/μm，阈值电场强度为 11 V/μm 时，电流密度达到 1 mA/cm²。后来，Ye 等[47] 研究发现，可以通过两种途径提高纳米棒阵列的场发射性能。第一，减小纳米棒尖端直径，形成纳米锥 (图 1.4.1(b))；第二，在纳米棒上修饰一层金属颗粒。通过这两种方法，能极大地提高 ZnO 纳米棒的场发射性能。开启电场 (电流密度达到 10 μA/cm²) 只有 2 V/μm，最大电流密度达到 1 mA/cm²。

Chu 等[48] 用碳还原氧化锌粉末的方法，以 Au 为催化剂，通过气–液–固 (VLS) 机制在 Si(100) 衬底上制备出了铅笔状的 ZnO 纳米线阵列，纳米线特殊的几何结构以及均一的形貌使其表现出良好的场发射性能，开启电压为 3.82 V/μm，场增强因子达到 2303。同时还发现通过这种方法制备出的纳米线还具有良好的光催化性能。Garry 等[49] 具体研究了 ZnO 纳米线阵列形貌对其场发射性能的影响。他们分别通过化学水浴法 (CBD) 和气相法 (VPT) 两种方法制备出不同形貌的氧化锌纳米线阵列。他们的研究发现，纳米线的场发射性能与纳米线阵列的密度无关，而与纳米线的长度有关。研究表明，纳米线的长度越短，在场发射测试过程中，对纳米线的破坏越大，场发射性能较差。而长度较长的纳米线表现出较好的场发射性

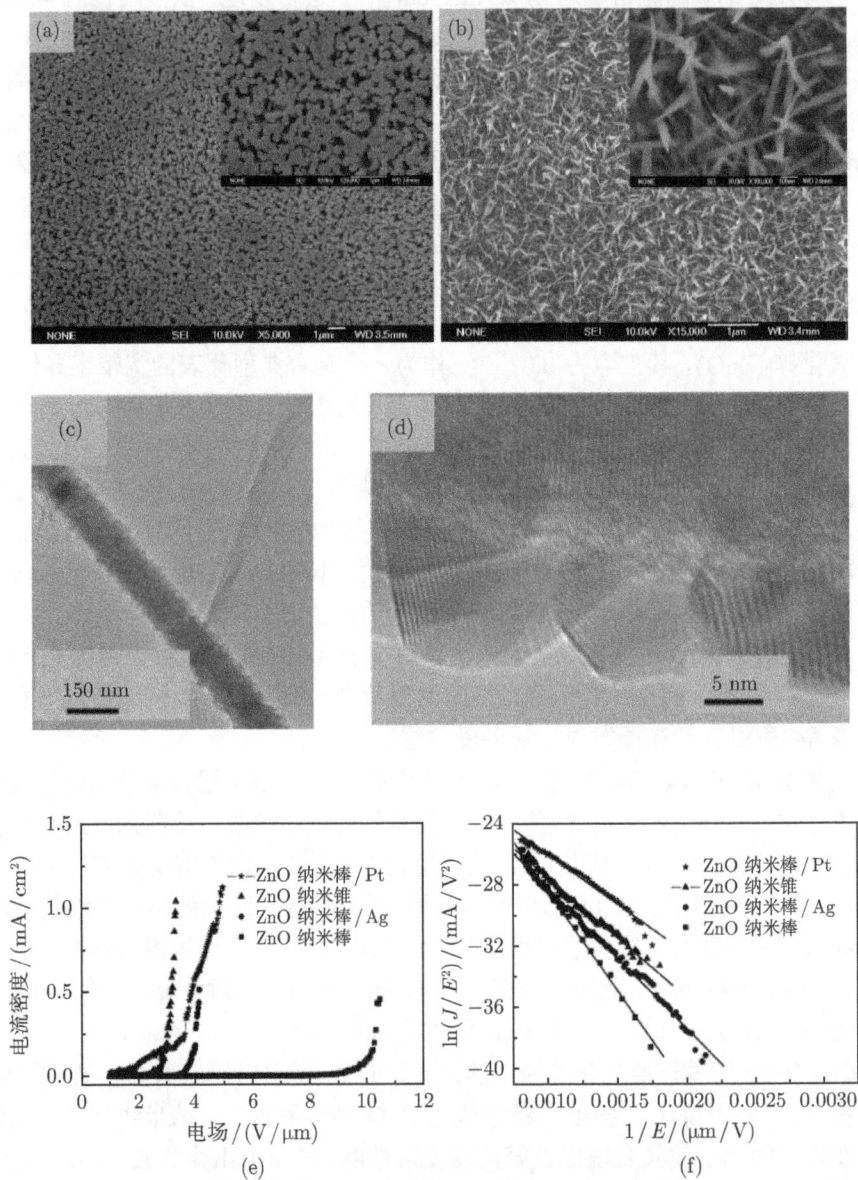

图 1.4.1　纳米棒和纳米锥 SEM 图片和场发射曲线

(a) 纳米棒阵列形貌；(b) 纳米锥阵列；(c)，(d) 在纳米棒上修饰金属颗粒后的形貌；(e)、(f) 场发射曲线

能。Kang 等[50] 利用微接触印刷技术，在衬底上形成 ZnO 籽晶模板，然后利用水浴法制备出氧化锌纳米线阵列。制备出的 ZnO 纳米线形貌呈现针状，如图 1.4.2 所示。

图 1.4.2 针状 ZnO 纳米线 SEM 照片

利用该方法不仅可以在硅衬底上制备 ZnO 纳米线阵列，还可以在金属、无机物以及塑料的衬底上制备。由于纳米线顶端呈现针状，很好地减小了场发射过程中不同纳米线之间的相互影响，从而降低场发射过程中的屏蔽效应，而且尖端效应有利于电子的发射，所以通过上述方法制备出的 ZnO 纳米线表现出优异的场发射性，其开启电场只有 1.6 V/μm。

1.4.3 纳米碳管场发射材料

纳米碳管即 CNT，最初在 1995 年，Rinzler 等发现了 CNT 场发射增强现象[51]，对开口 CNT，场发射电流大大增强，且发射最后局域管壁边沿的单个原子。同年，Deheer 等[52] 报道了基于碳纳米管场发射高密度电子枪，在低电压下，其场发射电流甚至超过了 100 mA，为场发射显示器提供了广阔应用前景与基础。这些都是非常经典的纳米增强场发射的例子，从而引发了人们研究纳米材料场发射高潮尤其是 CNT 场发射研究。另外，Chernozatonskii 等[53] 也研究了纳米丝碳薄膜场发射特性，在 100 V/μm 场强下，甚至得到了高达 1 A/cm² 电流。

CNT 随着结构改变，其电学行为可以表现为金属或半导体特性。CNT 是由石墨平面按一定的方向卷曲而形成的中空管状的碳结构。不同的卷曲方向和管径决定了 CNT 的不同结构。按结构，CNT 可分为单层碳纳米管 (SWNTs) 和多层碳纳米管 (MWNTs)[54-56]。自从 1991 年被发现以来，因其具有独特的电学性质和潜在的应用前景而受到人们极大的关注[57]。1995 年 Heer 发现了 CNT 的场发射特性，提出将 CNT 作为场发射电子源的设想[58]；1998 年研制出了第一只具有 CNT 场发射体的试验性器件。从单一的场发射性能的研究到实际的场发射器件的研制，CNT 一直显示着优越的场发射性能，被认为是当前最有前途的阴极电子发射材料。

CNT 具有长径比大，机械强度和电导率高，以及良好的热稳定性和化学惰性，作为场发射材料，其具有较高的场增强因子，较小开启电场，高发射电流密度。因此，CNT 基场发射体在平板显示、发光器件、高亮度电子显微镜源、射频 (RF) 放大器、便携式 X 射线设备以及电离真空计等方面都有很好的应用前景。然而，在实际应用之前仍有许多难点亟须解决。主要涉及 CNT 场发射器件的稳定性、性能一致性、再生性及成本问题。为了解决这些问题，实现 CNT 的结构可控生长，完全理解 CNT 的场发射和衰退机理，以及 CNT 场发射器件的结构优化是目前重要的研究方向。

具备高的几何场增强的 CNT 的管径范围为 $1\sim50$ nm，轴向长度一般为微米级，由于 CNT 尺寸很小，长径比很大，构成非常理想的 "尖端"，所以在管子的顶部附近，电场非常集中，具有很强的局域电场，表面势垒变得很薄，电子通过隧道效应很容易逸出，发射到真空中形成场发射[59]。这种发射与硅锥及钼锥相比，具有更低的场发射阈值电场强度 ($1\sim3$ V/μm) 和更高的场发射电流密度 (约 1 A/cm^2)。另外，由于其中的碳–碳键以 sp^2 杂化占主要成分、具有良好的导电性、化学稳定性好、机械强度高，所以 CNT 被认为是 Spindt 金属微针尖的最佳替代者[60]。

CNT 阵列的场发射特性因为受到诸多因素的影响而变得复杂[61-63]，如 CNT 的定向性、阵列密度、几何特征、结构 (单壁或多壁)、系统真空度以及 CNT 与基底材料之间键合的牢固程度等。为了达到最好的场发射效果，CNT 的取向应该尽量一致；一般施加相同的外加电场，相对于衬底垂直定向排列的 CNT 比无序排列的 CNT 有更大的发射电流密度；管阵列密度应控制在一定范围内，CNT 密度越大，发射电流越大，如果密度超过一定范围，管与管之间的屏蔽效应会减小场增强因子，发射能力受到抑制，因此适当的 CNT 密度是保证良好发射性能的一个重要参数；与 MWNTs 相比，SWNTs 有较小的直径和较少的结构缺陷，能获得更高的发射电流密度和更长的使用寿命；螺旋度、管长、管半径对场发射性能也有密切关系，CNT 的螺旋度不同，可以呈现出金属或半导体两种不同的性质；CNT 场致发射阴极薄膜的真空性能对发射材料的长期稳定性至关重要，良好的真空度，能保证当电流密度比较高时，有更稳定的场发射性能；要想将 CNT 薄膜阴极装配到器件当中，就必须对阴极衬底 (硅片) 进行固定，只有所生长的 CNT 薄膜和硅衬底之间的粘贴力较强时，才能够实现良好的电学接触。虽然 CNT 具有极佳的场发射特性，但还是无法达到实际应用的效果，主要是因其有关的发射机理尚不清楚，大面积均匀性、发射稳定性等问题一直无法克服[64-66]。整体而言，CNT 是一种优异的电子源。目前，在 CNT 的制备以及研究领域已经取得相当程度的进展，但是在控制 CNT 的形状、方向及密度等方面还不完善；在对一些问题的理解上仍存在许多空白。

目前对于 CNT 的场发射性能还是使用传统的 F-N(Fowler-Nordheim) 方程来粗略估算。然而 CNT 表现出的非金属性与纳米材料的特性使得它有别于传统的场发射材料,同时已经有报道观测到其场发射体的表现与 F-N 模型的偏离。此外,尚未完全弄清 CNT 本身的性质 (如占有态能级、费米能级、管手性、直径以及最终表现的缺陷) 是否对其场发射性能有影响。例如,伯纳德等裸眼观测到 CNT 场发射时出现发光现象,这表明光发射是由场发射时分立能级中电子转移造成的。独立的多壁碳纳米管的场发射能量分布 (Field Emission Energy Distribution, FEED) 也表明光谱中峰的位置与激发电压呈线性关系,不同于发射峰的位置固定在费米能级附近的金属场发射体。CNT 电子发射的能量分布非常窄 ($\approx$0.2 eV),是传统金属场发射体的一半。这些现象都表明 CNT 的场发射机理与传统的金属发射体的连续模型 (如 F-N 模型) 有本质的区别[67,68]。因此,亟须发展一个精确描述 CNT 场发射性能的合适模型。

1.4.4 纳米金刚石薄膜场发射材料

近年来,人们也开始广泛关注宽带隙半导体,特别是金刚石、类金刚石,它们本身具备的良好的物理化学性能为其场发射广阔的应用前景提供了可靠保证。关于纳米金刚石薄膜阴极场发射性能的研究结果表明[69],纳米金刚石薄膜阴极的开启电场 (发射电流密度为 10 μA/cm^2 时的电场) 仅为 0.8 V/μm 左右,阈值电场 (发射电流密度为 10 mA/cm^2 时的电场) 仅为 3~5 V/μm,比现有的 CNT 阴极 (5~7 V/μm)、掺杂金刚石阴极 (12.18 V/μm)、硅阴极 (50~100 V/μm) 等材料的场发射性能都要好。由于金刚石纳米线具有纳米级发射尖端和较大的高径比,其场发射能力远强于纳米金刚石薄膜,1999 年 E. S. Baik 和 Y. J. Baik 等[70] 用空气等离子体刻蚀金刚石薄膜法制备出金刚石纳米尖端,当其开启电场为 10 V/μm 时,阈值电场为 3 V/μm,发射电流密度为 0.8 nA/tip。1999 年,Ma 等[71] 利用微波等离子体辅助化学气相沉积方法 (MWCVD) 制备出氮碳纳米线阵列,当其开启电场为 1.0 V/μm、外加电场为 5~6 V/μm 时,发射电流密度为 200 mA/cm^2;2005 年,闫鹏勋、李晓春等[72] 采用磁过滤等离子体结合氧化铝模板技术制备了具有优异场发射性能的非晶金刚石纳米棒阵列膜,其场发射性能测试表明,其最低阈值电场为 0.16 V/μm,在 2 V/μm 较低电场值下可获得最大电流密度 180 mA/cm^2,并且发射电流在长时间内非常稳定。

Wang 等[73,74] 报道了通过 CVD 沉积的不同厚度的金刚石薄膜场发射特性,结果表明,相对于微米、亚微米金刚石,纳米金刚石薄膜具有较低的阈值电压,达到了 1.5 V/μm,而且呈现出随薄膜厚度降低,阈值电压也相应降低的特点,与微米膜相比,阈值电压降低了十几倍。由于金刚石的 NEA 特性,导带中的电子不用穿过任何势垒进入真空,在较低电场下就可发射电子。但由于这一 NEA 同样作用于向材料内部迁移的电子, 材料导带中的电子补给较难, 加上金刚石材料电阻很大, 所以导致其场发射性能受到很大限制。而纳米金刚石薄膜中引入的导电晶界有助于提高材料的导电性[75], 金刚石的晶粒越小, 其场发射性能越好。

对纳米金刚石薄膜的研究认为, 纳米场发射增强效应主要源自晶粒边界而不是晶粒本身; 由于气相生长的纳米金刚石中存在大量的非晶碳成分, 形成 sp^3 杂化键和 sp^2 杂化键的掺杂, 场增强效应增大[76]。把纳米金刚石的场发射性能和其他化学气相沉积法制备的金刚石进行比较, 发现纳米金刚石的场发射电压最低, 缺陷密度对场发射影响很大, 缺陷在纳米金刚石中起到了提供和传输电子的作用, 纳米金刚石颗粒中的边界和高缺陷使它具有良好的发射性能。

1.4.5　石墨烯场发射材料[77]

近年来, 随着对石墨烯场发射性能的研究, 针对石墨烯场发射的理论模型也相应地建立起来。Xiao 等[78] 在研究单层石墨烯的场发射性能时指出石墨烯的场发射方程如下:

$$\ln(I/E^{\alpha}) \sim 1/E^{\beta} \tag{1.4.1}$$

式中, I 表示发射电流线电流密度, E 表示外加电场, α、β 是与电场强度相关的指数。对于高场区域 (α, β) 为 $(3/2, 1)$, 低场区域为 $(3, 2)$, 这与传统的 F-N 方程有所不同。Mao 等[79] 在研究镜像势对石墨烯纳米条带的场发射性能的有限尺寸效应时, 发现当二维石墨烯变成纳米条带时, 其狄拉克点附近的能级分裂为子带结构。石墨烯纳米条带的能带间隙张开并且随着纳米条带宽度的增大而增大, 这种现象在纳米条带为几纳米时较为明显, 这也导致了石墨烯场发射电流密度在外场下随纳米条带宽度的减小而减小。此外镜像势对石墨烯场发射电流密度的影响随温度的降低而减小。Liang 等[80] 指出目前开展的石墨烯场发射研究工作视石墨烯为块体材料, 仍以块体材料的场发射判断标准 F-N 方程为依据。对此他们建立新模型研究垂直取向的单层石墨烯的场发射性能, 该模型认为石墨烯中的电子发射经过如下三个步骤: ①电子在石墨烯中传输, 需穿过内部随时间振动的势垒; ②在内部随时间振动的势垒与外部势垒之间进行弹道输运; ③克服静电势垒发射到真空中。研究发现垂直取向的单层石墨烯的边带电子发射只与内部随时间振动的势垒的振幅和频率有关, 外加直流电场的作用可以忽略。Sun 等[81] 考虑到石墨烯中的电子具有相对论粒子特性以及 Klein 隧穿效应, 研究了具备线性色散关系的低能电子的发射。研究发现在几何场增强因子相同的条件下, 书中所建模型的发射电流比传统的 F-N 模型的更高。目前, 石墨烯场发射研究主要关注以下三方面。

1. 单纯石墨烯阴极场发射

Zhang 等[82] 在硅衬底上制备出垂直取向的石墨烯场发射阴极, 其层数从底部 (8~10 层) 到顶端 (2~4 层) 逐渐减少, 其最佳开启电场为 1.8 V/μm, 发射电流波动为 3.7%，结果显示该石墨烯场发射阴极具备良好的场发射稳定性。Wu 等[83] 采用电泳法制备出厚度均匀、密度高的均匀单层石墨烯薄膜并研究了其场发射性质。他们发现石墨烯薄膜 (层数 ≤3 层) 具备大量垂直于薄膜表面的边沿，这些边沿可视为有效场发射微尖，研究显示其开启电场为 2.3 V/μm，阈值电场为 5.2 V/μm，具备优异的场发射稳定性。

2. 石墨烯基复合材料场发射阴极

Chen 等[84] 研究了表面修饰 Au 纳米颗粒的石墨烯基场发射阴极的发射性能。他们发现 Au 纳米颗粒的修饰不仅提高了石墨烯的导电性也增加了发射点的数量。Au 纳米颗粒修饰的石墨烯场发射阴极具备更好的场发射性能。Palnitkar 等[85] 研究发现，相对于未掺杂和 B 掺杂石墨烯而言，N 掺杂石墨烯具有最佳的场发射性能，其开启电场仅为 0.6 V/μm(电流密度为 10 μA/cm²)，作者认为 N 掺杂到石墨烯中形成施主，提高了石墨烯中的费米能级。将石墨烯的强导电性、导热性与其他材料相结合，由石墨烯提供电子的输运或者散热，其他纳米材料提供高场增强因子，获得优异的场发射性能；Chang 等[86] 将石墨烯的高导电性、热稳定性与垂直取向的 CNT 优良场发射性能相结合制备出全碳材料的场发射阴极，与玻璃衬底相比，采用石墨烯薄膜作为衬底使得其与 CNT 的接触电阻率更低。研究显示该阴极的电子发射性能稳定、发光亮度均匀。Hwang 等[87] 在石墨烯衬底上生长垂直取向的氧化锌纳米线制备透明柔性场发射阴极，通过改变石墨烯薄膜的弯曲方向控制氧化锌纳米线的分布密度。研究发现，在凸起的石墨烯薄膜上生长的氧化锌纳米线的场发射性能最佳，研究人员认为该结构降低了氧化锌纳米线之间的屏蔽作用，石墨烯与氧化锌之间形成欧姆接触有利于电子传输。Maiti 等[88] 将单层石墨烯旋涂到垂直取向的氧化锌纳米线上，并对其进行等离子体刻蚀得到石墨烯/氧化锌纳米线两级场发射阴极。等离子体的刻蚀形成大量超级尖锐的石墨烯边缘，这一结构有利于场发射性能的提高。研究发现当刻蚀时间为 30 s 时得到的样品的效果最好，其开启电场为 1.8 V/μm，阈值电场为 4.9 V/μm，其场增强因子达到 10179。作者认为在氧化锌纳米线与石墨烯的界面处的能带产生了弯曲，使得电子能够在发射材料内部传输，同时氧化锌纳米线与石墨烯锐边产生的多级效应，提高了电子隧穿到真空的几率。

3. 石墨烯基表面传导电子场发射阴极

石墨烯表面传导电子场发射建立在不易制备垂直于衬底的石墨烯的基础上，利用石墨烯本身的高长径比以及大量锐边，将其水平沉积于阴极上，以四针状氧化锌纳米结构为导电薄膜填充于阴极与栅极之间[89]。当栅极与阴极之间施加电场时，电子从石墨烯边缘发射出来，一部分电子因初始速度斜向上直接被阳极电场牵引轰击阳极荧光屏，其他电子受到栅极电场的牵引轰击四针氧化锌纳米结构产生二次电子发射，再被阳极收集。

1.4.6　其他场发射材料[90]

此外，铁电体如 BIT(层状钙钛矿晶体)，PZT(钛锆酸铅 $PbZr_xTi_{1.x}O_3$)，PBT(层状钛酸铅铋 $Pb_2Bi_4Ti_5O_{18}$) 等结构有优良的铁电、介电和电光性能，在外加电场作用下，能产生快速的自发场致极化反转，发生晶相转换，并伴随有显著的表面电荷释放和电子发射。铁电材料的场发射研究源于 1965 年，但直到 1990 年瑞士 CERN 的研究者在 PZT(锆钛酸铅) 和 PLZT(掺镧锆钛酸铅) 体材料上采用脉冲电场得到了大于 $70\ A/cm^2$ 的发射电流，才开始受到研究者的重视。一般铁电材料的功函数较小，故可采用平面发射方式；由于铁电发射材料坚硬、化学稳定性好、容易保存、易于处理、可工作在恶劣环境中，所以被认为在大功率微波器件、强流电子束器件与装置以及真空微电子学领域会有好的应用前景。对铁电材料作阴极的研究仍是初级探索阶段。另外，1984 年由荷兰菲利浦实验室利用 pn 结雪崩击穿电子发射现象研制出雪崩二极管冷阴极。

1.5　纳米场发射冷阴极器件应用

利用场发射原理通过现代微加工技术制造出来的真空微电子器件有许多超过固体半导体器件的优点，例如，它能提供很大的电流密度，真空微电子器件中电子的弹道传输方式比半导体器件中的荷电粒子传输方式更有效，速度更快且基本无功耗，它的工作特性是对基本温度依赖性小且对辐射不敏感。利用这种器件做成的通信和控制系统能在各种恶劣的环境下工作，因此有着较为广泛的应用。

1956 年，W. P. Dyke[91] 采用场发射技术制造了一种 X 射线管，随后，场发射在很多方面得到了广泛的应用。许多先进器件结构采用场发射阵列阴极 (FEA) 作为电子源，其主要应用有：场发射共振隧穿二极管、场发射平板显示器、场发射扫描电镜 (FESEM)、场发射传感器、行波管和微波放大器、场发射光电探测等。这类真空微电子器件被认为是继真空器件与固体器件之后的第三代新型电子器件。兼有前两者的优点：①体积小、重量轻，容易实现大面积集成；②电子传输速度快、器件运行速度高；③适应较宽温度范围；④能在较低真空度和较低电压下稳定工作；⑤器件工作之前无需预热、功率损耗低等。

1.5.1　场发射共振隧穿二极管

场发射共振隧穿二极管已经成为了纳米量子器件的一种基本器件，是多种高速数字电路的重要的组成部分。它是由两个量子势垒夹有一个量子势阱而构成的一种两端量子器件，依靠所谓共振隧穿效应来工作，具有负微分阻的伏安特性。可以在高频、高速下工作，具有低工作电压、低功耗等特点，只用少量器件便可完成多种逻辑功能[22]。

1.5.2 场发射显示器

场发射最广泛的应用是场发射显示领域。自 1991 年以来，场发射显示器技术成为一种迅速发展的平板显示技术。如图 1.5.1 所示，FED 发光原理最接近 CRT，都是阴极电子发射主动型发光，工作在真空状态，依靠电子轰击荧光粉发光，具有基本相同的荧光屏结构。两者不同之处在于电子的发射和扫描驱动方式。CRT 中电子束由阴极发出，经过调制、聚焦和扫描偏转后打到荧光屏上，荧光屏被逐点轰击。而 FED 中，电子是由与荧光屏临近的场发射阴极阵列发出的，每个荧光粉发光点对应一个发射阴极。阴极发射电流是由行列电极的电压控制，发光是逐行进行的，因此每个阵列阴极的发射电流远小于 CRT 中的电子束流[92-94]。

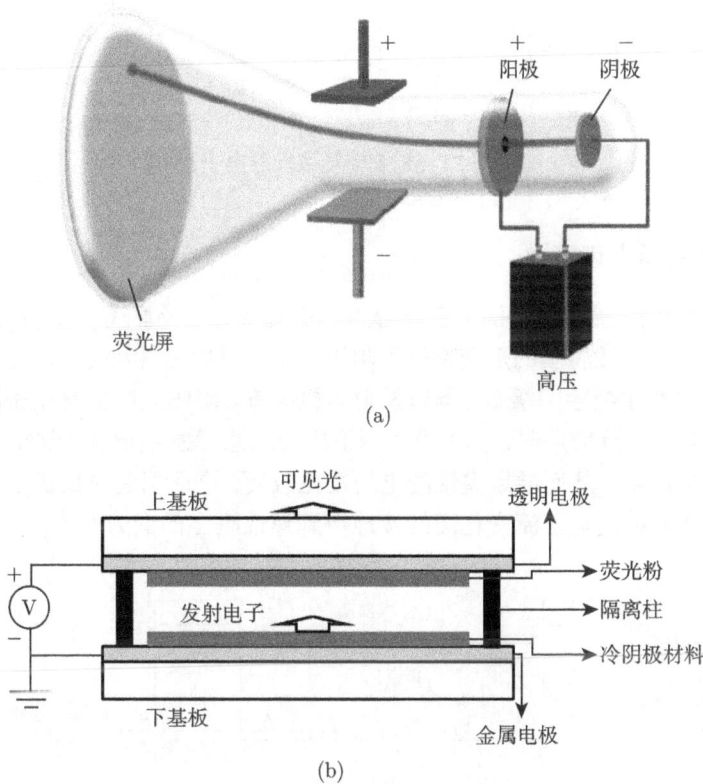

(a)

(b)

图 1.5.1　显示器的结构原理图

(a) 阴极射线管；(b) 场发射显示器

1.5.3　场发射扫描电镜

场发射扫描电子显微镜与普通扫描电镜不同的是采用高亮度场发射电子枪。场发射电子枪与普通钨丝电子枪有所不同，如图 1.5.2 所示，它由阴极、抽取电极和加速电极组成。其中阴极作为电子照明源的发射体，在抽取电极所施加的强电场作用下引致电子发射。尖端的电场极强，电子直接依靠"隧道"穿过势垒离开阴极，由加速电压加速产生高速电子流飞向样品[95]。

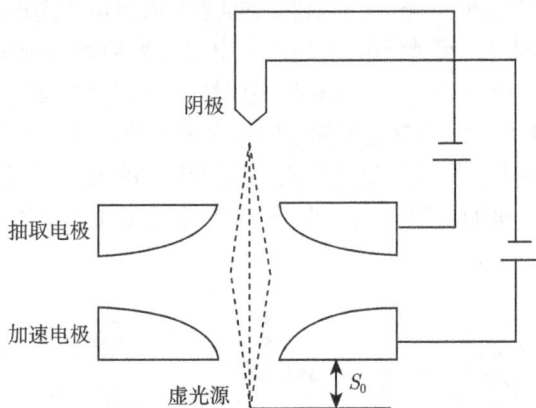

图 1.5.2　SEM 的场致发射电子枪

1.5.4　场发射压力传感器

场发射压力传感器从结构上主要分为二极管式、三极管式、悬臂梁式。它的灵敏特性主要由压力敏感膜的形变特性和阴极尖锥的发射特性决定。如图 1.5.3 所示，二极管式传感器主要由阳极板、场致发射阴极尖锥、阴阳之间的真空微腔、绝缘层等几部分组成。实际应用时，在压力作用下压力敏感膜发生形变，改变了发射体与收集极之间的距离，从而导致尖锥的电场发生改变，进而引起收集极电流变化。如此，就可通过测量发射电流变化而间接地得到弹性膜上的受力[96,97]。

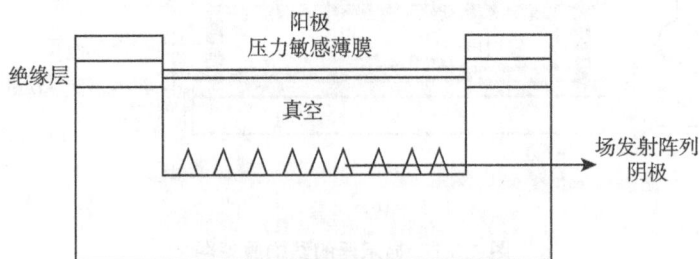

图 1.5.3　场发射二极管压力传感器

1.5.5 场发射微波器件

当工作频率提高至毫米波段，或应用系统提出特殊的性能要求时，传统微波器件的设计和制造会遇到相当大的、甚至无法解决的困难。用场发射阵列阴极取代热阴极能够实现微波器件频率和功率上限的突破和器件整体性能的提高。其中行波管是一种重要的微波器件，是靠连续调制电子注的速度来实现放大功能的微波电子管。如图 1.5.4 所示，结构上包括电子枪、慢波电路、集中衰减器、能量耦合器、聚焦系统和收集极等部分。电子枪采用场发射阴极具有无需加热、使用环境广泛、可瞬时启动等优点[98,99]。

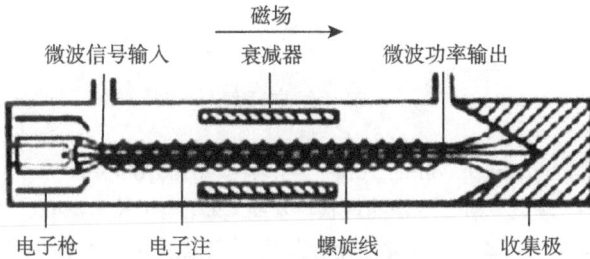

图 1.5.4 行波管图

1.5.6 场发射光电探测器件

图 1.5.5 是硅基场致发射光电探测器的基本结构图。外加电源使硅锥光电阴极的场致发射电流工作在饱和区域。此时体内向表面提供电子的速率基本恒定，外场变化影响发射电流的大小。如果某种原因使体内电子数量增加，则向表面提供电子的数量将随之增加，从而引起发射电流的增大。硅基场致发射光电探测器就是利用半导体体内光激电子数量的增加这一原理设计而成[100]。

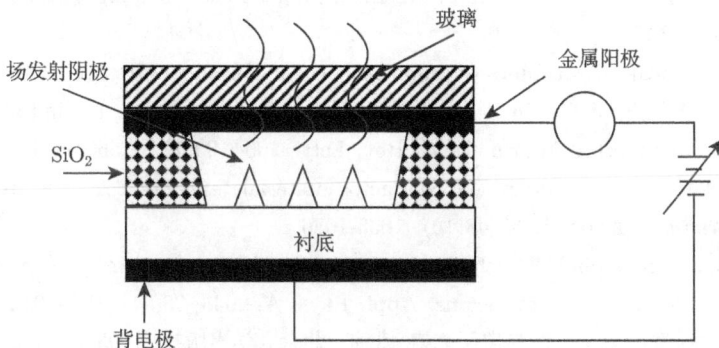

图 1.5.5 场发射光电探测器的基本结构图

　　此外，随着场发射技术的进一步发展，场发射技术必将扩展到许多未知的领域，如超级电子计算机、超级通信设备以及新一代军事电子技术装备等。人们期望更高的是通过真空微电子学派生出微机械电子学，一旦研制出纳米级微机械电子器件，微机械或电子学就会有大的突破。目前，带有集成的场发射阴极阵列的电子微柱在用于亚微米集成电路测量的平行多波束电子束光刻和集成电路的电子束测量及高精度测量和表面分析用的小型电子枪上已引起了人们的注意。另外，采用阵列场发射电子源的电子束光刻可增加纳米结构制作工艺的产量，它可以用多个电子束同时写下不同位置的图形，并得到比普通的电子光刻系统更好的低压性能及亮度。如日本日立公司利用了尖端场发射电子源的电子束能量分散性小、发射角小，因而有高度相干性的特点，发展了显微电子全息照相技术，开创了显微分析的一个新领域。

参 考 文 献

[1] http://www.displaysearch.com.cn/press_releases/20150203.php.

[2] 朱长纯, 史永胜. 场致发射显示器的现状与发展. 真空电子技术, 2002, 5: 15-17.

[3] 李军. 氧化锌薄膜的制备及场发射性能研究. 北京工业大学硕士学位论文, 2008.

[4] 赵维. 氮化物半导体纳米薄膜结构增强场发射及其机理研究. 北京工业大学博士学位论文, 2012.

[5] Spindt C A. A thin-film field-emission cathode. J. Appl. Phys., 1968, 39(7): 3504-3505.

[6] Qu K, Li C, Hou K, et al. High efficiency surface-conducted field emission from a ZnO nanotetrapod and MgO nanoparticle composite emitter. Appl. Phys. Lett., 2008, 93(25): 253501.

[7] http://family.pconline.com.cn/news/0710/1123086.html.

[8] 福州大学光电信息. 平板显示技术国家地方联合工程实验室 (http://fed.fzu.edu.cn/Product.asp?ClassID=3).

[9] Gray H F, Greene R F. Method of Manufacturing a Field-Emission Cathode Structure. US Patent 4307507, 1981, 1-6.

[10] Iijima S. Helical microtubules of graphitic carbon. Nature, 1991, 354(6348): 56-58.

[11] Huang N Y, She J C, Chen J, et al. Mechanism responsible for initiating carbon nanotube vacuum breakdown. Phys. Rev. Lett., 2004, 93(7): 075501(1-4).

[12] Yoder M N. Wide bandgap semiconductor materials and devices. Electron Devices, IEEE Transactions on, 1996, 43(10): 1633-1636.

[13] Takai M, Jarupoonphol W, Ochiai C, et al. Processing of vacuum microelectronic devices by focused ion and electron beams. Appl. Phys. A, 2003, 76(7): 1007-1012.

[14] 薛增泉, 吴全德. 电子发射与电子能谱. 北京: 北京大学出版社, 1993.

[15] 王如志, 王波, 严辉. 场电子发射研究现状及理论概述. 物理, 2002, 31(2): 84-97.

[16] 李松玲. 氮化物半导体薄膜的制备及其场发射性能研究. 北京工业大学工学硕士学位论文, 2011.

[17] Li Y L, Shi C Y, Li J J, et al. Local field-emission characteristic of individual AlN cone fabricated by focused ion-beam etching method. Applied Surface Science, 2008, 254: 4840-4844.

[18] Song X B, Guo Z G, Zheng J, et al. AlN nanorod and nanoneedle arrays prepared by chloride assisted chemical vapor deposition for field emission applications. Nanotechnology, 2008, 19(11): 115609.

[19] 李玉增. III-V族氮化物半导体材料研究概述. 稀有金属, 1997, 21(1): 52-67.

[20] Scheer J J, van Laar J. GaAs-Cs: A new type of photoemitter. Solid State Communications, 1965, 3(8): 189-193.

[21] Williams B F, Martinelli R U, Kohn E S. Negative electron affinity secondary emitters and cold cathodest. Advances in Electronics & Electron Physics, 1972, 33: 447-457.

[22] Evtukh A, Hartnagel H, Yilmazoglu O, et al. Vacuum nanoelectronic devices. Novel Electron Sources and Applications, 2015: 314-362.

[23] Castro T, Reifenberger R, Choi E, et al. A field-emission technique to measure the melting temperature of individual nanometer-sized clusters. Surf. Sci., 1990, 234 (1-2): 43-52.

[24] Lin M E, Reifenberger R, Andres R P. Field-emission spectrum of a nanometer-size supported gold cluster-theory and experiment. Phys. Rev. B, 1992, 46 (23): 15490-15497.

[25] Lin M E, Reifenberger R, Ramachandra A, et al. Size-dependent field-emission spectra from nanometer-size supported gold clusters. Phys. Rev. B, 1992, 46 (23): 15498-15502.

[26] Qian W, Scheinfein M R. Spence jchbrightness measurements of nanometer-sized field-emission-electron sources. J. Appl. Phys., 1993, 73 (11): 7041-7045.

[27] Mcbride S E, Wetsel G C. Nanometer-scale features produced by electric-field emission. Appl. Phys. Lett., 1991, 59 (23): 3056-3058.

[28] Han S W, Lee M H, Ihm J. Dynamical simulation of field emission in nanostructures. Phys. Rev. B, 2002, 65(8): 5405.

[29] Han S W, Ihm J. First-principles study of field emission of carbon nanotubes. Phys. Rev. B, 2002, 66 (24): 093122.

[30] Fisher T S, Walker D G. Thermal and electrical energy transport and conversion in nanoscale electron field emission processes. Journal of Heat Transfer-Transactions of the ASME, 2002, 124(5): 954-962.

[31] Zhang L, Ramer J, Brown J, et al. Electron cyclotron resonance etching characteristics of GaN in SiCl$_4$/Ar. Appl. Phys. Lett., 1996, 68(3): 367-369.

[32] Kozawa T, Suzuki M, Taga Y, et al. Fabrication of GaN field emitter arrays by selective

area growth technique. Journal of Vaccum Science & Technology B, 1997, 16(2): 833-835.

[33] Underwood R D, Keller S, Mishra U K, et al. GaN field emitter array diode with integrated anode. Papers from the 10th International Vacuum Microelectronics Conference 16, 1998, 822-825.

[34] Kapolnek D, Underwood R D, Keller B P, et al. Selective area epitaxy of GaN for electron field emission devices. J. Cryst. Growth, 1997, 170: 340-343.

[35] Sugino T, Hori T, Kimura C, et al. Field emission from GaN surfaces roughened by hydrogen plasma treatment. Appl. Phys. Lett., 2001, 78: 3229-3231.

[36] Berishev I, Bensaoula A, Rusakova I, et al. Field emission properties of GaN films on Si(111). Appl. Phys. Lett., 1998, 73, 1808-1810.

[37] Sun L, Yan F, Wang J, et al. The field emission properties of nonpolara-plane n-type GaN films grown on nano-patterned sapphire substrates. Physica Status Solidi (a), 2009, 206: 1501-1503.

[38] Jejurikar S M, Koinkar P M, More M A, et al. Field emission studies of nanostructured-axis oriented GaN film on SiO_x/Si(100) by pulsed laser deposition. Solid State Communications, 2007, 144: 296-299.

[39] Kimura C, Yamamoto T, Hori T, et al. Field emission characteristics of BN/GaN structure. Appl. Phys. Lett., 2001, 79: 4533-4535.

[40] 王峰瀛, 王如志, 赵维, 等. 非晶氮化镓纳米超薄膜 PLD 制备及其场发射性能. 中国科学 F, 2009, 39(3): 378.

[41] Zhao W, Wang R Z, Song X M, et al. Ultralow-threshold field emission from oriented nanostructured GaN films on Si substrate. Appl. Phys. Lett., 2010, 96: 092101.

[42] Sugino T, Kimura C, Yamamoto T. Electron field emission from boron-nitride nanofilms. Appl. Phys. Lett., 2002, 80(19): 3602-3604.

[43] Park C J, Choi D K, Yoo J Y, et al. Enhanced field emission properties from well-aligned zinc oxide nanoneedles grown on the Au/Ti/n-Si substrate. Appl. Phys. Lett., 2007, 90: 083107-1-083107-3.

[44] Bagnall D M, Chen Y F, Zhu Z, et al. Optically pumped lasing of ZnO at room temperature. Appl. Phys. Lett., 1997, 70(17): 2230-2233.

[45] Bae H Y, Choi G M. Electrical and reducing gas sensing properties of ZnO and ZnO-CuO thin films fabricated by Spin coatng method. Sensors & Actuators, 1999, B5(1): 47-52.

[46] Lee C J, Lee T J, Lyu S C, et al. Field emission from well-aligned zinc oxide nanowires grown at low temperature. Appl. Phys. Lett., 2002, 81(19): 3648-3650.

[47] Ye C, Bando Y, Fang X, et al. Enhanced field emission performance of ZnO nanorods by two alternative approaches. The Journal of Physical Chemistry C, 2007, 111(34): 12673-12676.

[48] Chu F H, Huang C W, Hsin C L, et al. Well-aligned ZnO nanowires with excellent field emission and photocatalytic properties. Nanoscale, 2012, 4(5): 1471-1475.

[49] Garry S, McCarthy É, Mosnier J P, et al. Influence of ZnO nanowire array morphology on field emission characteristics. Nanotechnology, 2014, 25(13): 135604.

[50] Kang H W, Yeo J, Hwang J O, et al. Simple ZnO nanowires patterned growth by microcontact printing for high performance field emission device. The Journal of Physical Chemistry C, 2011, 115(23): 11435-11441.

[51] Rinzler A G, Hafner J H, Nikolaev P, et al. Unraveling nanotubes-field-emissio from an atomic wire. Science, 1995, 269 (5230): 1550-1553.

[52] Deheer W A, Chatelain A, Ugarte D. A carbon nanotube field-emission electron source. Science, 1995, 270 (5239): 1179-1180.

[53] Chernozatonskii L A, Gulyaev Y V, Kosakovskaja Z J, et al. Electron field-emission from nanofilament carbon-films. Chemical Physics Letters, 1995, 233 (1-2): 63-68.

[54] Milne W I, Teo K B K, Amaratunga G A J, et al. Carbon nanotubes as field emission sources. Journal of Materials Chemistry, 2004, 14, 933-943.

[55] Wildoer J W G, Venema L C, Rinzler A G, et al. Electronic structure of atomically resolved carbon nanotubes. Nature, 1998, 391: 59.

[56] Ramprasad R, von Allmen P, Fonseca L R C. Contributions to the works function: A density-functional study of adsorbates at graphene ribbon edges. Phys. Rev. B, 1999, 60: 6023.

[57] Lijima S. Helical microtubules of graphitic carbon. Nature, 1991, 358: 56-58.

[58] De Heer W A, Chatelain A, Ugarte D. A carbon nanotube field emission electron source. Science, 1995, 270(17): 1179-1180.

[59] Modinos A. Field Thermionic and Secondary Electron Emission Spectroscopy. US: Springer Plenum Press, 1984.

[60] Crespi V H. Relations between global and local topology in multiple nanotube junctions. Phys. Rev. B, 1998, 581(19): 12671.

[61] Filip V, Nicolaescu D, Tanemura M, et al. Analytical model for electron field emission from capped carbon nanotubes. J. Vac. Sci. Technol. B, 2004, 22(3): 97-98.

[62] Adessi C, Devel M. Theoretical study of field emission by single-wall carbon nanotubes. Phys. Rev. B, 2000, 62(621): 13314-13317.

[63] Mayer A, Miskovsky N M, Culter P H. Theoretical comparison between fieldemissi on from single-wall and multi-wall carbon nanotubes. Phys. Rev. B, 2002, 65: 155420.

[64] Thess A, Lee R, Nikolaev P, et al. Crystalline ropes of metallic carbon nanotubes. Science, 1996, 273(5274): 183-487.

[65] Dean K A, Chalamala B R. The environmental stability of field emission from single-walled carbon nanotubes. Appl. Phys. Lett., 2000, 75(75): 3017-3019.

[66] Maiti A, Andzelm J, Tanpipat N, et al. Effect of adsorbates on fieldemission from carbon nanotubes. Phys. Rev. Lett., 2001, 87(15): 147-230.

[67] Bonard J M, Salvetat J P, Stockli T, et al. Field emission from carbon nanotubes: Perspectives for applications and dues to the emission mechanism. Appl. Phys. A, 1999, 69(3): 245-254.

[68] Filip V, Nicolaescu D, Tanemura M, et al. Modeling the electron field emission from carbon nanotubefilms. Ultramicroscopy, 2001, 89(1-3): 39-49.

[69] 李慧慧. 金刚石、类金刚石纳米线阵列的等离子体干湿法刻蚀制备与场发射性能的研究. 南昌大学硕士学位论文, 2014.

[70] Baik E S, Baik Y J, Jeon D. Diamond tip fabrication by air-plasma etching of diamond with an oxide mask. Diamond and Related Materials, 1999, 8(12): 2169-2171.

[71] Ma X, Wang E, Zhou W. et al. Polymerized carbon nanobells and their field-emission properties. Appl. Phys. Lett., 1999, 75(20): 3105-3107.

[72] 闫鹏勋，李晓春，徐建伟，等. 非晶金刚石纳米棒阵列制备及其场发射性能. 中国科学 E 辑工程科学材料科学, 2005, 35(11): 1186-1192.

[73] Wang S G, Zhang Q, Yoon S F, et al. Preparation and electron field emission properties of nano-diamond films. Materials Letters, 2002, 56 (6): 948-951.

[74] Wang S G, Zhang Q, Yoon S F, et al. Electron field emission properties of nano-, submicro- and micro- diamond films. Physica Status Solidi, 2002, 193 (3): 546-551.

[75] Zhang Y, Du J, Tang S, et al. Optimize the field emission character of a vertical few-layer graphene sheet by manipulating the morphology. Nanotechnology, 2012, 23(1): 015202.

[76] Wu Z S, Pei S, Ren W, et al. Field emission of single-layer graphene films prepared by electrophoretic deposition. Advanced Materials, 2009, 21(17): 1756-1760.

[77] 李剑, 王小平, 王丽军, 等. 石墨烯在场发射器件中的应用与研究现状. 材料科学与工程学报, 2015, 01: 145-150

[78] Xiao Z, She J, Deng S, et al. Field electron emission characteristics and physical mechanism of individual single-layer grapheme. ACS Nano, 2010, 4(11): 6332-6336.

[79] Mao L F. A theoretical analysis of field emission from graphene nanoribbons. Carbon, 2011, 49(8): 2709-2714.

[80] Liang S J, Sun S, Ang L K. Over-barrier side-band electron emission from graphene with a time-oscillating potential. Carbon, 2013, 61: 294-298.

[81] Sun S, Ang L K, Shiffler D, et al. Klein tunnelling model of low energy electron field emission from single-layer graphene sheet. Appl. Phys. Lett., 2011, 99(1): 013112.

[82] Zhang Y, Du J, Tang S, et al. Optimize the field emission character of a vertical few-layer graphene sheet by manipulating the morphology. Nanotechnology, 2012, 23(1): 015202.

[83] Wu Z S, Pei S, Ren W, et al. Field emission of single-layer graphene films prepared by electrophoretic deposition. Advanced Materials, 2009, 21(17): 1756-1760.

[84] Chen L, He H, Lei D, et al. Field emission performance enhancement of Au nanoparticles doped graphene emitters. Appl. Phys. Lett., 2013, 103(23): 233105.

[85] Palnitkar U A, Kashid R V, More M A, et al. Remarkably low turn-on field emission in undoped, nitrogen-doped, and boron-doped grapheme. Appl. Phys. Lett., 2010, 97(6): 063102.

[86] Chang H C, Li C C, Jen S F, et al. All-carbon field emission device by direct synthesis of graphene and carbon nanotube. Diamond and Related Materials, 2013, 31: 42-46.

[87] Hwang J O, Lee D H, Kim J Y, et al. Vertical ZnO nanowires/graphene hybrids for transparent and flexible field emission. Journal of Materials Chemistry, 2011, 21(10): 3432-3437.

[88] Maiti U N, Maiti S, Majumder T P, et al. Ultra-thin graphene edges at the nanowire tips: A cascade cold cathode with two-stage field amplification. Nanotechnology, 2011, 22(50): 505703.

[89] Lei W, Li C, Cole M T, et al. A graphene-based large area surface-conduction electron emission display. Carbon, 2013, 56: 255-263.

[90] 杜晓阳, 董树荣, 王德苗. 铁电阴极电子发射研究进展. 真空, 2006, 43(4): 43-48.

[91] Dykew P, Dolan W W. Field emission. Adv. Electron. Phys., 1956, 8: 89-185.

[92] Qian X M, Liu H B, Guo Y B, et al. Effect of aspect ratio on field emission properties of ZnO nanorod arrays. Nanoscale Research Letters, 2008, 3(8): 303-307.

[93] Fennimore A M, Roach D H, Wilson G A, et al. Enhancing lifetime of carbon nanotube field emitters through hydrocarbon exposure. Appl. Phys. Lett., 2008, 92(21): 213108.

[94] Zhou T T, She J C, Chen J, et al. Fabrication and characterization of a field emission display prototype for indoor giant display application. Journal of Vacuum Science & Technology B, 2007, 25(5): 1569-1573.

[95] 廖乾初, 蓝芬兰. 扫描电镜原理及应用技术. 北京: 冶金工业出版社, 1990.

[96] Whaley D R, Gannon B M, Smith C R, et al. Application of field emitter arrays to microwave power amplifiers. IEEE Transactions on Plasma Science, 2000, 28(3): 727-747.

[97] Xiao L, Qian L, Wei Y, et al. Conventional triode ionization gauge with carbon nanotube cold electron emitter. Journal of Vacuum Science & Technology A, 2008, 26(1): 1-4.

[98] 陆钟祚. 行波管. 上海: 上海科学技术出版社, 1962.

[99] Srivastava V, Carter R G, Ravinder B, et al. Design of helix slow-wave structures or high efficiency TWTS. Electron Devices, 2000, 47(12): 2438-2442.

[100] 关辉, 朱长纯. 硅基场致发射光电探测器及硅锥阴极工艺研究. 半导体光电, 1993, 14(2): 148-160.

第2章 纳米场发射理论

2.1 经典 F-N 理论[1]

2.1.1 金属场发射

场发射理论的研究始于 1928 年,剑桥大学的福勒教授 (R. H. Fowler) 和诺德海姆教授 (L.W. Nordheim) 提出了金属场发射理论[2]。基于量子力学,假设电子从金属电极发射及表面势为三角势,采用自由电子近似及 WKB(Wentzel-Kramers-Brillouin) 法[3] 得到 F-N(Fowler-Nordheim) 公式,此公式一直沿用至今,F-N 图也常被用作场发射研究的标准图。F-N 理论基础的建立包含以下 4 点假设:

(1) 金属表面电子遵循自由电子模型且其分布符合费米–狄拉克统计;

(2) 考虑无限大的光滑金属表面,即将模型简化为一维问题;

(3) 金属内部电子电势视为常数,金属外部势垒形状考虑镜像力的作用;

(4) 计算基于 0 K 温度条件下。

基于以上假设,场发射的电流密度为

$$J = e \int_{E_c}^{\infty} D(E_x) N(E_x) \, \mathrm{d}E_x \tag{2.1.1}$$

其中 $N(E_x)$ 金属内部 x 方向上能量为 E_x 的电子单位时间打在单位面积上的数目,称为供给函数。$D(E_x)$ 为这些电子穿透势垒的概率,即透射系数。积分下限 E_c 是导带底能级。

1. 供给函数 $N(E_x)$

假设发射的电子总能量为 E,则沿 x 方向的能量分量为

$$\frac{p_x^2}{2m} + eV(x) = E_x = E - \frac{p_y^2}{2m} - \frac{p_z^2}{2m} \tag{2.1.2}$$

速度为 v_x 的电子,在 $\mathrm{d}t$ 时间内打到 $\mathrm{d}y\mathrm{d}z$ 面积上的电子数是处于体积 $v_x\mathrm{d}t \cdot \mathrm{d}y\mathrm{d}z$ 中的全部电子。关于电子在 y, z 方向的动量,假设它不引起电子打在 $\mathrm{d}y\mathrm{d}z$ 面积上的数量变化,即在 $\mathrm{d}t$ 时间内会有些在 $v_x\mathrm{d}t \cdot \mathrm{d}y\mathrm{d}z$ 内的电子打到 $\mathrm{d}y\mathrm{d}z$ 外面去,但同时会有在 $v_x\mathrm{d}t \cdot \mathrm{d}y\mathrm{d}z$ 外部同样数量的电子打到 $\mathrm{d}y\mathrm{d}z$ 面积上,两者处于动态平衡。这样,在 $\mathrm{d}t$ 时间打到 $\mathrm{d}y\mathrm{d}z$ 面积上的电子数为

$$\frac{2}{h^3} \cdot \frac{1}{\exp\left[(E - E_F)/kT\right] + 1} \mathrm{d}p_x\mathrm{d}p_y\mathrm{d}p_z \cdot v_x\mathrm{d}t\mathrm{d}y\mathrm{d}z \tag{2.1.3}$$

单位时间打到单位面积上的电子数为

$$\frac{2}{mh^3} \cdot \frac{p_x}{\exp\left[(E - E_F)/kT\right] + 1} \mathrm{d}p_x \mathrm{d}p_y \mathrm{d}p_z$$

$$= \frac{2}{h^3} \cdot \frac{1}{\exp\left\{\left[(E - E_F)/kT\right] + \left[(p_y^2 + p_z^2)/2mkT\right]\right\} + 1} \mathrm{d}E_x \mathrm{d}p_y \mathrm{d}p_z \quad (2.1.4)$$

对 $\mathrm{d}p_y$, $\mathrm{d}p_z$ 积分, 有

$$N(E_x)\mathrm{d}E_x = \frac{2}{h^3}\mathrm{d}E_x \int_{-\infty}^{\infty}\int_{-\infty}^{\infty} \frac{\mathrm{d}p_y \mathrm{d}p_z}{\exp\left\{\left[(E_x - E_F)/kT\right] + \left[(p_y^2 + p_z^2)/2mkT\right]\right\} + 1} \quad (2.1.5)$$

令 $p_y = \rho\cos\theta$, $p_z = \rho\sin\theta$, 代入式 (2.1.5), 得

$$N(E_x) = \frac{2}{h^3}\mathrm{d}E_x \int_{\rho=0}^{\infty}\int_{\theta=0}^{2\pi} \frac{\rho\mathrm{d}\rho\mathrm{d}\theta}{\exp\left\{\left[(E_x - E_F)/kT\right] + \left[\rho^2/2mkT\right]\right\} + 1}$$

$$= \frac{4\pi mkT}{h^3} \ln\left\{1 + \exp\left[-(E_x - E_F)/kT\right]\right\} \quad (2.1.6)$$

$N(E_x)$ 就是供给函数。

2. 透射系数 $D(E_x)$

求解透射系数, 必须首先假定势垒的形状, 而后利用边界条件求解薛定谔方程。若表面势垒如图 2.1.1 所示, 一维薛定谔方程为

$$\frac{\mathrm{d}^2\psi}{\mathrm{d}x^2} + \frac{8\pi^2 m}{h^3}\left[E - eV(x)\right]\psi = 0 \quad (2.1.7)$$

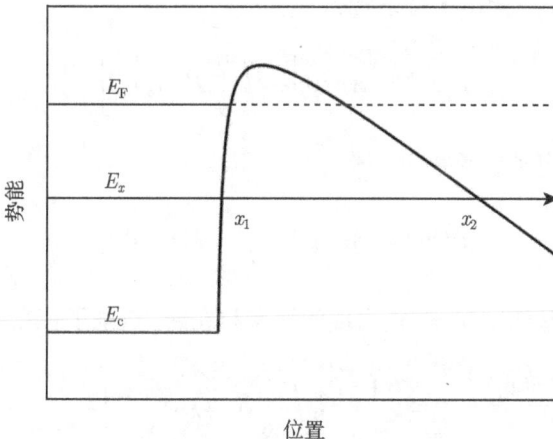

图 2.1.1 强电场作用下的表面势垒

令

$$K^2(x) = \frac{8\pi^2 m}{h^3}[-E + eV(x)] \tag{2.1.8}$$

代入式 (2.1.7) 中, 得

$$\frac{\mathrm{d}^2\psi}{\mathrm{d}x^2} - K^2(x)\,\psi(x) = 0 \tag{2.1.9}$$

式 (2.1.9) 的解为

$$\psi(x) = A\exp[-f(x)] \tag{2.1.10}$$

将式 (2.1.10) 代入式 (2.1.7), 得

$$-\frac{\mathrm{d}^2 f(x)}{\mathrm{d}x^2} + \left[\frac{\mathrm{d}f(x)}{\mathrm{d}x}\right]^2 - K^2(x) = 0 \tag{2.1.11}$$

一般认为 $f(x)$ 是慢变化系数, 所以 $f(x)$ 的二次微商 $f''(x)$ 可以忽略, 则式 (2.1.11) 变为

$$\frac{\mathrm{d}f(x)}{\mathrm{d}x} = K(x)$$

$$f(x) = \int K(x)\,\mathrm{d}x$$

式 (2.1.10) 可改写为

$$\psi(x) = A\exp[-f(x)] = A\exp\left[-\int K(x)\,\mathrm{d}x\right] \tag{2.1.12}$$

对于图 2.1.1 中 x_2 点的电子波函数为

$$\psi(x_2) = A\exp\left[-\int_{-\infty}^{x_2} K(x)\,\mathrm{d}x\right] \tag{2.1.13}$$

同样, 对 x_1 点的电子波函数为

$$\psi(x_1) = A\exp\left[-\int_{-\infty}^{x_1} K(x)\,\mathrm{d}x\right] \tag{2.1.14}$$

透射系数 $D(E_x)$ 是电子在 x_2 点出现的概率与在 x_1 点电子存在概率之比即

$$D(E_x) = \frac{|\psi(x_2)|^2}{|\psi(x_1)|^2} = \exp\left\{\left[-2\int_{-\infty}^{x_2} K(x)\,\mathrm{d}x\right] + \left[2\int_{-\infty}^{x_1} K(x)\,\mathrm{d}x\right]\right\}$$

$$= \exp\left[-2\int_{x_1}^{x_2} K(x)\,\mathrm{d}x\right] \tag{2.1.15}$$

式中 $K(x)$ 取决于势垒的形状。这里给出金属表面势垒的具体表达式,即图 2.1.2 形式,势垒以 $eV(x)$ 随 x 变化为

$$eV(x) = -E_c \quad (x < 0)$$

$$eV(x) = -e^2/(4x) - eFx \quad (x \geqslant x_0) \tag{2.1.16}$$

当 $x < x_0$ 无电场时,势垒偏离镜像力曲线,在图中这部分用虚线表示。$x \geqslant x_0$ 时可写出

$$K(x) = \sqrt{\frac{8\pi^2 m}{h^2} \left(|E_x| - \frac{e^2}{4x} - eFx \right)}$$

代入式 (2.1.15),得

$$D(E_x) = \exp\left[-2 \int_{x_1}^{x_2} \sqrt{\frac{8\pi^2 m}{h^2} \left(|E_x| - \frac{e^2}{4x} - eFx \right)} \mathrm{d}x \right] \tag{2.1.17}$$

从式 (2.1.17) 和图 2.1.2 可以看出,透射系数 $D(E_x)$ 与能量 E_x 以上的势垒面积有关,积分值越大,则 $D(E_x)$ 越小。

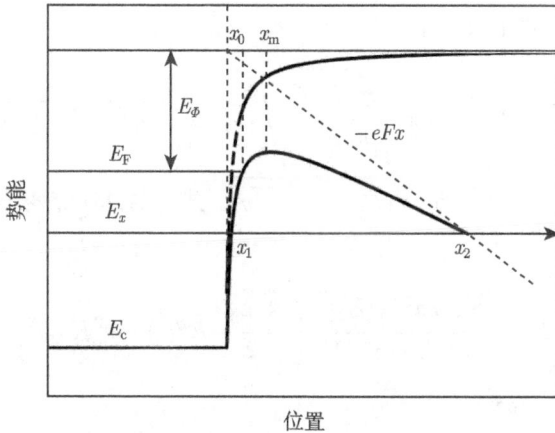

图 2.1.2 电场作用下的金属表面势垒

对式 (2.1.17) 两边取对数,有

$$-\ln D(E_x) = 2 \int_{x_1}^{x_2} \sqrt{\frac{8\pi^2 m}{h^2} \left(|E_x| - \frac{e^2}{4x} - eFx \right)} \mathrm{d}x \tag{2.1.18}$$

现在要定出积分的上限、下限。已知在经 x_1, x_2 处 $(p_x^2/2m) = 0$,式 (2.1.2) 可写为

$$-eFx - \frac{e^2}{4x} = E_x \tag{2.1.19}$$

求解式 (2.1.19)，其解为

$$x_1 = \frac{|E_x|}{2eF}\left(1 - \sqrt{1 - \frac{e^3 F}{E_x^2}}\right)$$

$$x_2 = \frac{|E_x|}{2eF}\left(1 + \sqrt{1 - \frac{e^3 F}{E_x^2}}\right) \tag{2.1.20}$$

作变换，令

$$y = \frac{\sqrt{e^3 F}}{|E_x|}, \quad \xi = \frac{2eFx}{|E_x|} \tag{2.1.21}$$

代入式 (2.1.20)，得

$$\xi_1 = 1 - \sqrt{1 - y^2}$$
$$\xi_2 = 1 + \sqrt{1 - y^2} \tag{2.1.22}$$

将式 (2.1.21)，式 (2.1.22) 代入式 (2.1.18)，得

$$-\ln D\left(E_x\right) = \frac{2\pi\sqrt{m\left|E_x\right|^3}}{heF} \int_{1-\sqrt{1-y^2}}^{1+\sqrt{1-y^2}} \sqrt{-\xi^2 + 2\xi - y^2}\frac{\mathrm{d}\xi}{\sqrt{\xi}} \tag{2.1.23}$$

再令 $\eta = \sqrt{\xi}$，代入式 (2.1.23)，得

$$-\ln D\left(E_x\right) = 4\pi \frac{\sqrt{m\left|E_x\right|^3}}{heF} \int_b^a \sqrt{(a^2 - \eta^2)(\eta^2 - b^2)}\mathrm{d}\eta \tag{2.1.24}$$

这里，$a = \sqrt{1 - \sqrt{1 - y^2}}$，$b = \sqrt{1 + \sqrt{1 - y^2}}$。式 (2.1.24) 是标准椭圆方程，积出结果为

$$-\ln D\left(E_x\right) = \frac{8\pi\sqrt{a^2 m\left|E_x\right|^3}}{3heF}\left[\frac{a^2 + b^2}{2}E\left(\omega\right) - b^2 K\left(\omega\right)\right] \tag{2.1.25}$$

式中 $\omega^2 = \left(a^2 - b^2\right)/a^2$

$$K(\omega) = \int_0^{\pi/2} \frac{\mathrm{d}\phi}{\sqrt{1 - \omega^2 \sin^2 \phi}} \tag{2.1.26}$$

$$E(\omega) = \int_0^{\pi/2} \sqrt{1 - \omega^2 \sin^2 \phi}\mathrm{d}\phi \tag{2.1.27}$$

由式 (2.1.25) 求得透射系数

$$D(E_x) = \exp\left[-\frac{8\pi\sqrt{2m\left|E_x\right|^3}}{3heF}v\left(y\right)\right] \tag{2.1.28}$$

式中
$$v(y) = 2^{-1/2}\sqrt{1 - \sqrt{1 - y^2}}\left[E(\omega) - \left(1 + \sqrt{1 - y^2}\right)K(\omega)\right]$$

式 (2.1.28) 就是透射系数 $D(E_x)$ 的表达式。

能量处于 E_x 至 $E_x + \mathrm{d}E_x$ 内，能够逸出的电子数为

$$P(E_x)\mathrm{d}E_x = \frac{4\pi mkT}{h^3}\exp\left[-\frac{8\pi\sqrt{2m\left|E_x\right|^3}}{3heF}v(y)\right] \cdot \ln\left[1 + \exp\left(-\frac{E_x - E_F}{kT}\right)\right]\mathrm{d}E_x$$

$$(2.1.29)$$

通常，金属中发射出来的电子主要是费米能级附近的电子。因为温度不高时，过高于费米能级 E_F 的电子很少，过低于 E_F 的电子对应着的势垒很厚，电子逸出的概率很小。所以对式 (2.1.29) 积分时，积分限取 $-\infty$ 到 E_τ。电子流密度可写为

$$J_0 = e\int_{-\infty}^{E_\tau} N(E_x)D(E_x)\mathrm{d}E_x = \frac{4\pi mekT}{h^3}\int_{-\infty}^{E_\tau}\exp\left[-\frac{8\pi\sqrt{2m\left|E_x\right|^3}}{3heF}v(y)\right]$$

$$\times \ln\left[1 + \exp\left(-\frac{E_x - E_F}{kT}\right)\right]\mathrm{d}E_x \qquad (2.1.30)$$

此积分是难以严格求解的，考虑一种极限情况，即温度 $T = 0\,\mathrm{K}$ 时的解。首先考虑

$$kT\ln\left[1 + \exp\left(-\frac{E_x - E_F}{kT}\right)\right]$$

因 $E_x < E_F$，上式可近似为

$$kT\ln\left[1 + \exp\left(-\frac{E_x - E_F}{kT}\right)\right] = E_F - E_x \qquad (2.1.31)$$

因为透射的电子主要是 E_F 附近的电子，所以可将

$$-\frac{8\pi\sqrt{2m}}{3h} \cdot \frac{\left|E_x\right|^{3/2}}{eF}v(y)$$

在 E_F 附近展开，取此级数的前两项则

$$-\frac{8\pi\sqrt{2m}\left|E_x\right|^{3/2}}{3heF}v(y) = -\frac{8\pi\sqrt{2m}E_F^{3/2}}{3heF}v(y_0) + \frac{E_x - E_F}{\dfrac{heF}{4\pi\sqrt{2mE_F}t(y_0)}} \qquad (2.1.32)$$

式中

$$t(y_0) = v(y_0) - \frac{2}{3}y_0\frac{\mathrm{d}v(y_0)}{\mathrm{d}y_0}$$

$$y_0 = \frac{\sqrt{e^3 F}}{E_F}$$

将式 (2.1.31)，式 (2.1.32) 代入式 (2.1.30)，得

$$J_0 = e \int_{-\infty}^{E_\tau} \frac{4\pi m}{h^3} \exp\left[-\frac{8\pi\sqrt{2m}E_F^{3/2}}{3heF}v(y_0) + \frac{E_x - E_F}{\dfrac{heF}{4\pi\sqrt{2mE_F}t(y_0)}}\right](E_F - E_x)\,\mathrm{d}E_x$$

$$(2.1.33)$$

考虑电子分布在 E_F 以下 (因为 $T = 0\,\mathrm{K}$)，所以积分上限取到 E_F，积分式 (2.1.33) 为

$$J_0 = \frac{e^3 F^2}{8\pi h E_F t^2(y_0)} \exp\left[-\frac{8\pi\sqrt{2m}E_F^{3/2}}{3heF}v(y_0)\right]$$

取真空能级 $E_V = 0$，所以 E_F 的数值应为逸出功 Φ。因此上式可写为

$$J_0 = \frac{e^3 F^2}{8\pi h \Phi t^2(y_0)} \exp\left[-\frac{8\pi\sqrt{2m}\Phi^{3/2}}{3heF}v(y_0)\right] \tag{2.1.34}$$

式 (2.1.34) 就是金属在 $T = 0\,\mathrm{K}$ 时的场致电子发射公式。电场强度 F 对发射电流密度的影响与金属的热电子发射电流密度公式中温度 T 的影响相似。

将式 (2.1.34) 代入数值，得

$$J_0 = \frac{1.54 \times 10^{-6} F^2}{\Phi t^2(e^3 \varepsilon / \Phi)} \exp\left[-6.83 \times 10^7 \frac{\Phi^{3/2}}{F} \cdot v\left(3.39 \times 10^{-4} \frac{F^{1/2}}{\Phi}\right)\right] \tag{2.1.35}$$

所用单位 J_0 为 $\mathrm{A/cm^2}$，F 为 $\mathrm{V/cm}$，Φ 为 eV。式中 $t(y_0)$，$v(y_0)$ 称为 Nordheim 椭圆函数。$v(y_0)$ 取 $0.95 - y_0^2$，$t^2(y_0)$ 取 1.1。

令 $A = 1.54 \times 10^{-6}\,(\mathrm{A \cdot eV/V^2})$，$B = 6.83 \times 10^7(\mathrm{V/((eV)^{3/2} \cdot cm)})$

考虑到 $v(y_0)$ 是场强 F 的慢变函数，式 (2.1.35) 可近似写成

$$J_0 = \frac{AF^2}{\Phi} \exp\left(-\frac{B\Phi^{3/2}}{F}\right) \tag{2.1.36}$$

式 (2.1.36) 说明，在绝对零度时，场致发射电流密度 J_0 是金属表面电场强度 F 和金属逸出功 Φ 的函数。对于某一金属，Φ 不变，则 J_0 只是场强 F 的函数。

2.1.2　半导体场发射

1956 年 Murohy 和 Good[4] 通过提出有名的经典镜像势理论，部分地修正了 F-N 理论，但问题并没有得到根本的解决，在求解中依然存在许多物理假设及数学近似，如无限大金属平面的假设，求解电子隧穿表面势垒的 WKB 近似。在这以后场发射理论的进展一直不大。在金属的场发射理论研究中，存在着两种理论体系：

一种是沿用 F-N 理论的自由电子近似, Jensen[5] 从 F-N 理论出发, 非自洽地分析表面三角势的电子分布, 考虑了镜像平面的漂移, 更进一步完善了关于基于镜像势的 F-N 理论。但并没有考虑有效势可能引起表面电子的重新分布。另一种理论体系是在考虑有效势将引起电子在发射表面的重新分布情况下, 根据密度泛函理论自洽地计算场发射电流[6], 由于其已经涉及了表面势的重新分布, 更接近于实际情况, 所以是一种较好的方法, 也是目前场发射理论发展的一种趋势, 其思想源于扫描隧道显微镜 (STM) 的基本原理。此方法的最大优点在于其能通过实验验证, 但不足也是明显的, 因为它仅涉及一发射阴极尖端作用在样品表面, 其模型并不完全适合于场发射。另外, STM 阴极尖端与样品表面如此靠近, STM 过大的电流密度引起的发热问题, 也可能引起其他的负面效应, 例如, 可能导致表面化学反应, 这也和场发射理论不相吻合。Gohda 等[7] 发展了一种基于密度泛函理论的全自洽方法, 它部分地修正了自洽方法的不足, 发现电场影响是很显著的, 这将导致势垒降低及 F-N 图曲线斜率变小。半导体、金刚石及类金刚石由于其具有良好的物理化学性能, 特别由其宽带隙而可能导致负的电子亲和势, 将有利于场发射阈值电压降低及场发射电流的增大, 可为场发射器件的实用化提供一条可行的途径, 所以对其场发射研究也是当前的主要潮流。但由于此类器件为非导体, 电子输运有其特殊性, 场发射理论建立极为不易, 所以, 其场发射理论大都沿用金属的 F-N 理论, 但在实际应用中涉及了场渗透及表面态的影响。Waters 等[8] 给出了一种半导体基底场发射解析表达式, 部分地修正了 F-N 理论。其理论研究表明实际上金属 F-N 图中的不变斜率可能在半导体场发射中并不明显。

当场发射阵列由几个尖锥状场发射体组成时, 设平均每个场发射体尖锥的有效发射面积为 $\alpha(\mathrm{cm}^2)$, 则总的场发射电流 $I(\mathrm{A})$ 为

$$I = n\alpha J_0 = \alpha' J_0 \quad (\alpha' \text{为总有效发射面积}) \tag{2.1.37}$$

考虑到阵列是由微小尖锥状发射体组成的, 尖锥顶部的曲率半径、表面成分以及晶向等都会使它们在相同的加速电压 V 下, 产生不同的表面电场, 使发射电流存在差异, 也就是说, E 和 V 之间的关系不仅与电极间距 d 有关, 还与发射体形状、材料等许多因素有关, 所以一般将 E 表达成

$$E = \beta V/d \tag{2.1.38}$$

其中, β 为几何增强因子, 与发射体几何尺寸有关, 它主要由尖锥顶部的曲率半径大小决定, 另外还与尖锥高度、形状以及阳极和栅极的相对位置有关。

利用式 (2.1.37) 和式 (2.1.38) 可将 F-N 方程改写为[9]

$$I = \frac{\alpha' A (\beta V)^2}{\Phi d^2} \exp\left(-\frac{B\Phi^{3/2}d}{\beta V}\right) \tag{2.1.39}$$

对式 (2.1.39) 两边取自然对数得

$$\ln\left(I/V^2\right) = \ln\left[A\alpha'\beta^2/(\Phi d)^2\right] - \left(B\Phi^{3/2}d/\beta\right)V^{-1} \tag{2.1.40}$$

从式 (2.1.40) 可知，$\ln\left(I/V^2\right)$ 与 $1/V$ 之间满足线性关系。一般电子场发射外加电压 V 和发射电流 I 遵循 F-N 关系。因此通过 F-N 方程能快速地判断电子发射是否源于量子隧道效应的场发射。式 (2.1.40) 的斜率反映了几何增强因子 β 和功函数 Φ 的关系，截距反映了表面的有效发射面积 α'、几何增强因子 β 和功函数 Φ 的关系。因此若知道发射体材料的功函数 Φ，由斜率可求得发射体的平均几何增强因子 β。在得知了功函数 Φ 以及平均几何增强因子 β 后，通过截距则可以计算得出表面的有效发射面积 α'。

早期的场发射理论基于自由电子模型，长久以来在场发射机理解释及性能预测方面取得了非常大的成功。然而，随着纳米科技的快速发展，纳米线等低维材料逐渐引起广泛的关注。研究结果发现，在高场下低维材料的场发射 I-V 特性将会偏离 F-N 方程。这是由于 F-N 理论忽略了电子发射体的纳米结构效应。中山大学 Liang[10] 等以 CNT 为例，发展了低维结构下的 F-N 理论，从金属管以及半导体管两个方面对 F-N 理论进行了修正：

$$J_{\mathrm{M}}\left(F\right) = \alpha\frac{F}{\Phi^{1/2}}\mathrm{e}^{-b\Phi^{\frac{3}{2}}/F}\coth\left(\frac{\gamma\Phi^{1/2}}{Fd}\right) \tag{2.1.41}$$

$$J_{\mathrm{S}}\left(F\right) = \alpha\frac{F}{\Phi^{1/2}}\mathrm{e}^{-b\Phi^{\frac{3}{2}}/F}\frac{\cosh\left(\gamma\Phi^{\frac{1}{2}}/3Fd\right)}{\sinh\left(\gamma\Phi^{\frac{1}{2}}/Fd\right)} \tag{2.1.42}$$

式 (2.1.41) 为金属管的 F-N 修正方程，式 (2.1.42) 为半导体管的 F-N 修正方程。其中 $\alpha = \dfrac{e^2}{2\pi\sqrt{2m}} = 7.558$ μA(eV)$^{-1/2}$e(nm)，$b = \dfrac{4}{3e}\sqrt{\dfrac{2m}{\hbar^2}} = 6.83$ eV$^{-3/2}$V(nm)$^{-1}$，$\gamma = (at\sqrt{6m})/\hbar e = 5.988$ (eV)$^{1/2}$e^{-1}，d 是管径。对于式 (2.1.41) 和式 (2.1.42) 所示的修正方程，充分考虑了能带结构以及管径的作用，发展了低维结构下的 F-N 修正理论，有助于理解低维尺度下电子发射的普适物理特性。

2.2　纳米场发射理论发展[11]

考虑到纳米材料的场发射将涉及单原子或分子点发射源的问题。Lang 等[6] 首先从 STM 原理出发，研究了单原子尖端场发射问题，得到与实验较一致的结果。这里将就目前 CNT 的一些场发射理论作一简要阐述，CNT 实际上可能具有半导体或者金属特性，研究其场发射理论特性可能有助于建立纳米半导体场发射模型及加深对半导体场发射机制的理解。

考虑到从单原子或分子尖端发射的电子已不是一个电子,而是一个单体多电子问题。此时,求解 Schrödinger 方程可以通过格林函数法积分 Lippmann-Schwinger (L-S) 方程得到。这是一种有效势方案,在此体系中,哈密顿量可以写成如下形式:

$$H = H_0 + V_{\text{tip}} + V_{\text{mol}} \tag{2.2.1}$$

这里

$$H_0 = -(\hbar/2m)\nabla^2 + V_0(\boldsymbol{r}) \tag{2.2.2}$$

其中,V_{tip}、V_{mol} 分别为考虑电场的加入后原子或分子尖端及原子或分子本身引起的势,则 $V_{\text{tip}} + V_{\text{mol}}$ 可看作扰动势,于是 Schrödinger 方程的解可转换为自洽 L-S 方程形式:

$$\psi(\boldsymbol{r}) = \psi_0(\boldsymbol{r}) + \int G_0(\boldsymbol{r}, \boldsymbol{r}'; E)[V_{\text{tip}}(\boldsymbol{r}') + V_{\text{mol}}(\boldsymbol{r}')]\psi(\boldsymbol{r}')\mathrm{d}^3\boldsymbol{r}' \tag{2.2.3}$$

这里 ψ_0 为方程 $H\psi_0 = E\psi_0$ 的解,而格林函数 G_0 可表示为

$$G_0(\boldsymbol{r}, \boldsymbol{r}'; E) = \left\langle \boldsymbol{r} \left| \frac{1}{V_{\text{tip}} + V_{\text{mol}}} \right| \boldsymbol{r}' \right\rangle \tag{2.2.4}$$

这样可得场发射电流为

$$J(\boldsymbol{r}) = \frac{2e}{8\pi^2} \int \mathrm{d}^3 j_k(\boldsymbol{r}) f_k \tag{2.2.5}$$

f_k 为电子费米–狄拉克分布函数:

$$f_k = 1 \Big/ \left[\mathrm{e}^{(\hbar^2 k^2/2m - E_{\text{F}})/k_{\text{B}}T} + 1 \right] \tag{2.2.6}$$

其中 $j_k(\boldsymbol{r})$ 为波矢为 k 时的电流密度,表达式为

$$j_k(\boldsymbol{r}) = \frac{\hbar}{2mi} \left[\psi_k^*(\boldsymbol{r})\boldsymbol{\nabla}\psi_k(\boldsymbol{r}) - \psi_k(\boldsymbol{r})\boldsymbol{\nabla}\psi_k^*(\boldsymbol{r}) \right] \tag{2.2.7}$$

此模型是一种自洽理论,其关键在于 V_{tip} 及 V_{mol} 的得出,也是此理论的困难所在,特别是纳米体系发射面势分布的复杂性。Adessi 等[12] 也在 Bachelet 等[13,14] 工作的基础上给出了 V_{tip} 及 V_{mol} 的一种解析表达式,数值模拟缩短了计算时间,但其采用的是硬球势模型及膺势理论,存在许多近似处理,但与第一性原理[15] 相比仍然不够精确。在一些特别条件下,纳米场发射将局域于发射尖端的最后一个原子。因此纳米场发射引发了人们的极大兴趣,理论研究起步虽晚,但进展却快。在纳米材料场发射中,量子尺寸效应的存在将严重影响场发射特性,因此 F-N 理论模型显然是不适合的。目前对纳米场发射理论研究存在着两种方案:一是首先从第一性原理出发得出电子在纳米管尖端的分布,然后依照 F-N 理论求其场

发射特性,从而理解纳米管适合于场发射的理论机制[15]。但这仅是一种假设,并不能说明局域态对发射过程的影响。另一种方案是从 L-S 方程[16] 出发的已考虑到原子吸附及散射的一种全自洽方法[17]。此方法较好地解决了局域态对场发射的影响问题。后来 Adessi 等[18] 使用此方法研究单壁纳米管的场发射,证实了局域态在纳米场发射中影响,也得到各种形式纳米管发射电子的能态分布。

不管是经典的 F-N 理论,还是目前正在发展的基于量子理论的密度泛函自洽理论,都有着其不可避免的局限性。经典的 F-N 理论不能很好地解决发射表面势问题;虽然自洽理论较好地解决了电场作用下将引起的势场变化,但对于电子整个发射过程却缺乏全面的考虑。因此从两方面入手将有助于其场发射理论发展与完善;一方面是场发射过程的物理实质,另一方面是发射表面势分布。

2.3　纳米宽带隙半导体场发射理论

目前半导体场发射主要是沿用金属场发射模型,并在处理电子积分区域稍稍做些改动,如文献 [8] 所述的半导体场发射理论,而往往很少去考虑场渗透及表面态的影响。这实际也与场发射应用研究有关,因为在 1990 年以前,人们通常的研究中采用的是金属场发射材料,电子发射过程根本实质是从表面势垒隧穿,由于金属具有电场的屏蔽效应,所以不必考虑发射表面能带弯曲及场渗透作用。而自 1990 年以后,人们开始关注半导体场电子发射,特别是宽带隙半导体场发射研究,其开始于 “金刚石场发射年代”[19],然后进一步拓展到类金刚石冷阴极材料[20],目前Ⅲ族氮化物半导体及 SiC 已成为场发射的热门材料[21]。宽带隙半导体能作为优异的场发射材料,是由其本身具备良好物理化学性能所决定的,特别是其宽带隙可能导致 NEA 出现,从而更利于电子从表面势垒隧穿。虽然实验上也不断验证了宽带隙确实比金属具有更为优异的场发射特性,然而其理论机制却一直未能明晰[22],尤其是对于宽带隙半导体隧穿电子源问题一直困扰着人们深入理解宽带隙半导体发射机制。当前比较流行认为半导体优异发射原因主要表现在:表面场增强机制及某些半导体 Schottky 势垒下 NEA 存在。然而,虽然这些理论能部分解释某些半导体优异场发射现象,但对于宽带隙半导体,在解释电子源方面却遇到了困难。对于大带隙宽度半导体,若不考虑其他影响因素,没有多少电子能从价带跃迁到导带,其 NEA 实际作用将是微乎其微的,但实验却表明,诸多宽带隙半导体,如金刚石、SiC、BN 等具有良好的场发射特性。这也暗示着,对于宽带隙半导体或许存在另外一种场发射机制起决定作用。

Tsong[23] 首先发展与完善了强场作用下半导体能带弯曲理论,主要涉及高场条件下的场致发射、场致离子化及场致蒸发等,其广泛地用于研究近半导体表面的空间电荷、载流子密度及表面势场分布。一般而言,影响场发射性能的主要因素也是由空间电荷密度、载流子密度及表面势分布决定的。由此可见，半导体场发射研究中其能带弯曲是不能忽略的，基于此，我们建立了场发射能带弯曲模型[24]。

2.3.1 宽带隙半导体能带弯曲模型建立

既然 100 K 以上，杂质完全离子化，那么可认为近表面场存在空间电荷区。在假设无限大发射表面条件下，表面发射电子在空间电荷区遵循泊松方程

$$\frac{\mathrm{d}^2\phi(x)}{\mathrm{d}x^2} = \frac{e}{\varepsilon\varepsilon_0}\rho(x) \tag{2.3.1}$$

其中，$\phi(x)$、$\rho(x)$ 分别代表垂直发射表面方向的电子势能及总的电荷密度，其值随 x 而变化。ε_0、ε 为真空介电常数及相对介电常数。若令 $\varphi = \dfrac{\phi}{kT}$，$\rho(\varphi)$ 可表示为

$$\rho(\varphi) = e[n_\mathrm{p}(\varphi) - n_\mathrm{c}(\varphi) - (N_\mathrm{a} - N_\mathrm{d})] \tag{2.3.2}$$

其中，$n_\mathrm{c}(\varphi)$ 为导带电子态密度，$n_\mathrm{p}(\varphi)$ 为价带空穴态密度，N_a 与 N_d 分别为施主态及受主态杂质密度。而电场加入后，将导致 $n_\mathrm{c}(\varphi)$ 与 $n_\mathrm{p}(\varphi)$ 发生改变，在理想模型下，不影响其物理实质，可考虑半导体为常数能态密度分布，则其可分别表示为

$$n_\mathrm{c}(\varphi) = 2\frac{(2\pi m_\mathrm{n}^* kT)^{3/2}}{h^3}\exp\left(-\frac{E_\mathrm{c} - E_\mathrm{F}}{kT} - \varphi\right) \tag{2.3.3}$$

$$n_\mathrm{p}(\varphi) = 2\frac{(2\pi m_\mathrm{p}^* kT)^{3/2}}{h^3}\exp\left(\frac{E_\mathrm{v} - E_\mathrm{F}}{kT} + \varphi\right) \tag{2.3.4}$$

此外如下表达式也将成立：

$$N_\mathrm{a} - N_\mathrm{d} \cong 2n_\mathrm{i}\sinh(\varphi_\mathrm{B}), \quad \varphi_\mathrm{B} = \frac{E_\mathrm{F} - E_\mathrm{Fi}}{kT} \tag{2.3.5}$$

其中，k 为玻尔兹曼常量，h 为普朗克常量，m_n^* 与 m_p^* 分别为电子与空穴的有效质量；E_F 为半导体费米能级，而 E_Fi 为本征半导体费米能级。n_i 为本征载流子浓度，E_c 为导带顶，E_v 则为价带底，φ_B 作为参考势能，往往是由杂质浓度决定的。

由于本征载流子浓度可表示为

$$n_\mathrm{i} = 2\left(\frac{2\pi kT}{h^2}\right)^{3/2}(m_\mathrm{n}^* m_\mathrm{p}^*)^{3/4}\mathrm{e}^{-E_g/2kT} \tag{2.3.6}$$

其中带隙为 $E_g = E_\mathrm{c} - E_\mathrm{v}$，把式 (2.3.2)～式 (2.3.6) 代入式 (2.3.1)，可得

$$\int_0^{-x_1}\frac{\mathrm{d}x}{\delta} = \int_{\varphi_\mathrm{S}}^{\varphi_1}\frac{\mathrm{d}\varphi}{f(\varphi, \varphi_\mathrm{B})} \tag{2.3.7}$$

这里 $\varphi_{\mathrm{S}} = \dfrac{\phi_{\mathrm{S}} - \phi_{\mathrm{B}}}{kT}$，则 ϕ_{S} 为半导体真空界面的带弯曲，$\delta = \left(\varepsilon\varepsilon_0 kT / 2n_{\mathrm{i}}e^2\right)^{1/2}$ 实质上为半导体的德拜长度，这样 $f(\varphi, \varphi_{\mathrm{B}})$ 则可表示为

$$
\begin{aligned}
f(\varphi, \varphi_{\mathrm{B}}) = \frac{\delta \mathrm{d}\varphi}{\mathrm{d}x}\bigg|_{\varphi} &= \left(\int_{\varphi_{\mathrm{B}}}^{\varphi} \left(\left[\left(\frac{m_{\mathrm{p}}^*}{m_{\mathrm{n}}^*}\right)^{3/4} \exp\left(\frac{E_{\mathrm{v}} - E_{\mathrm{F}}}{kT} + \varphi\right) \right.\right.\right. \\
&\quad \left.\left.\left. - \left(\frac{m_{\mathrm{n}}^*}{m_{\mathrm{p}}^*}\right)^{3/4} \exp\left(-\frac{E_{\mathrm{c}} - E_{\mathrm{F}}}{kT} - \varphi\right) \right] - 2\sinh(\varphi_{\mathrm{B}}) \right) \mathrm{d}\varphi \right)^{1/2} \\
&= (a(\exp(\varphi) - \exp(\varphi_{\mathrm{B}})) - b(\exp(-\varphi_{\mathrm{B}}) - \exp(-\varphi)) \\
&\quad - 2\sinh(\varphi_{\mathrm{B}})(\varphi - \varphi_{\mathrm{B}}))^{1/2}
\end{aligned}
\tag{2.3.8}
$$

这里

$$
a = \left(\frac{m_{\mathrm{p}}^*}{m_{\mathrm{n}}^*}\right)^{3/4} \exp\left(\frac{E_{\mathrm{v}} - E_{\mathrm{F}}}{kT}\right)
\tag{2.3.9}
$$

$$
b = \left(\frac{m_{\mathrm{n}}^*}{m_{\mathrm{p}}^*}\right)^{3/4} \exp\left(-\frac{E_{\mathrm{c}} - E_{\mathrm{F}}}{kT}\right)
\tag{2.3.10}
$$

于是通过数值运算，就可从方程 (2.3.7) 获得外场加入后的电势分布，对于半导体及界面处表面势 E_{S}，也可以从式 (2.3.8) 获得

$$
E_{\mathrm{S}} = \frac{\mathrm{d}\phi}{e\mathrm{d}x} = \frac{kT}{e\delta} \cdot \frac{\delta \mathrm{d}\varphi}{\mathrm{d}x}\bigg|_{\varphi_{\mathrm{S}}} = \frac{kT}{e\delta} \cdot f(\varphi_{\mathrm{S}}, \varphi_{\mathrm{B}})
\tag{2.3.11}
$$

上面获得了宽带隙半导体带弯曲模型。在此，也可与 Tsong[23] 首先发展的半导体带弯曲模型进行比较：不同于 Tsong 模型选用载流子浓度及德拜长度作为理论参数变量，我们采用了有效质量 (如 $m_{\mathrm{n}}{}^*$，$m_{\mathrm{p}}{}^*$，也是实验参数) 作为参数变量，带弯曲模型显得更为简洁与方便，并大大地节省了计算时间。另外，统一了 $f(\varphi, \varphi_{\mathrm{B}})$ 表述形式，在 Tsong 模型中，对 n 型掺杂及 p 型掺杂半导体存在着不同的表达式，并且其模型对于带隙宽度也有一定限制。而我们的模型仅需要一个 $f(\varphi, \varphi_{\mathrm{B}})$ 表达式。并且把带弯曲模型拓展到更宽带隙半导体。

为验证模型的可靠性，在图 2.3.1 中，我们计算了本征 Si 高场下的近表面势分布。计算表明，我们的模型与 Tsong 模型取得了基本一致的结果，仅在极靠近界面处稍有差异 (图 2.3.1 插图)。可能原因在于计算步长的选取、界面处的复杂势分布及其他不确定因素。

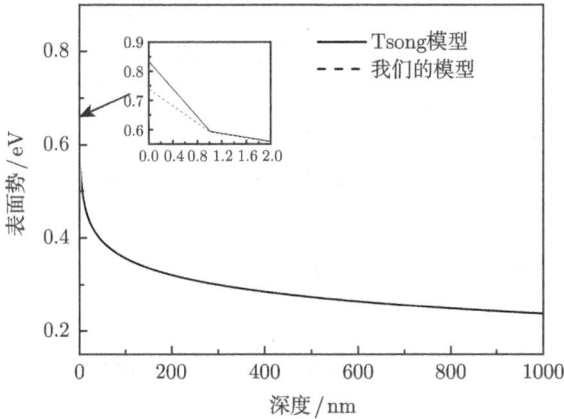

图 2.3.1 温度 300 K，场强 1 V/nm 时，两种不同模型计算的本征 Si 能带弯曲曲线

2.3.2 强场下半导体能带弯曲规律

虽然实验已经证实宽带隙半导体具有优异场发射特性[19-21]，但理论上研究却一直未有大突破。一般认为宽带隙半导体具有良好场发射特性可能是由于宽带隙半导体往往具有 NEA 特性，但对于非 NEA 特性的金刚石具有优异场发射特性理论解释就莫衷一是，而 NEA 机制显得无能为力。因此，可能存在着另一种理论机制使得宽带隙半导体具有良好的场电子发射性能。我们知道，高场下半导体能带弯曲可能影响其场发射特性，因此，下面就宽带隙半导体能带弯曲特性进行研究，并将讨论其在场电子隧穿过程中的可能影响及作用。

为定量讨论宽带隙半导体带弯曲特性，在假定 $\varphi_B = 0$ 条件下，也就是研究宽带隙半导体本征情形下，将使模型更加简单、方便，且易于对照比较，具有较强的实际意义。从 2.3.1 节讨论可知，在所有参数变量中，实际上 $f(\varphi, \varphi_B)$ 是最重要的一个变量，其决定了其他诸多具有实际物理意义的量，如界面处最大能带弯曲、近表面势场分布，而这些量往往又是决定半导体场电子发射的重要因素。表 2.3.1 的参数给出了 Si 及一些重要的宽带隙半导体参数[25]，采用这些参数，在场强为 1 V/nm 时，得到了 $f(\varphi, \varphi_B)$ 随 φ 变化的曲线图，从图 2.3.2 我们可以看出，不同带隙的半导体。对于同一 φ，$f(\varphi, \varphi_B)$ 值表现出规律性变化，随半导体带隙宽增大，其值减小。此外，这也表明，高场条件下，半导体禁带宽度对能带弯曲影响是明显的。

表 2.3.1　Si 及一些重要宽带隙半导体的实验参数[22]

材料	带隙/eV	有效质量 $(m_0)(m_0 = 9.11 \times 10^{-31}$ kg)		介电常数 (300 K)
		m_n^*	m_p^*	
金刚石	5.50	0.71	1.21	5.70
Si	1.12	0.42	0.59	11.90

续表

材料	带隙/eV	有效质量 $(m_0)(m_0 = 9.11 \times 10^{-31}$ kg$)$		介电常数 (300 K)
		m_n^*	m_p^*	
3C-SiC	2.42	0.41	1.00	9.72
6H-SiC	2.86	0.61	1.00	9.66
h-BN	5.20	1.00	1.00	5.06
c-BN	6.50	0.75	1.00	7.10
AlN	6.20	1.00	1.00	9.14
AlAs	2.15	0.46	0.47	10.06
GaN	3.44	0.20	0.80	10.40
GaAs	1.42	0.06	0.52	12.40

注: 对于缺乏试验数据的有效质量, 作为 1.0 处理

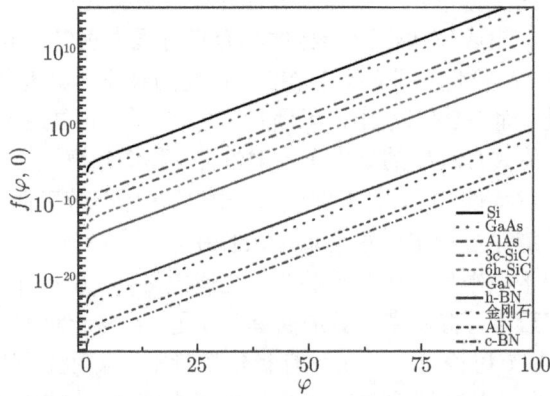

图 2.3.2　温度 300 K, 场强 1 V/nm 时, 不同带隙宽半导体的 φ 与 $f(\varphi, 0)$ 的曲线分布

　　因此, 为明晰这种规律性, 在相同场强条件下, 进一步计算了不同宽带隙半导体最大带弯曲。计算结果验证了能带弯曲程度与带隙宽的规律性特征, 从图 2.3.3 给出半导体最大带弯曲与其带隙宽关系曲线可发现, 带隙宽与最大带弯曲几乎呈线性关系。而图 2.3.4 给出的 Si 及一些半导体近表面势分布, 也同样验证了距离界面相同垂直位置也有相似规律存在。一般而言, 外场作用下, 半导体最大带弯曲一般位于半导体与真空界面处, 带弯曲位置往往决定了电子从半导体表面隧穿的能级状态。由此可见, 带弯曲对于场电子发射具有十分重要的意义, 也间接证实了半导体带隙宽度在场电子隧穿发射中的重要作用, 从而可能有助于理解宽带隙半导体优异场发射特性源泉所在。

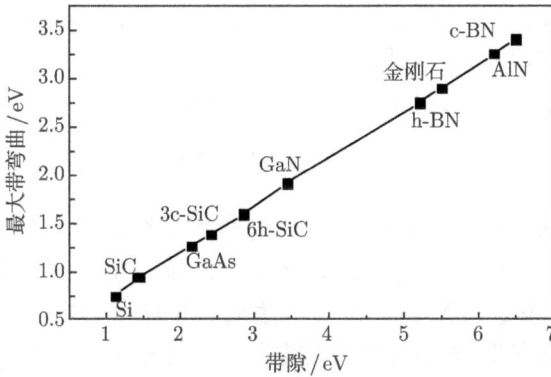

图 2.3.3 温度 300 K，场强 1 V/nm 时，一些典型半导体的最大能带弯曲

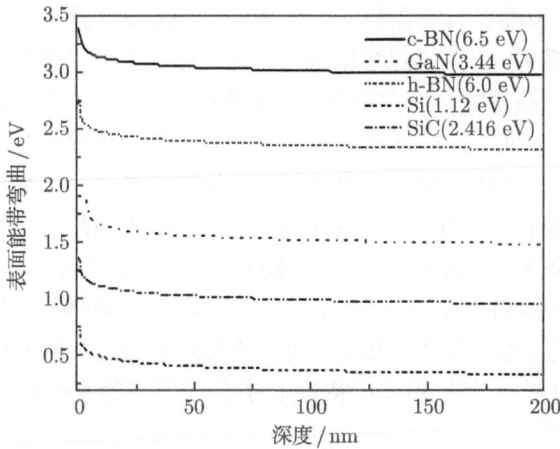

图 2.3.4 温度 300 K，场强 1 V/nm 时，典型半导体近表面带弯曲分布

目前一些实验表明，宽带隙半导体具有良好的场电子发射特性，但其场电子发射机制一直困扰着人们。实验上研究宽带隙半导体场发射机制一般有两种可行方法：一是通过分析其场电子发射能量分布 (FEED) 与外加电场关系 (V-FEED)，从而找出其场发射电子源位置；另一种方法主要是通过紫外光发射谱仪研究其 NEA 特性，从而试图了解其表面势垒高度。

2.3.3 宽带隙半导体场发射能带弯曲机制

作为一重要宽带隙半导体，立方氮化硼 (c-BN) 是一种引人注目的电子材料。因此在本节中，为更深刻地理解Ⅲ族氮化物场发射的能带弯曲机制，将以 c-BN 为例。McCarson[26] 通过 V-FEED 方法实验地研究了 c-BN 的电子源问题，结果表明电子可能从 c-BN 导带底实现场电子隧穿发射。既然 c-BN 带隙宽至 6.5 eV，而电子发射源却是导带底, 其物理实质何在? 下面, 从一般的半导体电子隧穿方程入手, 试图阐明 c-BN 场发射理论实质。

一般地, 金属或者半导体场隧穿电流基本表达式可写为[27]

$$J = \frac{4\pi q m_{\mathrm{t}} k_{\mathrm{B}} T}{h^3} \int T(E_x) \ln[1 + \mathrm{e}^{-(E_x - E_{\mathrm{F}})/k_{\mathrm{B}} T}] \mathrm{d}E_x = \int J(E_x) \mathrm{d}E_x \qquad (2.3.12)$$

式中, q 为基本电荷量, m_{t} 为发射电极横向有效电子质量, k_{B} 为玻尔兹曼常量, T 为温度, h 为普朗克常量, E_{F} 为费米能级。在方程 (2.3.12) 中, 发射电流可看做由两部分组成: 电子隧穿系数 $T(E_x)$, 其与表面势垒有关; 电子占据态密度, 其与有效发射电子束缚能有关。若理论分析场电子隧穿发射过程, $T(E_x)$ 实际上是最重要的参量。为获得电子隧穿系数 $T(E_x)$, 最简单的方法是假设表面势垒为理想的三角势垒, 直接求解 Schrödinger 方程[2]。这就是通常所说的 F-N 方程法; 较复杂的求解过程, 是考虑了表面经典镜像势, 采用 WKB 近似, 求得解析解[3]。然而, 上述方法采用的是理想模型, 引入了过多的假设, 可能适用于大平面金属的场发射, 故在研究实际的场发射系统中, 上述方法显得太简单。因此, 对于表面形貌复杂的金属尖端或者半导体场发射, 人们发展了其他一些求解透射系数的方法。其中一种非常有效且简单的方法叫转移矩阵法。此方法中, 复杂势垒被分成尽可能小的区域, 极小的一段区域可被看做线性垒, 容易求其解析解, 通过匹配其边界条件, 则可求其整个区域的透射系数。基本过程是通过求解极小区域的 Schrödinger 方程解析解, 通过转移矩阵线性组合其 Airy 函数解[28] 或者其他波函数解[29-31], 从而求得复杂表面势情况下的电子隧穿系数。因此, 为了更接近场发射实际系统, 在下面的场发射理论模型中, 将采用转移矩阵求 $T(E_x)$, 并且了解更为复杂与具有实际意义的镜像势[32]

$$V_{\mathrm{s}}(z) = \frac{q^2}{16\pi\varepsilon_{\mathrm{s}}} \sum_{n=0}^{\infty} (\beta\beta')^n \left[\frac{\beta}{ns - z} - \frac{\beta'}{(n+1)s - z} \right] \qquad (2.3.13)$$

这里 s 为空间因子; q 为基本电荷; ε_{s} 为半导体介电常数; $\beta = (\varepsilon_{\mathrm{s}} - \varepsilon_0)/(\varepsilon_{\mathrm{s}} + \varepsilon_0)$, ε_0 为真空介电常数, 若 $\beta' = 1$, 则为金属–真空–半导体界面。

既然 McCarson 通过研究镀有本征 c-BN 薄膜的 Mo 尖端场发射的 FEED 发现了场发射电子源于导带底。于是, 自然可想到, 是否可从理论上推导此结果, 从而从其物理本质上理解宽带隙氮化物半导体的优异发射特性。在此, 为便于比较, 仍以 c-BN 薄膜为例, 并假设薄膜为理想的无限大平面, 这样就可以利用式 (2.3.12) 进行本征 c-BN 薄膜场发射理论机制的研究。对于 c-BN, 根据目前实验数据[33], 其带隙宽大约为 6.5 eV, NEA 约 −0.3 eV。为与实验一致, 计算中也采用上述参数。

在外加电场为 500 V/μm 情况下, 从图 2.3.5 $J(E_x)$ 与 E_x 的关系曲线中分析 c-BN 的 FEED, 从 FEED 曲线可以明显地看到, 在真空能级为 0 eV 时, 电子发射能级局域在从 −3.56 ∼ −1.99 eV 小区域段, 而 FEED 峰值大约为 −2.94 eV, 为本征 c-BN 费米能级位置, 也是电子占据态密度最大能级处。在没有考虑带弯曲时, 对于宽带隙的 c-BN 的费米能级处, 却是没有实际有效发射电子存在的。然而, 强场作用下, 通常可能导致几个 eV 表面能带弯曲[34], 若如此考虑, 或许有效发射电子可能存在于 c-BN 费米能级附近。而若进一步分析 c-BN 在场强为 500 V/μm 下的近表面能级分布可发现, 考虑能带弯曲的影响, 导带底能级位置大约为 -2.94 eV, 恰好是费米能级位置处。实际上从近 c-BN 表面能级示意图 (图 2.3.6) 可以很明显地看出, 电子发射源于导带底, 这也正好与实验结果一致[26]。这也说明, 由于能带弯曲, c-BN 导带底正好落在费米能级位置, 从而成为场电子发射源中心, 上述带弯曲理论计算也确实验证了这一点。

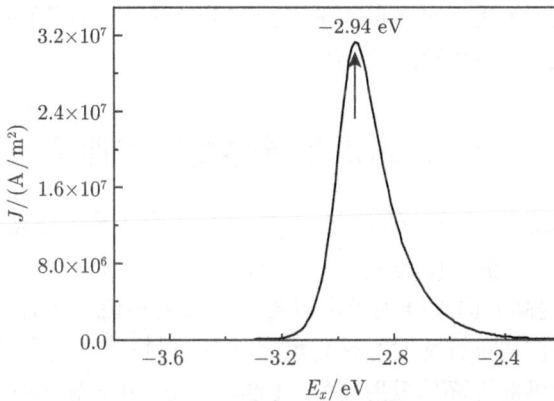

图 2.3.5 在场强为 500 V/μm 时, c-BN 的场电子能带分布曲线

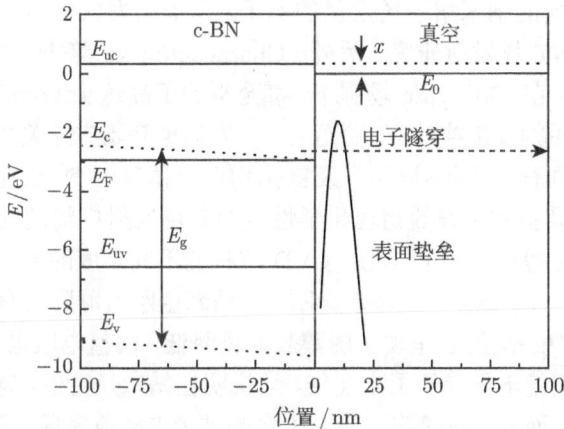

图 2.3.6 在场强为 500 V/μm 时, c-BN/真空结构能带分布图

$E_{uc}(E_{uv})$ 或 $E_c(E_v)$ 分别为加外电场或不加外电场时的导带底 (价带顶)

一般认为，宽带隙半导体良好的场电子发射特性来自于 NEA，尤其是氮化物半导体大部分都存在 NEA。而也正是这种理论解释，使得对于宽带隙半导体场发射机制理解更加混乱。原因在于：一方面，NEA 的出现，可能使得导带中电子逸出表面势垒不再是障碍；而另一方面，宽带隙存在却又使得电子从价带顶跃迁到导带底的几率微乎其微。而实验却表明宽带隙半导体具有比金属好得多的场发射特性，甚至在金属表面镀上一点点的宽带隙薄膜，就能大大改善其场发射特性。于是，矛盾出现了，宽带隙半导体场发射的电子何来，因为实验上已经实现宽带隙半导体薄膜 1 mA/cm^2 场发射电流[35,36]。于是，可以这样认为，宽带隙半导体优异的场发射特性应主要归功于两个主要因素：NEA 及高场作用下宽带隙半导体强能带弯曲，强能带弯曲使得更多电子积累在导带底；因为 NEA 存在，将使积累在导带底上电子更易逸出。而这两个因素出现也都是因为这是半导体宽带隙特有的，从而导致宽带半导体具有更为优异的场发射特性。

2.4   纳米晶半导体场发射理论

对于纳米材料场发射特性的研究，是随着分子原子技术成熟与完善，自 20 世纪 90 年代才开始发展的[37]。最初，纳米场发射研究主要是纳米团簇[38-40] 及纳米尖端[41,42]，通过提高表面增强因子用以提高场发射电流。其后，人们开始关注纳米场发射实质，也就是随着场发射材料尺度减小，材料中可能出现宏观材料所未有的纳米效应，从而可能提高场发射特性。1995 年，Rinzler 等发现了 CNT 场发射增强现象及 Deheer 等报道了基于 CNT 场发射高密度电子枪[43,44]，近些年来，发现纳米结构具有良好的场发射特性，为场发射显示器提供了广阔的应用前景与基础。这些都是非常经典的纳米增强场发射的例子，从而引发人们研究纳米材料场发射高潮，尤其是 CNT 场发射研究。另外，Chernozatonskii 等[45] 也研究了纳米丝碳薄膜场发射特性，在 100 V/μm 场强下，甚至得到了高达 1 A/cm^2 电流，另外也观察到了场发射的重构及倒换效应。最近几年，人们也开始广泛关注纳米宽带隙半导体，特别是以金刚石、类金刚石[46] 及氮化物半导体等[47,48] 目前热门的宽带隙半导体，它们本身具备的良好的物理化学性能为其场发射广阔的应用前景提供可靠保证。最近 Wang 等[49] 报道了通过 CVD 沉积的不同厚度的金刚石薄膜场发射特性，结果表明，相对于微米、亚微米金刚石，纳米金刚石薄膜具有低得多的阈值电压，达到了 1.5 V/μm，而且呈现出随薄膜厚度降低，阈值电压也相应降低的特点，与微米膜相比，阈值电压降低了十几倍。这说明在纳米尺度下，宽带隙半导体场电子发射大大改善。而 Sugino 等[47] 研究了多晶纳米 BN 薄膜场电子发射特性，也同样发现阈值电压随厚度减少而减小，研究结果也表明场发射的纳米增强不仅可能与表面形貌场增强有关，其实质上也可能是纳米薄膜导致了有效表面势垒的降低。

鉴于纳米材料场发射研究日益成为热门，对纳米材料场发射理论实质研究目前也引起了人们的广泛关注。例如，Han 等[50,51] 通过第一原理赝势法，并考虑了三维纳米结构的实际形状，在 CNT 场发射计算中，取得与实验一致的结果，如 CNT 场发射局域于末端，电子空间波函数隧穿表面势垒时有一定的时序，从而形成发射量子线。这说明理论研究也可能论证或者预言某些纳米场发射奇异现象，也是纳米材料场发射的一个重要发展方向。而 Fisher 等[52] 在理论上研究了纳米结构材料场发射过程中的能量输运问题。当场发射尖端小于 50 nm 时，能带弯曲对能级分布的影响是非常明显的，这也说明了纳米场发射可能有利于热能的损耗，从而实现冷阴极发射的可能。

2.4.1 纳米半导体场发射理论模型建立

如前所述，纳米体系材料由于其减小到某些临界尺度，所以其性质可能发生某种改变，从而可能引起电子隧穿表面势垒过程及相关发射行为变异。例如，对于纳米半导体，尺度的减小可能导致带隙宽增大。带隙宽改变无疑将导致费米能级的改变，从场发射隧穿的一般表达式 (2.1.28) 可明显看出，费米能级的改变将使场发射电流发生变化。从这里也就可看出，纳米半导体与一般非纳米体系半导体场发射特性将存在异同，具有研究的必要。因此，下文中，在主要考虑纳米效应导致能级的改变情况下，试图建立起一种比较简单的纳米半导体场发射理论模型。在模型中，为体现纳米尺度效应对场发射的影响，我们假定所研究的半导体为纳米晶组成，且忽略纳米晶在场发射过程中的表面增强作用。

对于纳米晶半导体，带隙大小与晶粒尺度存在如下近似解析关系[53]：

$$E_{gR} \approx E_{g0} + \frac{\hbar^2\pi^2}{2R^2}\left[\frac{1}{m_e} + \frac{1}{m_h}\right] - \frac{1.8e^2}{\varepsilon R} + \frac{e^2}{R}\sum_{n=1}^{\infty} a_n\left(\frac{S}{R}\right)^{2n} \tag{2.4.1}$$

这里，E_{gR} 为纳米晶半导体禁带宽度，E_{g0} 为非纳米晶体材料半导体禁带宽度，R 为纳米晶粒尺度大小，m_e 为电子有效质量，m_h 为空穴有效质量，ε 为介电常数，S 为相关空间参数，a_n 为复合介电常数，e 为基本电荷量。为进一步简化模型，若设定 λ 为相关常量综合参数，则式 (2.4.1) 可看做指数泰勒展开形式，因此其可化简为[11]

$$E_{gR} = E_{g0} + \lambda E_{g0} \exp(-R/R_0) \tag{2.4.2}$$

对于 λ 的求出，可采用如下简单方式。如设体材料半导体禁带宽度为 E_{g0} $(R \to \infty)$，最大单个原子能级间隙为 E_{ge} $(R \to 0)$，则

$$\lambda = \frac{E_{ge} - E_{g0}}{E_{g0}} \tag{2.4.3}$$

在体材料半导体中本征电子密度可写为

$$n_{\mathrm i}(T) = 2\left(\frac{2\pi kT}{h^2}\right)^{3/2}(m_{\mathrm e}m_{\mathrm p})^{3/4}\,\mathrm e^{-E_{\mathrm i}/2kT} \tag{2.4.4}$$

这里 $E_{\mathrm i}$ 为本征半导体费米能级，在不严格考虑下，位于带隙正中位置。如果对于纳米晶半导体，假设在只考虑其能级结构改变，其他性质不变的情况下，其电子密度可写为

$$n^*(T) = 2\left(\frac{2\pi kT}{h^2}\right)^{3/2}\left(m_{\mathrm e}^* m_{\mathrm p}^*\right)^{3/4}\,\mathrm e^{-E_{\mathrm{gR}}/2kT} \tag{2.4.5}$$

设纳米晶半导体的费米能级为 $E_{\mathrm F}$，无论是纳米晶，还是体材料，都属于同一种半导体，在不掺杂的条件下，将有下式成立：

$$n^*(T) = n_{\mathrm i}(T)\,\mathrm e^{(E_{\mathrm F}-E_{\mathrm i})/kT} \tag{2.4.6}$$

联立式 (2.4.2)~式 (2.4.6)，则得到纳米晶半导体费米能级的表达式：

$$E_{\mathrm F} = E_{\mathrm i} - \ln\left\{\left(\frac{m_{\mathrm e}^* m_{\mathrm h}^*}{m_{\mathrm e}m_{\mathrm h}}\right)^{3/4}\mathrm e^{-\lambda E_{\mathrm{g0}}\exp(-R/R_0)/2kT}\right\} \tag{2.4.7}$$

于是，通过式 (2.4.7) 并且结合一般场发射隧穿表达式 (2.3.12) 则可研究不同纳米尺度半导体场发射特性。

2.4.2 半导体薄膜场发射纳米增强效应研究

以宽带隙半导体 c-BN 薄膜为例，基于其具有非常显著的物理化学性能，其 NEA 特性、高硬度、热及化学稳定性也预示着其可能是极为优异的电子发射源及场发射材料，近年来，许多关于 c-BN 薄膜场发射的研究也相继开展[54,55]，一系列结果也表明 c-BN 确实具有较为优异的场发射性能。最近，一些纳米 BN 薄膜场发射特性也开始研究[41]，Takashi 等[55] 也开始研究纳米 BN 薄膜场发射特性，研究结果显示，纳米 c-BN 薄膜能明显地降低表面有效势垒高度，从而更加有利于场电子隧穿发射。这说明 c-BN 半导体场发射确实具有纳米增强效应，而据我们所知，此前尚未见 c-BN 半导体纳米增强场发射理论研究的相关报道。因此，从理论方面探讨纳米 c-BN 半导体场发射性能具有较重要的现实意义：一方面，实验上已经证实了 c-BN 半导体薄膜场发射确实具有非常明显的纳米增强效应，也显示着纳米 c-BN 薄膜可能是一种极具发展潜力的场发射材料；另一方面，目前制备沉积的 c-BN 薄膜大都由纳米晶粒组成[56]，因此理论上研究纳米 c-BN 薄膜场发射，实际上可能有助于理解、拓展及预言当前实验上 c-BN 薄膜场发射性能。

为更加接近实际研究 c-BN 半导体薄膜场发射性能，考虑到 F-N 方程由于模型过于简化，并且主要是基于金属场发射建立起来，在半导体场发射中与实验结果

不一致[57,58]，所以，在下文的纳米场发射研究中，我们将考虑从一般场发射隧穿方程 (2.3.12) 出发，并采用更接近实际情形的复杂表面镜像势 (2.3.13)[59]，对 c-BN 薄膜场发射纳米增强效应进行研究[11]。

在场电子隧穿过程中，禁带宽度对发射电流影响是很重要的。为了解不同尺寸晶粒的 c-BN 薄膜带隙变化，图 2.4.1 给出了带隙随晶粒尺寸变化的曲线图。很容易看出，当晶粒尺寸小于 10 nm 时，禁带宽度变化是非常明显的，而当带隙宽大于 10 nm 后，禁带宽度已经逐渐趋近块材料 c-BN 带隙宽。而这个规律与实验中纳米 c-BN 薄膜场发射在 20 nm 与 8~10 nm 具有不同现象一致[47]。在 20 nm 时，可能表现出块体的性质，随表面粗糙度降低阈值电压减小，而 10 nm 以下却表现出很强的纳米增强效应。理论上是否也如此? 进一步地，在考虑 c-BN 薄膜发射表面为理想发射面下 (基于非理想平面可能无法求解)，分别计算了不同晶粒大小组成 c-BN 薄膜及体材料 c-BN 场发射的 F-N 曲线 (图 2.4.2)，结果表明，纳米薄膜的场发射电流远大于非纳米体材料场发射电流。一般而言，对于场发射过程，阈值电压是个非常重要的参量，阈值电压越低，可能也意味着具有更为优异的场发射性能。因此，为显示不同晶粒尺度的场发射特性，图 2.4.3 也给出了不同晶粒大小组成 c-BN 薄膜及体材料 c-BN 场发射的 I-V 曲线。一般地，设定可测量电流 0.01 A/m² 作为阈值电压开启点，则对于晶粒尺寸为 3 nm 和 12 nm 的 c-BN 薄膜及体材料 c-BN 表面场发射的阈值电压分别为 604 V/μm，829 V/μm 和 915 V/μm。这结果也显示着纳米薄膜确实具有更低的阈值电压。在实际的粗糙平面场发射中，将必须考虑场增强因子，一般纳米膜的场增强因子可以达到 10² 的量级[60]，因此对于 3 nm 晶粒大小的 c-BN 薄膜阈值电压理论结果将可能与非掺杂的 3 nm 晶粒大小的 c-BN 薄膜阈值电压实验结果[55] 一致。

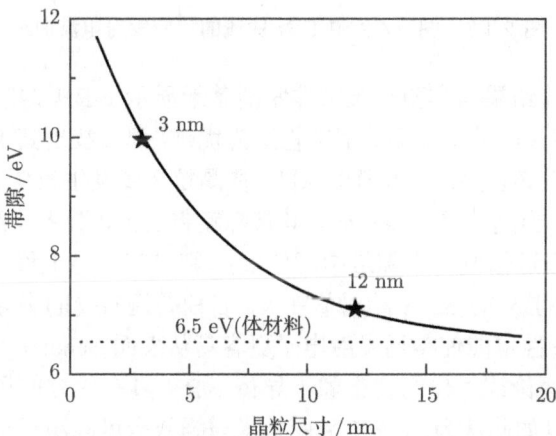

图 2.4.1 带隙宽度随 c-BN 晶粒尺寸变化曲线

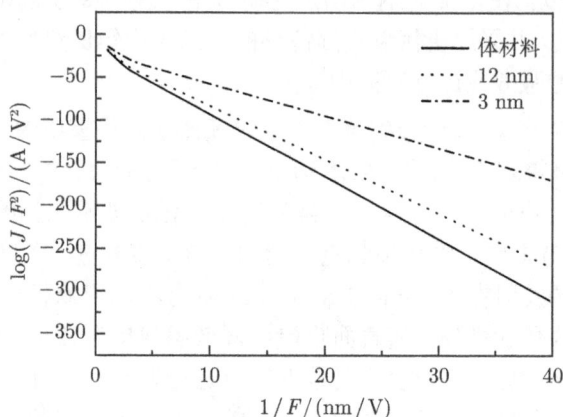

图 2.4.2　纳米晶薄膜及体 c-BN 场发射 F-N 曲线

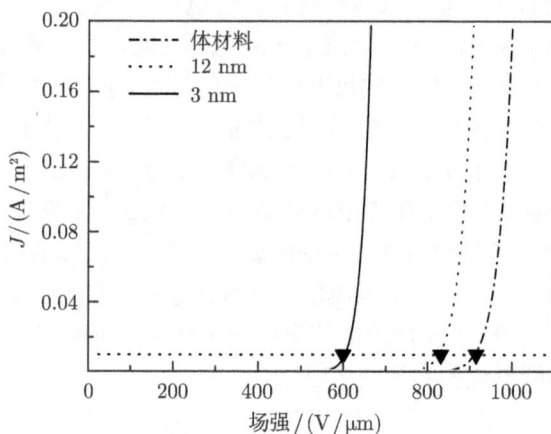

图 2.4.3　图 2.4.2 中 F-N 曲线的相应发射电流曲线

　　既然理论计算结果与实验结果都非常清楚地显示 c-BN 薄膜场发射具有纳米增强效应, 且随着尺度减小其场发射特性更为优越, 那么找出其半导体纳米场增强物理实质也是非常必要的。本着简单原则, 在晶粒尺度发生改变时, 可假设费米能级 E_F 位置固定, 当晶粒尺度减小时, 其带隙宽将变大, 费米能级不动 (对于本征半导体, 费米能级近似位于带隙最中间位置), 则导带底将上移, 但在真空能级不变, 这可能导致 c-BN 的 NEA 绝对值变大。目前普遍接受的半导体场发射理论是半导体的 NEA 特性可能使得场发射电子更容易从表面 Schottky 势垒逸出。另外, 我们也从理论方面论证了作为宽带隙半导体 c-BN 具有优异的场发射特性物理本质[61]。因此, 可以如此认为: c-BN 薄膜纳米增强效应可能源于小纳米晶粒导致的带隙变宽与 NEA 增强。实验上[47], 甚至是表面粗糙度与 Si 衬底一样, 也就是几何场增强因子非常小，即可以忽略的情况下，$8\sim10$ nm 纳米多晶 BN 薄膜也具有优异场发射特性。这也就验证了场发射纳米增强效应可能更多地源于材料尺度减小所导致的某些量子效应对场发射的增强。

通过建立起已经考虑到晶粒大小变化的场发射模型，研究了纳米 c-BN 薄膜场发射，发现小的纳米晶粒 c-BN 薄膜具有更好的场发射特性。如果考虑几何场增强因子，对于 3 nm 晶粒 c-BN 薄膜的阈值电压理论值与实验结果非常一致。这也验证了理论的正确性，而根据理论规律，小纳米晶粒薄膜将具有更佳发射性能，这实际也预示着，如果希望找到具有更为优异的场发射特性的半导体薄膜材料，降低薄膜晶粒尺度也是一个可行的方法。

2.5 纳米半导体场发射厚度效应机制

2.5.1 引言

近年来，由于宽带隙半导体薄膜优异的场发射性能[62-65]，平面薄膜阴极结构[66-68]对场发射的影响吸引了众多研究小组的目光。目前，在薄膜场发射的理论研究方面，提出的机理主要有以下三种[69-72]。

(1) 美国的 Cutler[70] 等以金刚石薄膜的场发射为例，提出了宽带隙化合物薄膜场致发射阴极中载流子的带间隧穿注入机理，如图 2.5.1 所示，认为电子的发射通过三个主要的过程即：从衬底注入薄膜、在薄膜中的输运和从薄膜表面向真空中的发射。在薄膜中的电子输运为热电子或准弹道输运，而从薄膜表面向真空中的发射为 NEA 表面的发射。

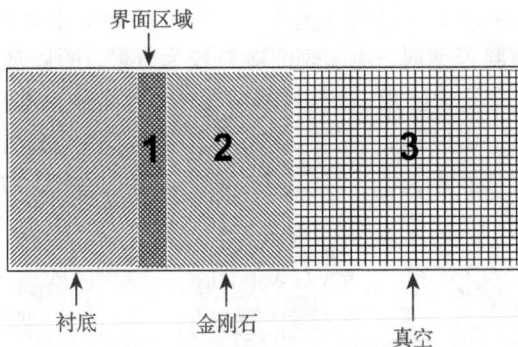

图 2.5.1　宽带隙化合物薄膜场发射的三步机制示意图
1. 电子通过背接触的内场发射注入薄膜的导带；2. 电子在薄膜中的输运过程；
3. 电子在真空 (绝缘媒介) 界面的场发射

(2) 英国的 Silva[71] 等提出了多晶类金刚石薄膜 (DLC) 电子场致发射的模型，认为薄膜界面区空间电荷的存在，引起了该区能带的弯曲，并且在薄膜与衬底的界面区形成了非晶碳 (a-C) 过渡层。电子的发射主要表现为空间电荷限制型而不是 F-N 隧穿型。在该模型中，实际阴极为衬底，由于在 a-C 过渡层中电子的完全耗尽而从衬底产生热电子。其 a-C:H 薄膜的弱场电子发射可用空间电荷感应的能带弯曲来解释，而薄膜中微结构的电场增强因子的概念不能完全解释 a-C:H 薄膜的弱场发射。如图 2.5.2 所示，薄膜界面存在的空间电荷使得导带严重弯曲，导致穿越薄膜的热电子输运，接着电子隧穿表面势垒而发射到真空，采用此模型可部分解释实验中阈值场强与薄膜厚度的关系。

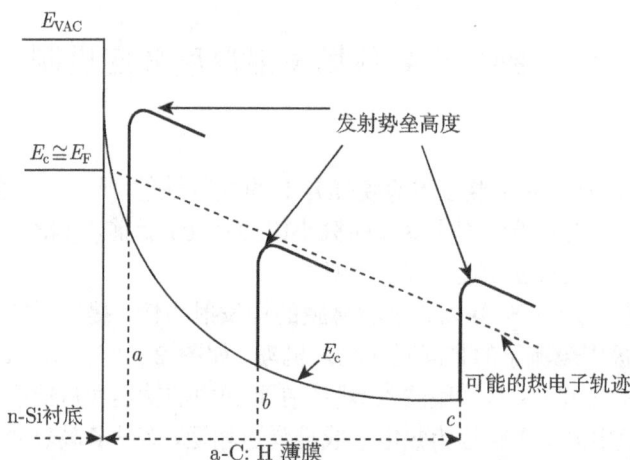

图 2.5.2   外场下热电子隧穿薄膜耗尽层的能带结构示意图

(3) 中国吉林大学超硬材料国家重点实验室的高春晓小组[72] 认为，对于金刚石薄膜场发射，当薄膜很薄时，由于表面颗粒较为分散，所以具有较大的发射表面积，但同时也具有较大的功函数；而当薄膜较厚时，表面颗粒堆积形成许多尖锥状，导致场增强因子较大，但同时，电子在隧穿厚膜时由于晶格碰撞，最终逸出的电子数量将大大减少；仅当膜厚适当时才具有较好的场发射性能，如图 2.5.3 所示。

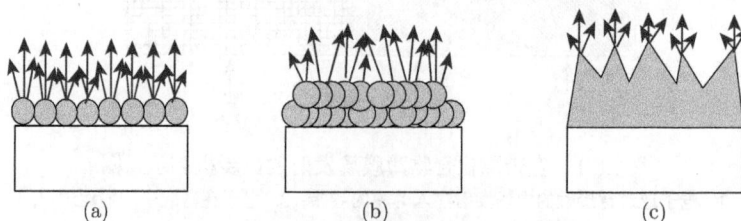

图 2.5.3   金刚石薄膜的电子发射模型

(a) 较薄时；(b) 适当膜厚；(c) 较厚时

以上这些研究结果都是初步的和探索性的，并且只能解释部分实验现象。俄罗斯 Saratov 大学的 Eliseev[73] 等认为，DLC 和 CNT 等具有优异的场发射特性也与其分形[74,75] 发射表面有关，发射主要出现在不规则的发射点附近。美国海军研究实验室的 Jensen[76] 认为，场致发射超越 F-N 公式范围的原因是发射势垒复杂，如接近于现实的三维的 FEE 尖端，多体效应在镜像电荷中引起的复杂性以及界面的复杂性等。

1996 年，Zhirnov[77] 等人通过对不同厚度的金刚石薄膜场发射性能进行研究，发现薄膜厚度是影响场发射性能变化不可忽略的一个重要参数，如图 2.5.4 所示。假设金刚石薄膜厚度为 D，在一定的外场下势垒的宽度为 d，为了能够逸出到真空，电子不得不在薄膜中穿过一段距离 $s = (D - d)$，假设金属电子源提供的电流密度为 I，忽略其他条件的影响，逸出真空的电荷为 $Q = It = Is/v = I(D - d)/v$，这里 v 为电子在薄膜中的传输速率。此后一些实验研究都表明[78,79]，若在基底上沉积同一种薄膜，为获取最佳场发射性能，将存在一个最佳薄膜厚度。

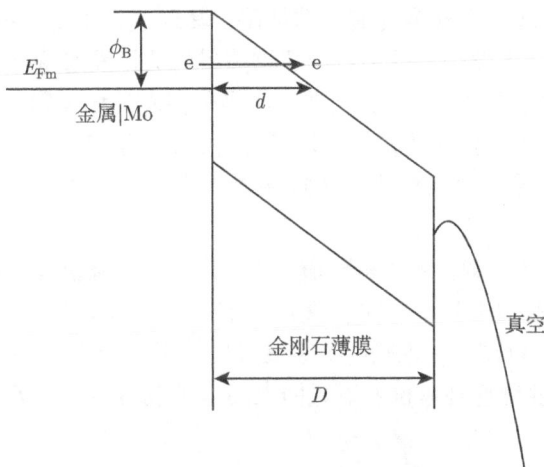

图 2.5.4 电子隧穿金刚石薄膜的能带示意图

为解释此实验现象，目前主要存在两种观点：一种观点即文献 [72] 的观点，认为不同厚度的薄膜表面导致粗糙度改变以及电子在薄膜中的散射是影响场发射性能的两个主要因素。沉积薄膜较薄时，薄膜表面粗糙度较低、几何场增强较小，场发射开启场强自然较大；而沉积薄膜较厚时，虽然表面粗糙度变大，几何场增强较大，但电流密度却在厚膜中由于电子散射而大大衰减，导致开启场强变大。因此，在较薄膜与较厚膜之间，必然存在一个最佳膜厚使得开启场强最小。但实际上，半导体薄膜沉积工艺中，表面粗糙度并不是随着薄膜厚度的增加而变大，这就使得以上解释显得比较勉强与偶然，也许此模型仅对表面粗糙度随膜厚增加而变化的薄膜结构适用。另外一种观点[79] 则认为,如图 2.5.2 所示,高电场导致薄膜内部空间电荷区分布的改变及电子在薄膜内部的散射使其能量衰减是影响薄膜场发射性能的关键原因。一方面,若把薄膜内部看做是空间电荷区,高场作用将使不同厚度薄膜中电子的耗尽程度不同,导致薄膜结构能带弯曲改变,从而电子隧穿势垒非线性地减小;另一方面,隧穿电子能量将在薄膜内部发生衰减,并假设其随膜厚增加而线性变小。当薄膜厚度适宜,隧穿势垒高度非线性减小时,相对于电子能量线性衰减而言,处于最有利场发射,此时薄膜结构将具有最佳场发射性能。但此模型用于解释薄膜场发射具有最佳膜厚,依然只对内部有自由载流子存在的特殊薄膜适用,对绝缘膜不适用,但目前用于改善场发射性能的薄膜大都为宽带隙半导体薄膜,可近似看做绝缘膜,这也是此模型无法克服的局限性。另外,此模型把电子能量在薄膜内部由于电子散射而简单处理为线性衰减,亦显得过于粗糙。

2.5.2　纳米半导体场发射厚度效应经典模型[80]

以上都是从实验方面探讨了薄膜厚度对于场发射的影响,也定性地分析了其物理实质,但其物理模型却存在着一些缺陷。其仅仅是基于一些特殊的材料或者是特殊的实验结果,主要是定性地讨论了这些材料的场发射特性,得出的结论自然有一定的局限性,将不适合用来分析普通半导体薄膜的场发射特性。因此,有必要定量地对普通半导体薄膜的场发射特性进行研究。基于薄膜尺寸效应[81] 的明显影响,我们以金属-半导体接触[82,83] 为例,主要从薄膜厚度出发研究其对薄膜场发射性能产生的影响。

常温下场致电子发射,主要是隧道效应,其发射电流密度与两个因素有关 (考虑一维情况):①材料内部 x 方向能量为 E 的电子单位时间打在单位面积上的数目,称为供给函数 $N(E)$;②这些电子穿透势垒的概率,即透射系数 $D(E)$。能量在 $E \sim E + \mathrm{d}E$ 中每秒钟打到单位发射表面上的电子数为 $N(E)\mathrm{d}E$,穿过势垒的电子数为[84]

$$P_\mathrm{t}(E)\mathrm{d}E = D(E)N(E)\mathrm{d}E \tag{2.5.1}$$

发射的电子流密度为

$$J = e \int_0^\infty P_\mathrm{t}(E)\mathrm{d}E = e \int_0^\infty D(E)N(E)\mathrm{d}E \tag{2.5.2}$$

将式 (2.5.2) 中 $N(E)$、$D(E)$ 求解可得

$$N(E) = \frac{4\pi m_\mathrm{e} k_\mathrm{B} T}{h^3} \ln\left\{1 + \exp[-(E - E_\mathrm{F})/k_\mathrm{B}T]\right\} \tag{2.5.3}$$

$$D(E) = \exp\left[-2\int_{x_1}^{x_2} K(x)\mathrm{d}x\right] \tag{2.5.4}$$

式中，$K(x)$ 决定于势垒的形状，x_1 和 x_2 分别为势垒的起点和终点。

进一步地，若考虑到电子散射对电流密度的影响，参考文献 [85] 的结果，并将式 (2.5.3)、式 (2.5.4) 代入式 (2.5.2) 整理可得

$$J = \frac{4\pi m_e e k_B T}{h^3} \int_0^\infty \ln\{1+\exp[-(E-E_F)/k_B T]\} \exp\left[-2\int_{x_1}^{x_2} K(x)\mathrm{d}x\right] \exp(-\lambda'x)\mathrm{d}E \tag{2.5.5}$$

式中 $\exp(-\lambda'x)$，称为散射因子[80]，单位为 m^{-1}，其中 $\lambda' = L/\lambda$。式 (2.5.5) 即为薄膜中场发射的电流密度公式。

结合考虑上述因素，选定研究对象，通过采用公式 (2.5.5) 对具体的势垒进行求解，我们就可以对一般的半导体薄膜的场发射性能进行研究，从而可以分析薄膜厚度对场发射性能的影响。

对于薄膜厚度小于 10 nm 的宽带隙半导体薄膜场发射，采用 WKB 方法进行计算时，不能对其透射系数及场发射电流密度进行准确的研究，在纳米超薄膜 (膜厚小于 10 nm) 的情况下，量子效应将表现地更为突出[81]。因此，对其进行研究将显得更有意义，将有助于了解纳米超薄膜的场发射机制。这里，对于纳米超薄膜场发射的透射系数的求解，我们将采用转移矩阵方法[86] 进行计算。之所以采用这种方法主要是因为它能够反映出量子体系中由于势垒或势阱尺寸的变化，表现出的能级共振隧穿现象[87] 等特征。

以 1~10 nm 的 AlN 纳米超薄膜为例，参考 Binh[88] 等建立的模型并考虑硅掺杂情况下引起的能带弯曲，其势分布函数可写为如下：

$$K_1(x) = V_b - \frac{1}{4\pi\varepsilon_r\varepsilon_0}\frac{e^2}{(2x)^2}x \quad (0 < x < T_{\text{film}}) \tag{2.5.6}$$

$$K_2(x) = K_1(T_{\text{film}}) + \chi - \frac{1}{4\pi\varepsilon_0}\frac{e^2}{(2x)^2}(x-T_{\text{film}}) - E_{\text{EF}}(x-T_{\text{film}}) \quad (x \geqslant T_{\text{film}}) \tag{2.5.7}$$

式中，薄膜内部的势分布 $V_b = (E_g/2)\exp(-x/L_B) - (E_F - E_i)$，其中，$L_B$ 为德拜长度且取 $L_B = (\varepsilon_0\varepsilon_r k_B T/e^2 N_D)^{1/2}$，$N_D$ 为半导体的掺杂浓度，$E_F - E_i$ 为金属-半导体接触平衡后，半导体的费米能级与本征费米能级之差。

在不同的掺杂条件和外加电场下，纳米超薄膜的能带结构如图 2.5.5 所示。图中 a、b、c、d 分别表示在无外场下，掺杂浓度分别为 $1.0\times10^{16}\,\mathrm{cm}^{-3}$、$1.0\times10^{17}\,\mathrm{cm}^{-3}$、$1.0\times10^{18}\,\mathrm{cm}^{-3}$、$1.0\times10^{19}\,\mathrm{cm}^{-3}$ 时的能带结构；图中 1、2 分别表示在掺杂浓度为 $1.0\times10^{19}\,\mathrm{cm}^{-3}$ 下，电场强度分别为 $1.0\times10^6\,\mathrm{V/cm}$ 和 $2.0\times10^6\,\mathrm{V/cm}$ 时的能带结构。

在上述模型中，总结参考文献 [88] 及 Xu[89] 等的观点，场电子发射过程可以归结为四步机制[85]：①金属作为电子源，通过与半导体背接触将电子注入半导体薄膜；②薄膜内的电子在空间电荷区的高场作用下，隧穿薄膜的内部势垒；③隧穿

后的电子在薄膜中输运，一部分电子将由于晶格碰撞而被散射；④从薄膜中逸出的电子对真空势垒进行隧穿。如图 2.5.6 所示，其中 D_1、D_2 分别表示薄膜内部势垒的宽度及电子在薄膜内部的输运距离。

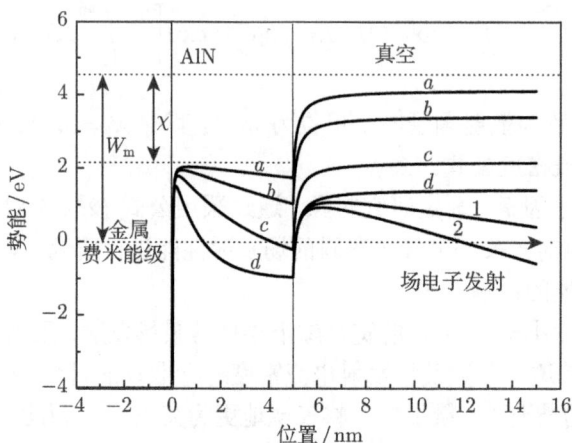

图 2.5.5　不同掺杂浓度和外场下的能带结构图

图中 a、b、c、d 分别表示在无外场下，掺杂浓度分别为 1.0×10^{16} cm^{-3}、1.0×10^{17} cm^{-3}、1.0×10^{18} cm^{-3}、1.0×10^{19} cm^{-3} 时的能带结构；图中 1、2 分别表示在掺杂浓度为 1.0×10^{19} cm^{-3} 下，电场强度分别为 1.0×10^{6} V/cm 和 2.0×10^{6} V/cm 时的能带结构

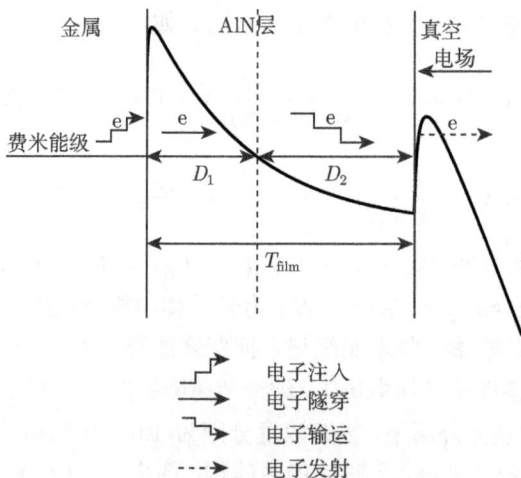

图 2.5.6　场电子发射的四步机制示意图

由于金属–半导体接触的界面处表面电荷及掺杂的影响，所以会在界面处形成空间电荷区。不同的掺杂情况下，薄膜内部空间电荷区的电场分布如图 2.5.7 所示。

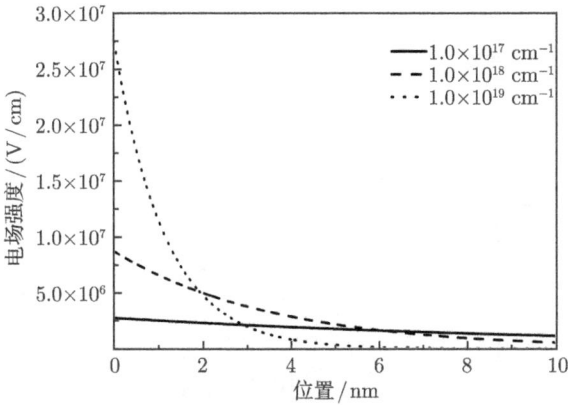

图 2.5.7 不同掺杂浓度下薄膜内部空间电荷区的电场分布

从图 2.5.7 中可以看出,在金属–半导体相接触的界面处场强最大,在薄膜内部场强逐渐减小,但依然很大。在高掺杂浓度下,界面处场强最大数量级可达到 10^7,是外加电场的几百倍甚至几千倍,与文献 [90] 所报道的相符。

对于不同厚度的薄膜,在掺杂浓度不变 (1.0×10^{18} cm^{-3}) 的条件下,在外场为 3.0×10^6 V/cm 下的能带图及有效势的面积 (阴影部分) 如图 2.5.8、图 2.5.9 所示。从图 2.5.8 中可以看出,随着膜厚的增加,薄膜中的有效势面积逐渐增加到最大,而真空中的有效势面积将逐渐减小,这两方面导致的影响薄膜场发射的有效面积产生如图 2.5.9 所示的变化趋势,即有效面积随膜厚的增加呈现先增大后减小的变化趋势。

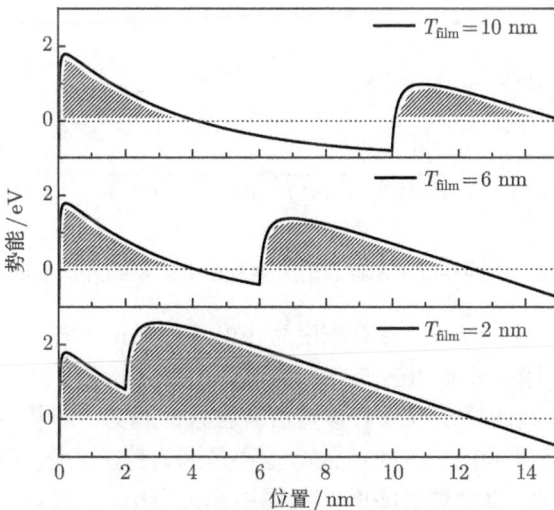

图 2.5.8 不同薄膜厚度的能带结构图

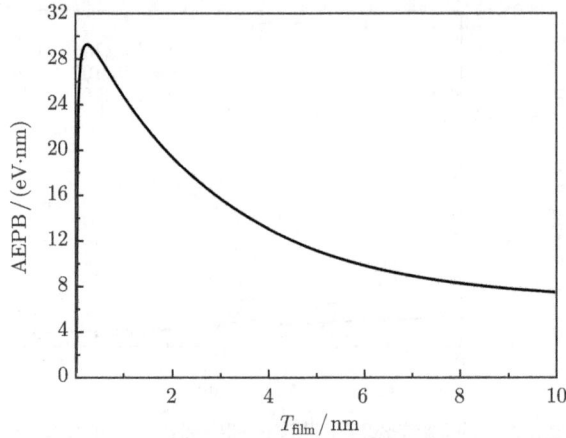

图 2.5.9   有效势垒的面积随薄膜厚度的变化

图 2.5.10 为外场下, 不同厚度薄膜的有效势垒面积随外加电场的变化, 从图中可以看出, 膜厚为 2 nm 时有效势垒面积变化较为显著, 这也将导致不同厚度的薄膜具有不同的场发射性能。

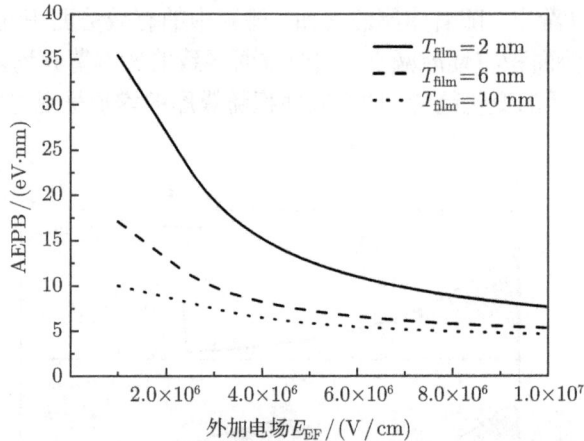

图 2.5.10   不同厚度纳米薄膜的有效势垒的面积随外加电场的变化

在外场为 1.0×10^7 V/cm、掺杂浓度为 1.0×10^{18} cm^{-3} 时, 不同厚度 AlN 纳米超薄膜场发射电子能量分布如图 2.5.11 所示。从图中可以看出, 随着膜厚的增加, 场电子能量分布曲线的峰出现先右移然后又左移的趋势, 即从 -0.2 eV(2 nm) 到 -0.03 eV(6 nm) 再到 -0.18 eV(10 nm), 主要是因为势垒先逐渐变宽 (薄膜内部势垒) 然后又逐渐变窄 (真空势垒降低)。从图中亦可看出, 场发射的电流密度逐渐呈现增强的趋势, 主要是影响电子透射的有效势垒的面积不断减少的缘故, 如图 2.5.9

所示。

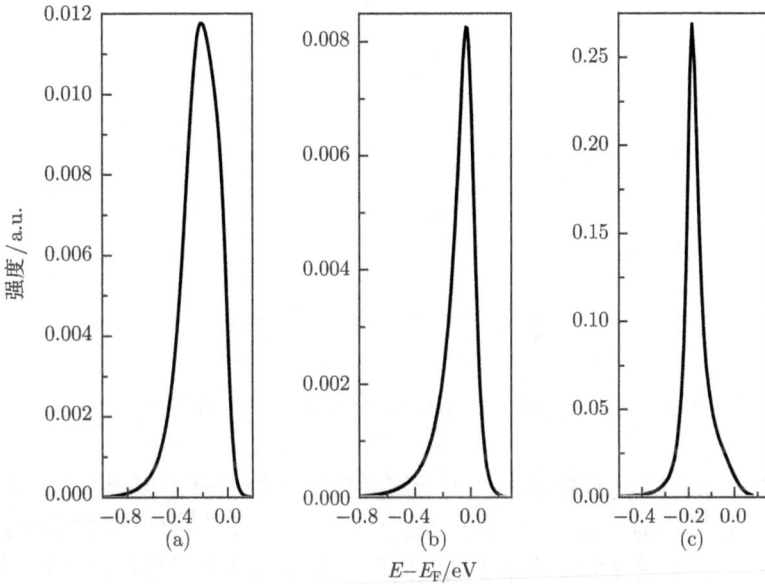

图 2.5.11　不同厚度 AlN 纳米薄膜中场电子的能量分布

(a) 2 nm；(b) 6 nm；(c) 10 nm

在外场为 1.0×10^7 V/cm、掺杂浓度为 1.0×10^{18} cm^{-3} 时，不同厚度、不同电场下纳米超薄膜场发射电子的透射系数分布如图 2.5.12、图 2.5.13 所示。

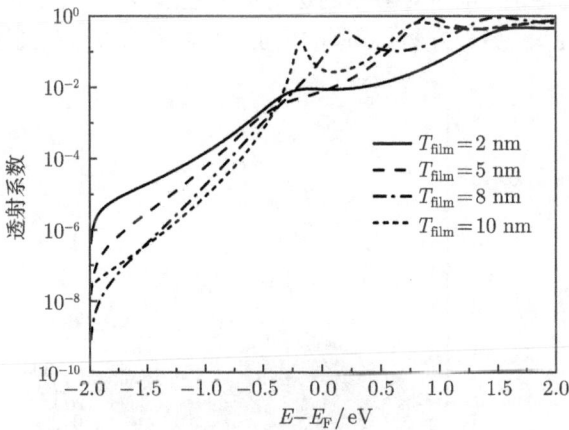

图 2.5.12　不同厚度 AlN 薄膜中电子的透射系数

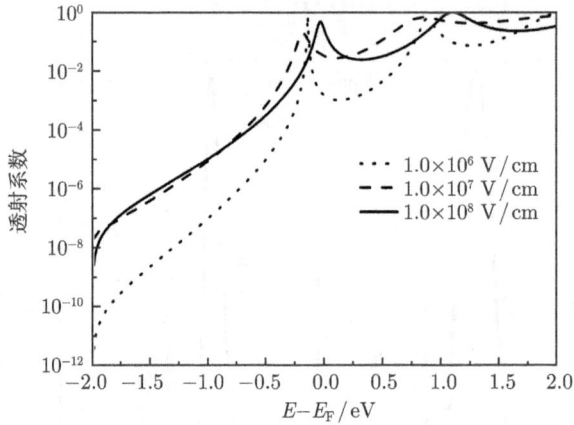

图 2.5.13　不同电场下 AlN 薄膜 (10 nm) 中电子的透射系数

如图 2.5.12 所示的能带图，由于这种能带结构具有类似于共振隧道二极管 (Resonant Tunneling Diode) 的双势垒能带结构[91]，所以会出现共振峰。随着薄膜厚度的增加，如图 2.5.12 所示中间势阱的宽度逐渐增大，导致共振峰的位置将向左运动，且峰将变得尖锐、峰的个数逐渐增多，共振峰的宽度变窄，说明隧穿电子的数目减少。从图 2.5.13 中可以看出，对于特定厚度 (10 nm) 的薄膜，当外加电场增强时，共振峰的宽度逐渐变宽，说明隧穿电子的数目增多[92]。

在外场为 1.0×10^7 V/cm、掺杂浓度为 1.0×10^{18} cm^{-3} 的条件下，考虑电子散射造成的影响，不同厚度的场发射电流密度曲线如图 2.5.14 所示。如前所述，一方面，随着膜厚的增加，电子对势垒的透射能力也增强，即电子的透射系数随着薄膜厚度的增加而变大；另一方面，膜厚的增加，即电子的输运距离增加，导致电子在

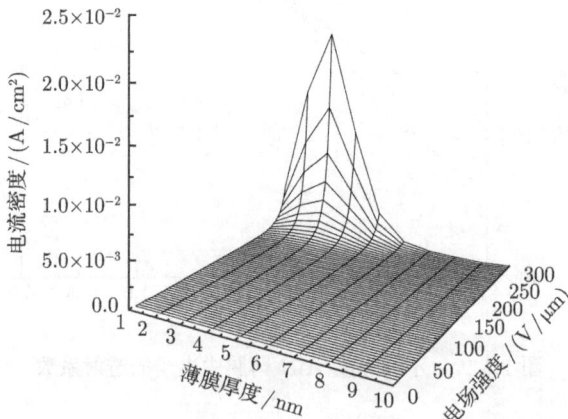

图 2.5.14　膜厚度–电场强度–电流密度三者之间的三维曲线图 (考虑散射)

薄膜中的散射也越来越大。两者的综合作用势必导致最佳场发射的膜厚值。从图 2.5.15 中可以更清楚地看出，薄膜厚度为 3 nm 时场发射性能最佳。取电流密度为 1.0×10^{-4} A/cm^2 为参考，基于相同的原因，开启场强随膜厚呈现如图 2.5.16 所示的变化趋势，即当薄膜厚度为 3 nm 时开启场强最小。

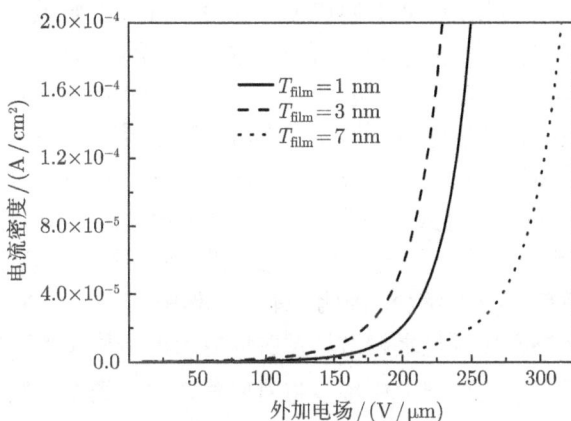

图 2.5.15 场发射电流密度随膜厚的变化

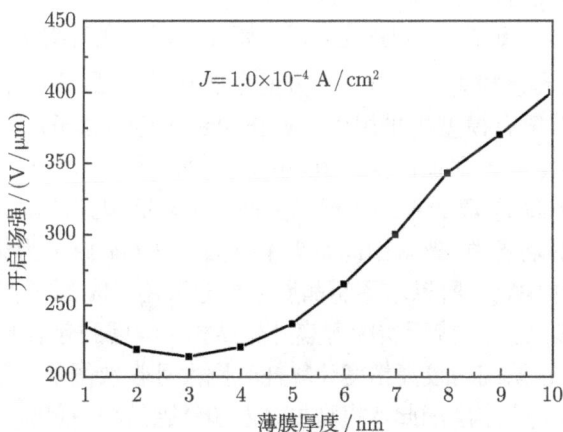

图 2.5.16 场发射开启场强随膜厚的变化 (参考电流密度为 1.0×10^{-4} A/cm^2)

以上以金属 W 衬底上沉积纳米 AlN 薄膜的场发射为例，利用转移矩阵方法 (AlN 膜厚为 1~10 nm) 对电子的透射系数进行计算分析，考虑到电子在薄膜内部输运时不可避免的散射效应对电子发射产生的影响，对考虑掺杂的能带弯曲模型系统地进行了研究。结果表明对于单层纳米半导体薄膜的场发射，存在厚度效应，即仅当膜厚在某一适当范围之内时，其场发射具有最佳性能。

2.5.3 纳米半导体场发射厚度效应的微观机制分析[93]

近些年来，纳米结构半导体材料的厚度效应对场发射阴极性能的影响从理论以及实验上得到了广泛的研究。Semet[94] 等的研究表明，当超薄宽带隙半导体薄膜的厚度小于 10 nm 时，和传统的场发射阴极材料相比其电流密度可以提高 2~3 个数量级。Sugino[95] 等发现，当薄膜厚度在 8~10 nm 时，场发射开启电场可以有效降低。在上述研究中，对于场发射性能增强机理的解释都是基于 F-N 理论[1] 的简单定性分析。然而，考虑到量子尺寸等效应，这些模型的构建对于 10 nm 以下的超薄薄膜结构来说缺乏精确性与可靠性。因此，基于密度泛函理论的第一原理精确计算对于理解超薄薄膜结构对电子发射特性的作用是十分必要的。而且近些年来，采用第一原理计算的方法有效地研究了众多体系的表面功函数及其对应的场发射特性[96-102]。然而到目前为止，厚度调控以及同时考虑衬底效应[103] 对场发射性能影响的第一原理系统计算非常少。因此在本章工作中，选择 GaN 以及 AlN 作为阴极材料深入研究超薄薄膜厚度调控对场发射性能的影响及其普适机理[104]。

值得注意的是，前人的研究中很少将衬底材料纳入场发射阴极性能的模型构建及相关计算中，因此其计算结果与实际器件的对比以及对实验方面的指导缺乏可靠性与真实性。为了能够真实反映出实际场发射器件中的阴极特性及其场发射机制，本节研究在超晶胞模型的构建中将六方纤锌矿结构 (Hexagonal Wurtzite Structure)GaN 纳米薄膜外延在 Al 衬底上，即计算中考虑衬底对阴极材料表面的作用。

对于 GaN 超晶胞模型的构建，一方面考虑到以 N 原子终结的表面其稳定性较弱[105,106]，本章所有模型中采用以 Ga 作为表面终结原子；另一方面考虑到目前绝大多数的 GaN 外延生长都是沿 (0001) 极性面[107]。而且研究还发现，在表面富 Ga 情况下其 (0001) 表面重构将形成由两层 Ga 所覆盖的表面，且 Ga 表面终端可能具有更低的功函数[106]。因此有理由认为，以 Ga 原子为终结的 (0001) 面，其体系结构将更加稳定。所以本章超晶胞的构建采用 Ga 原子作为最终表面原子的 GaN(0001) 面外延，以接近实际薄膜外延结构。考虑到包含衬底结构的超晶胞模型体系较大，进行系统的较高精度计算耗时巨大且收敛困难，所以超晶胞的发射表面构建采用 (1×1) 结构，因此本模型中每层超晶胞结构中包含一个原子，称为原子层 (ML)。在计算晶体表面性质时，通过在超晶胞结构基础上插入真空层以构成新的周期单元结构来实现，而真空层厚度的确定应以上下两表面不相互影响为准。在本章对真空层的处理中，采用厚度为 20 Å 的真空层，经测试该厚度下表面功函数不随真空层厚度继续增加而改变，即 20 Å 的真空层足以得到高精度的计算结果。为了和 GaN 的计算结果相对比，反映计算结果的普适性，同时构建了在 Al 衬底上外延 AlN 薄膜的超晶胞对比模型，其模型的构造和上述 GaN 完全一致。

为了探索场发射结构表面功函数变化的物理实质, 构造了以下三种模型。

(1) Al/GaN 纳米结构阴极模型: 如图 2.5.17 (a) 所示, 该模型为在 Al 衬底面心立方 (111) 面上外延以 Ga 原子作为表面终结原子的 GaN(0001) 薄膜。由于在超晶胞模型中 Al/GaN 异质界面两侧是两种不同性质及晶格结构的材料, 界面处存在一定的晶格错配, 所以 Al 衬底和 GaN 的所有原子都需要经过弛豫以补偿外延应力[108-110]。在进行离子弛豫前, Al(111) 和 GaN(0001) 的面内晶格参数设置为 3.0 Å, 离子弛豫过程使所有原子完全弛豫且原子力收敛于 0.01 eV/(Å · atom)。另外, 由于包含衬底的模型本身将导致沿 z 轴方向周期结构的非对称性, 所以以本书中将真空能级定义为真空静电势达到最大值时所对应的能量。

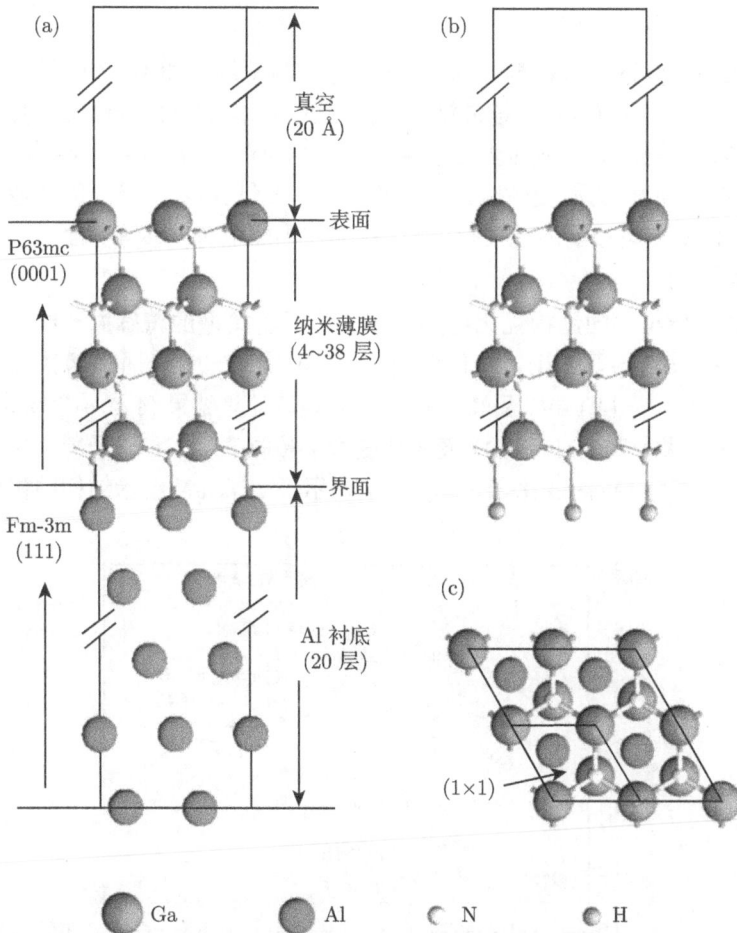

图 2.5.17 场发射阴极结构第一原理计算超晶胞结构示意图

(a) Al/GaN 结构的侧视图; (b) H-GaN 结构的侧视图; (c) G-GaN (0001) 面俯视图

(2) H-GaN 结构模型：如图 2.5.17(b) 所示，为了和 Al/GaN 纳米结构阴极相对比，H-GaN 结构不包含 Al 衬底，且采用了块体即本征 GaN 材料的晶格参数。在 H-GaN 模型的下表面处，采用赝氢原子对 N 原子悬挂键进行饱和以确保下表面处呈现块体材料的性质而不产生表面局域电荷层对费米能级和上表面的真空能级引起额外的影响[106,111]，这些赝氢原子的位置在计算中经过了弛豫优化。

(3) G-GaN 结构模型：其结构和 H-GaN 基本一致，下表面采用赝氢原子对 N 原子悬挂键进行饱和，如图 2.5.17(c) 所示。和 H-GaN 模型的区别在于，G-GaN 模型没有采用本征 GaN 材料的晶格参数而是采用了 Al/GaN 结构经过离子弛豫后的晶格参数。因此，一方面 G-GaN 结构保持了 Al/GaN 结构内部的应力应变，另一方面 G-GaN 结构未包含 Al 衬底，即未包含 Al(111) 和 GaN(0001) 界面处可能形成的电荷转移等界面效应。

通过上述构建的三种模型可以得知：① G-GaN 结构和 H-GaN 结构都未包含 Al 衬底，区别仅在于 GaN 层是否包含应力应变，因此通过两种结构计算结果的对比可以清晰地获得应力应变对表面功函数的作用机制。② G-GaN 结构和 Al/GaN 结构都具有相同的应力应变效应，区别仅在于是否包含 Al 衬底，因此通过两种结构计算结果的对比可以清晰地反映出 Al 衬底在界面电荷转移等界面效应对表面功函数的影响机制。

通过能量最小化的结构优化得到了不同超晶胞模型的精确原子结构与电子结构等信息。计算结果显示出，未包含应力作用的 H-GaN 表面功函数计算结果为 4.1 eV，与实验值[112] (4.1 eV) 及 Rosa[106] 等的理论计算结果 (4.42 eV) 吻合较好，且 Rosa 的计算结果表明 GaN(0001) 表面功函数会根据表面 Ga 原子覆盖层数及位置而得到从 3.1~5.31 eV 的变化。图 2.5.18 中显示了 Al/GaN 纳米结构阴极表面功函

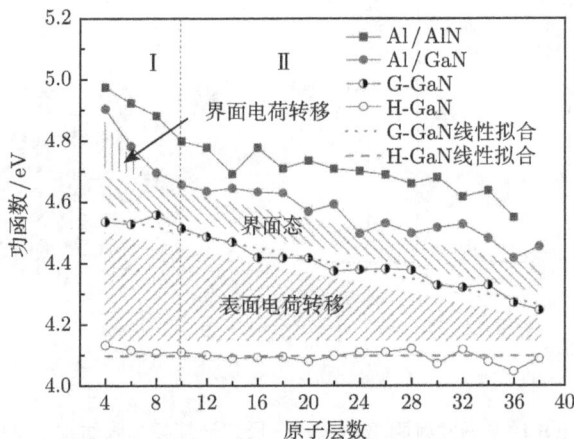

图 2.5.18　Al/GaN、G-GaN 及 H-GaN 的表面功函数随层厚变化规律

数随 GaN 层厚的变化规律。计算结果显示出随着 GaN 纳米结构薄膜层厚的增加，其表面功函数得到了从 4.9~4.4 eV 的有效降低。由此可见，对超薄纳米薄膜膜层厚度的调控，可以获得表面功函数较大幅度的变化，而功函数反映了从薄膜内部向真空中发射电子的能力。因此表面功函数较大幅度的变化意味着对发射电流的大幅调控，从而可以实现场发射性能的结构调控增强。另外，对 Al/AlN 表面功函数的计算结果表现出和 Al/GaN 纳米结构阴极相同的变化规律，其表面功函数获得了从 5.0~4.5 eV 的有效降低。

为深入探索表面功函数随层厚变化的物理本质，对 G-GaN 以及 H-GaN 也进行了精确的计算，如图 2.5.18 所示。计算结果表明 H-GaN 的表面功函数未随 GaN 层厚变化。因此可以推断：Al/GaN 纳米结构阴极表面功函数随层厚的显著变化源于衬底诱导的相关效应，即衬底效应。通过对比模型的系统计算与分析可以得知，该衬底效应可以诱导以下三种效应：①表面电荷转移效应；②界面电荷转移效应以及③界面态效应。而上述三种效应对 GaN 表面功函数变化的大小贡献不同且作用于不同的膜层厚度范围，这是由这三种效应具有的特性所造成的，将在下文中具体讨论。

1. 表面电荷转移对表面功函数的影响

差分电荷密度是一种分析表面电荷转移状态的有效手段。本章中，垂直于表面方向 (z 轴方向) 沿 xy 面的平均差分电荷密度可以表示为

$$\Delta\rho(z) = \frac{1}{S} \int_0^{L_1} \mathrm{d}x \int_0^{L_2} \mathrm{d}y \Delta\rho(x, y, z) \tag{2.5.8}$$

其中 S 为 (1×1) 晶胞的表面面积。L_1 和 L_2 分别为晶胞的长度及宽度。

图 2.5.19 显示出了不同 GaN 层厚 (分别为 4 ML、16 ML 和 36 ML) 的 Al/GaN 纳米结构阴极近表面处的差分电荷密度。图中，$\Delta\rho(z)$ 为正值代表体系获得电子，相反地 $\Delta\rho(z)$ 为负值代表失去电子。由图中可以明显看出，无论 GaN 纳米薄膜层厚是否变化，电荷总是会从表面的 Ga 原子向 N 原子转移，这源于 N 原子较大的电负性。尽管图中三组曲线形状看似十分相近，然而由于应力作用，表面 Ga-N 原子的间距却随着 GaN 薄膜层厚增加而逐渐减小。从图中可以看出，这导致了真空层中失去电子数量的增加，即从真空区域向薄膜内部电荷转移数量的增多。而由真空向薄膜内的电荷转移将导致表面的偶极强度减弱。因此，如图 2.5.18 所示，GaN 纳米薄膜层厚的增加将导致功函数的逐渐减小。

图 2.5.20 显示了 Al/GaN 和 H-GaN 两种模型结构的纳米薄膜层厚和表面处原子间距 d_{sur} 以及界面处原子间距 d_{sep} 的对应关系。从图中可以看出，H-GaN 的表面原子间距可以被一条水平直线所拟合，这意味着本征 GaN 结构的表面原子间距是不随膜厚调制而变化的。然而，对于 Al/GaN 纳米结构薄膜，d_{sur} 呈现出先快速

下降而后逐渐收敛的变化趋势，这源于 Al/GaN 界面处 GaN(0001) 和 Al(111) 面的晶格错配，使得 Al/GaN 纳米结构薄膜内部存在着外延应力。因此，Al/GaN 纳米结构薄膜表面原子间距 d_{sur} 不同于 H-GaN。但是随着膜厚的增加，晶格失配的外延应力逐渐得到释放，原子间距逐渐接近本征 GaN，且应力释放速度呈现随膜厚变化先快后慢的规律。

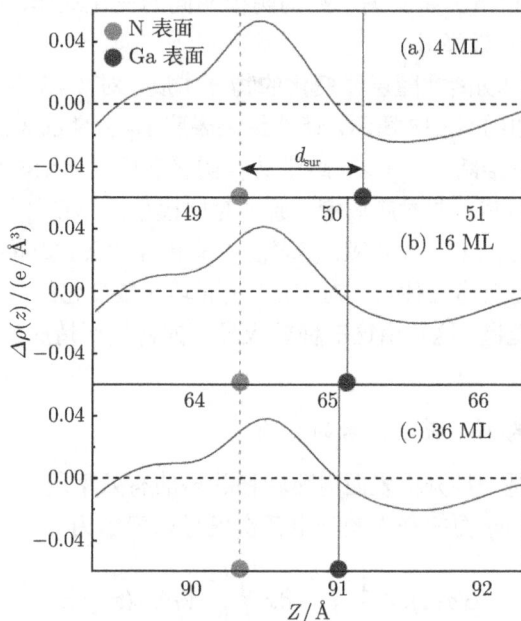

图 2.5.19　Al/GaN 沿 z 轴方向的差分电荷密度平均值

对应的表面 GaN 层厚分别为：(a) 4 ML；(b) 16 ML 和 (c) 36 ML

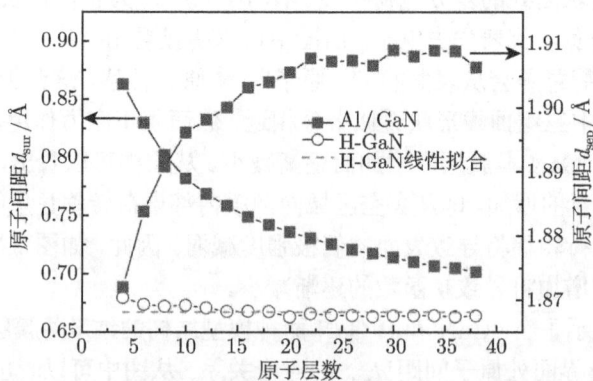

图 2.5.20　Al/GaN 及 H-GaN 表面 Ga-N 原子间距 d_{sur} 以及界面 Ga-N 原子间距 d_{sep}

和图 2.5.18 中 Al/GaN 纳米结构薄膜表面功函数随膜层厚度变化的对比，可以明显看出 Al/GaN 表面原子间距随层厚的变化趋势和功函数随层厚变化趋势相一致。这意味着由不同应力状态引起的 d_{sur} 变化是源于衬底诱导的晶格失配效应而非膜层厚度调控本身。另外，和 H-GaN 相对比，G-GaN 模型具有相同的结构 (图 2.5.17) 但保持了 Al/GaN 结构弛豫后的晶格参数，即 G-GaN 模型保持了 Al/GaN 结构的外延应力。因此，如图 2.5.18 所示，应变效应导致的表面电荷转移对表面功函数的作用效果可以通过 G-GaN 和 H-GaN 两种模型的表面功函数差别而明显看出，且由于外延应力的广泛存在，表面电荷转移效应作用于整个膜层厚度区域。

2. 界面电荷转移对表面功函数的影响

如图 2.5.18 所示，和 G-GaN 模型的表面功函数相比，Al/GaN 模型的表面功函数表现出以下两个方面的重要区别：

(1) 在区域 I 中，即层厚小于 10 层时，Al/GaN 表面功函数曲线有较大的斜率；

(2) 在区域 II 中，G-GaN 和 Al/GaN 表面功函数曲线斜率虽然一致，但是 Al/GaN 模型的表面功函数整体要比 G-GaN 模型高 0.2 eV 左右。

对于上述的第一个特性，可以通过对 Al/GaN 界面处的平均差分电荷密度分析得到合理的解释：对于 Al/GaN 界面，由于电负性的差别，总会形成从衬底界面处 Al 原子向 GaN 界面处 N 原子的电荷转移，这将导致在界面附近 GaN 薄膜一边形成额外的负电荷积累而在 Al 衬底一边形成额外的正电荷积累。由此将在 Al/GaN 界面处形成一偶极，同时产生一指向薄膜的内建电场，而该偶极对于超薄薄膜来说将导致表面功函数增大[113]。本研究中，对于区域 I 中仅有几个原子层厚度的薄膜，计算的结果显示出界面处的负偶极增强了原有的表面偶极，导致了表面功函数的提高。然而随着膜层厚度的增加，由于界面和表面距离的增大，界面偶极对表面偶极的增强作用可以忽略不计。另外，由图 2.5.20 可以看出，当 GaN 原子层厚度小于 10 层时界面处 Al-N 原子间距急剧增大，而当 GaN 原子层厚度大于 10 层时界面处 Al-N 原子间距逐渐收敛，这表明层厚小于 10 层时界面偶极的强度变化极大，而当薄膜较厚时偶极强度的变化也可以忽略不计，因此综合两个方面来看界面电荷转移效应主要作用于薄膜层厚小于 10 层的范围。对于上述的第二个特性，可以通过 Al/GaN 界面处界面态的形成得到合理解释，具体的讨论将在下文中进行。

3. 界面态对表面功函数的影响

图 2.5.21 给出了 Al/GaN 纳米结构界面处和远离界面处 (GaN 膜层内部) 原子的局域电子态密度图。从图中可以明显看出，Al/GaN 界面处的 N 原子费米能

级附近出现了明显的 "额外" 电子态，该 "额外" 电子态使得界面处的 GaN 带隙消失，即表现出金属能带的特性。其效应源于金属 Al 衬底价带的非局域特性，该特性使得界面轨道杂化较小且引起 N 原子带隙处局域态密度小的起伏。该特性所引起的现象完全不同于在界面处出现化学成键的特征[114]。上述这些与膜层厚度等结构无关的特征属于传统的金属诱导带隙电子态 (MIGS)[115,116]，该电子态源于金属波函数渗透进入半导体纳米薄膜带隙，然而其渗透效果会随着原子位置远离界面附近而减弱，即被 GaN 膜层所屏蔽从而该电子态迅速削弱。上述由衬底 Al 原子诱导的电子态十分重要，因为费米能级位置对该电子态非常敏感从而影响到表面功函数。因此，Al/GaN 模型表面功函数相对于 G-GaN 模型高出 0.2 eV 是源于衬底诱导的 MIGS 效应并作用于整个膜层厚度范围，且该 MIGS 的强度主要受衬底元素的影响。

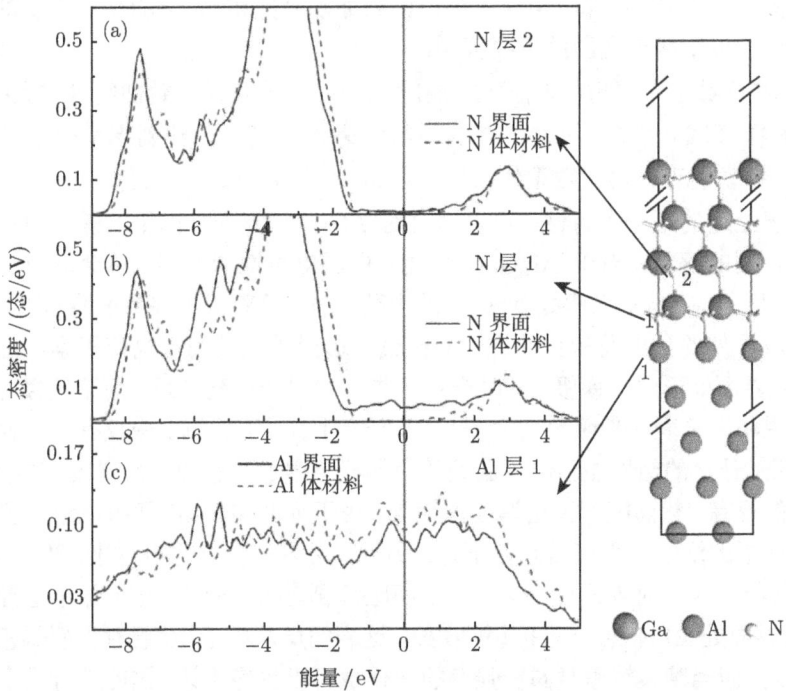

图 2.5.21   Al/GaN 界面处 N 原子以及 Al 原子对应的局域电子态密度图

其中实线为界面处该原子对应的局域态密度、虚线为远离界面处 (薄膜内部) 该原子的局域态密度。右图为相对应的原子结构图，其中费米能级定义为 0 eV

基于目前对超薄纳米薄膜场发射阴极的厚度调制研究欠缺精确的物理模型以及系统的研究，本章整体考虑了衬底和氮化物纳米结构薄膜的相互作用，使得计算结果和实际场发射阴极器件相对比真实可信。本章采用第一原理计算方法，以

GaN 为例系统研究了III族氮化物纳米结构薄膜层厚调控对其场发射性能的影响机制。计算结果表明，通过调制氮化物纳米薄膜的层厚，可以实现场发射电流密度两个数量级的提高。尤其当薄膜层厚小于 10 nm 时，仅通过几纳米的层厚调制可以使表面功函数有效降低 0.5 eV。经过对比模型的构建并对相应表面、界面原子结构和电子结构的分析得知，该厚度效应源于衬底效应诱导的表面电荷转移、界面电荷转移以及界面态的综合效应。

2.5.4　总结

首先我们综述了经典的场发射 F-N 模型。在此基础上，我们建立了一个可用于研究宽带隙半导体薄膜场发射实质的能带弯曲理论模型。以III族氮化物半导体 c-BN 为例，研究了宽带隙半导体具有优异场发射性能，结果表明，对于宽带隙半导体优异的场发射特性，应该归功于外加电场导致的强能带弯曲及其 NEA 的共同作用，强能带弯曲提供发射电子源，而 NEA 使电子易于逸出表面势垒。修正了以前认为的宽带隙半导体的 NEA 特性是导致其优异场发射性能的主要因素的半导体场发射理论。在不考虑纳米几何场增强情况下，半导体纳米场发射增强效应可能源于其 NEA 增强及带隙宽化后导致的强带弯曲；此理论模型也取得了与实验一致的结果。基于能带理论建立起了纳米晶半导体场发射模型。应用纳米半导体场发射模型，分别在理论上研究了III族氮化物半导体中的 c-BN 半导体薄膜场发射纳米增强效应，研究结果表明：小纳米晶粒半导体薄膜具有更为优异的场发射特性；另外，基于上述理论，我们研究了不同厚度的纳米半导体薄膜的场发射效应，提出厚度对场发射影响的机制，并从第一原理进行了场发射厚度效应的微观机理分析研究。

参 考 文 献

[1] 赵维. 氮化物半导体纳米薄膜结构增强场发射及其机理研究. 北京工业大学博士学位论文, 2012.

[2] Fowler R H, Nordhein L W. Electron emission in intense electric fields. Proc. R. Soc., 1928, A119: 173-181.

[3] Good Roland H, Jr. Wentzel-Kramers-Brillouin Method. Access Science (Mc-Graw-Hill Education), 2014.

[4] Murphy E L, Good R H. Thermionic emisssion, field emission, and the transition region. Phys. Rev., 1956, 102: 1464.

[5] Jensen K L. Exchange-correlation, dipole, and image potentiaaks for electron sources: Temperature and field variation of the barrier height. J. Appl. Phys., 1999, 85: 2667-2680.

[6] Lang N D, Yacoby A, Imry Y. Theory of a single-atom point for electrons. Phys. Rev. Lett., 1989, 63: 1499-1502.

[7]　Gohda Y, Nakamura Y, Watanabe K, et al. Self-consistent density functional calculation of field emission currents from metals. Phys. Rev. Lett., 2000, 85(5): 1750-1753.

[8]　Waters R, Zeghbreck B V. On field emission from a semiconducting substrate. Appl. Phys. Lett., 1999, 75(16): 2410-2412.

[9]　Lu X, Yang Q, Xiao C, et al. Effects of hydrogen flow rate on the growth and field electron emission characteristics of diamond thin films synthesized through graphite etching. Diamond and Related Materials, 2007, 16(8): 1623-1627.

[10]　Liang S D, Chen L. Generalized fowler-nordheim theory of field emission of carbon nanotubes. Phys. Rev. Lett., 2008, 101(2): 027602.

[11]　王如志. III族氮化物半导体薄膜场发射性能研究. 北京工业大学博士学位论文, 2003.

[12]　Adessi Ch, Devel M. Theoretical study of field emission by a four atoms nanotip: implications for carbon nanotubes observation. Ultramicroscopy, 2000, 85: 215-223.

[13]　Bachelet G, Hamann D, Schlüter M. Pseudopentials that work: From H to Pu. Phys. Rev. B, 1982, 26(8): 4199-4228.

[14]　Lucas A A, Vigneron J P, Bono J, et al. Potential distribution in metal-vacuum-metal planar barriers containing spherical protrusions or inclusions. Le Journal de Physique Colloques, 1984, 45(C9): C9-125-C9-132.

[15]　Han S. Ihm J. Role of the localized states in field emission of carbon nanotubes. Phys. Rev. B, 2000, 61(15): 9986-9989.

[16]　Lippmann B A, Schwinger J. Variational principles for scattering processes. Phys. Rev., 1950, 79(3): 469.

[17]　Adessi Ch, Devel M. Theoretical study of field emission by a four atoms nanotip: implications for carbon nanotubes observation. Ultramicroscopy, 2000, 85: 215-223.

[18]　Adessi C, Devel M. Theoretical study of field emission by single-wall carbon nanotubes. Phys. Rev. B, 2000, 62(20): R13314-R13317.

[19]　Zhirnov W, Hren J J. Electron emission from diamond films. MRS Bulletion, 1998, 23(9): 42-48.

[20]　Okano K, Koizumi S, Silva S R P, et al. Low-threshold cold cathodes made of nitrogen-doped chemical-vapour-deposited diamond. Nature, 1996, 381(6578): 140, 141.

[21]　Nakamura S, Senoh M, Nagahama S, et al. Room-temperature continuous-wave operation of InGaN multi-quantum-well-structure laser diodes with a long time. Appl. Phys. Lett., 1997, 70: 868-870.

[22]　Geis M, Efremow W, Krohn N N, et al. A new surface electron-emission mechanism in diamond cathodes. Nature, 1998, 393(4): 431-435.

[23]　Tsong T T. Field penetration and band bending near semiconductor surfaces high electric fields. Surface Science, 1979, 81: 28-42.

[24]　Wang R Z, Wang B, Wang H, et al. Band bending mechanism for field emission in wide band gap semiconductors. Appl. Phys. Lett., 2002, 81(15): 2782-2784 .

[25] Madelung O. Semiconductors: Group IV Elements and III - V Compunds (Data in Science and Technology). Heidelberg: Springer-Verlag, 1991.

[26] McCarson B L, Schlesser R, McClure M T, et al. Electron emission mechanism from cubic boron nitride-coated molybdenum emitters. Appl. Phys. Lett., 1998, 72(22): 2902-2911.

[27] Wang R Z, Ding X M, Xue K, et al. Multipeak characteristics of field emission energy distribution from semiconductors. Phys. Rev. B, 2004, 70: 195305.

[28] Lui W W, Fukuma M. Exact solution of the Schrödinger equation across an arbitrary one-dimensional piecewise-linear potential barrier. J. Appl. Phys., 1986, 60(5): 1555-1559.

[29] Guo Y, Li Y C, Kong X J, et al. Quantum magnetotransport of electrons in double-barrier resonant-tunneling structures. Phys. Rev. B, 1994, 50: 17249.

[30] You J Q, Zhang L, Ghosh P K. Electronic transport in nanostructures consisting of magnetic barriers. Phys. Rev. B, 1995, 52: 17243-17247.

[31] Wang R Z, Yan X H. Resonant peak splitting for ballistic conductance in two-dimensional electron gas under electromagnetic modulation. Chin. Phys. Lett., 2000, 17(8): 589-592.

[32] Huang Z H, Weimer M, Allen R E. Internal image potential in semiconductors: Effect on scanning tunneling microscopy. Phys. Rev. B, 1993, 48 (20): 15068-15076.

[33] Powers M J, Benjamin M C, Porter L M, et al. Observation of a negative electron affinity for boron nitride. Appl. Phys. Lett., 1995, 67(26): 3912-3914.

[34] Tsong T T. Field penetration and band bending near semiconductor surfaces high electric fields. Surface Science, 1979, 81: 28-42.

[35] Kimura C, Yamamoto T, Hori T, et al. Field emission characteristics of BN/GaN stucture. Appl. Phys. Lett., 2001, 79(27): 4533-4535.

[36] Geis M, Efremow W, Krohn N N, et al. A new surface electron-emission mechanism in diamond cathodes. Nature, 1998, 393(4): 431-435.

[37] Wang B, Wang R Z, Zhou H, et al. Field emission mechanism from nanocrystalline cubic boron nitride films. Microelectronics Journal, 2004, 35(4): 371-374.

[38] Castro T, Reifenberger R, Choi E, et al. A field-emission technique to measure the melting temperature of individual nanometer-sized clusters. Surf. Sci., 1990, 234 (1-2): 43-52.

[39] Lin M E, Reifenberger R, Andres R P. Field-emission spectrum of a nanometer-size supported gold cluster-theory and experiment. Phys. Rev. B, 1992, 46 (23): 15490-15497.

[40] Lin M E, Reifenberger R, Ramachandra A, et al. Size-dependent field-emission spectra from nanometer-size supported gold clusters. Phys. Rev. B, 1992, 46 (23): 15498-15502.

[41] Qian W, Scheinfein M R. Spence jchbrightness measurements of nanometer-sized field-emission-electron sources. J. Appl. Phys., 1993, 73(11): 7041-7045.

[42] Mcbride S E, Wetsel G C. Nanometer-scale features produced by electric-field emission. Appl. Phys. Lett., 1991, 59 (23): 3056-3058.

[43] Rinzler A G, Hafner J H, Nikolaev P, et al. Unraveling nanotubes-field-emissio from an atomic wire. Science, 1995, 269(5230): 1550-1553.

[44] Deheer W A, Chatelain A, Ugarte D. A carbon nanotube field-emission electron source. Science, 1995, 270(5239): 1179-1180.

[45] Chernozatonskii L A, Gulyaev Y V, Kosakovskaja Z J, et al. Electron field-emission from nanofilament carbon-films. Chemical Physics Letters, 1995, 233(1-2): 63-68.

[46] Wang S G, Zhang Q, Yoon S F, et al. Preparation and electron field emission properties of nano-diamond films. Materials Letters, 2002, 56 (6): 948-951.

[47] Sugino T, Kimura C, Yamamoto T. Electron field emission from boron-nitride nanofilms. Appl. Phys. Lett., 2002, 80(19): 3602-3604.

[48] Terada Y, Yoshida H, Urushido T, et al. Field emission from GaN self-organized nanotips. Japanese journal of applied physics part 2-letters, 2002, 41(11A): L1194-L1196.

[49] Wang S G, Zhang Q, Yoon S F, et al. Electron field emission properties of nano-, submicro- and micro-diamond films. Physica status solidi a-applied research, 2002, 193 (3): 546-551.

[50] Han S W, Lee M H, Ihm J. Dynamical simulation of field emission in nanostructures. Phys. Rev. B, 2002, 65 (8): 5405.

[51] Han S W, Ihm J. First-principles study of field emission of carbon nanotubes. Phys. Rev. B, 2002, 66(24): 093122-093122-3.

[52] Fisher T S, Walker D G. Thermal and electrical energy transport and conversion in nanoscale electron field emission processes. Journal of Heat Transfer-Transactions of the ASME, 2002, 124(5): 954-962.

[53] Brus L E. Electron-electron and electron-hole interactions in small semiconductor crystallites: The size dependence of the lowest excited electronic state. The Journal of Chemical Physics, 1984, 80(9): 4403-4409.

[54] Pryor R W. Polycrystalline diamond, boron nitride and carbon nitride thin film cold cathodes//MRS Proceedings. Cambridge: Cambridge University Press, 1995.

[55] Sugino T, Tanioka K, Kawasaki S, et al. Electron emission from nanocrystalline boron nitride films synthesized by plasma-assisted chemical vapor deposition. Diamond and Related Materials, 1998, 7(2): 632-635.

[56] Sugino T, Tanioka K, Kawasaki S, et al. Electron emission from boron nitride coated Si field emitters. Appl. Phys. Lett., 1997, 71(18): 2704-2706.

[57] Murphy E L, Good R H, Jr. Thermionic emission, field emission, and the transition region. Physical Review, 1956, 102(6): 1464.

[58] Binh V T, Adessi C. New mechanism for electron emission from planar cold cathodes: The solid-state field-controlled electron emitter. Phys. Rev. Lett., 2000, 85(4): 864-867.

[59] Huang Z H, Weimer M, Allen R E. Internal image potential in semiconductors: Effect on scanning tunneling microscopy. Phys. Rev. B, 1993, 48 (20): 15068-15076.

[60] Geis M, Efremow W, Krohn N N, et al. A new surface electron-emission mechanism in diamond cathodes. Nature, 1998, 393(4): 431-435.

[61] Wang R Z, Wang B, Wang H, et al. Band bending mechanism for field emission in wide band gap semiconductors. Appl. Phys. Lett., 2002, 81(15): 2782-2784.

[62] Lin L T, Liou Y. Band bending and field penetration on surfaces of ultrawide band gap semiconductors: Diamond and aluminum nitride. J. Appl. Phys., 1998, 83(8): 4303-4308.

[63] Zhirnov V V, Wojak G J, Choi W B, et al. Wide band gap materials for field emission devices. J. Vac. Sci. Technol. A., 1997, 15(3): 1733-1738.

[64] Chang C S, Chattopadhyay S, Chen L C, et al. Band-gap dependence of field emission from one-dimensional nanostructures grown on n-type and p-type silicon substrates. Phys. Rev. B., 2003, 68(12): 125322-1-125322-5.

[65] Filip V, Nicolaescu D, Wong H. Coherent and sequential tunneling mechanisms for field electron emission through layers of wide band gap materials. J. Vac. Sci. Technol. B., 2006, 24(2): 881-886.

[66] Min Y S, Bae E J, Kim U J, et al. Direct growth of single-walled carbon nanotubes on conducting ZnO films and its field emission properties. Appl. Phys. Lett., 2006, 89(11): 113116-1-113116-3.

[67] Semet V, Cahay M, Binh V T, et al. Patchwork field emission properties of lanthanum monosulfide thin films. J. Vac. Sci. Technol. B., 2006, 24(5): 2412-2416.

[68] Kim K C, Ahn H J, Yoon Y J, et al. Development of thin film getters suitable for field-emission display in high vacuum systems. J. Vac. Sci. Technol. B., 2004, 22(5): 2533-2537.

[69] 李德昌. 宽带隙薄膜的场发射特性研究. 西安交通大学博士学位论文, 2000.

[70] Cutler P H, Miskovsky N M, Lerner P B, et al. The use of internal field emission to inject electronic chargecarriers into the conduction band of diamond films: A review. Appl. Surf. Sci., 1999, 146(1-4): 126-133.

[71] Silva S R P, Amaratunga G A J, Okano K. Modeling of the electron field emission process in polycrystalline diamond and diamond-like carbon thin films. J. Vac. Sci. Technol. B., 1999, 17(2): 557-561.

[72] Ji H, Jin Z S, Gu C Z, et al. Influence of diamond film thickness on field emission characteristics. J. Vac. Sci. Technol. B., 2000, 18(6): 2710-2713.

[73] Isayeva O B, Eliseev M V, Rozhnev A G, et al. Properties of electron field emission from a fractal surface. Solid-State Electronics, 2001, 45(6): 871-877.

[74] Nishikawa K, Takano K, Miyahara H, et al. Nanofractal structure consisting of nanoparticles produced by ultrashort laser pulses. Appl. Phys. Lett., 2006, 89(24): 243112-1-243112-3.

[75] Komatsu S, Kazami D, Tanaka H, et al. Fractal growth of sp3-bonded 5H-BN microcones by plasma-assisted laser chemical vapor deposition. J. Appl. Phys., 2006, 99(12):123512-1-123512-6.

[76] Jensen K L. Improved fowler-nordheim equation for field emission from semiconductors. J. Vac. Sci. Technol. B., 1995, 13(2): 516-521.

[77] Zhirnov V V, Choi W B, Hren J J. Diamond coated Si and Mo field emitters: diamond thickness effect. Appl. Surf. Sci., 1996, 94-95: 123-128.

[78] Wang Y X, Li Y A, Feng W, et al. Influence of thickness on field emission characteristics of AlN thin films. Appl. Surf. Sci., 2005, 243(1-4): 394-400.

[79] Forrest R D, Burden A P, Silva S R P, et al. A study of electron field emission as a function of film thickness from amorphous carbon films. Appl. Phys. Lett., 1998, 73(25): 3784-3786.

[80] Duan Z Q, Wang R Z, Yuan R Y, et al. Field emission mechanism from a single-layer ultra-thin semiconductor film cathode. J. Phys. D: Appl. Phys., 2007, 40: 5828-5832.

[81] 薛增泉, 吴全德, 李浩. 薄膜物理. 北京: 电子工业出版社, 1991.

[82] Kröger F A, Diemer G, Klasens H A. Nature of an ohmic metal-semiconductor contact. Phys. Rev., 1956, 103(2): 279.

[83] Frenkel J, Joffé A. On the electric and photoelectric properties of contacts between a metal and a semiconductor. Phys. Rev., 1932, 39(3): 530-531.

[84] 刘恩科, 朱秉升, 罗晋生. 半导体物理学. 第 6 版. 北京: 电子工业出版社, 2003.

[85] Goulet T, Keszei E, Jay-Gerin J P. Probabilistic description of particle transport. I. General theory of quasielastic scattering in plane-parallel media. Phys. Rev. A., 1988, 37(6): 2176-2182.

[86] Wang R Z, Yan X H. Resonant peak splitting for ballistic conductance in two-dimensional electron gas under electromagnetic modulation. Chin. Phys. Lett., 2000, 17(8): 598-600.

[87] Litovchenko V, Evtukh A, Kryuchenko Y, et al. Quantum-size resonance tunneling in the field emission phenomenon. J. Appl. Phys., 2004, 96(1): 867-877.

[88] Binh V T, Adessi C. New mechanism for electron emission from planar cold cathodes: The solid-state field-controlled electron emitter. Phys. Rev. Lett., 2000, 85(4): 864-867.

[89] Xu N S, She J C, Huq S E, et al. Theoretical study of the threshold field for field electron emission from amorphous diamond thin films. J. Vac. Sci. Technol. B, 2001, 19(3): 1059-1063.

[90] Forrest R D, Burden A P, Silva S R P, et al. A study of electron field emission as a function of film thickness from amorphous carbon films. Appl. Phys. Lett., 1998,

73(25): 3784-3786.

[91] Li D C, Liu G J, Yang Y T, et al. The resonant field electron emission from DLC film. Ultramicroscopy, 1999, 79(1-4): 83-87.

[92] 井孝功. 量子力学. 哈尔滨: 哈尔滨工业大学出版社, 2004.

[93] Zhao W, Wang R Z, Han S, et al. Field emission enhancement in semiconductor nanofilms by engineering the layer thickness: First-principles calculations. Journal of Physical Chemistry C, 2010, 114(26): 11584-11587.

[94] Semet V, Binh V T, Zhang J P, et al. Electron emission through a multilayer planar nanostructured solid-state field-controlled emitter. Appl. Phys. Lett., 2004, 84(11): 1937-1939.

[95] Sugino T, Hori T, Kimura C, et al. Field emission from GaN surfaces roughened by hydrogen plasma treatment. Appl. Phys. Lett., 2001, 78(21): 3229-3231.

[96] Tada K, Watanabe K. Ab initio study of field emission from graphitic ribbons. Phys. Rev. Lett., 2002, 88(12): 127601.

[97] Khazaei M, Farajian A A, Kawazoe Y. Field emission patterns from first-principles electronic structures: Application to pristine and cesium-doped carbon nanotubes. Phys. Rev. Lett., 2005, 95(17): 177602.

[98] Bagus P S, Kafer D, Witte G, et al. Work function changes induced by charged adsorbates: Origin of the polarity asymmetry. Phys. Rev. Lett., 2008, 100(12): 126101.

[99] Su W S, Leung T C, Chan C T. Work function of single-walled and multiwalled carbon nanotubes: First-principles study. Phys. Rev. B, 2007, 76(23): 235413.

[100] Liu W, Zheng W T, Jiang Q. First-principles study of the surface energy and work function of III - V semiconductor compounds. Phys. Rev. B, 2007, 75(23): 235322.

[101] Skriver H L, Rosengaard N M. Ab initio work function of elemental metals. Phys. Rev. B, 1992, 45(16): 9410-9412.

[102] Ramprasad R, Allmen P V, Fonseca L R C. Contributions to the work function: A density-functional study of adsorbates at graphene ribbon edges. Phys. Rev. B, 1999, 60(8): 6023-6027.

[103] Lee S, Kim S, Ihm J. First-principles dynamic simulations of field emission from carbon nanotubes on gold substrate. Phys. Rev. B, 2007, 75(7): 075408.

[104] Zhao W, Wang R Z, Han S, et al. Field emission enhancement in semiconductor nanofilms by engineering the layer thickness: first-principles calculations. Journal of Physical Chemistry C., 2010, 114(26): 11584-11587.

[105] Zywietz T K, Neugebauer J, Scheffler M. The adsorption of oxygen at GaN surfaces. Appl. Phys. Lett., 1999, 74(12): 1695-1697.

[106] Rosa A L, Neugebauer J. First-principles calculations of the structural and electronic properties of clean GaN (0001) surfaces. Phys. Rev. B, 2006, 73(20): 205346.

[107] Ambacher O. Growth and applications of Group III -nitrides. Journal of Physics D: Applied Physics, 1998, 31(20): 2653-2710.

[108] Picozzi S, Continenza A, Massidda S, et al. Structural and electronic properties of ideal nitride/Al interfaces. Phys. Rev. B, 1998, 57(8): 4849-4856.

[109] Huang F Y. Theory of strain relaxation for epitaxial layers grown on substrate of a finite dimension. Phys. Rev. Lett., 2000, 85(4): 784-787.

[110] Tolle J, Roucka R, Chizmeshya A V G, et al. Compliant tin- based buffers for the growth of defect- free strained heterostructures on silicon. Appl. Phys. Lett., 2006, 88(25): 252112.

[111] Zhou G, Duan W, Gu B. Electronic structure and field-emission characteristics of open-ended single-walled carbon nanotubes. Phys. Rev. Lett., 2001, 87(9): 095504.

[112] Pankove J I, Schade H. Photoemission from GaN. Appl. Phys. Lett., 1974, 25(1): 53-55.

[113] Prada S, Martinez U, Pacchioni G. Work function changes induced by deposition of ultrathin dielectric films on metals: A theoretical analysis. Phys. Rev. B, 2008, 78(23): 235423.

[114] Goniakowski J, Noguera C. Electronic states and schottky barrier height at metal/MgO (100) interfaces. Interface Science, 2004, 12(1): 93-103.

[115] Louie S G, Cohen M L. Electronic structure of a metal-semiconductor interface. Phys. Rev. B, 1976, 13(6): 2461-2469.

[116] Bordier G, Noguera C. Electronic structure of a metal-insulator interface: Towards a theory of nonreactive adhesion. Phys. Rev. B, 1991, 44(12): 6361-6371.

第3章　单层纳米薄膜半导体场发射冷阴极

半导体薄膜场发射近年来引起了人们广泛兴趣,但是半导体单层纳米薄膜结构与场发射性能之间的相互关系,尚缺乏系统研究。基于此,本章侧重研究单层半导体薄膜场发射冷阴极的特性。因此本节主要针对III-V族铝镓氮 (AlGaN) 以及早期研究的 ZnO 半导体材料进行探讨,分别通过其基底、厚度、掺杂、晶体微结构以及表面修饰等几方面来探讨单层半导体薄膜对其调控场发射性能的影响。

本章侧重通过对半导体材料研究单层半导体纳米薄膜进行结构调控实现场发射性能的提升,研究纳米结构影响场发射性能的物理机制。我们的研究结果将为高性能场发射纳米薄膜的设计、制备与应用提供新的思路。

3.1　单层场发射纳米薄膜制备及表征方法

首先针对本章需要用到的设备以及实验、表征方法进行系统阐述。

对于沉积纳米厚度的薄膜,衬底表面的粗糙度、清洁度都会对所生长的薄膜质量产生显著的影响。通常来说,考虑到衬底和薄膜的晶格匹配和热扩散系数,一般都会选用蓝宝石或者 SiC 来作为 AlGaN 的衬底。但场发射薄膜衬底需要较好的导电性,同时考虑 AlGaN 材料和成熟的 Si 技术发展的结合[1,2],对于场发射器件来说,在 Si 衬底上生长 AlGaN 场发射薄膜将会有更好的应用前景。因此,在本章中所用的大多数衬底是单面抛光的 (100) 晶面高掺杂 n 型 Si,其表面具有原子级的平整度。

3.1.1　实验衬底处理

首先把硅片切成需要的大小 (10 mm×10 mm)。为防止表面沾污,在纳米薄膜沉积前,对衬底的清洗是非常必要的。衬底清洗的一般程序为:去油 → 去离子 → 去原子。本书中采用的清洗硅片的方法如下[3]:

(1) 去油:以甲苯、丙酮、乙醇顺序超声清洗各 15 min。每次超声后用去离子水反复冲洗至少十次。

(2) 去离子、原子:采用化学清洗。用1#洗液 (氨水:过氧化氢:去离子水=1:2:5) 在 75 ℃加热 10 min 后,用去离子水反复冲洗至少十次。

用 1#洗液去离子、原子的机理是:H_2O_2 是强氧化剂,对大多非金属、有机物具有强氧化能力,尤其是在碱性洗液中,可使硅片表面氧化杂质解析、去除。

(3) 把清洗好的硅片浸入玻璃皿的乙醇溶液中保存。

清洗后的衬底通常浸在无水乙醇溶液中。如果是 Si 基底,在将衬底送入真空室之前,为了去除 Si 衬底表面的二氧化硅层,用浓度为 3% 的 HF 浸泡片刻,然后用高纯氮气将衬底表面的 HF 吹干。

3.1.2　场发射薄膜制备方法

1. 脉冲激光沉积 (PLD) 制备方法

PLD 系统示意图如图 3.1.1 所示。PLD 是近几年迅速发展起来的气象沉积薄膜制备技术,基于其不易使化合物分馏的特点,因而可以制备与靶材成分一致的多元化合物薄膜。因此,PLD 在制备多元化合物薄膜方面显示出独特的优越性,成为备受关注的薄膜制备技术。但是 PLD 也存在羽辉区域的局限性,并伴有液滴现象,容易造成薄膜结构的不均匀性,影响电子的输运性能。

脉冲激光沉积通常分三个阶段:

(1) 激光和靶材相互作用,靶材表面高温熔蚀和蒸发离化。

(2) 等离子体的定向局域等温绝热膨胀发射。

(3) 衬底表面薄膜的沉积。绝热膨胀发射的等离子羽辉与衬底相互作用,最终在衬底沉积成膜。

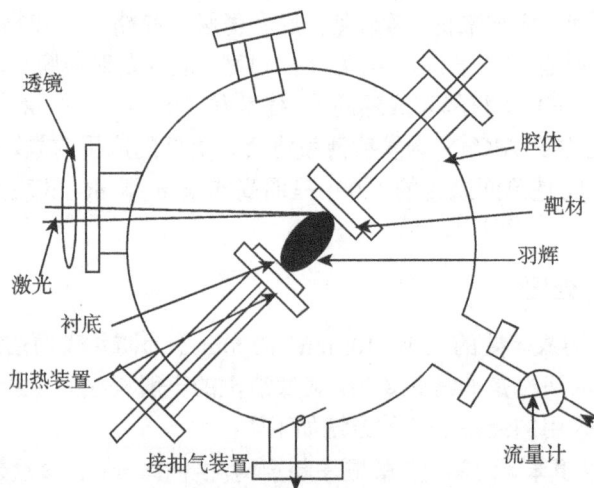

图 3.1.1　PLD 系统示意图[4]

使用 PLD 系统制备薄膜的具体操作步骤如下[4]:

(1) 实验之前,将从乙醇溶液中取出的基底用高纯氮气吹干,然后安装在样品托上,注意基底应尽量靠近样品托的中心位置;

(2) 放入制备好的靶材以及安装好的基底，调整好靶基距后对制备室进行抽真空，清洗气路并加热衬底到设定的温度；

(3) 打开激光设备，预热 10 min；

(4) 根据设定的实验需要，通入所需的工作气体，调节进气量，达到需要的工作气压；

(5) 设置好激光能量和脉冲频率参数。关闭制备室中靶材与衬底之间的挡板，打开反射镜、靶材和样品的自转装置。打开激光，调节靶材位置，使激光光束聚焦于靶材并保证在扫描过程中光束不脱离靶材区域，预溅射 1 min，去除靶材表面的氧化层；

(6) 打开制备室中的挡板，按照设定好的时间开始沉积靶材的薄膜；

(7) 沉积结束后逐步降温，关闭气路和 PLD 设备，取出制备的样品。

制备 GaN 纳米薄膜的具体沉积参数如下：脉冲激光能量为 390 mJ/mm^2，脉冲频率为 10 Hz，KrF 准分子激光器的发射波长为 248 nm，脉冲宽度为 10 ns，靶基距为 6.5 cm，靶和基底自转速度为 10 rpm①。腔体背底真空度达到 10^{-4} Pa，沉积前通入纯度为 99.99% 的高纯氮气并调节得到所需的工作气压、调节基底温度、设定好需要的激光能量和脉冲频率以及控制沉积时间。

2. 磁控溅射制备方法

溅射法沉积薄膜是利用荷电的离子在电场中加速后增加动能，将靶材表面原子轰击出来，然后沉积在衬底上的一种镀膜方法。射频磁控溅射是在射频溅射的基础上加以改进而发展起来的溅射镀膜法，通过在靶阴极内侧装永久磁铁改进射频溅射装置的电极结构，使磁场方向垂直于电场方向，用磁场约束带电粒子的运动，从而提高溅射效率，具有低温、薄膜附着性好、生长速率高、工艺简单等特点，能够实现工业化大规模生产，被广泛应用在电子学、磁学、光学、机械等众多领域。图 3.1.2 为射频磁控溅射的原理图，如图 3.1.2 (a) 所示，由于电场 E 的作用，电子在飞向衬底的过程中与氩原子发生碰撞，使其电离出氩离子和一个新的电子，其中部分电子飞向衬底。如图 3.1.2(b) 所示，部分电子在磁场和电场作用下，被约束在靶材附近，能够轰击出更多氩离子和电子。氩离子在电场的作用下加速飞向阴极靶，并以高能量轰击靶表面，使靶材发生溅射，最终靶材粒子沉积在阳极衬底上。

薄膜制备所采用的射频磁控溅射系统为本实验室自主设计的射频磁控溅射台，采用 SP-II 型射频源及匹配器，射频的工作频率为 13.56 MHz。图 3.1.3 为溅射装置的结构示意图，主要包括以下几大部分[5]：

(1) 真空系统；

(2) 射频功率源及匹配器；

———————————

① 1 rmp=1 r/min。

(3) 溅射靶材；

(4) 衬底加热装置及温控系统；

(5) 气体气路及质量流量计；

(6) 冷却水。

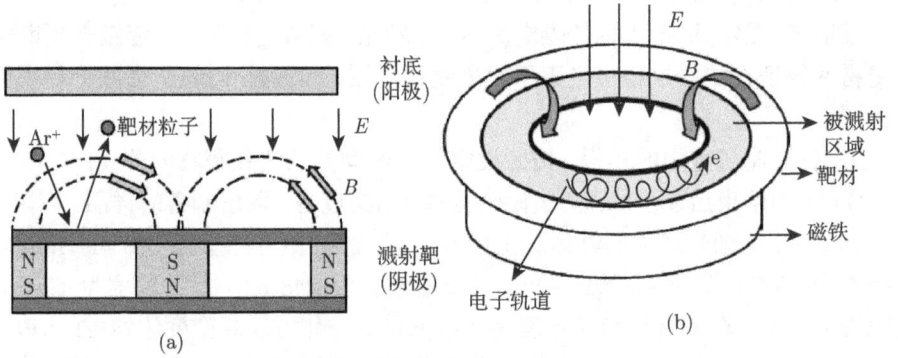

图 3.1.2　磁控溅射工作原理[5]

(a) 氩离子轰击靶材；(b) 电子被束缚在靶材附近

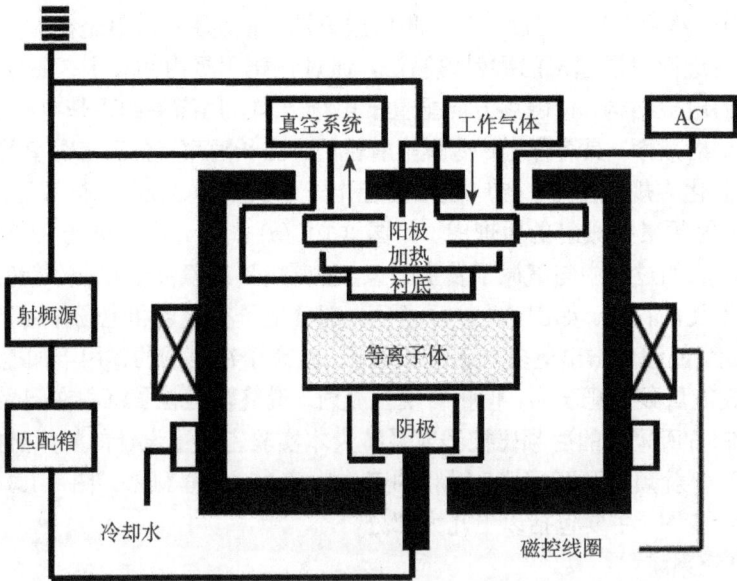

图 3.1.3　磁控溅射系统示意图[8]

3.1.3 纳米薄膜的表征方法

1. 薄膜的厚度测量

薄膜厚度是决定薄膜场发射性能的重要参数之一，它对薄膜的相结构和电子传输方式等性能有明显的影响。本书中样品厚度通过触针法测量，触针法需要制备台阶，所用仪器是东京精密 Surfcom480A 表面粗糙仪，绘制图形由屏幕显示，并实时分析图形高度、平均高度及斜度等数据，操作简便，其基本原理是将细针触及衬底表面并扫描，经过台阶即测得衬底到薄膜表面的高度差，测出薄膜厚度。由于样品台阶的制备质量决定了测量厚度的准确性，所以样品的台阶应边界清晰。

2. 薄膜的结构及成分分析

在众多的薄膜测试技术中，X 射线衍射 (X-ray Diffraction, XRD) 分析是用来分析薄膜晶体结构的一种强有力的表征手段。XRD 主要用来检测薄膜材料的微观晶体结构。通过 XRD 可以测定薄膜的结晶形态，测定薄膜是单晶、多晶或非晶，判断晶粒大小和取向，薄膜的物相分析和相变等。因而，XRD 在薄膜材料中的分析是非常重要的。

研究晶体结构的衍射方法的物理基础是布拉格方程和衍射理论。布拉格方程是描述入射晶体的 X 射线在晶格上发生衍射的一般规律，可以表示为

$$2d \sin\theta = n\lambda \tag{3.1.1}$$

式中，d 为晶面间距，m；θ 为布拉格角 (入射角或衍射角)，(°)；n 为衍射能级；λ 为 X 射线的波长，m。

出射 X 射线的衍射方向是晶面的镜面发射方向。如图 3.1.4 所示，图中 A，B 表示晶面间距为 d 的两个晶面。

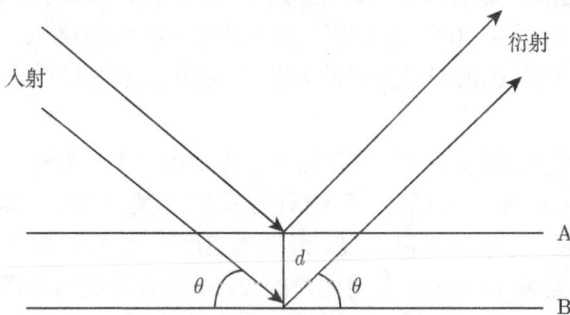

图 3.1.4 X 射线的布拉格衍射

本书中使用 Bruker diffractometer(AXS D8 ADVANCE) 型 XRD，辐射源为 Cu-Kα 射线 (λ=1.5406 Å)。

用 Xian-Chinetek FTIR1020 傅里叶红外光谱仪 (Fourier Transform Infrared Spectroscopy, FTIR Spectroscopy) 对薄膜进行成分、化学键和状态分析。当一束连续波长的红外光照射到样品上时，样品吸收了其中某些特定波长的光后，引起样品内分子振动–转动能级的跃迁。通过仪器记录下不同波数处的透光率的变化曲线，这条曲线就成为该样品的红外谱。

在红外光谱中，某些振动类型是否具有红外活性，取决于分子振动时偶极矩是否发生变化。与拉曼光谱信号产生的方式不同，红外光谱类似于紫外–可见光谱，是以吸收的方式得到的。

3. 薄膜的表面形貌分析

薄膜的场增强因子跟其表面形貌密切相关，使用原子力显微镜 (Atomic Force Microscopy, AFM) 观察薄膜的表面形貌。AFM 是靠探测针尖与样品表面微弱的原子间作用力的变化来观察表面结构的，得到的是对应于表面总电子密度的形貌。AFM 的工作原理：将一个对微弱力极敏感的微悬臂一端固定，另一端有一微小的针尖，针尖与样品表面轻轻接触。由于针尖尖端原子与样品表面原子间存在极微弱的排斥力 ($10^{-16} \sim 10^{-8}$ N)，通过扫描，控制这种力恒定，带有针尖的微悬臂将对应于针尖与样品表面原子间作用力的等位面而在垂直于样品的表面方向起伏运动。利用光学检测法或隧道电流检测法，可以测得微悬臂对应于扫描各点的位置变化，从而获得样品表面形貌的信息。本研究通过 "NT-MDT Solver P47" 原子力显微镜对薄膜样品进行表面形貌分析。

4. 样品的场发射性能测试

场发射测试需要在超高真空条件下进行，根据亨利定律，气体的吸附量与压强成正比，真空度越高，在表面的吸附量越小，对场发射的影响越小[6]。一般认为金属和硅材料需要 $10^{-5} \sim 10^{-7}$ Pa 的真空度，金刚石材料需要 $10^{-4} \sim 10^{-6}$ Pa 的真空度[7]，为了减少气体吸附对场发射的影响，一般场发射测试的真空度需要在 10^{-6} Pa 以上。

我们目前所使用的场发射测试装置示意图如图 3.1.5 所示，实物图如图 3.1.6 所示，主要由真空系统、场发射电流测试回路组成。其中真空系统由三级真空泵构成，分别为机械泵、分子泵和离子泵。最高真空度可达 1.0×10^{-7} Pa。场发射的测试回路中接入由美国 Keithley 公司生产的 2410 型直流高压电源和计算机控制软件，用于提供直流电压和控制场发射测量。阳极为金属针尖与硅板复合式，阴极为测试样品。

薄膜的场发射测试基本过程为：第一步，样品制作：将制备好的薄膜样品切割成需要的大小，用玻璃丝将其与阳极低阻硅隔离后，用胶带将其固定在清洁过的金属铜台上，用一送样杆将铜台送入高真空室，装载在可在任意方向上调整位置的样品台上，退出送样杆，关闭阀门。第二步，抽真空：通过机械泵、分子泵以及离子泵对系统抽真空，一般真空度达到 2.0×10^{-6} Pa 以上，开始测试。如需更高的真空则需对真空室进行烘烤，烘烤温度为 250 ℃，时间为 1 h，使整个系统吸附的残余气体减到最少。第三步，场发射测试：待真空度达到要求后进行场发射测试。第四步，取样品：测试完成后按操作的相反程序取出样品。操作时，带上一次性手套，防止沾染油污。

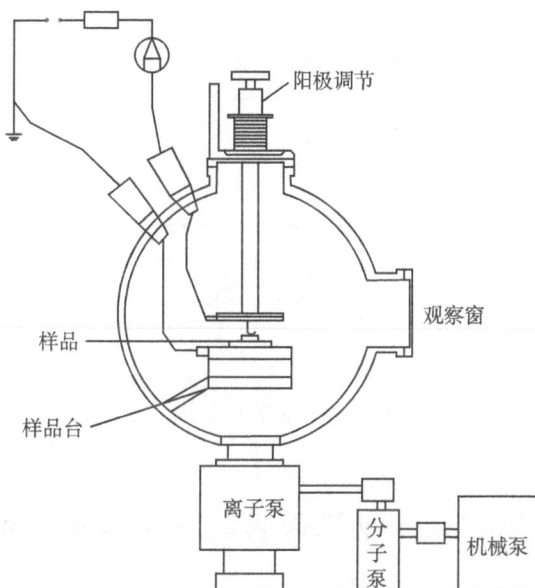

图 3.1.5 场发射测试装置示意图[4]

图 3.1.6 场发射测试装置实物图

　　本书中场发射样品测试示意图见图3.1.7。阳极为n型的低阻Si片(0.001 Ω·cm)，阴极为样品。场发射测试中的场强很大，因此阳极与阴极 (样品) 间隔离柱的抗击穿能力就要很高。石英的击穿场强一般超过 100 V/μm，本书中的样品测试通过两根直径为 14 μm 的玻璃丝隔离阴极与阳极。

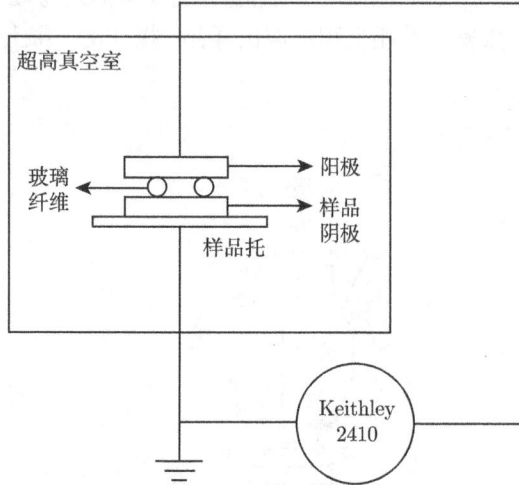

图 3.1.7　场发射样品测试示意图

3.2　GaN 纳米薄膜场发射基底效应

　　本节主要研究在不同基底上制备 GaN 半导体纳米薄膜对其场发射性能的影响。在我们的前期研究[8,9] 中，首先在 Si 基上制备了非晶 GaN 纳米薄膜，研究发现较之前基底 Si 的场发射特性，由于 GaN 纳米薄膜的存在，其场发射特性极大地提高了。进一步地，我们在 Si 基底上制备了不同薄膜厚度的取向 GaN 纳米晶薄膜，发现当 GaN 薄膜厚度为 40 nm 时具有 1.2 V/μm 的超低阈值电场 (电流密度为 1 mA/cm²)，我们认为是由于取向 GaN 纳米薄膜内部电子弹道输运以及极化诱导内建电场耦合增强场发射的结果。以上研究结果表明，要获得较好的场发射特性，纳米结晶取向薄膜是必要的。然而，以前所制备的 GaN 纳米薄膜都是在 Si 基上生长，由于 Si 与 GaN 存在较大晶格失配以及热膨胀系数相差较大[10-12]、Si 表面容易氮化等[13]，所以要获得高质量的 GaN 纳米晶薄膜十分困难。据相关文献报道[14]，SiC 与 GaN 有较小的晶格失配 (晶格失配约为 3.5%) 以及相近的热膨胀系数，所以在 SiC 基底上可以较容易生长出高质量的 GaN 结晶薄膜。而且 SiC 电阻率较低，可以制作电极，并具有高击穿电场、高饱和速度和高热导率，化学性质稳定等特点，因此, SiC 被认为是最适合生长 GaN 薄膜的异质基底。然而，以上 SiC

基制备 GaN 薄膜主要应用于常规 GaN 光电器件[15,16]，很少见 SiC 基 GaN 薄膜场发射材料相关报道，尤其不同基底制备的 GaN 纳米薄膜对场发射性能的影响尚未见报道。基于此，本工作首先在不同基底上制备出了相同厚度的 GaN 纳米薄膜，进而对比研究了其场发射特性。结果发现基底对于薄膜结晶质量影响显著，而薄膜结晶性的显著变化，导致了其场发射电流发生了数量级变化。进一步地，我们分析了场发射显著增强的可能原因与物理机制。

3.2.1　GaN 纳米薄膜的制备

本节中，采用 PLD 技术在 Si 和 SiC 基底上分别沉积一系列 GaN 纳米薄膜。GaN 纳米薄膜的厚度可以通过沉积参数 (沉积时间) 的变化而简单、直接地控制，从而研究不同基底对于 GaN 纳米薄膜生长的影响。

实验所用靶材为 GaN，采用纯度为 99.99% 的 GaN 粉分别经过掺胶、研磨、压片、烧结四步工艺压制而成。具体制备 GaN 靶材的过程如下：首先以纯度为 99.99% 的 GaN 纳米粉体为原料，经聚乙烯醇 (PVA) 作用造粒后 (约 2 wt%①)，使用合适的模具，在 380 MPa 压强下压制成直径 20 mm、厚 2~3 mm 的圆片，使其适用于脉冲激光沉积系统的靶材尺寸。将脱模后的圆片放入炉中缓慢升温，升温速率控制在 1 ℃/min，并在 560 ℃下保温 4 h 排胶，使 PVA 挥发充分后再随炉降温至室温，制得 GaN 粉末靶材[17]。采用此方法所制备的 GaN 靶材的 XRD 谱如图 3.2.1 所示。每个衍射峰都可以用六方纤锌矿 GaN 粉体的晶体衍射标准图谱 (JCPDS 50-0792) 标定，且 GaN 靶材中无杂相存在。

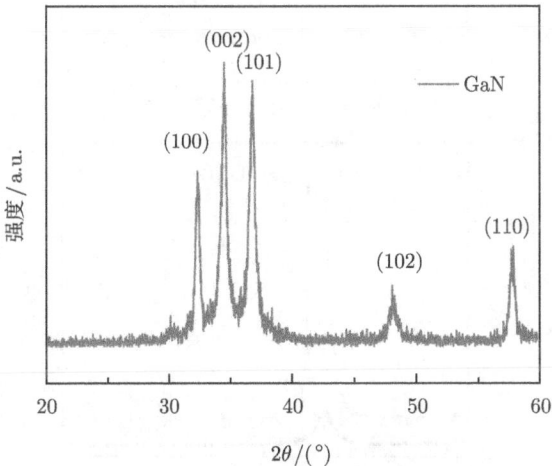

图 3.2.1　GaN 靶材 XRD 图

---

① wt% 表示重量百分比。

3.2.2　GaN 纳米薄膜微结构及成分表征

使用 3.1 节中所述的 PLD 系统制备 GaN 薄膜，在 Si 衬底上制备了三种厚度的样品，分别为 30 nm、60 nm、90 nm，样品编号为 a、b、c，在 SiC 衬底上制备了三种厚度的样品，分别为 30 nm、60 nm、90 nm，样品编号为 d、e、f。

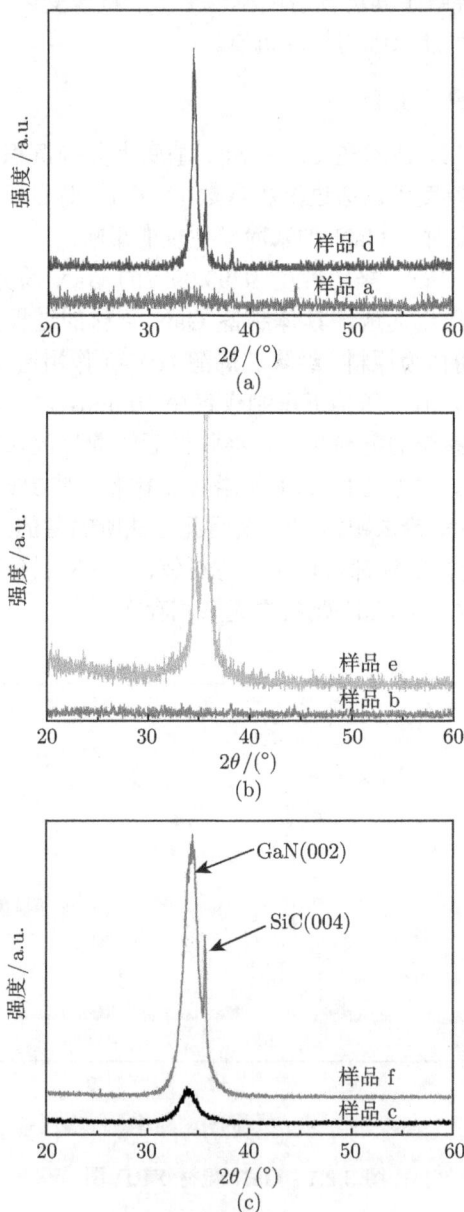

图 3.2.2　GaN 纳米薄膜的 XRD 图

图 3.2.2 为样品 a～f 的 XRD 图谱。从图中可以看出，SiC 基底上所沉积的 GaN 薄膜得到了明显的衍射峰，与 GaN 标准卡片 (ICDD 50-0792)(0002) 峰位 ($2\theta=34.562$) 基本吻合，这说明所制得的 GaN 薄膜是沿六方纤锌矿结构的 c 轴取向择优生长的。然而在 Si 基底上沉积的 GaN 纳米薄膜其衍射峰的强度及半高宽度相对前者差别很大。根据相关文献报道[18-20]，Si 基 GaN 薄膜 (0002) 面的衍射峰的强度较小，半高宽值比较大，说明薄膜中晶粒数量很少且晶粒尺寸较小，薄膜的结晶质量比较差。而 SiC 基 GaN 薄膜的 X 射线衍射峰强度有了非常大的提高，半高宽也有了明显减小，GaN 薄膜的结晶质量有了明显的提高。因此，基底对薄膜质量可产生较大影响，使用 PLD 方法在 SiC 基底上生长的 GaN 纳米薄膜其结晶质量相比于 Si 基底得到明显改善。除此之外，我们还发现 SiC 基底上 GaN 纳米薄膜 (0002) 面衍射峰和 GaN 标准卡片 (ICDD 50-0792) 相比向大角度偏移，这是 GaN 纳米薄膜表面存在的残余张应力，导致的 (0002) 面晶格膨胀[20]。

如图 3.2.3 所示，SEM 图表明在不同的基底上都形成了 GaN 薄膜。由图 3.2.3(a)～(c) 我们看到明显的 GaN 纳米晶粒与晶界，一个个纳米晶粒紧密相接，而且薄膜生长均匀、连续性好。从图 3.2.3(d)～(f) 可见一些尺寸非常小的纳米颗粒，这些纳米颗粒彼此孤立并没有形成明显的晶界，然而我们在薄膜表面观察到有一个个纳米尺度突起物。以上结果表明 SiC 基底上 GaN 纳米薄膜可能具有良好的结晶性，其结晶质量应明显优于 Si 基底上 GaN 纳米薄膜，这也与 XRD 结果一致。

为何不同基底所生长的 GaN 纳米薄膜具有显著不同的微结构，以下我们进一步分析其薄膜形成机理。由于 GaN 晶体稳定结构是六方纤锌矿结构，而 Si 的常温稳定晶体结构是金刚石立方结构[23]，在 Si 基底上外延 GaN 比在 SiC 基底上要难很多。而且，在 GaN 沉积过程中，Si 基底很容易被氮原子钝化形成无定形的 Si_xN_y 层，使得 GaN 几乎无法在 Si 基底上成核。同时，Si 基底可以很快与镓原子反应形成 Si-Ga 合金，会在外延层表面形成大的花形缺陷[13,24]。除此以外，由表 3.2.1 可知，Si 基底与 GaN 存在较大的晶格失配与热失配。在 GaN 的生长过程中，与 Si 基底大的晶格失配会产生大量的位错，同时 GaN 外延层还会受到大的张应力，因为在生长的高温降至室温时，又由于 GaN 同 Si 基底之间更大的热失配，所以 GaN 外延层受到更大的张应力而产生大量的裂纹[13,25,26]。以上种种原因，造成 Si 基底上不容易生长高质量的结晶的 GaN。而所采用的 SiC 基底具有十分稳定的物理化学性质，其与 GaN 同为六方纤锌矿结构且存在相近的晶格参数与热膨胀系数，因此 GaN 在 SiC 基底上更容易结晶。但是由于 SiC 基底的晶格参数和热膨胀系数仍然略小于 GaN，所以由晶格失配造成的压应力与由热膨胀系数不同而产生的张应力二者叠加便是 SiC 基 GaN 薄膜内部应力[21,27]。当张应力大于压应力时薄膜内部为残余张应力，张应力的存在导致晶格膨胀，从而使 GaN 薄膜 (0002) 面衍射峰向大角度偏移，如 XRD 图谱所示 (图 3.2.2)。

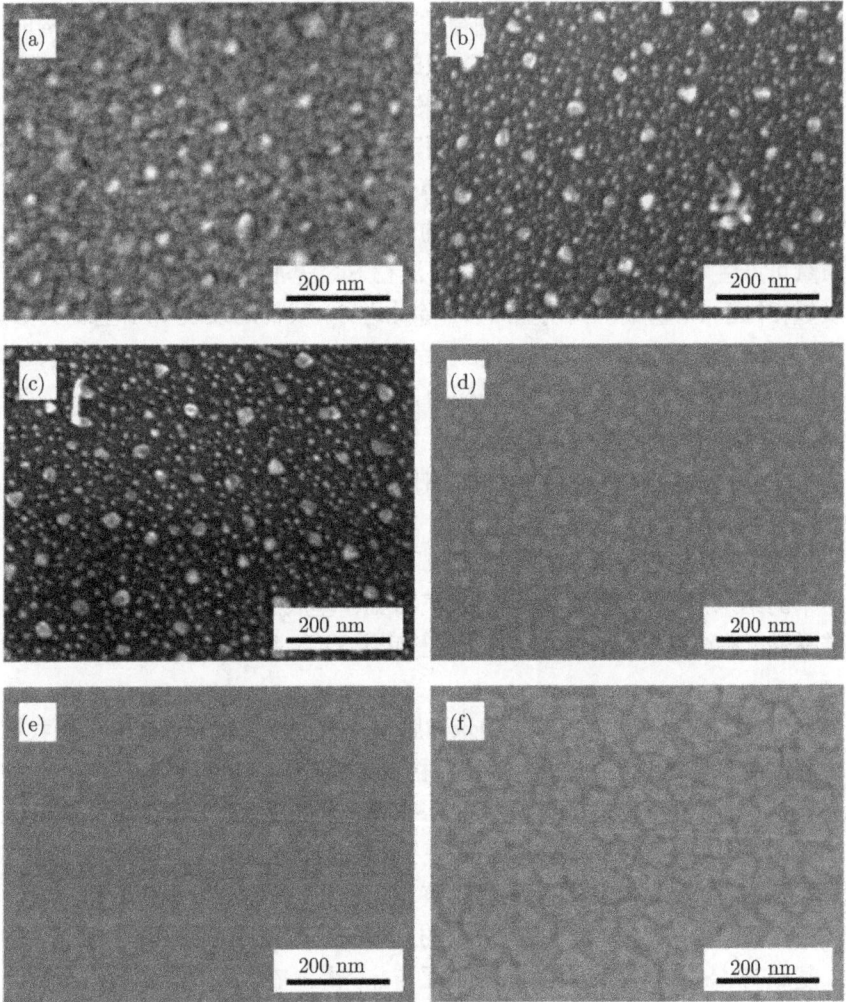

图 3.2.3　GaN 纳米薄膜的 SEM 表面形貌图

(a) 样品 a; (b) 样品 b; (c) 样品 c; (d) 样品 d; (e) 样品 e; (f) 样品 f

表 3.2.1　GaN 及其基底的参数 [14,21,22]

材料	晶格参数 (a)/nm	热膨胀系数/$(\times 10^{-6}\ \mathrm{K}^{-1})$
GaN	0.3189	5.59
Si	0.5430	3.6
4H-SiC	0.3038	4.2

3.2.3 不同衬底 GaN 纳米薄膜场发射性能研究

图 3.2.4 给出了 GaN 薄膜的 $J\text{-}E$ 关系曲线，如图所示，SiC 基 GaN 薄膜的开启场强都低于 Si 基 GaN 薄膜的开启场强。下面以样品 c 和样品 f 为例对比说明不同基底 GaN 薄膜具有不同场发射性能的原因。若定义当场发射电流密度达到 1 $\mu A/cm^2$ 时所加电场为开启电场，那么 SiC 基 GaN 薄膜样品 f 开启场强为 6.3 V/μm，对应 Si 基 GaN 薄膜样品 c，其开启场强为 19.0 V/μm。由于 Keithley 2410 的最大测试电压仅为 1100 V，SiC 基底上 GaN 薄膜其表面施加电场只能达到 10.1 V/μm，此时电流密度为 503.1 $\mu A/cm^2$。对应 Si 基底上 GaN 薄膜其表面施加电场可达到 44 V/μm，然而当电场强度为 38.56 V/μm 时，GaN 薄膜已达到最

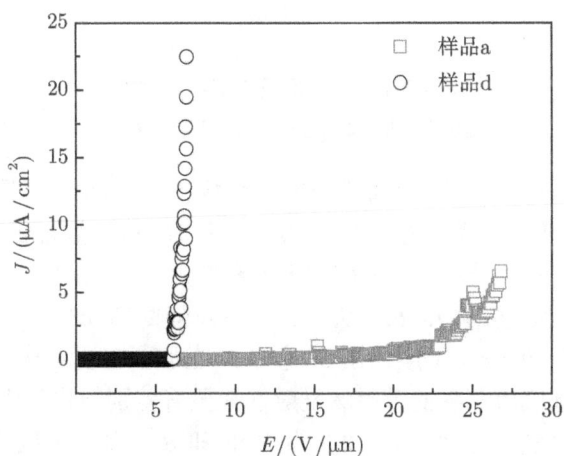

(a)

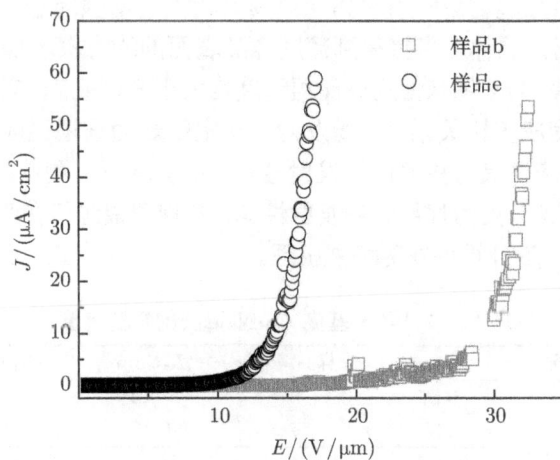

(b)

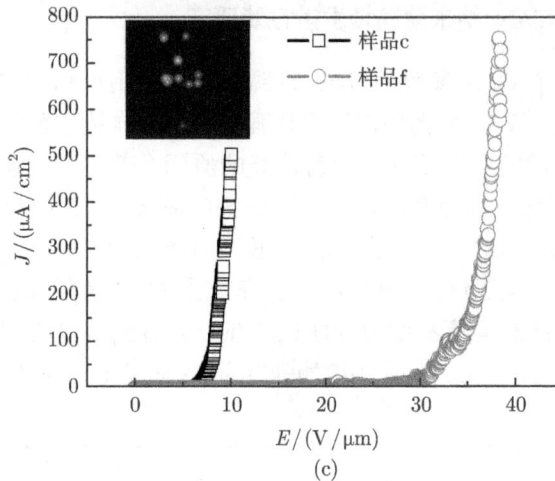

图 3.2.4　GaN 薄膜的 $J\text{-}E$ 关系图

插图为场发射电流在荧光板上所形成的光斑

大稳定电流为 703.4 μA/cm²。尽管我们没能测得 SiC 基 GaN 薄膜的最大稳定发射电流，但是当两个薄膜样品在电场为 10 V/μm 处时，SiC 基 GaN 薄膜的电流密度为 4.8×10^{-4} A/cm²，Si 基 GaN 薄膜的电流密度为 2.3×10^{-9} A/cm²，电流密度提高了五个数量级，且开启电压 E_{on} 从 19.0 V/μm 降低到 6.3 V/μm。因此可以判断在 SiC 基底上生长的 GaN 薄膜比在 Si 基 GaN 薄膜具有更加优异的场发射性能。

　　为研究不同基底所制备的薄膜场发射性能显著差别的物理实质，我们首先可以从表面几何增强进行考虑。图 3.2.5 为在 Si 和 SiC 基底上制备的 GaN 薄膜的 AFM 3D 立体图。由图 3.2.5 可以看出，所有样品表面都形成了大量均匀分布的纳米尺度突起物，该突起物意味着表面应该具有较大场增强因子，从而提高场发射性能。由 AFM 测试软件可直接得到薄膜样品表面的均方根粗糙度值 (R_q)，如表 3.2.2 所示，Si 基底 GaN 纳米薄膜表面粗糙度均大于 SiC 基底。若假设表面场增强因子跟表面粗糙度成正比关系，且场发射仅决定于表面场增强因子，则意味着 Si 基 GaN 纳米薄膜应该具有更好的场发射性能。但从场发射测试结果看，显然 SiC 基 GaN 纳米薄膜具有更为优异的场发射性能，其物理根源何在呢？以下将基于场发射 F-N 方程进一步分析场发射增强机理。

表 3.2.2　不同基底 GaN 薄膜的粗糙度值

基底	样品编号	R_q/nm	样品编号	R_q/nm	样品编号	R_q/nm
Si	a	0.87	b	1.42	c	2.34
SiC	d	0.85	e	0.47	f	0.84

图 3.2.5 GaN 纳米薄膜的 AFM 三维立体图

(a) 样品 a；(b) 样品 b；(c) 样品 c；(d) 样品 d；(e) 样品 e；(f) 样品 f

图 3.2.6 给出了不同基底上沉积的 GaN 薄膜场发射 F-N 关系曲线。根据 F-N 方程[28]

$$\ln(I/V^2) = \ln[A\alpha\beta^2/\Phi d^2] - (B\Phi^{3/2}d/\beta)V^{-1} \tag{3.2.1}$$

其中 A 和 B 为常数；I 为场发射电流；Φ 为功函数；V 为两极外加电压；β 为场增强因子；α 为有效场发射面积；d 为电极间距，式中 $\ln(I/V^2)$ 与 $1/V$ 是线性关系。从图 3.2.6 可以看出所有样品的 F-N 曲线在高场部分可以拟合成一条直线，表明电子发射是通过场发射隧穿表面势垒完成的。通过 F-N 方程可得斜率 k 与纵轴截距 b 为

$$k = -(B\Phi^{3/2}d/\beta) \tag{3.2.2}$$

$$b = \ln[A\alpha\beta^2/\Phi d^2] \tag{3.2.3}$$

其中 B 为常数，图 3.2.6 是在归一化间距 d 为 25 μm 后所得，因此斜率的不同来源于不同表面形貌导致的几何场增强因子 β 和 (或) 功函数 Φ 的变化。纵轴截距则反映了表面的有效发射面积 α、几何增强因子 β 和功函数 Φ 的关系。下面我们以样品 c 和样品 f 为例，探究 SiC 基GaN纳米薄膜场发射性能显著提升的物理根源。

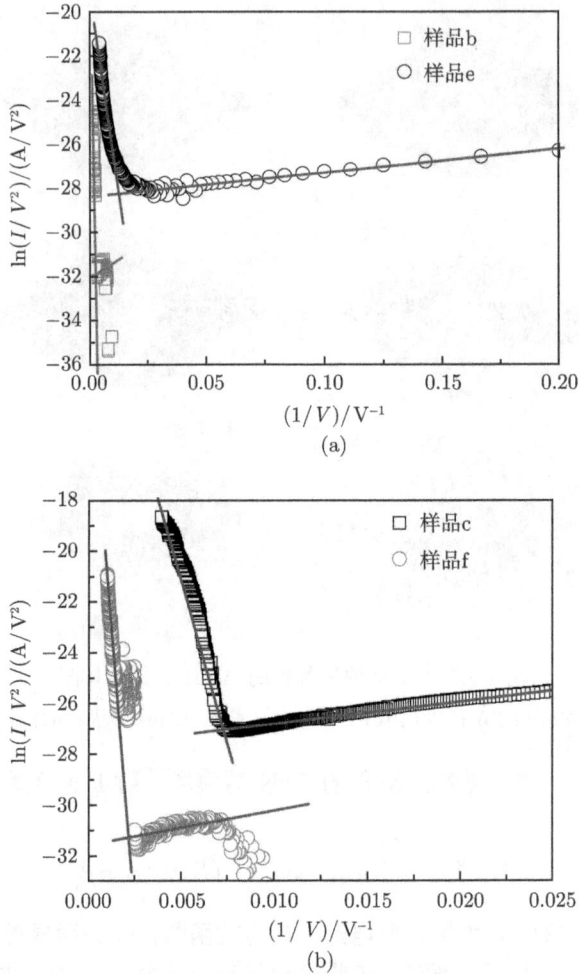

图 3.2.6　GaN 纳米薄膜的 F-N 图

从图 3.2.6 中得到高场下 SiC 基底上 GaN 薄膜样品 c 的 F-N 曲线的斜率 $K_c = -2367.4$，纵轴截距 $b_c = -9.3$，Si 基底上 GaN 薄膜样品 f 的 F-N 曲线的斜率 $K_f = -10554.3$，纵轴截距 $b_f = -10.0$。由于表面粗糙度值能直接反映场增强因子[29]，假设场增强因子和表面粗糙度的关系可近似表示为

$$\beta = \beta_0 R \tag{3.2.4}$$

其中 β_0 为结构参数，与表面结构相关，R 为表面粗糙度[29]。由前面 AFM 图分析可知场增强因子 β_{Sic} 与场增强因子 β_{Si} 比例为 1.0:2.8。因此通过公式 (3.2.2) 和公式 (3.2.3)、F-N 图中曲线的斜率、纵轴截距和上述给出的场增强因子比例，计算出不同基底 GaN 薄膜的表面势垒高度 $\Phi_{sur(c)}$: $\Phi_{sur(f)}$＝1:5.4，有效发射面积 α_c : α_f＝2.9:1。

这说明 SiC 基 GaN 薄膜具有较低的表面势垒和较大的有效发射面积, 因此 SiC 基 GaN 纳米薄膜场发射性能的显著增强可能来源于其表面势垒高度的降低和有效场发射面积的增大。

通常, 场发射电流密度可写为[30]

$$J = e \int D(E_x) N(E_x) \mathrm{d}E_x \tag{3.2.5}$$

式中 $D(E_x)$ 为金属内部 x 方向上能量为 E_x 的电子穿透势垒的几率, 即透射系数。其大小主要取决于表面有效势垒高度及场增强因子, 表面有效势垒高度降低将减小电子隧穿势垒的高度, 可以有效增大透射率。$N(E_x)$ 为金属内部 x 方向上能量为 E_x 的电子单位时间打在单位面积上的数目, 称为供给函数。供给函数主要取决于电子在薄膜内部的输运[31], 而有效发射面积也主要由电子在薄膜内部的输运过程决定[9]。因此, 有效发射面积可能反映了电子供给的变化, 而这些都归功于薄膜内部的电子输运。薄膜晶体微结构对表面有效势垒高度及电子在薄膜内部的输运过程起着至关重要的作用, 因此需要进一步从晶体微结构方面分析 SiC 基 GaN 纳米薄膜场发射增强的物理机制。

考虑两个样品厚度相近, 可以忽略厚度对场发射性能产生的影响, 此外, 可进一步从晶体微结构方面定性考虑, 纳米晶薄膜的场发射增强效应可能来源于以下两个方面:

一方面, 结晶性 GaN 薄膜将有利于内建电场的形成。通常 GaN 具有非常大的压电及自发极化[32], 当 GaN 薄膜的生长方向为沿六方纤锌矿结构的 c 轴方向择优生长时, 压电与自发极化效应将导致一个在几 MV/cm 数量级的内建极化电场在薄膜内部产生[33-35]。由图 3.2.2 可知, SiC 基 GaN 薄膜具有 c 轴择优取向, 且薄膜内部存在残余张应力, 该残余应力导致的应变使薄膜内部产生压电极化电场, 方向由表面指向薄膜内部, 与自发极化电场一致[32,36], 从而导致强内建极化电场产生。在内建极化电场的作用下, 可使 GaN 导带能级向下弯曲, 在近薄膜表面处形成量子阱, 而纳米薄膜可使电子从基底隧穿至此量子阱积累[37,38], 而表面势垒高度 Φ_{sur} 由于电子积累效应将进一步降低, 电子将更容易地隧穿该表面势垒, 场发射性能得到极大提高[32,35]。虽然 Si 基底与 GaN 存在较大的晶格差异与热膨胀系数差异会使薄膜内部产生较大应力, 但由于 Si 基 GaN 薄膜其结晶性能较差, 沿 c 轴方向取向性并不明显, 所以难以产生有效的压电极化或自发极化效应, 极化诱导增强场发射效应将不明显。

另一方面, 纳米薄膜的晶界处的缺陷将会导致缺陷态的产生, 而该缺陷态的产生可以有效提高电导, 最终实现场发射性能的提高[39-41]。从图 3.2.3 的 SEM 图中, 我们可以清晰地看到 Si 基 GaN 薄膜中镶嵌有晶粒尺寸较小的 GaN 纳米晶颗粒, 各个 GaN 纳米晶晶粒间彼此孤立。而对 SiC 基 GaN 薄膜样品来说, 纳米晶

GaN 颗粒晶粒尺寸较大，一个个纳米晶颗粒彼此连接产生大量晶界。SiC 基底上具有较大的晶粒实际上也可以从 XRD 衍射峰半高宽得到证实，其具有较小的 XRD 峰半高宽，意味着其具有更好的结晶性与较大的纳米晶颗粒。因此，SiC 基上大晶粒晶界处缺陷态的存在可能更有利于电子传输，使得晶界形成有效的电子传导通路，极大地增大了电子供给，提高了薄膜的有效场发射面积，从而实现场发射性能的提高[20]。而 Si 基薄膜由于被小晶粒镶嵌，晶界界面缺陷较少，可能不利于场电子发射。综上，基于纳米晶体微结构的极化效应和晶界传导效应，SiC 基底上沉积的 GaN 纳米薄膜其场发射性能比 Si 基底上沉积的 GaN 纳米薄膜得到显著增强。

利用 PLD 方法在不同基底 (SiC 和 Si) 上制备系列厚度相近的 GaN 纳米薄膜。结果表明，不同基底所制备的 GaN 纳米薄膜，其薄膜微结构具有显著的差别。XRD 和 SEM 测试结果显示在 SiC 基底上生长出了良好的晶粒取向为 (0002) 的 GaN 纳米晶薄膜，且其结晶质量相比 Si 基 GaN 纳米薄膜得到显著提升。进一步，场发射测试结果表明，SiC 基 GaN 薄膜其场发射性能相比 Si 基 GaN 薄膜显著提升。场发射性能改善是基底效应导致的薄膜微结构显著变化，应来源于两方面：一方面结晶性良好的纳米 GaN 薄膜内部极化效应诱导内建电场产生，致使薄膜内部发生有利于电子积累的能带弯曲，降低了有效表面势垒高度；另一方面，纳米晶薄膜的晶界传导效应增大了电子供给，提高了有效场发射面积。本书从基底影响晶体微结构的角度上，提出了制备具有优异场发射性能的纳米薄膜的一种新的可借鉴思路。然而，对于 GaN 纳米薄膜，SiC 相对于 Si 而言，较为昂贵，对于制作高性能场发射器件而言，可能提高其制作成本。因此，容易制备纳米晶薄膜的低成本的合适基底尚需进一步探索。

3.3 纳米薄膜场发射厚度效应

纳米薄膜的厚度调控可对场发射性能产生显著影响。大量的实验研究结果也表明对于膜厚小于 100 nm 的薄膜型场发射阴极存在一个最优的厚度[42-44]。GaN 和 AlN 作为宽带隙半导体由于具有较低的电子亲和势而非常适合作为薄膜型场发射阴极的材料，然而目前对其厚度效应的系统研究却非常少，尤其是对于厚度小于 100 nm 的超薄薄膜。尽管 Duan[45] 等从理论上对超薄 AlN 薄膜进行了量子自洽计算，其结果显示出膜厚的变化对场发射性能影响显著，且在 3 nm 厚度存在最优场发射性能。然而上述结果基于理想的 AlN 薄膜模型，未考虑到实际氮化物器件制备过程中受到衬底以及缓冲层的应变作用。目前对于Ⅲ族氮化物超薄薄膜阴极的实验结果非常少，阻碍了人们对该结构机理的进一步理解以及器件化应用。本节主要针对 ZnO 纳米薄膜，不同基底非晶、结晶 GaN 纳米薄膜不同厚度对其场发射性能影响的机制进行研究。

3.3.1 ZnO 纳米薄膜场发射厚度效应

所采用的磁控溅射仪系统参考 3.1 节，我们通过控制溅射时间 (3 min、5 min、7 min、9 min、15 min、30 min) 分别制备了 6 个样品，薄膜厚度分别为 20 nm、30 nm、40 nm、55 nm、85 nm、140 nm。图 3.3.1 是不同厚度的 ZnO 薄膜样品的 XRD 谱。由图可见，厚度为 20 nm 和 30 nm 的两个薄膜样品都无任何衍射峰出现，说明这两个薄膜还未结晶。厚度为 40 nm、55 nm、85 nm 和 140 nm 的四个薄膜样品均只有一个 (002) 晶面的衍射峰，说明这四个 ZnO 薄膜中晶粒都是沿着 c 轴垂直于衬底表面生长的。这是因为 ZnO 的 (002) 面为密排面，该面的表面自由能最低、稳定性好、生长速率最快[46]，原子在吸附到衬底表面时以 (002) 取向择优生长。随着薄膜厚度的增大，(002) 衍射峰强度逐渐增强，薄膜由非晶态逐渐转为结晶态，并且结晶性逐渐变好。

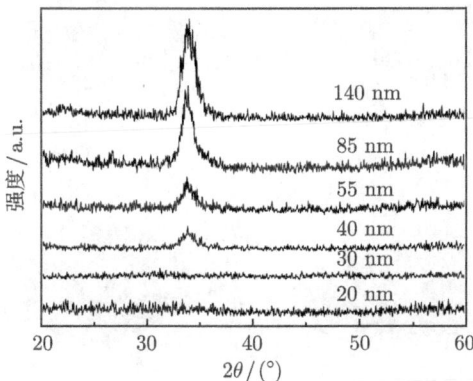

图 3.3.1　不同厚度的 ZnO 薄膜 XRD 图谱

图3.3.2为不同厚度的ZnO薄膜原子力显微照片。厚度为20 nm、30 nm、40 nm、55 nm、85 nm、140 nm 的6个样品，其表面粗糙度大小见表3.3.1，分别约为：0.69 nm、0.58 nm、0.74 nm、1.18 nm、1.08 nm 和 1.69 nm。

图 3.3.2 (a) 所示的样品沉积时间最短 (3 min)，厚度仅为 20 nm。由于薄膜是在室温下沉积，溅射时吸附到衬底表面的原子具有的能量比较小，原子迁移率很低，再加上沉积时间很短，原子根本来不及形核，溅射就结束了，所以生长的 ZnO 薄膜就为非晶态，而且表面非晶颗粒分布极不均匀，有部分团聚现象；图 3.3.2 (b) 所示的样品由于沉积时间仍然较短 (5 min)，也是非晶态，但是相比样品 (a) 来说，表面已经趋于均匀，薄膜表面由细小的尖状凸起组成；沉积时间增加到 7 min，如图 3.3.2 (c) 所示，由于沉积时间增加，下层的原子形成的部分缺陷可以由上层的原子来填补，层与层之间的原子也有较大的几率来移动到较为合适的晶格位置，所以

薄膜开始由非晶转为晶体，其表面由均匀的柱状尖端组成；随着沉积时间继续增大，我们得到了厚度为 55 nm、85 nm、140 nm 的三个样品，由图 3.3.1 的 XRD 可以看出，薄膜均具有很好的 (002) 取向，而且随着溅射时间的增加，结晶性逐渐变好，由图 3.3.2 (d)、图 3.3.2 (e) 和图 3.3.2(f) 可以看出，其表面也逐渐变得粗糙，表面均匀分布的柱状尖端也逐渐增大。

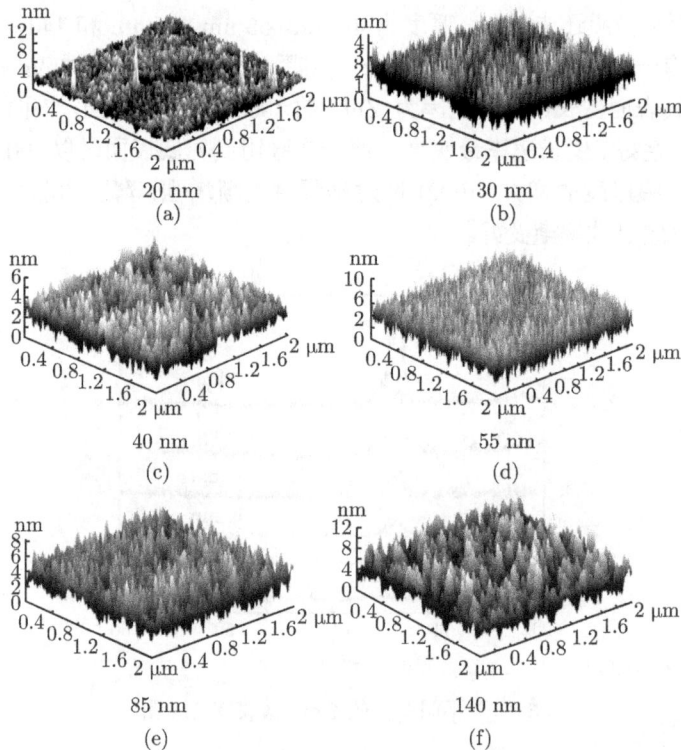

图 3.3.2　不同厚度的 ZnO 薄膜 AFM 图

表 3.3.1　不同薄膜厚度 ZnO 的表面粗糙度和开启场强

薄膜厚度/nm	粗糙度/nm	开启场强/(V/μm)
20	0.69	0.77
30	0.58	0.5
40	0.74	0.4
55	1.18	0.82
85	1.08	0.92
140	1.69	1.6

图 3.3.3 给出了薄膜粗糙度随厚度的变化曲线。可见，厚度为 20 nm、30 nm 和 40 nm 的薄膜粗糙度变化不大 (0.58~0.74 nm)，而薄膜厚度增加到 55 nm 以后，粗糙度则明显地增大，膜厚为 140 nm 时粗糙度最大为 1.69 nm。

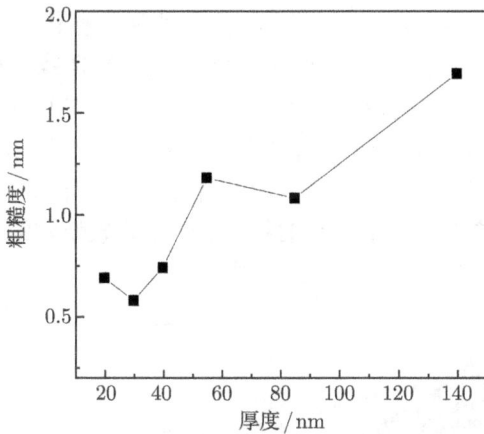

图 3.3.3 ZnO 薄膜粗糙度随薄膜厚度的变化

1. 场发射性能测试

图 3.3.4 给出了不同厚度的 ZnO 薄膜场发射电流密度–场强 (J-E) 曲线。我们定义电流密度达到 $1\,\mu A/cm^2$ 时的场强为开启场强。由图 3.3.4 可知, 厚度为 40 nm 的 ZnO 薄膜样品场发射特性要优于其他薄膜, 其开启场强仅为 $0.4 V/\mu m$, 场强为 $3.4\,V/\mu m$ 时电流密度达到最大 $0.037\,A/cm^2$。厚度为 140 nm 样品场发射性能最差, 开启场强为 $1.6\,V/\mu m$, 场强为 $3.6\,V/\mu m$ 时电流密度仅为 $0.0029\,A/cm^2$。厚度为 20 nm、30 nm、55 nm 和 85 nm 的四个样品的开启场强分别为: $0.77\,V/\mu m$、$0.5\,V/\mu m$、$0.82\,V/\mu m$ 和 $0.92\,V/\mu m$。他们的最大电流密度也都介于厚度为 40 nm 和 140 nm 的样品最大电流密度中间。不同薄膜厚度 ZnO 薄膜的开启场强大小见表 3.3.1。

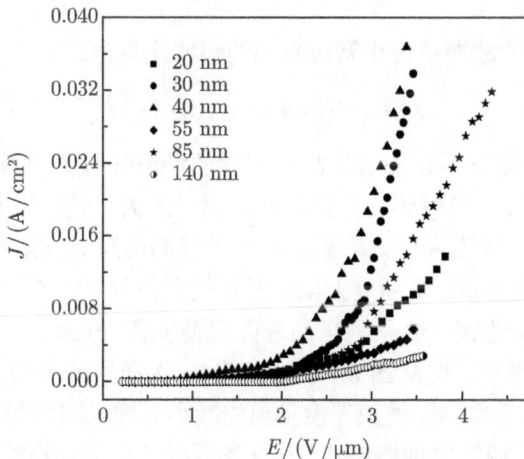

图 3.3.4 不同薄膜厚度的 ZnO 薄膜 J-E 曲线

　　由 F-N 方程，以 $\ln(J/E^2)$ 为纵坐标，$1/E$ 为横坐标作图得到的曲线称为场发射 F-N 曲线。我们作出不同薄膜厚度的 ZnO 薄膜 F-N 曲线，如图 3.3.5 所示。除了 140 nm 的薄膜样品以外，其余的 ZnO 薄膜 F-N 曲线均近似为一条直线，符合经典的 F-N 理论，表明电子发射是通过隧穿表面势垒完成的。140 nm 厚的样品 F-N 曲线由斜率不同的两部分组成，这和文献报道过的 F-N 曲线所具有的两段斜率[47] 现象不同的是，在较高的场强下具有的斜率小于场强较低时的斜率。这种变化可能归因于不同发射区域的场增强因子 β 不同[7]。

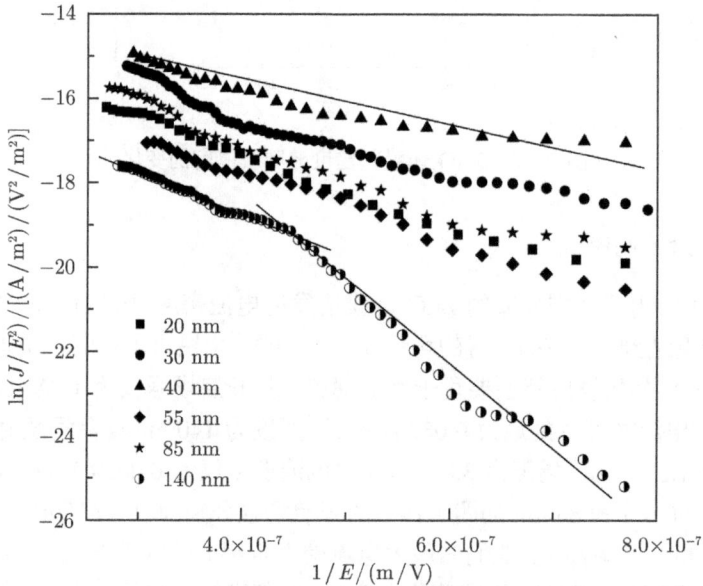

图 3.3.5　不同厚度 ZnO 薄膜的 F-N 曲线

　　场增强因子 β 的改变量可由两段直线的斜率比得出

$$（斜率_1)/(斜率_2) = (\beta_1/\beta_2)^{-1} \tag{3.3.1}$$

由式 (3.3.1) 可得厚度为 140 nm 的 ZnO 薄膜的场增强因子 β 增大了 2 倍。

　　从 F-N 方程可知，发射体的几何场增强因子的大小是决定材料场发射性能优劣的重要因素。对于薄膜来说，粗糙度就成了影响薄膜场发射性能至关重要的因素。如果不考虑其他因素，粗糙度大则场发射性能优异，反之则场发射性能差。从图 3.3.3 看出，ZnO 薄膜厚度系列样品表面粗糙度在 40 nm 以下变化不大，大于 40 nm 以上则显著增加，但从图 3.3.6 给出的 ZnO 薄膜开启场强与薄膜厚度的关系曲线可以看到，开启场强随薄膜厚度呈现先减小后增大的趋势。厚度为 40 nm 的薄膜开启场强最小，场发射性能最佳。这与场发射几何增强规律违背，需要进一步分析。

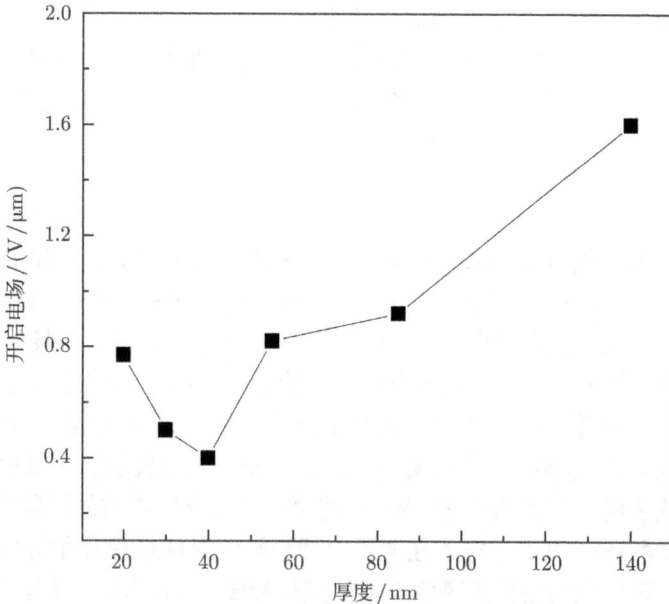

图 3.3.6 ZnO 薄膜开启电场随薄膜厚度的变化

2. 薄膜厚度影响场发射性能的机制讨论

已经有研究表明[44,47]，薄膜厚度是影响场发射性能变化不可忽略的一个重要参数。如果在基底上沉积同一种薄膜，其场发射性能将随着膜厚变化而存在一个最佳值。观点一：已有文献结果[47]指出，不同薄膜厚度导致表面粗糙度改变以及电子在薄膜中的散射是影响场发射性能的两个主要因素。沉积薄膜较薄时，薄膜表面粗糙度较低、几何场增强较小，场发射开启场强自然较大；而沉积薄膜较厚时，虽然表面粗糙度变大，几何场增强较大，但电流密度却在厚膜中由于电子散射而大大衰减，所以开启场强变大，因此，在较薄膜与较厚膜之间，必然存在一个最佳膜厚使得开启场强最小。

观点二：R. D. Forrest[44]认为，高电场导致薄膜内部空间电荷区能带结构的改变及电子在薄膜内部的散射使其能量发生衰减是影响薄膜场发射性能的关键原因。一方面，若把薄膜内部看做是空间电荷区，高场作用将使不同厚度薄膜中电子的耗尽程度不同，导致薄膜内部能带弯曲发生改变，从而电子隧穿势垒的高度非线性减小；另一方面，隧穿电子的能量将在薄膜内部发生衰减，并假设其随膜厚增加而线性变小。当薄膜厚度适宜，隧穿势垒高度非线性减小相对于电子能量线性衰减而言，处于最有利场发射时，此时薄膜结构将具有最佳场发射性能。

观点三：本实验室前期理论工作也对薄膜厚度与场发射特性之间的内在机制

作了理论研究[48]。发现电子在薄膜中隧穿输运时，由于电子不断与介质中的原子 (或离子) 碰撞，发生散射，从而将可能导致电流密度随着薄膜厚度的增加而呈指数式的衰减，根据电子散射的经典力学描述，将场发射电流密度重写为

$$J(E, T_{\mathrm{film}}) = J(E) \exp(-\lambda' T_{\mathrm{film}}) \tag{3.3.2}$$

其中，$J(E)$ 为理想情况下的场发射隧穿电流密度，$\exp(-\lambda' T_{\mathrm{film}})$ 为散射因子，T_{film} 为薄膜厚度，λ' 为散射衰减系数，为与薄膜结构性能有关的参数。据此，忽略薄膜表面粗糙度，以沉积在金属钨基底上的 AlN 薄膜为例，从基本的场发射 F-N 模型着手，定量地计算了薄膜厚度对场发射性能的影响。如图 3.3.7 所示，可明显看到，开启场强随膜厚的增加呈现先增大后减小接着再增大的变化趋势，对于薄膜的场发射性能而言，薄膜厚度先后出现一个极差值和一个最佳值。场发射隧穿电流的大小主要取决于两个方面的因素：其一，薄膜及真空分别形成的阻碍电子隧穿的势垒 (有效隧穿势垒)；其二，电子在薄膜中隧穿输运时因散射作用导致的电流密度衰减。电子隧穿势垒的面积随薄膜厚度的变化如图 3.3.8 所示，是先增大后减小最后趋于不变。然而，随着膜厚的增大，散射因子对场发射电流密度的影响将迅速增强，从而导致场发射电流密度指数级减小。当薄膜较薄时，有效隧穿势垒面积的改变将对场发射性能有主要影响，从而导致最佳场发射特性；而当薄膜较厚时，电子散射将起主要作用，可使电流密度指数级衰减，场发射性能变差。

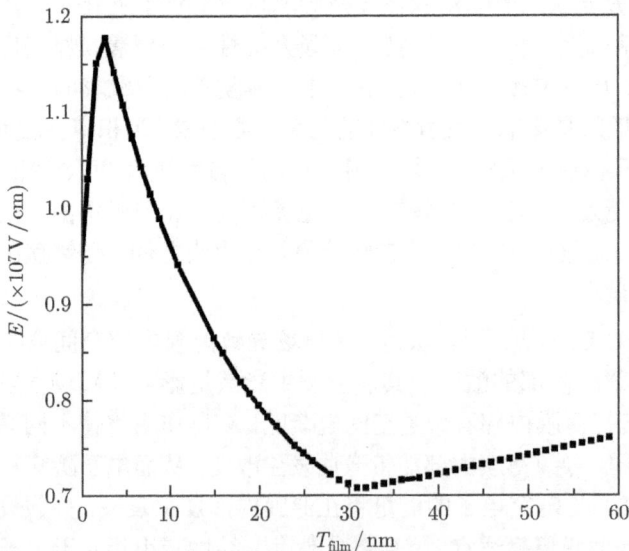

图 3.3.7　开启场强随薄膜厚度的变化

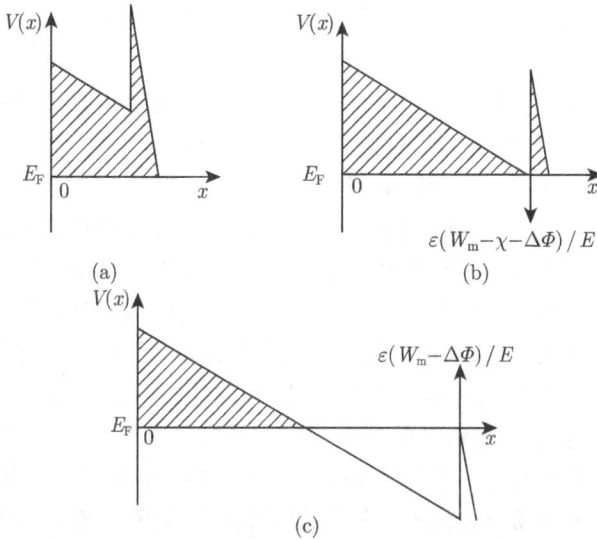

图 3.3.8 电子隧穿势垒的面积随薄膜厚度的变化 (有效隧穿势垒面积为阴影部分)

以上的这三种解释的物理模型都存在一些缺陷与不足。实际上，半导体薄膜沉积工艺中，表面粗糙度并不是随着薄膜厚度的增加而变大，这就使得观点一[47] 的解释显得比较勉强与偶然，也许此模型仅对表面粗糙度随膜厚增加而增大的薄膜结构适用。观点二[44] 中的模型用于解释薄膜场发射具有最佳膜厚，把电子能量在薄膜内部由于电子散射而简单处理为线性衰减，显得过于粗糙。而观点三[48] 中的模型采用的是理想的能带结构与完全光滑的薄膜表面，这也与实验相差较大。

而对于 ZnO 薄膜厚度系列样品来说，其场发射特性随着厚度变化而呈现出的这种变化趋势，并不只是由表面粗糙度变化引起的，也可能是由高电场导致薄膜内部空间电荷区能带结构的改变而引起的势垒高度减小以及电子在薄膜中因散射作用导致的电流密度指数级的衰减三者共同作用的结果。其一，由 F-N 公式可以看出，薄膜表面的几何场增强因子是影响薄膜场发射特性的主要因素之一，而场增强因子与薄膜表面粗糙度直接相关。不同厚度的薄膜其表面粗糙度不同，则场发射性能不同；其二，若把薄膜内部看做是空间电荷区，高场作用将使不同厚度薄膜中电子的耗尽程度不同，导致薄膜内部能带弯曲发生改变，从而电子隧穿势垒的高度非线性减小；其三，电子在薄膜中隧穿输运时因散射作用导致的电流密度呈指数级衰减。在 ZnO 厚度系列的薄膜样品中，在 20~40 nm，外场作用下电子隧穿势垒的高度减小，对场发射电流密度的增强起了主要作用。这个区间表面粗糙度变化不大，同时由于这个区间薄膜较薄，电子因散射作用而导致电流密度的衰减也可以忽略，因此在 40 nm 处出现了场发射性能最佳值。在大于 40 nm 以上，随着厚度的继续增加，虽然表面粗糙度逐渐增大，几何场增强较大，但由于电子在薄膜中的散射作用起主导作用，因此将可能导致开启场强变大，场发射性能变差。这也与之前的理论预测基本一致[49]。

本节系统地研究了 ZnO 薄膜的场发射厚度效应，发现在薄膜较薄时(小于40 nm)粗糙度变化不大，而开启场强却随膜厚增大而逐渐减小，当薄膜较厚时(大于40 nm)粗糙度显著增大，开启场强也随着膜厚增大逐渐增大。薄膜厚度为 40 nm 的样品场发射性能最佳。可见，ZnO 薄膜场发射特性随着厚度变化而呈现出的这种变化趋势，并不只是由表面粗糙度变化引起的。对厚度影响场发射性能的机制作了探讨，发现场发射性能随着薄膜厚度的变化出现最佳值，其可能是样品表面粗糙度变化、高电场导致薄膜内部空间电荷区能带结构的改变而引起的势垒高度减小以及电子在薄膜中因散射作用导致的电流密度指数级的衰减三者共同作用的结果。在 20~40 nm 内，主要由隧穿势垒的变化决定着场发射电流的大小，因此在 40 nm 处出现了场发射性能最佳值。在大于 40 nm 以上，随着厚度的继续增加，虽然表面粗糙度逐渐增大，几何场增强较大，电子散射作用导致的指数级衰减占据主要作用，导致了开启场强变大，场发射性能变差。

3.3.2　SiC 基 GaN 纳米取向薄膜场发射厚度效应

使用 3.1 节中的 PLD 系统，在 n 型 6H-SiC (0002) 基底上沉积不同厚度的 GaN 纳米薄膜。具体工艺参数如下：脉冲激光能量为 390 mJ/mm^2，保持基底温度为 875 ℃、工作气压 1Pa，沉积结束后，退火 15 min。为制备出不同厚度的 GaN 薄膜，依次控制沉积时间为 1 min、1.5 min、2 min、3 min 和 5 min，由此得到厚度分别为 10 nm、15 nm、20 nm、30 nm 和 50 nm 的 GaN 纳米薄膜，将以上 GaN 纳米薄膜样品依次定义为样品 A、B、C、D、E。

1. 不同厚度的 GaN 纳米薄膜晶体微结构特征

图 3.3.9 是样品 A~E 的 SEM 表面形貌图。从图中我们可以清晰地看到样品表面的纳米颗粒，使用统计方法计算得到样品 A~E 表面纳米颗粒的平均粒径依次为 9 nm、15 nm、18 nm、26 nm 和 38 nm。这说明纳米颗粒随着薄膜沉积时间的增加逐渐长大。

样品 A~E 的 XRD 图谱如图 3.3.10 所示。每个样品都分别在 34.6° 和 35.7° 有两个衍射峰，依次是 GaN(0002) (JCPDS 50-0792) 和 SiC(0002) (JCPDS 29-1131)。XRD 结果表明所沉积的样品是 GaN 纳米薄膜。其中光谱图 3.3.10(a)~(c) 中所出现的强 SiC 衍射峰是样品 A~C 的薄膜厚度太薄造成的。图谱中没有出现关于 Ga 的其他衍射峰 (如 Ga$_2$O$_3$) 说明我们所制备的 GaN 薄膜是结晶性能良好的单相晶体结构[12,43]。而且，光谱中只有 GaN(0002) 衍射峰，说明 GaN 纳米薄膜沿 c 轴方向择优生长[50]。

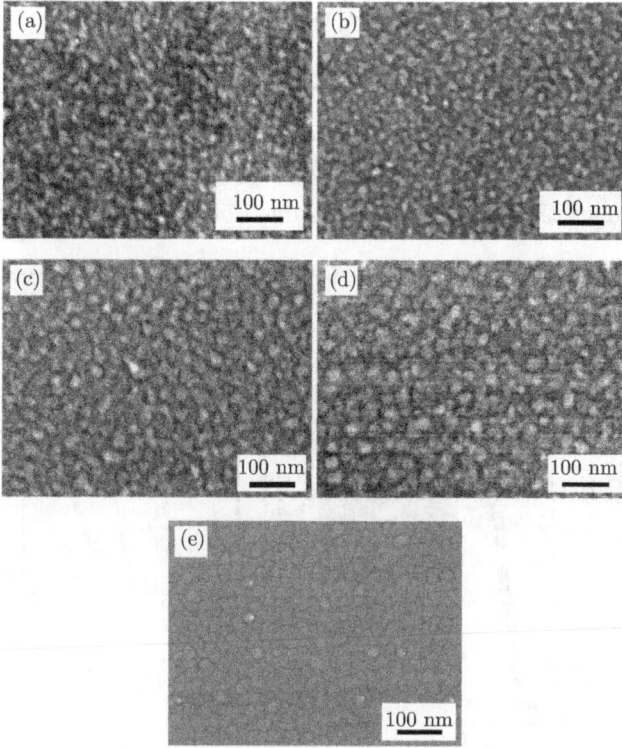

图 3.3.9 不同厚度 GaN 纳米薄膜的 SEM 表面形貌图

(a) 样品 A；(b) 样品 B；(c) 样品 C；(d) 样品 D；(e) 样品 E

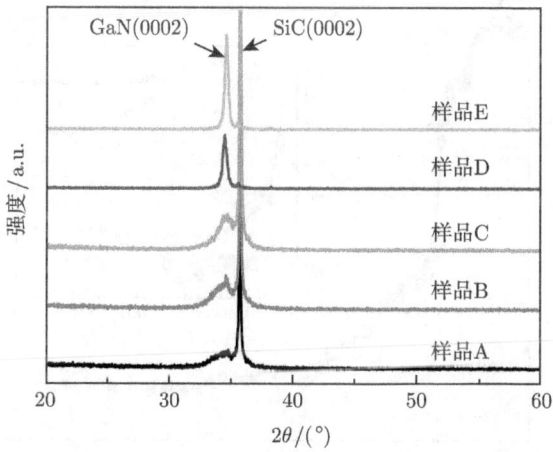

图 3.3.10 不同厚度 GaN 纳米薄膜的 XRD 图谱

2. 不同厚度 GaN 纳米薄膜的场发射性能

图 3.3.11 和图 3.3.12 展示了样品A~E的 J-E 和F-N曲线。样品B在4.18 V/μm 时具有 1.1 mA/cm^2 的场发射电流密度，而样品 E 也在 17.2 V/μm 时电流密度 达到 44 μA/cm^2。若我们定义当电流密度达到 1 μA/cm^2 时所加电场为开启电场，那么样品 A~E 的开启电场分别为 0.66 V/μm，1.50 V/μm，13.33 V/μm，10.64 V/μm

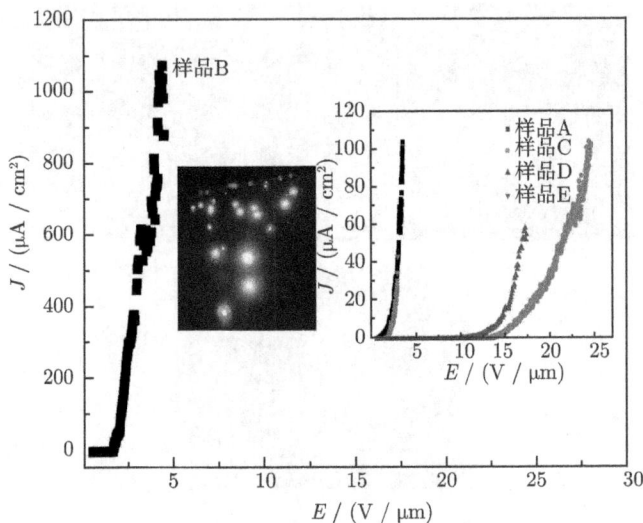

图 3.3.11　不同厚度 GaN 纳米薄膜的 J-E 图

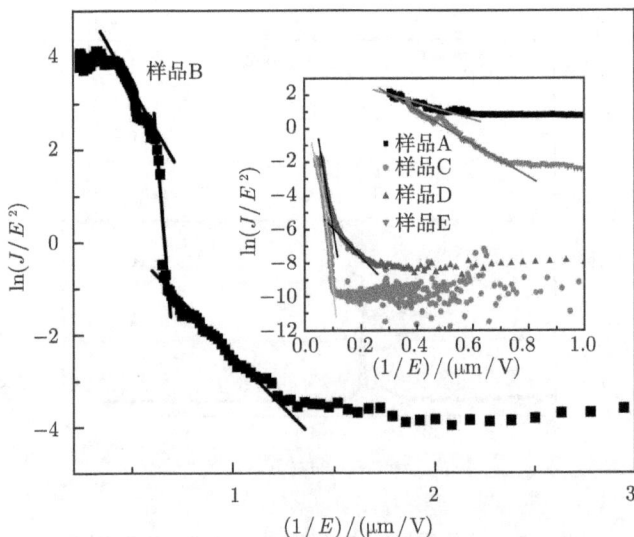

图 3.3.12　不同厚度 GaN 纳米薄膜的 F-N 图

和 1.65 V/μm。而且其中一些样品的 F-N 曲线由多条直线组成。以上现象表明由于薄膜厚度不同，样品 A~E 具有显著不同的场发射特性。

由公式 F-N 方程可知薄膜的场发射特性取决于功函数和场增强因子，而功函数和场增强因子又由薄膜的结构决定。我们将从以下几个方面阐述结构对不同样品场发射性能的影响。

3. 结构对薄膜功函数的影响

在薄膜沉积过程中，不同的沉积时间会对样品中残余应力以及吸附氧含量造成影响。薄膜表面的吸附氧会形成一层极化原子层以提高薄膜的功函数，不仅如此，残余应力也会对纳米薄膜的带隙产生影响。因此，样品的功函数可能取决于沉积时间[51-56]。

如图 3.3.13 所示，相对于标准 PDF 卡片 JCPDS 50-0792，样品中 GaN(0002) 衍射峰峰位均出现了一定偏移。这种明显的 GaN 薄膜峰位偏移是因为薄膜中存在应力。一般对 GaN 薄膜来说，产生应力的原因有三种：① GaN 与基底之间的晶格差异；② GaN 与基底之间的热膨胀系数差异；③ GaN 薄膜中的点缺陷[57]。我们前期工作还发现改变晶粒的尺寸也能够使薄膜中产生应力。但由于 GaN 与 SiC 基底之间晶格失配较小，所以由晶格失配导致的应力在这里可以忽略不计[58]，并且对峰位的偏移几乎不会造成影响。图 3.3.13 显示样品 A、B、E 的峰位都向大角度偏移，这可能是由于薄膜中存在张应力[20,59,60]。小尺寸 GaN 纳米颗粒，热失配以及由 Ga 原子与 N 原子之间非化学计量比所产生的缺陷，使薄膜内部存在张应力[23,26]。

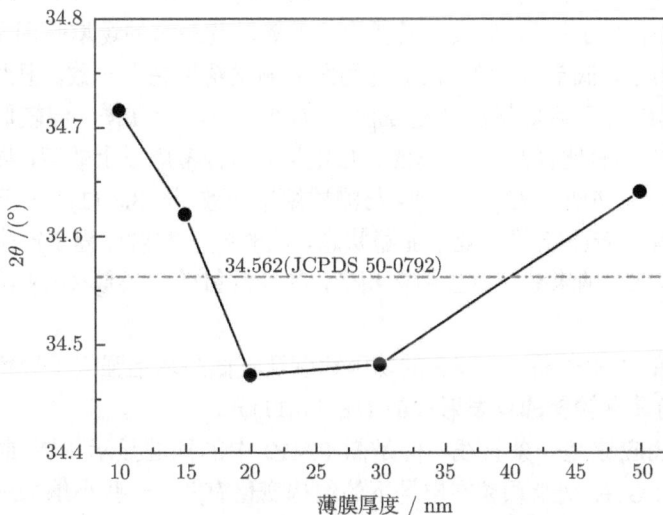

图 3.3.13 不同厚度 GaN 纳米薄膜的峰位偏移情况

Zhao 等[61] 的研究结果表明,张应力使 GaN 的带隙宽度变窄,而压应力使带隙变宽。前面结果表明样品 A、B 和 E 受到张应力,样品 C 和 D 受到压应力,因此,相对于 GaN 块体,样品 A、B 和 E 的带隙变窄,而样品 C 和 D 的带隙变宽。图 3.3.13 显示样品 A、B、C、D 和 E 的衍射角度分别为 34.72°,34.62°,34.46°,34.48° 和 34.64°。而且据文献所知,样品 A、E、B 的张应力逐渐减小,样品 C、D 的压应力逐渐降低。文献 [20] 表明 GaN 的带隙随着张应力的增大而变窄,随着压应力的增大而变宽。所以,样品中带隙值 $E_A < E_E < E_B < E_D < E_C$。带隙变窄使费米能级靠近导带,功函数降低,相反,带隙膨胀功函数变大[21,28,29]。因此,可以推测样品功函数由小到大应该是 $\Phi_A < \Phi_E < \Phi_B < \Phi_D < \Phi_C$。

4. 不同厚度纳米 GaN 薄膜的场增强因子变化

SEM 分析结果显示样品中包含不同尺寸的 GaN 纳米晶颗粒,意味着不同厚度的薄膜表面应具有不同的表面粗糙度。由于表面粗糙度值直接反映了场增强因子[29],因此采用 AFM 测量了样品 A~E 的表面粗糙度,如图 3.3.14 所示。由 AFM 软件得到样品 A、B、C、D 和 E 的均方根粗糙度值分别为 13.03 nm、0.72 nm、0.81 nm、0.65 nm 和 0.22 nm。将均方根粗糙度代入公式 (3.2.4),样品 A、B、C、D 和 E 的场增强因子之比为 59.22:3.27:3.68:2.95:1.00,β_A 最大,β_E 最小,β_B,β_C 和 β_D 相差不大,也就是说 $\beta_A > \beta_B \approx \beta_C \approx \beta_D > \beta_E$。

5. GaN 纳米薄膜的场发射的厚度效应

前面系统分析了不同厚度薄膜样品的功函数和场增强因子,得出 $\Phi_A < \Phi_E < \Phi_B < \Phi_D < \Phi_C$,$\beta_A > \beta_B \approx \beta_C \approx \beta_D > \beta_E$。将以上比较值代入 F-N 方程,很自然地可以推出,由于样品 A 具有最低的功函数以及最大的场增强因子,所以它所需开启电场最小,低至 0.66 V/μm,与场发射测试结果完全一致。根据功函数的大小,样品 B~E 的开启电场应该是 $E_E^{on} < E_B^{on} < E_D^{on} < E_C^{on}$。但较低的场增强因子导致样品 E 具有比样品 B 更高的开启电场。综合考虑以上效应,样品的开启电场:$E_A^{on} < E_B^{on} < E_E^{on} < E_D^{on} < E_C^{on}$,与测试结果一致 (图 3.3.11)。由于小尺寸 GaN 纳米颗粒具有高表面能[56],处于亚稳状态,同时电子发射过程中产生的焦耳热效应很容易使 GaN 纳米颗粒发生结构相变,其场发射效应类似 GaN 纳米线场发射现象[62]。

对于样品 C 和样品 D,较高的功函数以及较低的场增强因子导致高的开启电场,因此他们具有较差的场发射性能 (图 3.3.11)。

F-N 曲线应该是一条直线,但是图 3.3.12 中的插图显示 F-N 曲线由多条直线组成,这与 GaN 纳米颗粒在电场下的结构变化有关。一些小纳米颗粒受热造成的发生结构相变使某些样品的功函数和场增强因子发生改变,导致 F-N 曲线斜率改

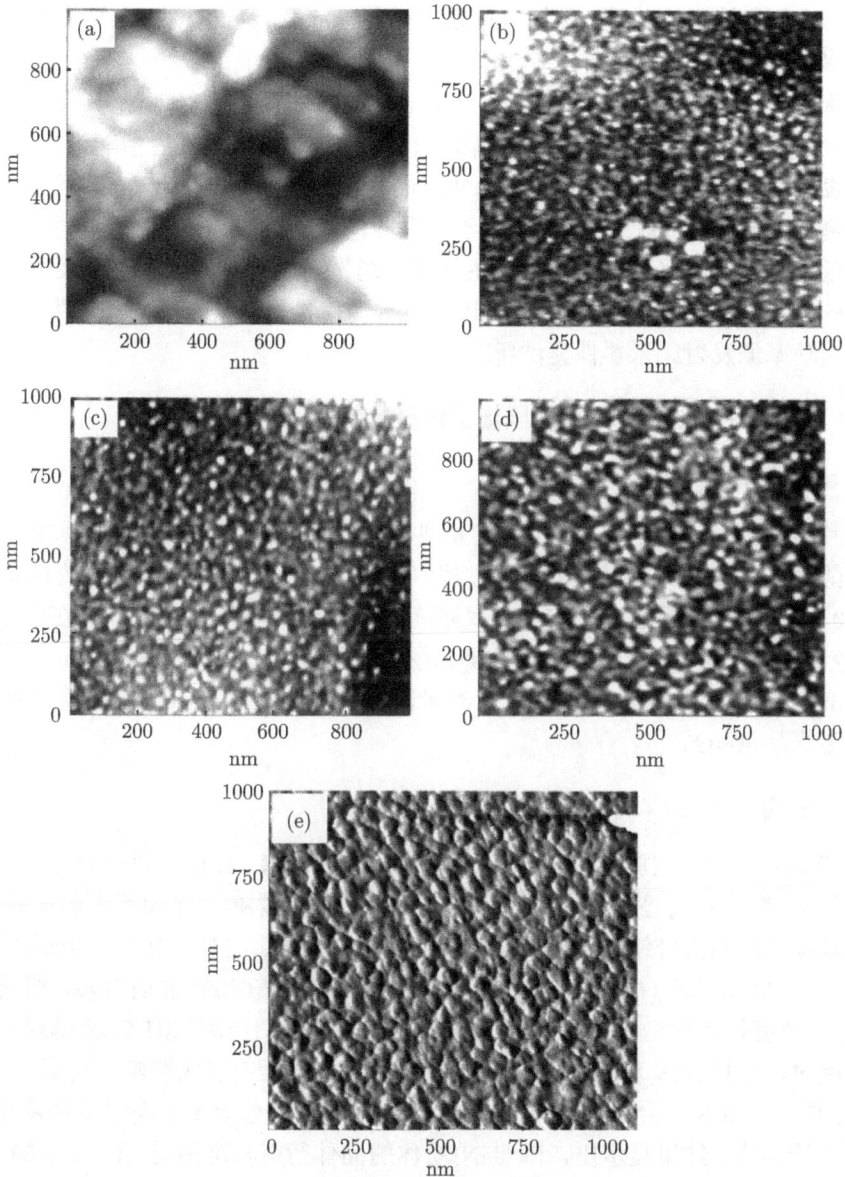

图 3.3.14 不同厚度 GaN 纳米薄膜的 AFM 图

(a) 样品 A；(b) 样品 B；(c) 样品 C；(d) 样品 D；(e) 样品 E

变。此类现象也能在 CNT 场发射中观察到[63]。GaN 纳米颗粒的多样性意味着大小纳米颗粒之间功函数相差较大，因为随着纳米颗粒尺寸减小带隙会变宽，场增强因子也和纳米颗粒的形貌相关[64,65]。综上所述，F-N 曲线中多条直线也许和纳米颗粒的多样性有关。此外，场发射过程中样品释放氧含量也可能是 F-N 曲线包含多条直线的原因之一[66]。

本节采用 PLD 技术调节不同生长时间在 SiC 基底上制备出了具有不同结构的 GaN 纳米薄膜，并对 GaN 纳米薄膜的结构、组分以及场发射性能进行了分析。研究表明：通过结构调制，GaN 纳米薄膜的开启电场低至 0.66 V/μm，场发射电流密度高达 1.1 mA/cm²。这主要归功于小尺寸纳米晶颗粒组成的 GaN 纳米薄膜具有的低功函数和高场增强因子，产生优异的场发射性能。以上研究结果表明使用 SiC 基底生长 GaN 纳米薄膜并对其进行结构调控将显著提升其场发射性能，将为生产大功率场发射纳米器件提供新思路。

3.3.3 Si 基 GaN 纳米取向薄膜场发射厚度效应

1. 取向 GaN 纳米薄膜制备

利用 3.1 节所述的 PLD 系统，在 n 型掺杂 Si(100) 衬底上沉积不同厚度的 GaN 纳米薄膜。在 GaN 纳米薄膜的制备过程中，具体工艺参数如下：脉冲激光能量密度为 3.0 J/cm²，脉冲频率为 13 Hz，衬底温度为 850 ℃、沉积气压为 1 Pa。在沉积过程中，控制沉积时间为 1~60 min，由此得到厚度分别为 30 nm、40 nm、50 nm、130 nm、300 nm、500 nm 和 800 nm 的 GaN 纳米薄膜，并将以上 GaN 纳米薄膜样品分别定义为样品 A~G。

2. 取向 GaN 纳米薄膜微结构表征

图 3.3.15 为不同厚度 GaN 纳米薄膜的 XRD 图谱。由图中可以看出：样品 B 到样品 G 都具有明显的六方纤锌矿 GaN(0002) 面衍射峰，这说明所制得的 GaN 纳米薄膜是沿六方纤锌矿结构的 c 轴取向择优生长的。另外，当 GaN 纳米薄膜的厚度小于 40 nm 时 (样品 A)，XRD 图谱未发现 GaN(0002) 面衍射峰，即使进行 XRD 小角度掠入射测试，仍没有衍射峰出现。这说明，当沉积的 GaN 薄膜小于一定厚度时，由于 GaN 和 Si 衬底的晶格错配对成核过程有较大影响，薄膜形成非晶结构。图 3.3.16 为 GaN 纳米薄膜 (0002) 面衍射峰的峰位以及半高宽随薄膜厚度的变化统计曲线。结果显示出，和 GaN 粉体的晶体衍射标准图谱 (JCPDS 50-0792) 相比，随着纳米薄膜厚度的减小，GaN(0002) 面衍射峰呈现出向小角度偏移的趋势。该偏移现象归因于 GaN 纳米薄膜内部残余应力的增加，最终导致 (0002) 面晶格膨胀[67]。从 GaN 纳米薄膜 (0002) 面衍射峰半高宽统计曲线可明显看出，随着纳米薄膜厚度的增加，(0002) 面衍射峰半高宽呈现逐渐减小的趋势，这说明六方纤锌矿 GaN 的晶粒尺寸随薄膜厚度的增加而长大并最终达到一极值后不再随薄膜厚度而改变。

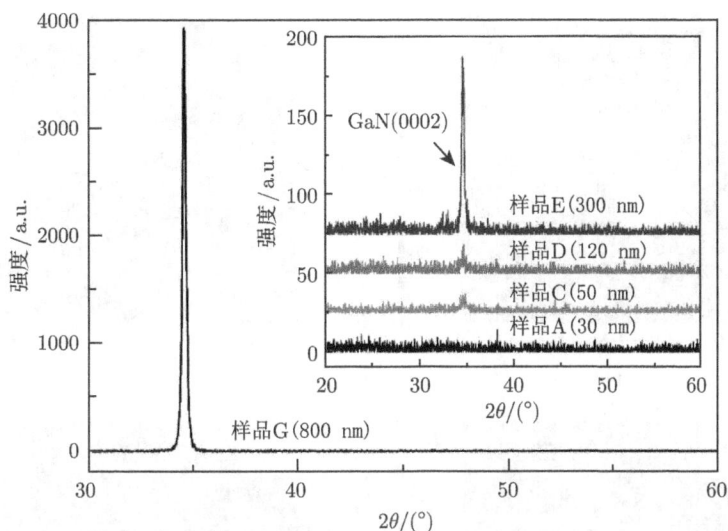

图 3.3.15 样品 G 的 XRD 图谱

内部显示的是样品 A、C、D 和 E 的 XRD 图谱

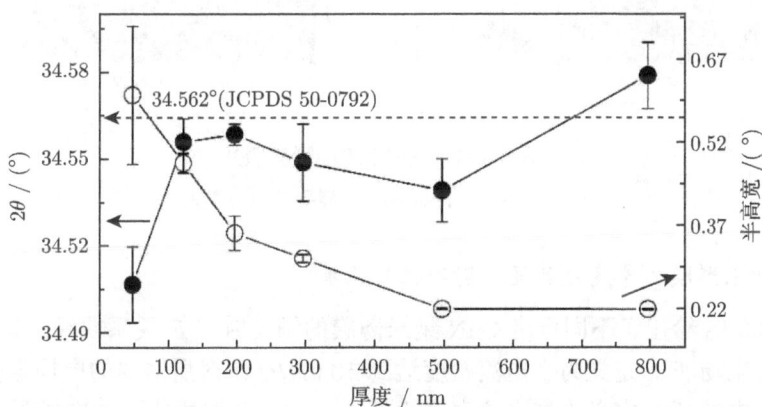

图 3.3.16 不同 GaN 纳米薄膜样品的 XRD(0002) 衍射峰位及衍射峰半高宽随厚度变化曲线

图 3.3.17 为不同厚度 GaN 纳米薄膜的 AFM 表面形貌照片。由图中可以看出，尽管 GaN 纳米薄膜厚度不同，但是其表面形貌全都呈现出均匀的圆形小突起。该均匀突起的表面形貌一方面提供了高密度的电子发射位置，另一方面规则周期突起也保证了阴极电子发射性能的均匀和稳定。同时，从 AFM 表面形貌可以获得不同厚度 GaN 纳米薄膜的表面粗糙度信息。经计算，从样品 A 到样品 G 的均方根粗糙度分别为：12.4 nm、12.2 nm、15.7 nm、11.0 nm、11.49 nm、13.9 nm 和 15.6 nm。由此可见 GaN 薄膜厚度的变化对表面形貌的影响较小。

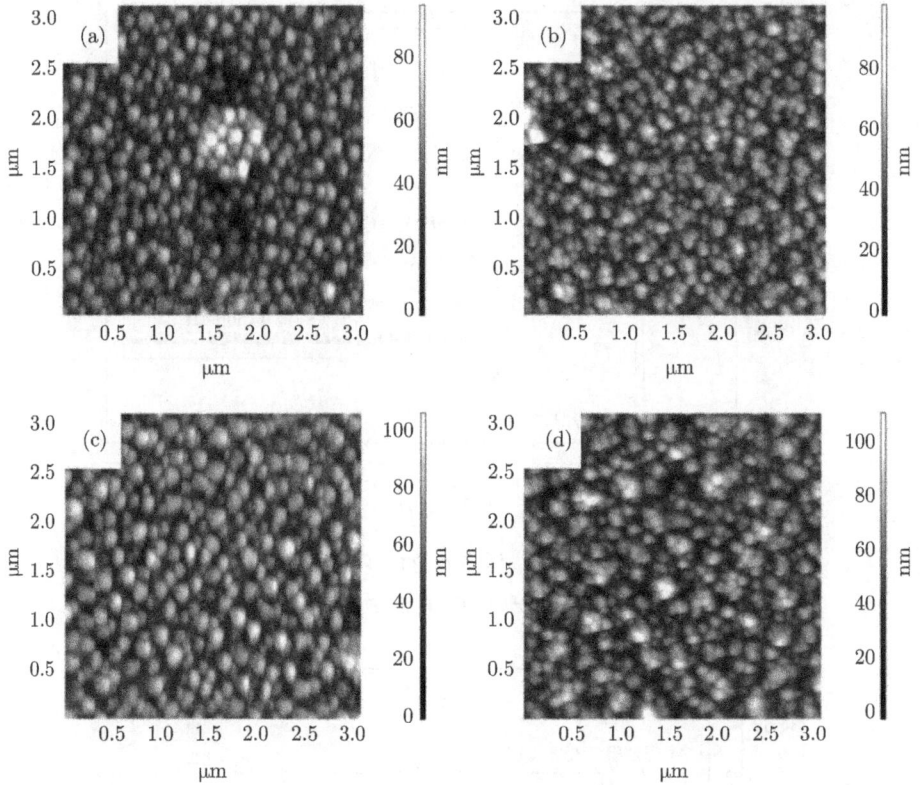

图 3.3.17　AFM 表面形貌照片

(a) 样品 A；(b) 样品 B；(c) 样品 C；(d) 样品 D

3. 纳米薄膜的厚度对其场发射特性的影响

图 3.3.18 给出了不同厚度 GaN 纳米薄膜的场发射 J-E 关系曲线。本节中，场发射开启电场 E_{on} 定义为当电流密度达到 10 μA/cm² 时所需要的电场强度，将场发射阈值电场 E_{th} 定义为当电流密度达到 1 mA/cm² 时所需要的电场强度。由图可以看出，样品 A(30 nm)、D(120 nm)、E(300 nm)、F(500 nm) 和 G(800 nm) 在外加电场下都没有产生明显的场发射电流。而样品 B(40 nm) 和样品 C(50 nm) 却具有优异的场发射性能。从图 3.3.18 中 E_{on} 与 E_{th} 随 GaN 纳米薄膜厚度变化的统计图可以看出，样品 B 和样品 C 的开启电场小于 0.6 V/μm，阈值电场分别可以达到 1.2 V/μm 和 0.9 V/μm。该场发射性能甚至优于一维 GaN 纳米材料阴极[68,69]，甚至可以和目前 CNT 的场发射性能相媲美[70,71]，已达到器件应用性能水平。

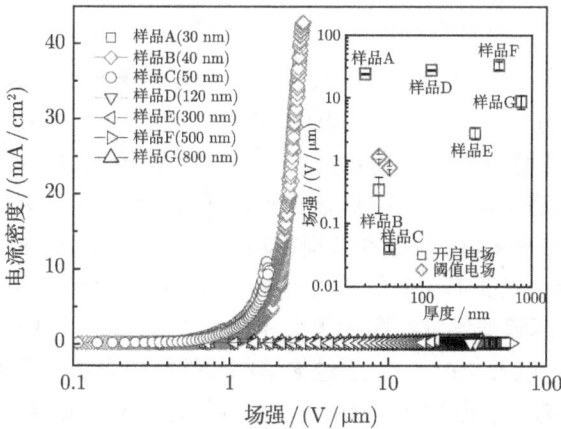

图 3.3.18　不同厚度 GaN 纳米薄膜的场发射 *J-E* 关系曲线

图 3.3.19 给出了对应于图 3.3.18 中场发射 *J-E* 曲线的不同厚度 GaN 纳米薄膜场发射 F-N 曲线。由图可以看出，在高电场区域，所有样品的 F-N 曲线都可以被一条直线所拟合，这说明不同厚度 GaN 纳米薄膜在高场下的电子发射机制都源于量子隧穿效应。然而除了样品 B(40 nm) 和 C(50 nm)，其他 GaN 纳米薄膜的 F-N 曲线在低电场区域可被不同斜率的一条直线所拟合，这可能是源于低电场下的热电子发射。而样品 B 和 C 在低场下就表现出较好的场发射性能且在 F-N 曲线上的不同特征表明了其电子发射机制的不同。为了进一步探索样品 B 和 C 的场发射增强机制，基于 F-N 方程获取的表面势垒高度 Φ_{sur} 以及有效发射面积 α 将会在下文中进行详细的探讨。

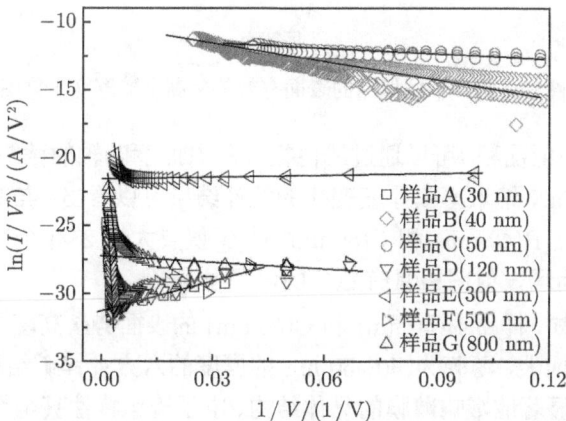

图 3.3.19　不同厚度 GaN 纳米薄膜的场发射 F-N 关系曲线

4. 量子结构与极化诱导耦合场发射增强机制

表面势垒高度 Φ_{sur} 和有效发射面积 α 是影响半导体场发射性能的重要因素[72,73]，而其值可以通过 F-N 曲线的线性拟合获得[74]。如果 GaN 纳米薄膜场发射阴极的几何场增强因子 β 可以确定，那么 Φ_{sur} 可以通过线性拟合 F-N 曲线的斜率得到。通过图 3.3.17 的 AFM 表面形貌照片已经得知，所有样品的表面形貌均呈现出均匀的圆形突起，表面均方根粗糙度也在 12.4~16.5 nm 内起伏，没有较大的变化。可认为，表面形貌变化所引起的几何场增强效应可以忽略不计。根据文献报道[42]，GaN 薄膜型场发射阴极表面粗糙度为 17.9 nm 和 5.4 nm 时对应的 β 值分别为 1.5×10^2 以及 7.6×10，通过简单的线性插值方法，可合理地将本实验中 GaN 薄膜场增强因子假定为 1.0×10^2。从而可计算得出样品 A、D、E、F 和 G 的 Φ_{sur} 值分别为 2.4 eV，3.3 eV，1.0 eV，2.4 eV 和 1.7 eV，而样品 B 和 C 的 Φ_{sur} 值却低至 0.2 eV 和 0.1 eV，如图 3.3.20 所示。这意味着样品 B 和 C 在外加电场作用下，其有效表面势垒高度的显著降低，极大地增大了电子透射几率。

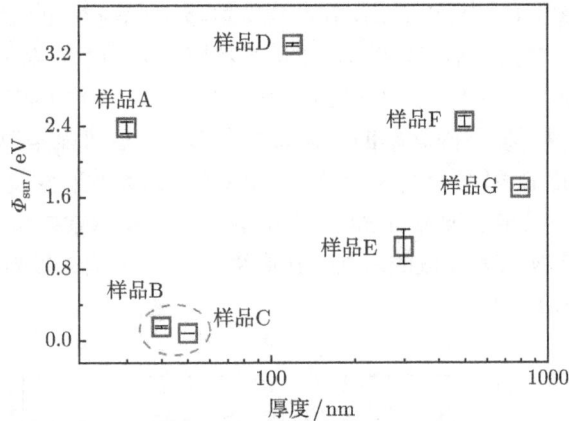

图 3.3.20　不同样品的表面有效势垒高度随厚度变化图

另外，有效发射面积α可以通过线性拟合F-N曲线和y轴的截距获得。由图3.3.21所示的 α 值随 GaN 纳米薄膜厚度变化的统计结果可以看出：与其他 GaN 纳米薄膜样品相比，样品 B(40 nm) 和 C(50 nm) 的 α 值要大近 2~3 个数量级，这意味着样品 B 和 C 作为场发射阴极具有更多的电子发射源。

上述分析可知，样品 B(40 nm) 和 C(50 nm) 的表面势垒高度显著降低，同时有效发射面积显著增大，薄膜为 40~50 nm 的厚度的六方纤锌矿结构。考虑 GaN 纳米薄膜的厚度可显著地影响薄膜的晶体结构、电子输运特性甚至场发射性能。基于此，我们提出一种基于电子弹道输运的极化场发射增强机理以解释上述取向 GaN 纳米薄膜的优异场发射性能。

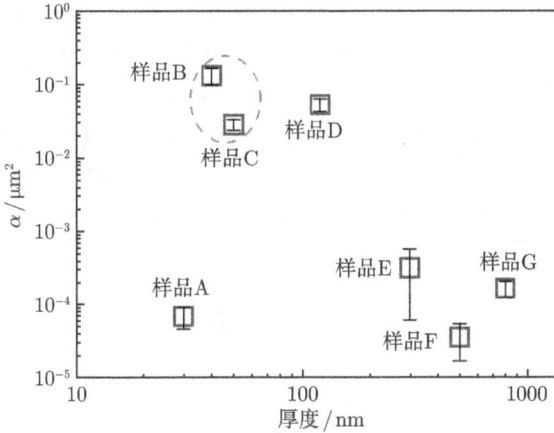

图 3.3.21 不同样品的有效发射面积随厚度变化图

取向 GaN 纳米薄膜的电子弹道输运耦合极化场发射增强应归功于两方面效应。其一为极化效应：III族氮化物和其他III-V族化合物相比具有很多独特的特性，尤其是具有非常大的压电及自发极化[75]。Fiorentini[76-78] 等计算了 GaN、AlN 以及 InN 的自发极化和压电常数等相关参数，研究结果表明其压电常数比传统的 II-V 以及 II-VI 族化合物大近十倍。因此，当III-V 族氮化物薄膜的生长方向为沿六方纤锌矿结构的 c 轴方向择优生长时，极化效应将导致一个在几 MV/cm 数量级的内建极化电场在薄膜内部产生[79-81]。同时从图 3.3.16 中已经得知，样品 B(40 nm) 和 C(50 nm) 薄膜内部具有残余应力存在，该残余应力导致的应变将会使薄膜内部产生压电极化效应。当极化内建电场形成后，GaN 的导带处将会产生显著的能带弯曲，增加电子在近发射表面量子阱中积累；其二是纳米结构效应：对于微米级以上尺度的薄膜，电子在薄膜内的输运属于经典稳态输运过程。然而当薄膜的厚度达到亚微米 (100 nm) 级时，一方面受到强电场的加速，另一方面电子来不及受到碰撞及散射作用，因此电子往往会以非稳态的弹道输运的方式通过薄膜[82-85]。对于电子弹道输运，由于受到散射作用较小，所以电子可以从 Si 衬底的导带底附近能级直接输运到表面发射。在这种情况下，表面势垒高度 Φ_{sur} 可以定义为真空能级和 Si 的导带底能级之差。因此，基于极化效应和纳米结构效应耦合增强，GaN 纳米薄膜的场发射性能将会得到显著的增强。下面，将针对具体样品的结构解释场发射增强机理。

(1) Foutz[83,84] 等研究表明：对于 AlN 材料，有效的弹道输运需要使薄膜厚度不超过 15 nm，然而对于 GaN 薄膜，只要薄膜厚度小于 100 nm，在强场作用下弹道输运特性将占据电子输运过程的主导地位，且在小于 60 nm 时，弹道输运的效率最高。如图 3.3.22 所示，对于样品 A(30 nm) 以及更薄的 GaN 纳米薄膜型阴极，其薄膜厚度小于 60 nm，电子可以从 Si 导带底能级弹道输运至 GaN 和真空能级界面处。然而该 GaN 薄膜未能有效成核生长所以呈现出非晶态的晶体结构，其各向同性的特征无法形成有效的内建极化电场，因而 GaN 导带能级不能产生有效的能带弯曲，形成可使表面势垒进一步有效降低的合适的电子积累量子势阱。此时，表面势垒高度 Φ_{sur} 较大，这和前面拟合的 F-N 曲线计算所得到的样品 A 的 Φ_{sur} 值 (2.4 eV) 相一致。因此，场发射性能难以得到有效的提高。

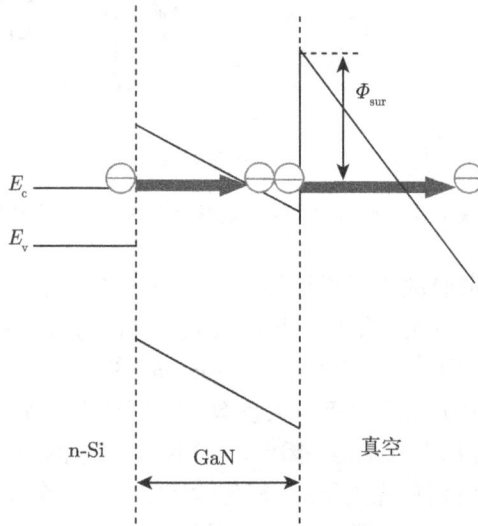

图 3.3.22　较薄 GaN 样品的场发射机理示意图

　　(2) 对于样品 B(40 nm) 和 C(50 nm)，其纳米薄膜厚度小于 60 nm，电子可以从 Si 导带底能级高效地弹道输运至 GaN 和真空能级界面处并产生电子在界面的积累，如图 3.3.23 所示。与此同时，六方纤锌矿且沿 (002) 面择优取向的晶体结构导致了较强的内建极化电场，在这一内建极化电场的作用下，GaN 导带能级产生有效的向下能带弯曲，形成了有利于电子积累的量子阱。施加电场后，表面势垒高度 Φ_{sur} 由于电子积累效应进一步降低，这与拟合 F-N 曲线计算所得到的样品 B 和 C 的 Φ_{sur} 值为 0.2 eV 及 0.3 eV 相一致，此时电子将很容易地隧穿该表面势垒，场发射性能得到极大的提高。

　　(3) 对于样品 D(120 nm) 及更厚的 GaN 纳米薄膜型阴极，其薄膜厚度远大于 100 nm，因而电子不能从 Si 导带底通过无散射的弹道输运至 GaN 表面处，而只能通过电子漂移的方式低效率地输运至 GaN 表面导带能级。另外，对于较厚的样品，虽然能够形成六方纤锌矿且沿 (002) 面择优取向的晶体结构，但是 XRD 表征结果显示出随着样品的增厚，薄膜内部的应力将会逐渐消失，压电极化效应消失，量子阱积累减弱，电子积累对于表面有效势垒的降低有限，如图 3.3.24 所示。因此，不仅电子供给减少，表面有效势垒高度也较大，场发射性能显著变差。

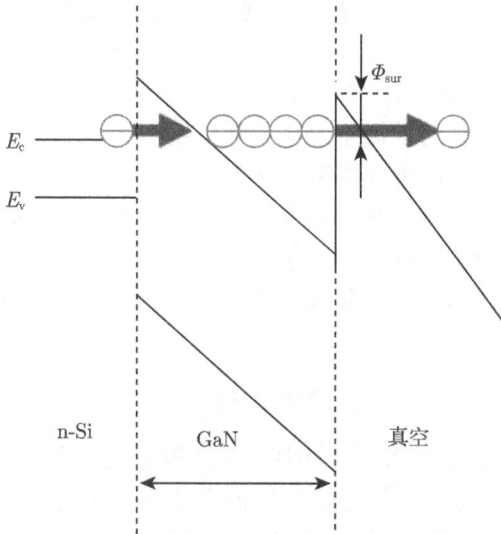

图 3.3.23 合适厚度样品的场发射机理示意图

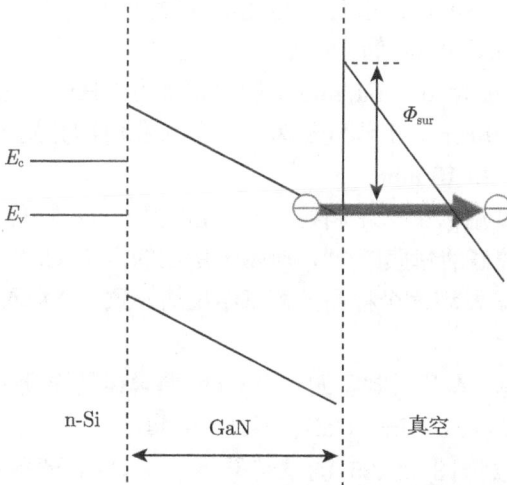

图 3.3.24 较厚 GaN 样品的场发射机理示意图

采用激光脉冲沉积系统制备了一系列不同厚度的纳米结构 GaN 薄膜型场发射阴极。场发射性能测试结果显示出，当 GaN 纳米结构薄膜厚度在 40 nm 时具有 1.2 V/μm 的超低阈值电场，并且获得稳定的 40 mA/cm² 的电流密度时仅需 2.8 V/μm 的场强，其场发射性能已经可以和 CNT 等一维材料相比。该优异的场发射特性源于极化内建电场和弹道电子输运特性的耦合增强效应[86]。

本节采用 PLD 方法，在 Si 衬底上制备了不同薄膜厚度的取向 GaN 纳米薄膜。场发射性能测试结果显示出，当 GaN 纳米结构薄膜厚度在 40 nm 时具有 1.2 V/μm 的超低阈值电场，且获得稳定的 40 mA/cm² 的电流密度时仅需 2.8 V/μm 的场强。该优异的场发射特性源于极化内建电场和弹道电子输运特性的耦合增强效应。通过本节的研究，还可以得出以下的结论：除 GaN 之外，如 AlN、BN 和 ZnO 等具有六方纤锌矿结构的宽带隙半导体材料或可用于制备极化内建电场与弹道电子输运耦合增强的超薄取向结构增强场发射阴极。由于制备工艺简单，成本低廉且易于 Si 基底生长，本方法为薄膜型场发射器件和 Si 基微电子器件集成应用提供了可行的技术与方案。

3.3.4　非晶 GaN 纳米薄膜场发射厚度效应

上文我们研究了取向 GaN 纳米薄膜场发射厚度效应，接下来我们将采用 PLD 系统制备，厚度在 5~150 nm 变化的 6 个非晶 GaN 薄膜样品，研究厚度对非晶薄膜场发射性能的影响。了解非晶薄膜厚度对场发射性能的影响机制，一方面有助于理解电子在薄膜中的输运隧穿过程，具有重要的科学意义；另一方面可用于指导非晶薄膜型场发射器件的设计和开发，优化器件结构，节省研发成本。

本实验使用 3.1 节中的 PLD 系统，在 n-Si(100) 衬底上制备了厚度分别为 5 nm、10 nm、20 nm、50 nm、70 nm 和 150 nm 的非晶 GaN 薄膜，PLD 系统所选用的参数如下：激光能量密度为 100 mJ/mm²，脉冲频率为 5 Hz，衬底温度为 400 ℃，靶和衬底自转速度为 10 rpm，工作气压为 1 Pa，沉积时间分别为 0.5 min、1 min、2 min、5 min、7 min 和 15 min。

GaN 薄膜一般低温 (700 ℃) 制备，然后在高温 (1000 ℃左右) 退火再结晶，就可以得到结晶性比较好的薄膜[87,88]。对本节所制的六个 GaN 薄膜样品分别进行 XRD 和 FTIR 测试。发现六个样品的测试结果均一致，分别取其一，如图 3.3.25，图 3.3.26 所示。

从图 3.3.25 可见，本章所制备的六个 GaN 薄膜样品均没有明显的衍射峰，说明所制薄膜没有结晶，应为非晶 GaN(a-GaN) 薄膜。

傅里叶红外吸收谱图 3.3.26 测试结果显示 a-GaN 薄膜样品的吸收峰位为 550 cm⁻¹，对应 Ga—N 键伸缩振动吸收峰[89]。吸收谱图中只有 Ga—N 键伸缩振动吸收峰，说明薄膜中只含有 Ga、N 两种元素，在薄膜制备过程中并没有氧、碳等杂质元素的介入。吸收峰位较宽说明薄膜中 Ga—N 键的键长、键角并不一致，与六方纤锌矿 GaN 晶体中 Ga—N 键的键长、键角有一定偏差，这是由非晶薄膜无序网格结构的键长、键角不一致所造成的。通过 XRD 和 FTIR 共同表征，说明本节 PLD 制备的薄膜为 a-GaN 薄膜。

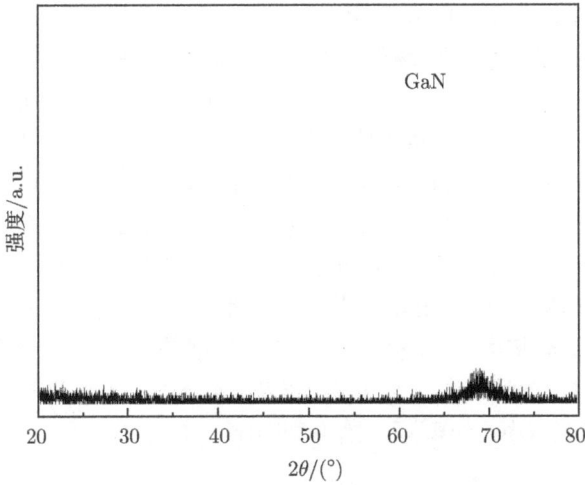

图 3.3.25 GaN 薄膜 XRD 图

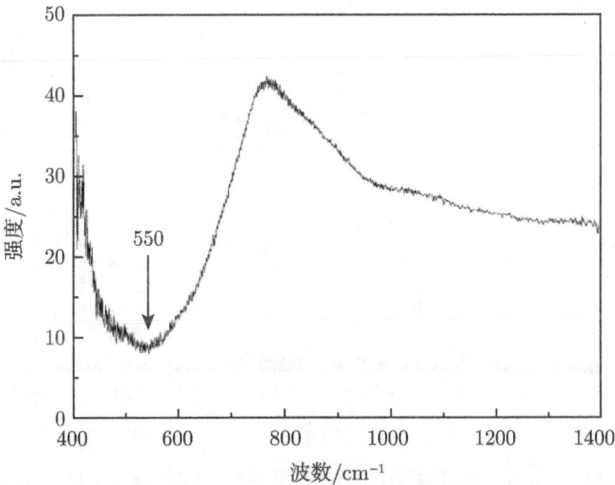

图 3.3.26 GaN 薄膜的傅里叶红外吸收谱图

1. 场发射性能测试及分析

场发射测试采用 3.1 节所述测试系统。本书用于测试的样品面积约为 0.5 cm²，因此所能测得的最大电流密度为 42 mA/cm²。定义场发射电流密度为 1 μA/cm² 时，阳极和样品之间所加的电压为开启电压。

图 3.3.27 给出了不同厚度 a-GaN 薄膜的场发射电流密度–电场强度 (J-E) 关系曲线。比较不同厚度 a-GaN 薄膜场发射特性，发现厚度为 5 nm 的 a-GaN 薄膜样品场发射特性要优于其他薄膜，其开启电场只有 0.78 V/μm，此开启电场小于之

前报道的单晶 GaN 纳米棒薄膜[90] 和 GaN 晶须结构[91] 的开启电场，而当电流密度达到 42 mA/cm² 时，所加电场仅为 3.72 V/μm，是目前性能最好的 GaN 薄膜场发射实验结果。在所有样品中，厚度为 150 nm 的样品场发射性能最差，开启电场高达 7.85 V/μm，几乎为 5 nm 薄膜样品开启电场的 10 倍。厚度为 10 nm、20 nm、50 nm 和 70 nm 的四个样品的开启电场分别为：1.92 V/μm、1.43 V/μm、2.64 V/μm 和 3.28 V/μm。它们的开启电场值介于厚度为 5 nm 和 150 nm 的样品开启电场之间，不同厚度 a-GaN 薄膜的开启电场数据如表 3.3.2 所示。不同厚度 a-GaN 薄膜开启电场和薄膜厚度的关系曲线如图 3.3.28 所示，从图可见，a-GaN 薄膜的开启电场随膜厚的增加先增大，再减小，再增大。也就是说，5 nm 厚薄膜的开启电场最低，随着薄膜厚度的增加 (5~10 nm)，开启电场增加，当薄膜厚度再增加时 (10~20 nm)，开启电场又减小，当薄膜厚度继续增加时 (20~150 nm)，开启电场随之增加。

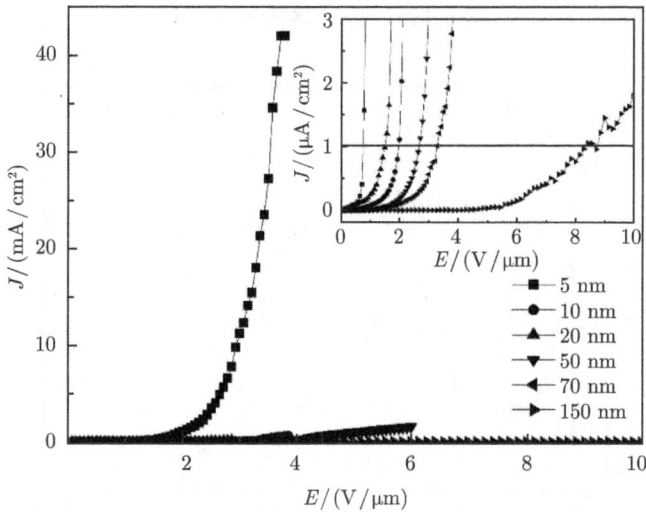

图 3.3.27　不同厚度 a-GaN 薄膜场发射 *J-E* 关系曲线 (插图为六个样品的开启电场示意图)

表 3.3.2　不同厚度 a-GaN 薄膜的开启电场

样品厚度/nm	开启电压/V	开启电场/(V/μm)
5	11	0.78
10	28	1.92
20	21	1.43
50	38	2.64
70	46	3.28
150	118	7.85

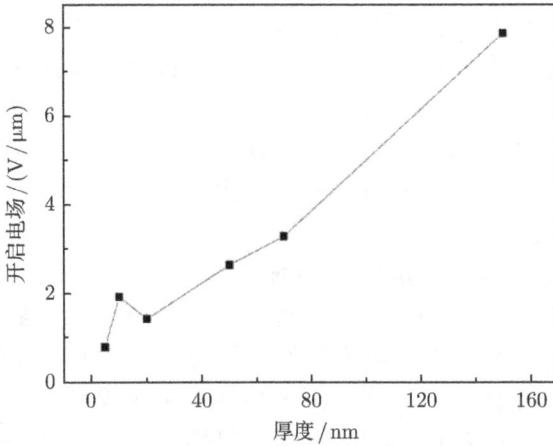

图 3.3.28 不同厚度 a-GaN 薄膜开启电场–薄膜厚度关系曲线

以 $\ln(J/E^2)$ 为纵坐标，$1/E$ 为横坐标作图得到的曲线称为场发射 F-N 曲线[92]。进一步分析薄膜厚度影响场发射性能的物理机制，可从场发射 F-N 曲线入手 (图 3.3.29)。由半导体场发射公式 (3.2.1) 可得

$$\ln(J/E^2)/(1/E) = -B\Phi^{3/2} \cdot (1/\beta) + \ln\left(A\beta^2/\Phi\right) \cdot E \qquad (3.3.3)$$

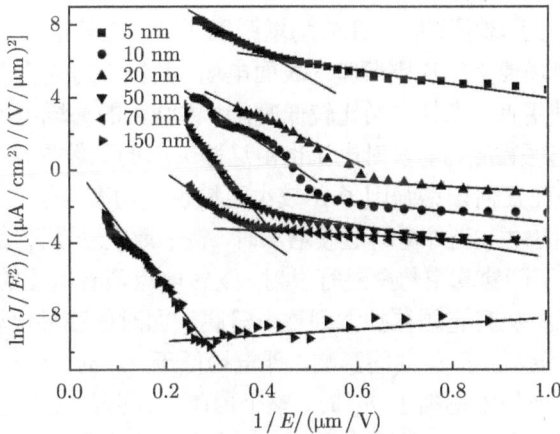

图 3.3.29 GaN 薄膜的场发射 F-N 曲线

对一确定材料，场增强因子 β 和功函数 Φ 均为常数，且 A 为常数，因此 $\ln\left(A\beta^2/\Phi\right) \cdot E = 0$，所以式 (3.3.3) 可化为

$$\ln(J/E^2)/(1/E) = -B\Phi^{3/2} \cdot (1/\beta) \qquad (3.3.4)$$

对特定材料，式 (3.3.4) 中 B、Φ 都是固定的，故 $\ln(J/E^2)/(1/E)$ 就和场增强

因子 β 互为倒数。也就是说，场发射 F-N 曲线的斜率可间接表示薄膜表面几何场增强因子 β 的大小。从式 (3.3.4) 可见，对 β 不变的结构及材料，场发射 F-N 曲线应近似为一条直线。但从图 3.3.29 可见，GaN 薄膜的场发射 F-N 曲线都是非线性，近似两段斜率不同的直线。根据式 (3.3.4)，场发射 F-N 曲线斜率在高、低场时不一致，说明在场发射高、低场的转变中，功函数 Φ 或几何场增强因子 β 发生了变化，并不保持恒定。

同种材料不同相之间，功函数 Φ 不同，由此导致 F-N 曲线非线性。如 BN 薄膜[93,94]，由于存在六方相氮化硼 h-BN 相和 c-BN 相的转变，导致功函数 Φ 变化，故 BN 薄膜场发射 F-N 曲线呈现非线性特征。另一种影响功函数 Φ 的则是空间电荷作用。空间电荷的作用对一维材料[95-97] 的影响比较明显，对薄膜样品相对较小。GaN 在常温常压下只有六方相[98]，因此可排除由相转变以及空间电荷作用引起 F-N 曲线非线性的因素。故本章 a-GaN 薄膜场发射 F-N 曲线非线性可能主要是由 β 的不同所引起[99,100]，下面将进一步就此作出分析。

理解 a-GaN 薄膜场发射 F-N 曲线非线性机制，应从 GaN 薄膜的表面形貌入手。由图 3.3.30 可见，a-GaN 薄膜表面存在一些高度可达几十纳米的突起部位 (图中浅色区域)，这可能是 PLD 在薄膜制备时不可避免的液滴现象所致[101]。几何场增强因子 $\beta \approx h/r$(h 为突起颗粒的高度，r 为突起颗粒的半径)，这些突起颗粒的长径比明显要大于周围薄膜表面颗粒 (暗色区域) 的长径比，即这些突起颗粒的几何场增强因子 β 要大于周围薄膜的几何场增强因子 β。在外电场作用下，这些突起颗粒的尖端局域电场要大于周围薄膜的表面电场，其能带弯曲程度也更大，导致真空势垒比周围区域更低。当外电场比较低时，由于强大的局域电场，场发射现象最先发生在这些突起颗粒处，场发射电流也由这些突起的颗粒提供[99,100]；当外电场比较大时，薄膜表面几何场增强因子 β 较小区域也开始有电子在外电场的作用下，隧穿真空势垒发射出去。当外电场继续增加时，整个薄膜表面开始在外电场作用下发射电子，大量电子隧穿真空势垒进行发射，发射电流随着电场的增加而指数式倍增。定义场发射现象从突起颗粒扩大到整个薄膜表面时的临界电场为 E_c，E_c 受功函数 Φ 和几何场增强因子 β 共同影响。外电场低于 E_c 时，电子发射基本发生在那些突起颗粒处；当外电场高于 E_c 时，整个薄膜表面开始发射电子。本章 a-GaN 薄膜场发射的临界电场 E_c 大约为 20 V/μm，当外电场低于 20 V/μm 时，电子发射只出现在图 3.3.30 中浅色突起颗粒处，场发射 F-N 曲线斜率对应这些突起颗粒的几何场增强因子 β_1；当外电场高于 20 V/μm 时，场增强因子 β 较小的薄膜表面也开始发射电子，这时发射电流由薄膜表面和突起的颗粒共同提供，此时场发射 F-N 曲线斜率对应整个薄膜的平均几何场增强因子 β_a。$\beta_1 > \beta_a$，所以场发射 F-N 曲线在临界电场 E_c(大约 20 V/μm) 处发生转折，即场发射 F-N 曲线非线性，表现为两段斜率不同的直线。

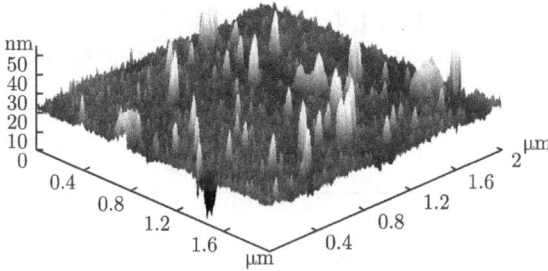

图 3.3.30 a-GaN 薄膜表面形貌图

2. 非晶 GaN 薄膜厚度对场发射性能影响的理论分析

能量在 $E \sim E + \mathrm{d}E$ 每秒钟打到单位发射表面上的电子数为 $N(E)\mathrm{d}E$，穿过势垒的电子数为 $D(E)N(E)\mathrm{d}E$，发射的电流密度为

$$J = e \int_0^\infty D(E)N(E)\mathrm{d}E \tag{3.3.5}$$

常温下场发射电流密度如公式 (3.3.5) 所示。求解公式 (3.3.5) 中 $N(E)$、$D(E)$ 可得

$$N(E) = \frac{4\pi m_e k_B T}{h^3} \ln\left\{1 + \exp[-(E - E_F)/k_B T]\right\} \tag{3.3.6}$$

$$D(E) = \exp\left[-2\int_{x_1}^{x_2} K(x)\mathrm{d}x\right] \tag{3.3.7}$$

式 (3.3.7) 中 $K(x)$ 跟势垒的形状有关；x_1, x_2 为势垒的起点和终点。

我们[102,103] 基于量子理论的转移矩阵方法及 F-N 理论，对单层宽带隙半导体薄膜的场发射性能作了较为系统的研究。在外加场强不变时，增加薄膜的厚度，薄膜中的势垒将逐渐增加到一定的宽度，而真空中的势垒则由于膜厚的增加而降低。当薄膜较薄时，主要影响电子发射的为真空势垒的面积，随着膜厚的增加，真空势垒的高度逐渐降低，影响场发射的有效势垒面积也将减少，而薄膜中的势垒面积则逐渐增加，两者的综合作用导致有效势垒面积随薄膜厚度的增加呈现先增大再减小、最后趋于不变的趋势[103]，如图 3.3.31 所示。此时，影响场发射的原因主要为薄膜内部有效势垒的面积。

随着薄膜厚度的增加，有效势垒的面积将逐渐减小[103]，从公式 (3.3.7) 可以看出，随着势垒面积减小，电子的透射系数 $D(E)$ 逐渐增大。散射是电子发射过程中不可忽略的因素。电子在薄膜输运过程中受到晶格、杂质和缺陷的散射，导致电流密度随着膜厚的增加逐渐减小。也就是说，随着膜厚的增加，电子的散射几率逐渐增加。在不考虑散射机制时，场发射电流密度随着膜厚的增加呈现逐渐增大的趋势；在考虑散射机制后，当薄膜较薄时，电子散射的几率比较小，当膜厚增加时，电子散射的几率增大，薄膜中电子的散射几率随膜厚的增加有呈指数式增大的趋势[103]。一方面电子的透射系数 $D(E)$ 随着膜厚的增加而变大，另一方面电子的散射几率随着膜厚的增加也逐渐增大，两者的相互影响，势必出现一个膜厚值使场发射性能最佳。

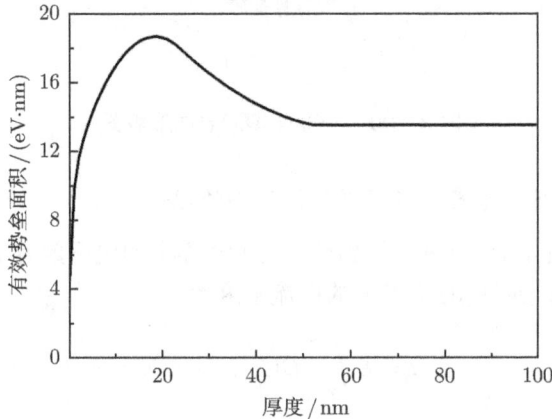

图 3.3.31　　有效势垒的面积随薄膜厚度的变化[103]

Binh 等[104] 认为薄膜内部能带的弯曲程度并非取决于所施加的外电场 F_{app}，而是取决于薄膜中空间电荷的密度，也就是说，电子发射所需克服的势垒高度取决于薄膜中的空间电荷密度。空间电荷密度是薄膜厚度的反函数，即空间电荷密度随膜厚的减小而增大。如图 3.3.32 所示，当薄膜厚度较大 (≥10 nm) 时，薄膜内空间电荷密度很小且随薄膜厚度的变化基本不变；当薄膜厚度小于一理论临界值 (6~7 nm) 时，薄膜内部空间电荷密度随薄膜厚度的减小迅速增加。薄膜内部大的空间电荷密度导致能带强烈弯曲，真空势垒面积迅速减小，透射系数 $D(E)$ 迅速增大，出现小的甚至负的电子亲和势 (图 3.3.33)，使得电子能够轻易地隧穿势垒进行发射。

5 nm 恰好处在空间电荷密度随膜厚减小呈指数增长的区域[104]。从图 3.3.32 可得出，5nm 薄膜内部空间电荷密度大约为 2 e/nm^2，根据图 3.3.33，5 nm 薄膜的有效势垒 Φ 约为 1eV。在外电场作用下，Φ 越小有效势垒的高度和厚度都将越小，透射系数 $D(E)$ 越大。相对于普通 GaN 薄膜高达 3~4 eV 的有效势垒而言，5 nm 薄膜不到 1 eV 的势垒就要低很多，电子的透射系数 $D(E)$ 也要大不少，于是电子就能以更大的几率隧穿真空势垒进行发射，使更多的电子发射出去。结合图 3.3.31 和图 3.3.32，当薄膜厚度小于 10 nm 时，薄膜的有效势垒随着膜厚的降低而减小。

5 nm 薄膜的场发射性能最佳的结果也直接证实了 Binh 等[104] 关于超薄膜具有比普通薄膜更优异的场发射性能的理论预测。而与其 TiO$_2$ 超薄膜场发射实验结果比较，本章 a-GaN 超薄膜场发射性能更为优异，这可能归因于 GaN 比 TiO$_2$ 具有更大的带隙宽度, 而较大的带隙宽度会导致更为强烈的能带弯曲[105], 场发射性能得到进一步的提高[106], 甚至超过了很多一维纳米材料[90,91] 的场发射性能。

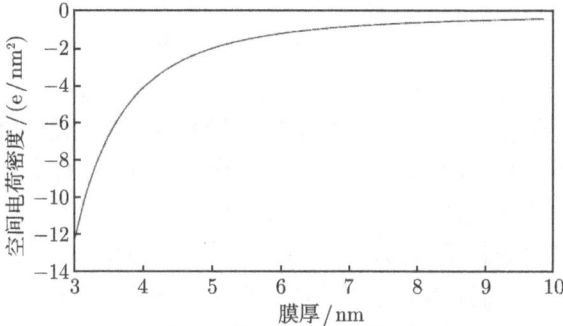

图 3.3.32 空间电荷密度随薄膜厚度的变化[104]

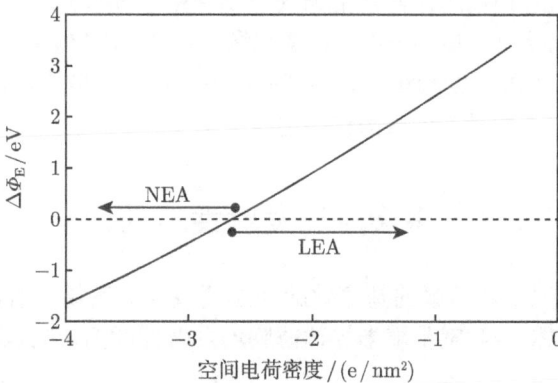

图 3.3.33 有效势垒随空间电荷密度的变化[104]

Binh 的模型膜厚在 10 nm 以内, 所以仅能用来分析 5 nm a-GaN 薄膜。我们的模型膜厚扩大到数百纳米, 所以其他几个样品就应该是我们的模型了。我们认为有效势垒面积随着膜厚的增加先增加, 再减小, 最后趋于不变; 电子的散射几率随着膜厚的增加逐渐增大。两者必有一个交点, 使有效势垒面积和散射几率总的影响最小。也就是说, 必有一个膜厚值, 使该处有效势垒面积和散射几率对场发射总的影响最小。本章 a-GaN 薄膜有效势垒面积和散射几率总的影响最小应该在 20 nm 处, 当膜厚小于 20 nm 时 (大于 10 nm), 场发射性能随膜厚的增加提高; 当膜厚大于 20 nm 时, 场发射性能随膜厚的增加降低 (图 3.3.28)。

综合两者的观点可以发现, 薄膜厚度和场发射性能的关系, 可能是薄膜内部空间电荷密度、有效势垒面积和电子散射三者共同作用的结果[107]。三者共同作用就使薄膜样品的场发射性能随膜厚的增加先降低, 再提高, 再降低。如图 3.3.28

所示。

利用脉冲激光沉积制备了厚度为 5 nm、10 nm、20 nm、50 nm、70 nm 和 150 nm 六个 a-GaN 薄膜并研究了其场发射性能。结果发现 5 nm 薄膜的场发射性能最好，其阈值电场仅为 0.78 V/μm，而当所加的电场为 3.72 V/μm 时，发射电流密度高达 42 mA/cm^2，为目前报道的 GaN 薄膜最好的场发射实验结果。厚度在临界尺寸 (6~7 nm) 之内的超薄膜内部空间电荷密度随膜厚的降低呈指数式增加，这导致了薄膜内部能带强烈弯曲，出现低的甚至负的电子亲和势，使电子能够容易地进行隧穿发射。随着薄膜厚度的增加 (5~10 nm)，场发射性能降低，当薄膜厚度再增加时 (10~20 nm)，场发射性能提高，当薄膜厚度继续增加时 (20~150 nm)，场发射性能又降低了。对普通薄膜而言，电子的透射系数随着膜厚的增加而变大，但同时电子的散射几率随着膜厚的增加也逐渐增大，两者共同作用，势必出现一个膜厚值使场发射性能最佳。a-GaN 薄膜场发射 F-N 曲线非线性，是两段斜率不同的直线，是由于薄膜表面和突起颗粒的几何场增强因子 β 不同，所以电子从薄膜表面和突起颗粒隧穿发射的起始电场值不一致，表现在场发射 F-N 曲线上就是低场和高场时的曲线斜率不同。薄膜厚度和场发射性能的关系，可能是薄膜内部空间电荷密度、有效势垒面积和电子散射三者共同作用的结果。

3.4　掺杂对场发射性能的影响

3.3 节主要研究纳米薄膜的基底效应和厚度效应对其场发射性能影响的机制，本节我们主要研究掺杂对宽带隙半导体薄膜场发射性能的影响以及其物理机制。

3.4.1　掺杂对 GaN 电子结构的影响

通过第一性原理，我们研究了不同元素掺杂对 GaN 电子结构及能带特性的影响。研究表明，Si 原子掺杂可使体系的形成能降低，趋于稳定。另外 Si 掺杂可以提高电子浓度，Si 掺杂 GaN 可用于较好的场发射材料。p 型掺杂中，C 掺杂和 Mg 掺杂，计算表明体系能量升高，说明实验上不容易形成高质量的 p 掺杂。

图 3.4.1 是单独掺杂 Cr、单独掺杂 C 以及共掺杂 Cr/C 的 GaN 的态密度图。图中可以看出，未经掺杂的 GaN，带隙宽度 2.47 eV。经过 Cr 替代 Ga 原子，在带隙中有 Cr 的 3d 电子形成了一条新的中间带，把 GaN 的禁带分为两部分。有效地减少了能带宽度，使带隙缩减为 1.75 eV。

Cr-C 共掺杂形成的掺杂对，相对于两种元素单掺，共掺杂更加稳定，更容易形成。虽然没有使能带进一步缩短，但有效地降低了杂质能级中施主电子的互相排斥作用，降低了体系的形成能。共掺杂使得形成能小于 GaN 形成能，而且带隙宽度缩短 0.72 eV，进入可见光范围，提高了 GaN 光电器件应用范畴[108]。

图 3.4.2 为计算所得的表层原子态密度图。

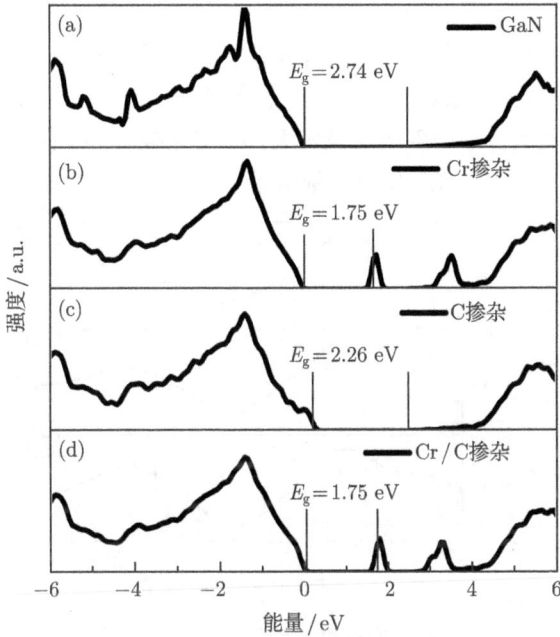

图 3.4.1 态密度图

(a) GaN; (b) Cr 掺杂; (c) C 掺杂; (d) Cr/C 共掺杂 GaN

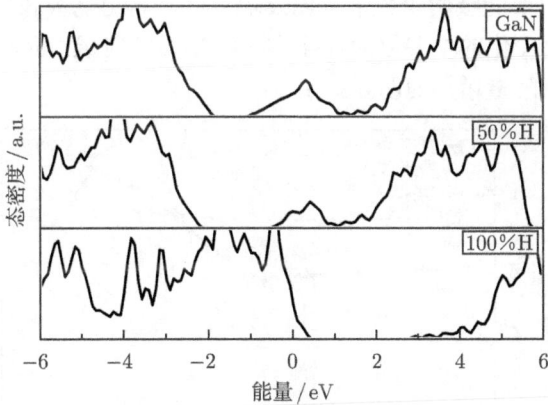

图 3.4.2 不同程度吸附 GaN(0001) 表面层原子的态密度图

由于吸附氢同时带来一个电子,可以提高费米能级,在二者的共同作用下,随着表面吸附量的增加,达到吸附率 50%时,表面态的态密度减少,费米能级的高度相对最高。

　　为了计算吸附对真空能级的影响，我们计算了不同吸附度的差分电荷密度图 (图 3.4.3)。

　　随着吸附进行，GaN 表面出现重构现象。第一层 Ga 原子与第二层的 N 原子距离接近，这样减小了表面偶极，使得真空能级降低。与此同时，未吸附的 Ga 原子与 N 原子间距变大。使得表面偶极增大，真空能级升高。在二者的共同作用下，功函数在吸附率 50% 的时候，真空能级最低。

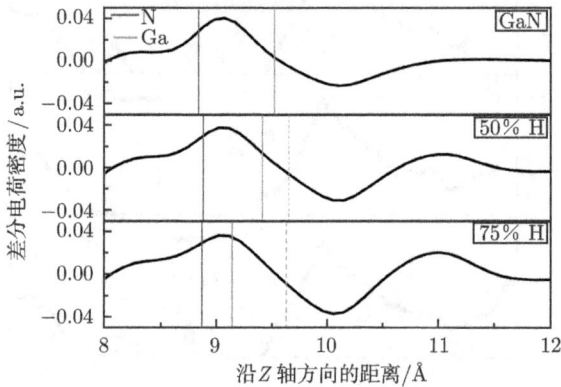

图 3.4.3　吸附氢对差分电荷密度的影响

　　第一性原理计算表明随着吸附量的增加，功函数逐渐降低，当吸附率为 50% 的时候，功函数到最低值 (图 3.4.4)，随后功函数随吸附量增加而明显增大。分别比较真空能级及费米能级两个数值可以发现，材料真空能级和费米能级共同发生变化是产生功函数变化的主要原因。当吸附率 50% 的时候，费米能级达到最大值，随后费米能级随吸附量增加而明显减小。

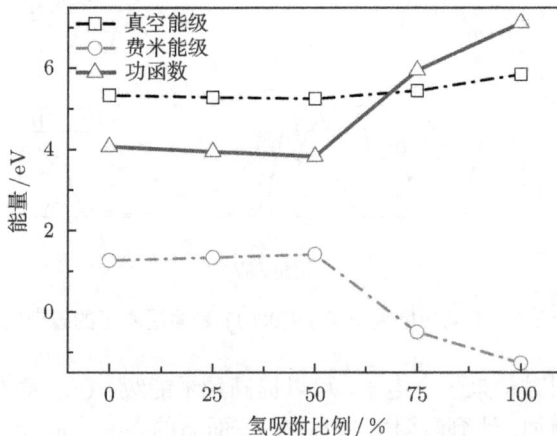

图 3.4.4　吸附氢对功函数的影响

我们知道,功函数与自由电子浓度是影响半导体材料场发射性能的关键参数,而通过第一原理计算表面,发现掺杂可以显著地影响自由电子浓度与功函数,这意味着,通过掺杂可以显著调控半导体材料的场发射特性。以下将进一步说明掺杂及成分调制对纳米半导体材料场发射性能的影响。

3.4.2 Si 掺杂对 AlGaN 薄膜场发射性能的影响

半导体具有丰富的光电性能,因为它的性能可以根据引入的掺杂来改变。人们往往有意识地通过引入掺杂和控制缺陷密度等方法,使半导体满足微电子和光电子器件的各种应用。掺杂是一种最重要的改变宽带隙半导体性能的方法,掺杂可以改变半导体的迁移率、载流子浓度及电阻率等一系列电学特性,从而改变半导体的性能。

研究表明,宽带系半导体随着 n 型掺杂可提高电子浓度,使得电子发射数量增加。对于场发射而言,更多的电子供给将提升发射电流密度,从而增强场发射性能。对于 AlGaN 材料,n 型 Si 掺杂可以提升电子浓度,改变带隙、功函数,而且形成能降低,本节基于此研究 Si 掺杂对 AlGaN 薄膜场发射性能的影响。

本节从实验出发,利用脉冲激光沉积法,制备了一系列不同 Si 掺杂浓度的 AlGaN 薄膜 (n 型掺杂) 并探讨了其场发射性能。在保持其他工艺参数不变的条件下,探索 AlGaN 薄膜的场发射性能随 Si 掺杂浓度的影响。研究结果将为 AlGaN 场发射薄膜性能改善提供有益参考。

1. 薄膜样品的制备与表征

利用 3.1 节中的脉冲激光沉积系统在硅片 (001) 上制备 Si 掺杂的 $Al_{0.25}Ga_{0.75}N$ 薄膜。具体制备参数如下,沉积气压为 1 Pa,激光能量为 3 J/cm^2,频率 13 Hz,衬底温度 850 ℃,薄膜沉积时间 15 min[109]。靶材为纯度 99.99% 的 GaN 和 AlN 纳米粉体按照 3:1 混合,按照Ⅲ族原子与 Si 原子的原子比例分别制成 0.5%、1%、2% 掺杂的 $Al_{0.25}Ga_{0.75}N$ 靶材,为了更准确地测量样品的电阻率等其他电学性能,采用同样工艺参数,在石英上制备一组样品。制备的薄膜样品厚度为 400 nm。

2. Si 掺杂对 AlGaN 薄膜场发射的影响

图 3.4.5 为 Si(001) 衬底上生长的掺杂 1% 的 $Al_{0.25}Ga_{0.75}N$ 薄膜样品的 X 射线衍射图谱。从图中没有看到明显的尖锐衍射峰,有一个以 $2\theta=34°$ 为中心的 $Al_{0.25}Ga_{0.75}N$ 的衍射宽化峰,六方纤锌矿结构 GaN 和 AlN 的 (0002) 峰位于 $2\theta=34°$ 附近,$Al_{0.25}Ga_{0.75}N$ 样品没有发现明显的其他的 GaN 或 AlN 的衍射峰。说明用以上工艺参数脉冲激光沉积法制备的 AlGaN 薄膜样品是非晶结构。在薄膜生长的过程中,Si 的掺入引起了薄膜的晶格失配。Si 原子的引入阻碍了 AlGaN 晶界的移动,从而限制了晶粒长大,导致结晶性变差形成了非晶薄膜。

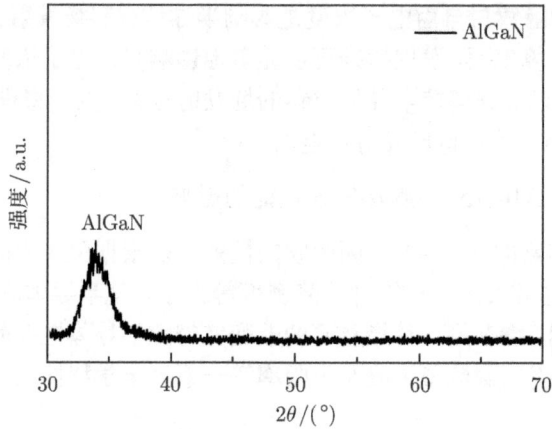

图 3.4.5　Al$_{0.25}$Ga$_{0.75}$N 薄膜的 X 射线衍射图谱

图 3.4.6 为制备的 AlGaN 薄膜的红外吸收光谱图，从图中可以看出，样品在 500~800 cm^{-1} 处有一个波包，Ga—N 的红外吸收峰是 560 cm^{-1}，Al—N 键为 630 cm^{-1}、660 cm^{-1}、730 cm^{-1} 三个吸收峰合并对应的波包[110]。对应 AlGaN 为一个 500~800 cm^{-1} 的波包。因此，可以说明制备的薄膜成分为 AlGaN 材料。

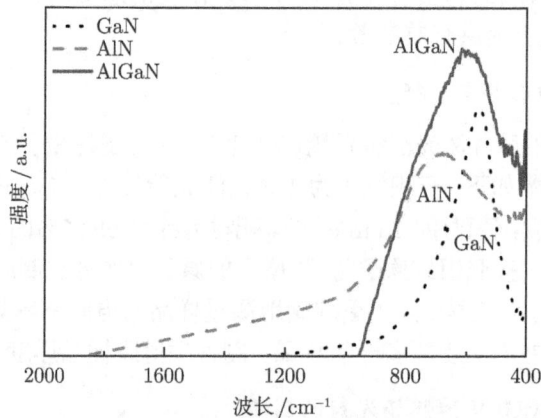

图 3.4.6　制备 Al$_{0.25}$Ga$_{0.75}$N 薄膜的红外吸收光谱

图 3.4.7 为不同掺杂浓度的 Al$_{0.25}$Ga$_{0.75}$N 薄膜的场发射性能 J-E 曲线。可以看出，经过 Si 掺杂后，Al$_{0.25}$Ga$_{0.75}$N 薄膜的场发射性能大幅提高，在定义场发射电流密度为 1 μA/cm^2 时，阳极和样品之间的电场值为开启电场。用场发射电流密度和开启场强对其分析，从图可知，3 种不同掺杂浓度样品的开启电场相比未掺杂样品都有所下降。

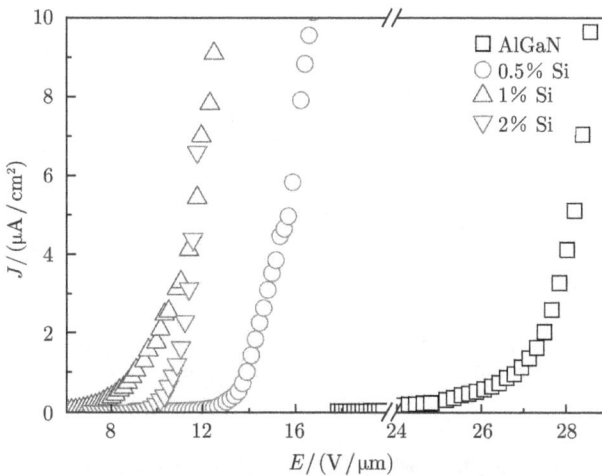

图 3.4.7 不同掺杂浓度的 $Al_{0.25}Ga_{0.75}N$ 薄膜的场发射 J-E 曲线

表 3.4.1 为不同掺杂浓度的 $Al_{0.25}Ga_{0.75}N$ 薄膜样品的场发射性能。从表中可以看出, Si 掺杂后 $Al_{0.25}Ga_{0.75}N$ 薄膜场发射性能大幅提升, 开启电场逐渐变小, 发射电流密度逐渐变大。开启电场从 26.8 V/μm 下降到 9.1 V/μm, 最大发射电流密度从 11.9 μA/cm² 增加到最大为 432 μA/cm²。随着掺杂浓度提升, 薄膜的场发射性能提升明显, 然而, 2% 掺杂 $Al_{0.25}Ga_{0.75}N$ 薄膜性能与 1% 掺杂样品比较, 其场发射性能趋向变差。

表 3.4.1 不同掺杂浓度的 $Al_{0.25}Ga_{0.75}N$ 薄膜的开启电场

掺杂浓度	0	0.5	1	2
开启电场/(V/μm)	26.8	13.9	9.1	10.8
最大电流密度/(μA/cm²)	11.9	53.4	425	432

图 3.4.8 为不同掺杂浓度 $Al_{0.25}Ga_{0.75}N$ 薄膜的场发射 F-N 关系曲线。样品的 F-N 曲线都是非线性的, 而在高场部分可以近似为直线, 表明电子发射是通过隧穿表面势垒完成的。由图可看出不同曲线在高场强部分斜率略有不同。理论上, 电流密度与场强应遵循 F-N 方程。F-N 曲线的斜率为 $-B\Phi^{3/2}/\beta$, 其中 B 相同, 因此斜率不同来源于功函数 Φ 与场增强因子 β 的比值。所有样品都未进行表面处理, 从 SEM 图也可知, 表面形貌差不多, 所以可近似认为薄膜的场增强因子一样。因此, 斜率的不同来源于功函数变化带来的不同。薄膜的功函数与费米能级位置相关, 受到薄膜的掺杂浓度影响[111]。随着掺杂浓度变化, 薄膜载流子浓度改变, 进而使薄膜电阻率等电学性质发生改变, 使得场发射性能发生改变。

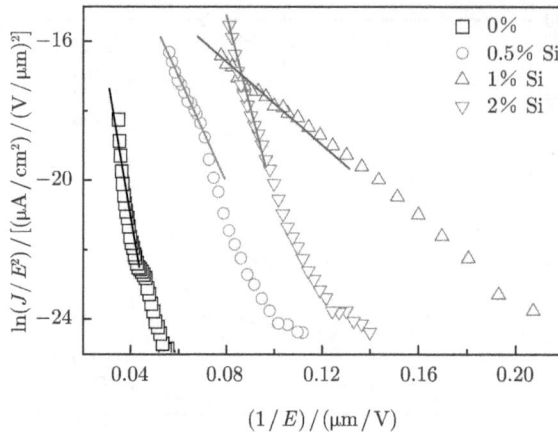

图 3.4.8   AlGaN 薄膜场发射 F-N 关系曲线

按照 Cutler[112] 场电子发射模型，场发射基本过程分为三步：电子从基底在界面处越过肖特基势垒注入薄膜；电子在薄膜中输运；电子在薄膜与真空的界面处隧穿发射。因此，基于 Si 掺杂 AlGaN 薄膜场发射基本过程如下：

首先，因为基底采用低电阻高掺杂 n 型 Si(001)，$Al_{0.25}Ga_{0.75}N$ 中 n 型掺杂可能有利于提升费米能级，所以电子容易从导电基底越过肖特基势垒进入薄膜。然后，电子在薄膜中输运主要是薄膜的电学性能也可能受掺杂所影响，如薄膜中的晶格、杂质、缺陷等的散射会使电子输运受到影响。重 Si 掺杂可以提升薄膜的电导率，利于电子在薄膜内输运，但是过大的掺杂浓度会降低电导。最后，场发射性能主要受薄膜的功函数和表面场增强因子影响，由于表面场增强因子几乎不变，所以主要取决于表面功函数。从以上场发射基本过程可知，掺杂后电子浓度增加，供给增多，适当的掺杂浓度可以提升电导，从而得到良好的输运，从而大幅增加了 $Al_{0.25}Ga_{0.75}N$ 薄膜的场发射性能。

为了解不同 Si 掺杂 $Al_{0.25}Ga_{0.75}N$ 薄膜样品的电子迁移率及掺杂浓度等特性，对以同样工艺生长在石英片上的四个不同样品进行了霍尔测试和 I-V 曲线测量。表 3.4.2 是不同掺杂浓度 $Al_{0.25}Ga_{0.75}N$ 的霍尔测试。结果表明，掺杂使得 $Al_{0.25}Ga_{0.75}N$ 薄膜的载流子浓度从 10^{10} cm^{-3} 提高到 10^{12} cm^{-3}。

表 3.4.2   不同掺杂浓度 AlGaN 薄膜的 Hall 测试

	$R/(\Omega\cdot cm)$	N/cm^{-3}	$\mu/(cm^2/(V\cdot s))$
0	2.15×10^6	4.6×10^{10}	63.1
0.5%	1.83×10^5	3.25×10^{11}	10.5
1%	3.47×10^4	2.04×10^{12}	8.8
2%	3.68×10^4	2.75×10^{12}	6.2

对比不同掺杂浓度的 $Al_{0.25}Ga_{0.75}N$ 薄膜的载流子浓度与最大电流密度, 发现随着掺杂浓度增加, 场发射电流密度增加。最大电流密度和载流子浓度基本满足正比例关系, 即电导率越大, 最大场发射密度越大。即 $J \propto n$。对于 n 型半导体, 有近似

$$J^{\mathrm{lim}} = \frac{eF_{\mathrm{s}}}{\mathrm{æ}} \mu_{\mathrm{n}} n \tag{3.4.1}$$

式中 J^{lim} 为最大电流密度 $(\mathrm{A/m^2})$; F_{s} 为电场强度 $(\mathrm{V/m})$; æ 为介电常数 $(\mathrm{F/m})$; n 为载流子浓度 $(\mathrm{cm^{-3}})$; μ_{n} 为电子迁移率 $(\mathrm{cm^2/(V \cdot s)})$。

式 (3.4.1) 说明载流子浓度及电子迁移率可以直接影响场发射的最大发射电流。

但霍尔测试的载流子浓度表明样品中 Si 原子浓度 $10^{20}\ \mathrm{cm^{-3}}$ 远大于样品载流子浓度 $10^{12}\ \mathrm{cm^{-3}}$, 一方面可能是因为薄膜样品呈现非晶态, 而且掺杂浓度很高, Si 在 AlGaN 中溶解度不高, 杂质只是分布于局部区域, 并引入局部缺陷, 并没有形成均匀而有效的掺杂[113]。另一方面可能因为 Si 在 AlGaN 中掺杂是一个复杂的行为, Si 掺杂为 n 型掺杂, $Al_{0.25}Ga_{0.75}N$ 薄膜和未掺杂薄膜都是电子导电, 可能一部分 Si 原子没有进入III族原子位置而是进入氮原子位置形成 p 型掺杂, 存在自补偿效应[114]。

此外, 不同掺杂浓度的 $Al_{0.25}Ga_{0.75}N$ 薄膜样品中, 随着掺杂原子的增加, 载流子浓度逐渐增加。另外由于掺杂浓度增加, 薄膜质量下降, 电离杂质散射效应增强, 所以电子迁移率降低。由于这两种因素共同作用, 当掺杂浓度为 1% 时, 电阻率最低, 电阻率低将提升薄膜内部电子输运, 从而增强其场发射性能。

进一步地, 图 3.4.9 是不同 Si 掺杂 $Al_{0.25}Ga_{0.75}N$ 薄膜样品的 $I\text{-}V$ 性能测试, 测量薄膜的 $I\text{-}V$ 曲线。可以看出, 表面电阻与体电阻数值略有不同, 但趋势相同。掺杂后 $Al_{0.25}Ga_{0.75}N$ 薄膜表面电阻均小于未掺杂的样品。从曲线中可以看出, 接触为良好的欧姆接触。四个样品中, 表面电阻最高的是未掺杂的样品。曲线显示当掺杂浓度为 1% 时, $I\text{-}V$ 曲线的斜率最大, 说明当掺杂浓度 1% 时, 表面电导率最好。影响材料场发射性能包括两个因素, 分别是电子的供给和输运。因此, 场发射电流可写为电子供给及电子输出几率的乘积[115]

$$\begin{aligned} J &= \frac{4\pi qmkT}{h^3} \int T(E_x) \ln[1 + \mathrm{e}^{-(E_x - E_{\mathrm{F}})/k_{\mathrm{B}}T}] \mathrm{d}E_x \\ &= \frac{4\pi qmkT}{h^3} \int J(E_x) \mathrm{d}E_x = J_0 J_{\mathrm{T}} \end{aligned} \tag{3.4.2}$$

式中, $J_0 = 4\pi qmkT/h^3$ 为电子供给函数; J_{T} 为隧穿几率; q 为单位电荷; E_x 为沿发射方向的电子能量。

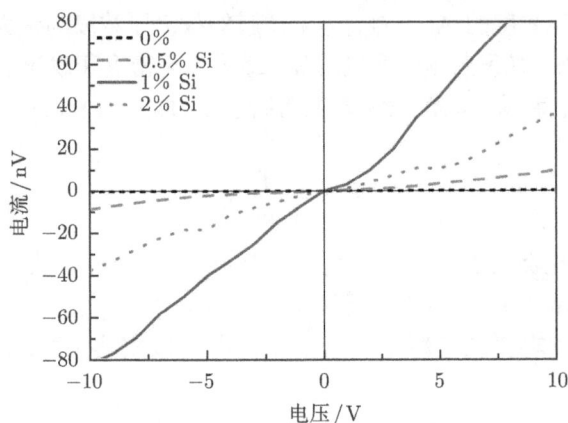

图 3.4.9 不同掺杂浓度 AlGaN 薄膜的 I-V 曲线

以上说明，掺杂可以提高场发射电子供给，从而提高场发射性能。然而，掺杂导致更多缺陷产生，阻碍了电子在薄膜内部的输运，将导致场发射性能降低。因此，合适的掺杂浓度将具有最佳场发射性能，以上实验也证实了上述分析。1%Si 掺杂具有最佳场发射性能，2%Si 掺杂 AlGaN 可能阻碍了电子在薄膜内部电子传输，其场发射性能趋向变差。

为证实是否掺杂导致缺陷增多，在图 3.4.10 中可明显看出，由于薄膜呈现非

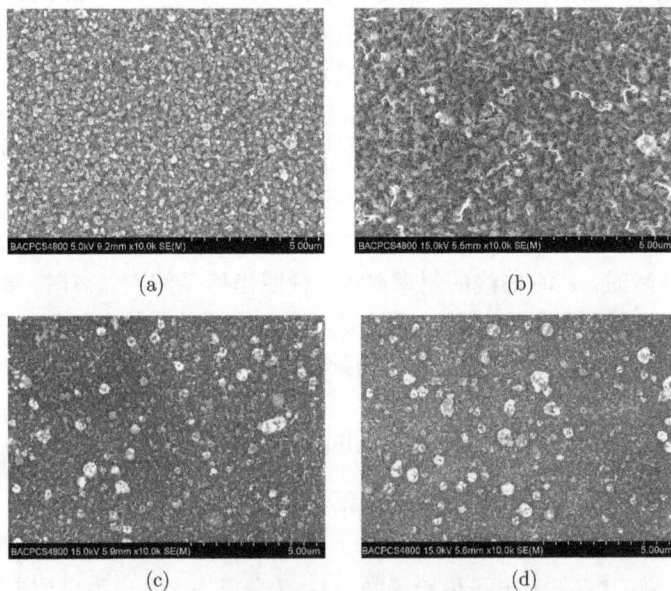

图 3.4.10 不同掺杂浓度的铝镓氮薄膜的 SEM 图

(a) 0；(b) 0.5%；(c) 1%；(d) 2%

晶态，重掺杂虽然会使薄膜载流子浓度提升，但会使薄膜质量下降，表面缺陷和颗粒增多，粗糙度增加，薄膜内部更容易产生空位及微空洞等缺陷。随掺杂浓度的增加，薄膜晶粒细化，晶界增多，同时，Si 的掺入会导致薄膜缺陷密度增大，电子在薄膜中输运受晶界和缺陷散射增大，使电子迁移率下降。这些可从表 3.4.2 中清楚地看到。同样，电子在薄膜中输运因受到缺陷的散射而使供给隧穿发射的电子能量降低，数量减少，从而可能导致场发射性能下降[116]。因此相对于高掺杂 2% 浓度的薄膜，适当掺杂浓度 1% 的薄膜的缺陷相对较少，将更利于场发射。

图 3.4.11 是不同掺杂浓度 AlGaN 薄膜的紫外可见透过光谱。透过谱在 300 nm 以下基本没有透过，对应光学带隙 4.1 eV。可以看出，未掺杂薄膜的透过率高于掺杂后薄膜的透过率，未掺杂薄膜在 400~700 nm，可见光中平均透过率超过 80%，而随着掺杂浓度增高，薄膜平均透过率下降至 60%，进一步说明掺杂后 AlGaN 薄膜质量下降。

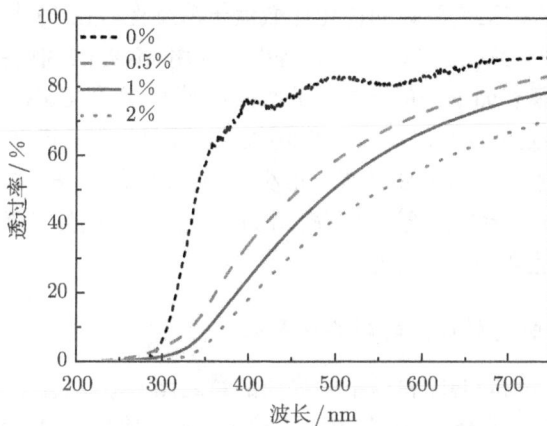

图 3.4.11   不同 AlGaN 薄膜的紫外可见透过光谱

利用脉冲激光沉积，制备了一系列不同 Si 掺杂浓度的 AlGaN 薄膜。对此薄膜进行场致电子发射测试表明，Si 掺杂浓度为 1% 的 AlGaN 薄膜具有较好的场发射性能，其开启电场相对于未掺杂样品显著降低。进一步地，通过电阻率、电子迁移率及表面微结构测试与分析。合适的 Si 掺杂浓度使 AlGaN 薄膜具有最佳场发射性能应归功于掺杂增加场发射的电子供给，但掺杂浓度增加导致缺陷增多，将阻碍其电子在薄膜内部的传输。本研究结果将为高性能新型 AlGaN 薄膜真空电子器件设计与制备提供有意义的参考。

3.4.3   Si 掺杂对 GaN 薄膜场发射性能的影响

3.4.2 节主要研究了 AlGaN 薄膜的场发射性能随 Si 掺杂浓度的影响，而 GaN 掺杂相关的工作也有很多，早期有 H. Amano 等[117] 对 Mg 掺杂 GaN 的 p 型传导机理的研究。H. J. Lozykowski 等[118] 对 Dy、Er 和 Tm 等稀土掺杂 GaN 的阴极发光性能进行了研究。近期 Y. Oshima 等[119] 用 HVPE 法制备 Ge 掺杂 GaN，并研究其发光性能。Q. Wang 等[120] 用 MOCVD 法制备了 Er 掺杂 GaN，并研究其载流子寿命。

　　自然生长的 GaN 一般为 n 型，所以，对于 GaN 的 n 型掺杂要比 p 型掺杂容易许多，但是可控制的 n 型掺杂仍然值得研究。主要施主掺杂剂包括 O、Si、Ge 等，到目前为止，采用最多也是最成功的掺杂剂为 Si。研究工作主要集中在通过掺杂控制载流子浓度，改变薄膜表面形貌，研究掺杂对薄膜微观结构的影响，早期还开展了许多关于硅掺杂导致薄膜螺型位错和边缘位错变化的研究[78-80,121,122]。Liu 等[123] 采用 MOVPE，利用 SiH_4 作为掺杂剂制备 n 型 GaN 薄膜，载流子浓度达到 1.7×10^{20} cm^{-3}。I. Halidou 等[124] 利用 AlN 缓冲层技术，通过 MOVPE 在蓝宝石衬底上获得了 Si 掺杂 GaN 薄膜，将载流子浓度提高到 2.2×10^{20} cm^{-3}。K. Kusakabe 等[125] 通过工艺参数的优化在载流子浓度保持在 10^{18} 量级的情况下，将室温迁移率提高到 $220\,cm^2/(V \cdot s)$。Ma 等[126] 采用 MOVPE 制备 Si 掺杂 GaN，研究了 Si 掺杂对薄膜表面缺陷的影响。虽然人们对 Si 掺杂 GaN 薄膜进行了深入的研究，但是对其场发射性能的研究工作还很少。而且，制备掺杂 GaN 薄膜一般使用 MOCVD、MBE 和 HVPE 的方法，很少采用 PLD 的方法。本节采用 PLD 制备一系列 Si 掺杂 GaN 薄膜。通过调节靶材的成分控制薄膜掺杂量，并研究了 Si 掺杂对 GaN 薄膜场发射性能的影响。

1. Si 掺杂 GaN 薄膜样品的制备及表征

　　首先将 Si_3N_4 粉和 GaN 粉以不同物质的量之比 ($n_{Si}:n_{Ga+Si}$ 为 0, 0.5%, 1.0%, 2.0%, 4.0%, 7.0%) 混合，经过 PVA 造粒后，干压成型，制成直径 20 mm，厚 2 mm 的圆片。将脱模后的圆片放入排胶炉中，缓慢升温，升温速率为 1 ℃/min，并在 560 ℃下保温 2 h，使聚乙烯醇充分挥发，制得 Si_3N_4 和 GaN 混合粉靶。

　　采用 3.1 节中的脉冲准分子激光器，采用直径为 20 mm 的 Si_3N_4 和 GaN 混合粉靶，通入高纯 N_2(99.99%)，衬底为 n 型硅 Si(100)。其他工艺参数列于表 3.4.3 中。

表 3.4.3　制备不同 Si 掺杂浓度的 GaN 薄膜的工艺参数

能量密度 /(mJ/mm²)	脉冲频率 /Hz	衬底温度 /℃	靶基距 /cm	工作气压 /Pa	沉积时间 /min	掺杂量 ($n_{Si}:n_{Ga+Si}$)/%
400	13	850	5.5	1	10	0, 0.5, 1.0, 2.0, 4.0, 7.0

　　图 3.4.12 为不同 Si 掺杂浓度 GaN 薄膜的 XRD 图谱。XRD 图谱显示，制备的六个样品都得到 GaN 六方结构 (0002) 晶面的衍射峰，在 c 轴方向 (0002) 晶面

有最低的表面能密度, 故薄膜生长的时候, 晶粒会沿着最低表面能方向生长而具有 c 轴择优取向。GaN 的纤锌矿结构相当于 N 原子构成简单六方密堆积, Ga 原子则填塞于半数的四面体隙中, 而另外半数四面体是空的。这种纤锌矿结构相对开放, 外来掺杂物容易进入 GaN 的晶格。Si 与 Ga 的原子半径相似 (Si 的为 1.46, Ga 的为 1.81, N 的为 0.75), 如果 Si 取代半径小的 N 原子或者进入间隙位置, 将引起很大的晶格应变, 因此 Si 很容易占据 Ga 的位置。同时, Si 掺杂于 GaN 中, Si_{Ga} 的形成能最低, 而 Si_N 反位和间隙 Si_i 在能量上不稳定也难以存在。所以 Si 掺入 GaN 中, Si 易于取代 Ga 的位置, 形成稳定的 Si_{Ga} 反位[14]。如图 3.4.13 所示, Si 掺杂 GaN 薄膜的衍射峰位与未掺杂 GaN 衍射峰很接近, 这说明掺杂浓度的增加并没有明显改变 GaN 的六方结构。随着掺杂浓度的增加, 薄膜的衍射峰略微向高角度方向偏移, 这是由于掺入的 Si 原子半径要比 Ga 原子半径小。这一衍射角的变大也间接地说明了有部分 Si 替代了 GaN 晶格中 Ga 的位置[83]。

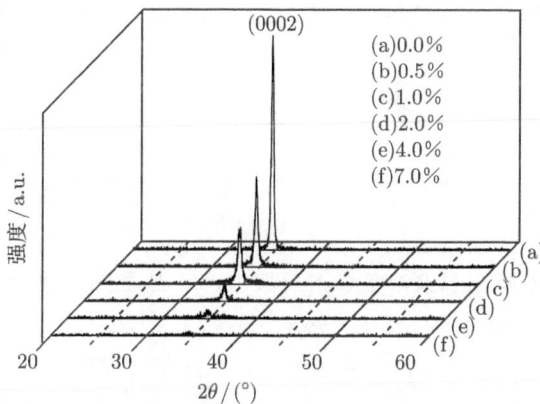

图 3.4.12 不同 Si 掺杂浓度 GaN 薄膜的 XRD 图谱

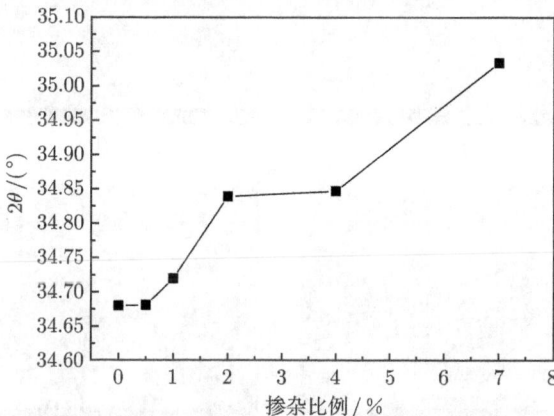

图 3.4.13 不同 Si 掺杂浓度 GaN 薄膜 (0002) 晶面的衍射峰位的变化

如图 3.4.14 所示，随着掺杂量的增加，GaN 薄膜的半峰宽增大，说明 Si 的掺入导致晶粒尺寸减小。薄膜生长的过程中，掺杂虽然没有改变薄膜的晶体结构，但却引起了薄膜的晶格失配。Si 原子的引入阻碍了 GaN 晶界的移动，从而限制了晶粒长大，导致结晶性变差。图 3.4.15 为不同 Si 掺杂浓度 GaN 薄膜的 SEM 图，由 SEM 图可知，随着掺杂量的增加，薄膜的微观结构发生了显著的变化。和 XRD 图谱结果相似，随着掺杂浓度的增加，薄膜晶粒细化，晶界增多。如图 3.4.15 (a) 和 (b) 所示，未掺杂和掺杂 0.5% 的 GaN 薄膜晶粒尺寸均匀，随着掺杂量增加，

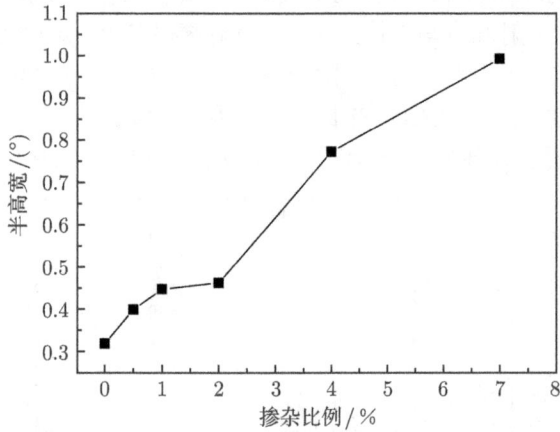

图 3.4.14　不同 Si 掺杂浓度 GaN 薄膜 (0002) 晶面的衍射峰半峰宽的变化

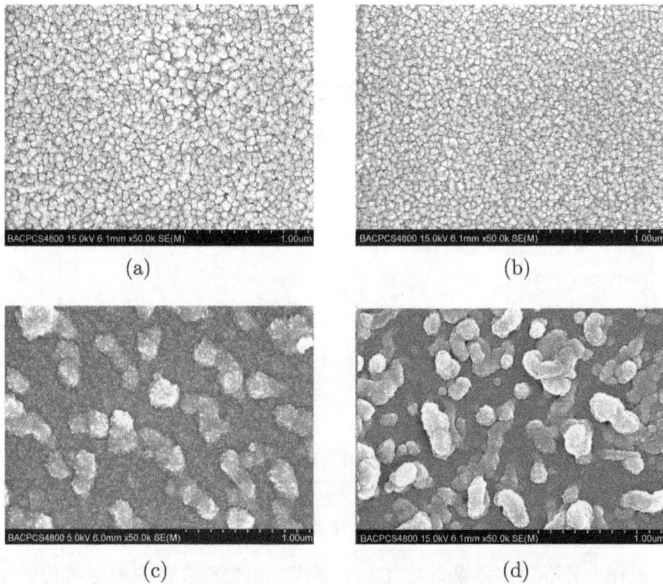

(a)　　　　　　　　　　　　　　　(b)

(c)　　　　　　　　　　　　　　　(d)

图 3.4.15 不同 Si 掺杂浓度 GaN 薄膜的 SEM 图

(a) 0 %；(b) 0.5 %；(c) 1.0 %；(d) 2.0 %；(e) 4.0 %；(f) 7.0 %；(g) 未掺杂 GaN 薄膜的断面图

晶粒尺寸明显减小。表面粗糙度仪测得所制备的薄膜的厚度均在 400 nm 左右。图 3.4.15 (g) 为未掺杂的 GaN 薄膜的截面 SEM 图，可以看到，薄膜的表面平整，厚度约为 400 nm。也进一步证实了表面粗糙度仪的测试结果。

2. Si 掺杂对 GaN 薄膜场发射性能的影响

用 J-E 关系曲线对薄膜的场发射性能进行分析。本章定义，电流密度达到 $1~\mu A/cm^2$ 时所需要的电场强度为开启电场，单位为 $V/\mu m$。图 3.4.16 为 Si 掺杂 GaN 薄膜的场发射 J-E 关系曲线。表 3.4.4 列出了其对应的开启电场值。由表可知，随着掺杂量的增加，场发射性能先提高后降低。掺杂浓度为 0.0 %～1.0 %，开启电场随着掺杂浓度的增加而降低，相应的场发射性能提高；掺杂浓度为 1.0 %～7.0 %，开启电场随着掺杂浓度的增加而增大，相应的场发射性能降低；掺杂量为 4.0 % 和 7.0 % 的样品场发射性能明显降低，但仍好于未掺杂的样品。制备的薄膜中，掺杂量为 1.0 % 的样品场发射性能最好，开启电场为 $1.6~V/\mu m$，电场强度为 $3.2~V/\mu m$ 时，电流密度达到 $20~\mu A/cm^2$。未掺杂的样品场发射性能最差，开启电场为 $19.5~V/\mu m$，

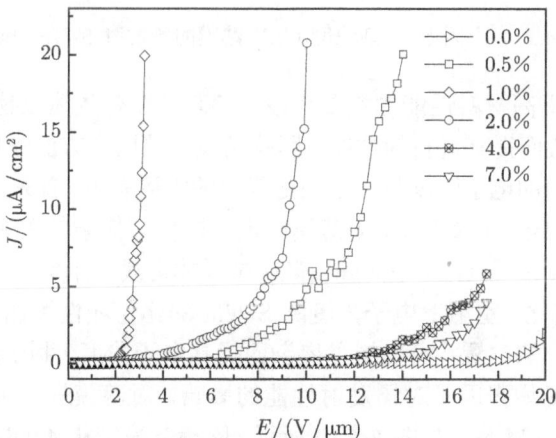

图 3.4.16 不同 Si 掺杂浓度 GaN 薄膜的场发射 J-E 关系曲线

电场强度为 20 V/μm 时，电流密度仅为 2 μA/cm²。测试结果表明少量的掺杂有利于场发射性能的提高。图 3.4.17 为 Si 掺杂 GaN 薄膜的 F-N 关系曲线。样品的 F-N 曲线都是非线性的，高场部分可近似看做一条直线，表明电子发射是场发射隧穿行为。

表 3.4.4　不同 Si 掺杂浓度 GaN 薄膜的开启电场

掺杂浓度/%	开启电场/(V/μm)
0	19.5
0.5	5.5
1.0	1.6
2.0	5.1
4.0	10.3
7.0	12.0

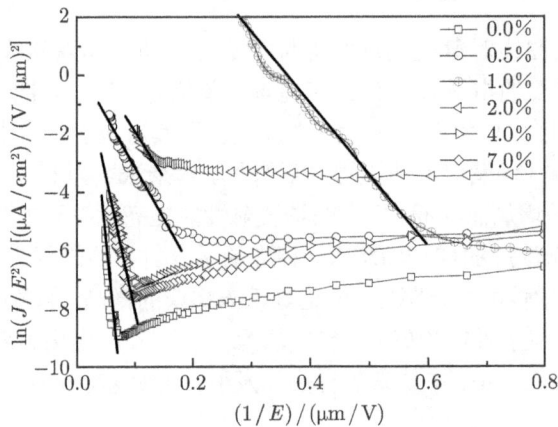

图 3.4.17　不同 Si 掺杂浓度 GaN 薄膜的场发射 F-N 关系曲线

掺杂改性是提高材料性能的重要手段，掺杂可以有效地改善材料的微观结构和表面形貌等，从而提高材料的性能。影响场发射的两个方面是电子供给和隧穿。电子供给与材料中的电子浓度与电子在薄膜中的输运有关。首先，分析电子浓度随掺杂量的变化。对于 Si 掺杂 GaN 薄膜的电子浓度与掺杂的关系已经有研究者作了相关研究。因为 Si 在 GaN 中的施主能级位置非常浅，当掺入一定量的 Si 时，认为 Si 基本完全离化，室温下电子浓度随 Si/Ga 的比值线性增加[81]。Si 掺入 GaN 中，Si 易取代 Ga 的位置，实现施主掺杂而提高电子浓度，利于场发射性能提高。其次，为了分析场增强因子对场发射性能的影响，对薄膜进行了 AFM 测试。图 3.4.18 为样品的 AFM 图。如图 3.4.19 所示，除掺杂浓度从 4.0 %～7.0 %，粗糙度略微有所降低外，随着掺杂浓度的增大，粗糙度随掺杂浓度的增加而增大。表明薄膜的场增强因子随掺杂量增加而增大, 利于场发射性能提高。分析发现, 随着 Si 掺杂浓度的增加, 电子浓度增加, 场增强因子增大, 都有利于场发射性能的提高。但由 XRD 图谱分析可知, 随掺杂浓度的增加, 薄膜晶粒细化, 晶界增多, 同时, Si 的掺入会导致薄膜缺陷密度增大[79], 电子在薄膜中输运受晶界和缺陷散射增大, 场发射性能降低。由以上分析我们推断: 掺杂浓度小于 1.0% 时, 电子散射影响小于场增强和电子浓度增加的作用, 导致场发射性能随掺杂浓度的增加而提高; 掺杂浓度大于 1.0% 时, 电子散射影响大于场增强和电子浓度增加的作用, 导致场发射性能随掺杂浓度的增加而降低。

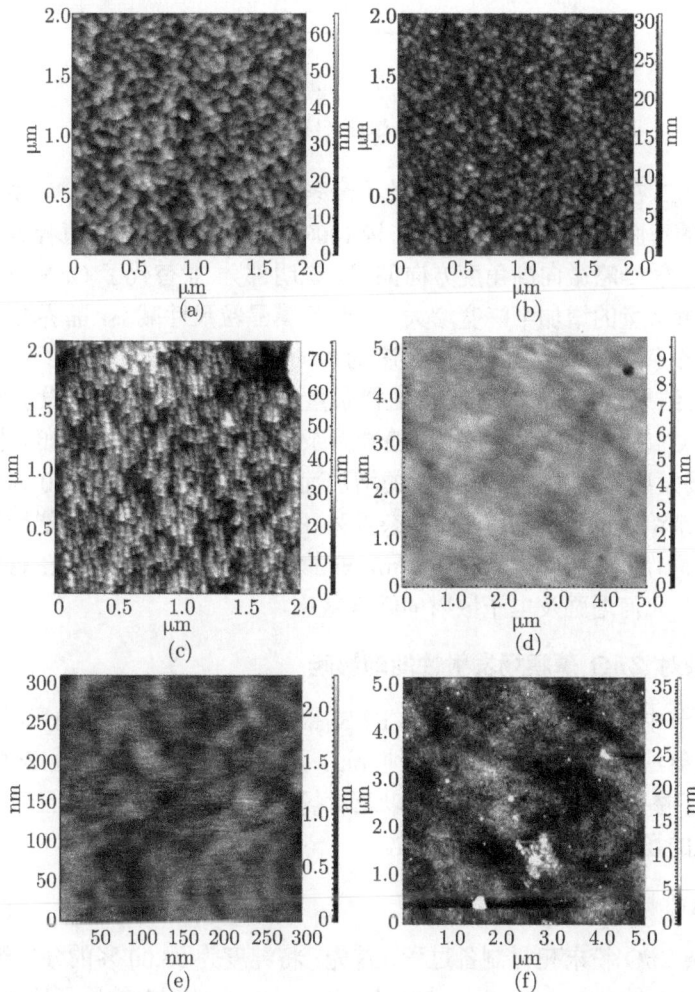

图 3.4.18 不同 Si 掺杂浓度 GaN 薄膜的 AFM 图

(a) 0 %; (b) 0.5 %; (c) 1.0 %; (d) 2.0 %; (e) 4.0 %; (f) 7.0 %

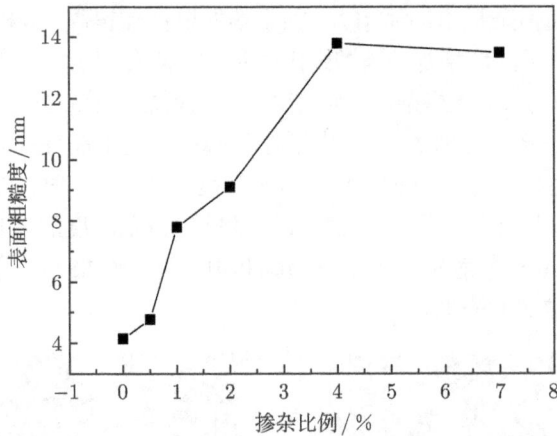

图 3.4.19　不同 Si 掺杂浓度 GaN 薄膜的粗糙度的变化

采用 PLD 在 Si(100) 衬底上制备了一系列 Si 掺杂 GaN 薄膜，由 XRD 图谱可知，制备的薄膜都得到 GaN 六方结构 (0002) 晶面的衍射峰。随着掺杂浓度的增加，薄膜的衍射峰略微向高角度方向偏移，说明部分 Si 替代了 GaN 晶格中 Ga 的位置。随着掺杂量的增加半峰宽增大，说明薄膜晶粒尺寸减小，晶界增多。SEM 测试表明，未掺杂的薄膜表面平整，厚度约为 400 nm，进一步验证了台阶仪的测试结果。AFM 结果显示薄膜的粗糙度随掺杂量的增加而增大。其场发射性能测试表明，Si 掺杂 GaN 薄膜的场发射性能随着掺杂量的增加先提高后降低。掺杂量小于 1.0 ％时，场发射性能随着掺杂浓度的增加而提高；掺杂量大于 1.0 ％时，场发射性能随着掺杂浓度的增加而降低；掺杂量为 1.0 ％的样品场发射性能最好 (同 3.4.1 节的结论相同)，开启电场为 1.6 V/μm。Si 掺杂 GaN 薄膜场发射性能的变化来源于电子供给、几何增强及电子散射的综合效应。

3.4.4　掺杂对 ZnO 薄膜场发射性能的影响

上述两节中研究了 AlGaN、GaN 的 Si 掺杂对其场发射性能的影响。本节利用射频磁控溅射法在 Si 衬底上制备了纯 ZnO 及其 La、Al 掺杂改性 ZnO 纳米结构薄膜，研究了掺杂对薄膜结构的影响以及对场发射性能的影响。并且通过理论分析了掺杂导致的场发射增强的物理本质。

1. 薄膜的制备

La 掺杂 ZnO 粉末靶材制备过程：首先，将纯度为 98.00 ％的分析纯 La$_2$O$_3$ 和纯度为 99.50 ％的分析纯 ZnO 粉末以 La/Zn = 1:5 (at％[①]) 的原子比进行混合，放入球磨机球磨 24 h 使原料充分混合均匀，取出后在干燥箱里 100 ℃干燥，然后用

---

① at％表示原子百分数。

粉末压片机进行压制。靶材的直径为 50 mm。同样的方法压制出纯的 ZnO 粉末靶材 (原料是纯度为 99.50 % 的分析纯 ZnO 粉末)

Al 掺杂 ZnO 陶瓷靶材制备过程：将分析纯的微米 Al(OH)$_3$ 和分析纯 ZnO 粉末以 La/Zn = 1:1 (at%) 的原子比进行混合，放入球磨机球磨 24 h 使原料充分混合均匀，取出后在干燥箱里 100 ℃ 干燥，然后进行掺胶，用粉末压片机压制成生坯 (直径为 50 mm)。最后放入硅碳棒高温炉中进行煅烧 (先 500 ℃ 预烧 2 h 进行排胶，然后 1300 ℃ 烧结 4 h)。同样的方法制备出纯的 ZnO 陶瓷靶。

实验所采用的衬底为 n 型 Si(100)。清洗衬底的方法如 3.1 节。磁控溅射系统采用 3.1 节所述，溅射时的功率、衬底温度和溅射时间分别为：50 W，400 ℃，60 min。溅射气体为 Ar(4N) 和 O$_2$(4N) 的混合气体，气体分压为 Ar:O$_2$=4:1。溅射工作气压为 1.0 Pa，靶基距为 40 mm。溅射完毕后将薄膜样品在 600 ℃ 的真空环境下原位退火 60 min。

2. La 掺杂对 ZnO 场发射性能的影响

结构与形貌图 3.4.20 给出了未掺杂 ZnO 薄膜以及 La 掺杂 ZnO 薄膜的 XRD 图谱。由图可见，掺杂前后的 ZnO 薄膜均只有单一的 (002) 面衍射峰，呈现很好的 c 轴择优取向生长。掺 La 后 ZnO 薄膜中未检测到 La 或 La 的化合物的衍射峰。这说明掺杂少量的 La 并不会改变 ZnO 薄膜的晶体结构[58,59]，薄膜仍然是六方纤锌矿结构。然而，由图 3.4.20 中的小插图可以清晰地看到，掺 La 后薄膜 (002) 衍射峰的半峰宽变大，且主峰位向小角度偏移，说明 La 的掺杂虽然没有改变薄膜的晶体结构，但却引起了薄膜的晶格失配，La 原子的引入阻碍了 ZnO 晶界的移动，从而限制了晶粒长大，薄膜取向性减弱[58-62]。

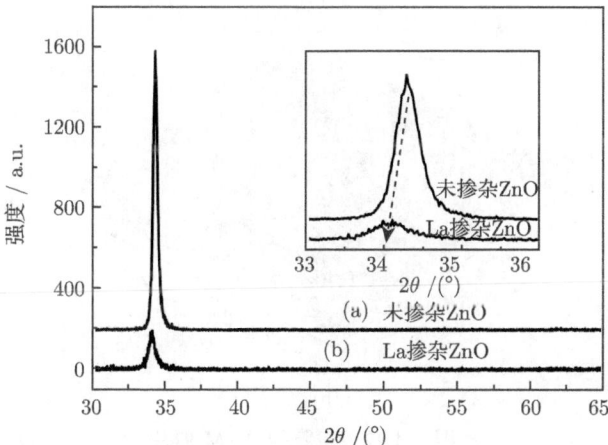

图 3.4.20　未掺杂 ZnO 和 La 掺杂 ZnO 薄膜 XRD 图谱

　　图 3.4.21 为未掺杂 ZnO 和 La 掺杂 ZnO 两个薄膜样品的 FESEM 照片。
图 3.4.21 (a) 是未掺杂的 ZnO 薄膜，图 3.4.21 (b) 是 La 掺杂后的 ZnO 薄膜。可以
看出薄膜均由分布均匀的纳米颗粒组成，但是 La 掺杂后的薄膜晶粒尺寸明显减小。
未掺杂的 ZnO 薄膜晶粒直径大约在 90 nm 左右。但 La 掺杂薄膜晶粒尺寸由于晶粒
尺寸太小，在图中无法清晰地分辨。图 3.4.22 给出的是掺杂前后 ZnO 薄膜的 AFM

图 3.4.21　薄膜的场发射扫描照片

(a) 未掺杂 ZnO 薄膜；(b) 掺 La 后 ZnO 薄膜

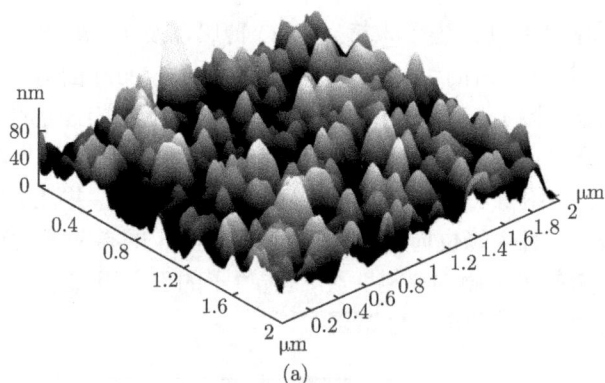

(a)

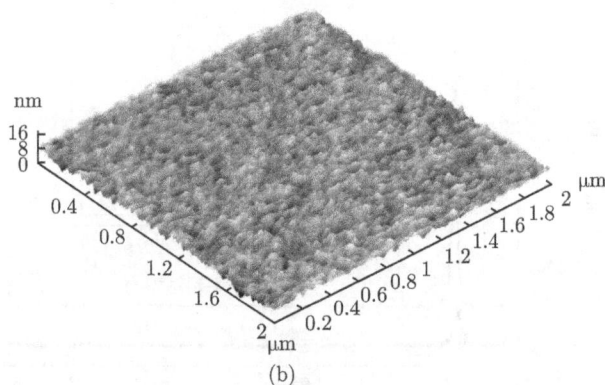

(b)

图 3.4.22　薄膜的 AFM 照片

(a) 未掺杂 ZnO 薄膜；(b) 掺 La 后 ZnO 薄膜

照片。图 3.4.22(a) 是未掺杂的 ZnO 薄膜，图 3.4.22 (b) 是 La 掺杂后的 ZnO 薄膜，其粗糙度分别是 18.72 nm 和 3.24 nm。由图可见掺杂前后的薄膜表面均为分布均匀的微小尖端，La 掺杂后的 ZnO 薄膜表面微尖端明显变密变细。这也说明掺 La 后薄膜晶粒尺寸明显减小，这与 FESEM 的结果一致，可以粗略地得到未掺杂和 La 掺杂薄膜的晶粒直径分别为 90 nm 和 35 nm。

图 3.4.23 为未掺杂 ZnO 和 La 掺杂 ZnO 薄膜的场发射 J-E 曲线 (实验测试样品的表面均为 $0.5\ cm^2$)。场发射电流可以由 F-N 公式来描述，其中 J 为场发射电流密度，单位为 A/m^2，E 为电场强度，单位为 V/m，β 为表面几何场增强因子，Φ 为功函数，$A=1.541434\times10^{-10}\ A\cdot V^{-2}\cdot eV$，$B=6.830888\times10^9\ V\cdot(eV)^{-3/2}\cdot m^{-1}$。

未掺杂 ZnO 薄膜开启电场为 ~2.5 V/μm, 最大电流密度为 ~0.1 mA/cm²。La-ZnO 薄膜开启电场为 ~0.4 V/μm(电流密度达到 1 μA/cm² 时的场强)，场强达到~2.1 V/μm 时，电流密度稳定在 1 mA/cm²。特别地，在 2.38~4.16 V/μm 的场强范围内，La掺杂ZnO薄膜发射电流比未掺杂ZnO薄膜整体提高了2000~3000 倍。

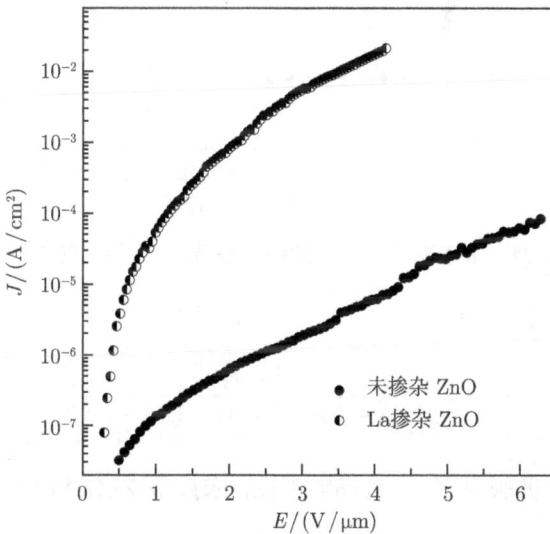

图 3.4.23　未掺杂 ZnO 薄膜和 La-ZnO 薄膜的 J-E 曲线

以 $\ln(J/E^2)$ 和 $1/E$ 分别为纵坐标和横坐标作图可得到图 3.4.24 的 F-N 曲线，发现在高场下近似表现为直线，说明在较高的电场下为隧穿电子发射。在低场下 F-N 曲线与高场下不同，较为平缓，即有扫尾现象。这种现象可能是由于在低场下有部分热电子参与发射，加之表面吸附的一些极易电离的粒子，在低电场作用下就能轻易地越过表面势垒发射到真空中[63]。

La 掺杂 ZnO 薄膜具有如此奇异的场发射特性，是否源自几何场增强呢？首先通过实验数据估算出场增强因子 β。由 F-N 曲线斜率可以求得 (假设两个样品的

功函数 Φ 均为 5.4 eV[64]) 未掺杂 ZnO 和 La 掺杂 ZnO 的场增强因子 β_0 和 β_5 分别为 ~3900 和 ~14300。但由图 3.4.22 AFM 图可知，La 掺杂 ZnO 薄膜和未掺杂 ZnO 薄膜表面不可能有这么大的场增强因子，如此大的场增强因子只有 CNT 等一维纳米材料才具有。我们可以通过场增强模型 [65] 来计算这种场发射样品实际的场增强因子。

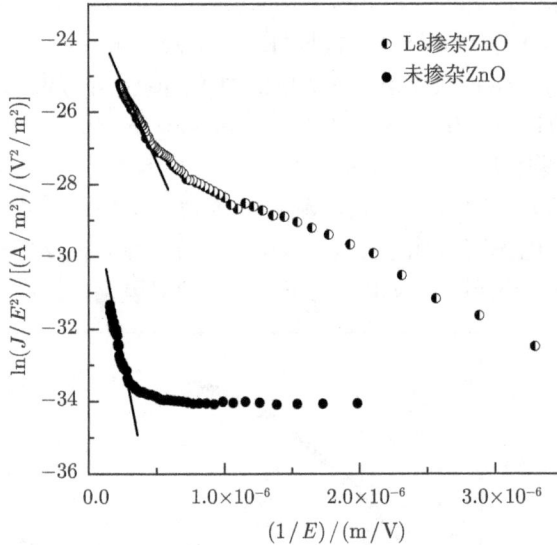

图 3.4.24　未掺杂 ZnO 薄膜和 La 掺杂 ZnO 薄膜的 F-N 曲线

其场增强因子公式为

$$\beta = \frac{(\lambda^2 - 1)^{1.5}}{\lambda \ln(\lambda + (\lambda^2 - 1)^{0.5}) - (\lambda^2 - 1)^{0.5}} \tag{3.4.3}$$

其中 $\lambda = \dfrac{L}{\rho}$，$L$ 为薄膜厚度，ρ 为晶粒半径。未掺杂 ZnO 和 La 掺杂 ZnO 的膜厚分别为 ~360 nm 和 ~250 nm，晶粒直径分别为 ~90 nm 和 ~35 nm，计算得到场增强因子分别为 35.18 和 86.07，然后分别代入 F-N 公式中，发现由这种场增强因子计算得到的电流密度远小于实验值。其原因可能就在于我们计算所用的 ZnO 功函数 (5.4 eV) 过大。也就是说，采用溅射方法制备的薄膜可能具有小的功函数，进而具有更小的电子亲和势。文献报道，采用同样的磁控溅射方法制备的 CuAlO$_2$ 薄膜电子亲和势可以减小到 0.2 eV 左右[66]。

　　我们假设掺杂前后薄膜具有相同的电子亲和势。然而对于 La 掺杂 ZnO 薄膜来说其功函数较未掺杂的 ZnO 薄膜小，这是因为掺杂导致的费米能级更加靠近导带底。对于半导体来说其载流子浓度可以由公式 (3.4.4)[67] 来描述 (假设掺杂导致

的功函数改变仅与载流子浓度有关)

$$n = 2(2\pi m^* kT/h^2)^{3/2} \exp[(E_F - E_c)/kT] \tag{3.4.4}$$

其中，m^* 是电子的有效质量；h 是普朗克常量；k 是玻尔兹曼常量；T 是绝对温度；E_F 是费米能级；E_c 是导带底。这里我们假设未掺杂 ZnO 和 La 掺杂 ZnO 的载流子浓度分别为 [68]：1×10^{18} cm^{-3} 和 1×10^{19} cm^{-3}，由公式 (3.4.4) 得到

$$\Delta\Phi = \Phi_0 - \Phi_5 = E_{F5\%} - E_{F0\%} = kT\ln\frac{n_{5\%}}{n_{0\%}} \tag{3.4.5}$$

这里 $\Delta\Phi$ 是未掺杂 ZnO 和 La 掺杂 ZnO 薄膜功函数之差；$n_{0\%}$ 和 $n_{5\%}$ 分别是掺杂前后电子浓度，$E_{F0\%}$ 和 $E_{F5\%}$ 是掺杂前后薄膜的费米能级。由公式 (3.4.5) 计算可得到 La 掺杂 ZnO 功函数比未掺杂 ZnO 小 0.06 eV。

$$J = \frac{A(\beta E)^2}{\Phi} \exp\left[-\frac{B\Phi^{3/2}}{\beta E}\theta\left(C\frac{\sqrt{\beta E}}{\Phi}\right)\right] \tag{3.4.6}$$

由公式 (3.4.6) 可得

$$\beta_0 = \left(\frac{\Phi_0}{\Phi_5}\right)^{3/2}\frac{\beta_5}{\gamma} \tag{3.4.7}$$

$$\beta_5 = \left[\frac{A^{(1-\lambda)}\left(\dfrac{\Phi_0}{\Phi_5}\right)^3\Phi_5^\lambda}{\gamma^2\Phi_0}\right]^{\frac{1}{2(1-\lambda)}} \tag{3.4.8}$$

这里，若定义 $k = -\dfrac{B\Phi^{3/2}}{\beta}$ 与 $b = \ln\dfrac{A\beta^2}{\Phi}$，则 k_0、k_5 和 b_0、b_5 分别代表 F-N 曲线中未掺杂薄膜和 La 掺杂薄膜的斜率和截距。于是上述方程中 $\gamma = k_0/k_5$，$\lambda = b_0/b_5$。

通过分析 J-E 曲线我们很容易得到 J_5/J_0 值在 1950.4~2934.42 范围内 (J_0 和 J_5 分别是未掺杂薄膜和 La 掺杂后薄膜的电流密度)。γ 的取值范围是：2.0~5.0，λ 的取值范围是 0.6~2.5，β_0=35.18，β_5=86.07。联立方程 (3.4.6)~方程 (3.4.8)，我们很容易得到掺杂前后薄膜样品的自洽功函数。Φ_0 约是 (0.24 ± 0.01) eV，Φ_5 约是 (0.18 ± 0.01) eV。可以看出制备的两个样品表面功函数都非常小，而且掺杂后的薄膜功函数进一步降低，也就是说一定程度上降低了表面隧穿势垒。

由上可知，La 掺杂 ZnO 薄膜比未掺杂 ZnO 薄膜的场发射电流密度有数量级的提高，其场增强实质可能源于：La 掺杂可以使 ZnO 薄膜费米能级升高，最终使其功函数降低，也就是说一定程度上降低了表面隧穿势垒，增大了场发射电流。当然，其他的因素也可能导致 La 掺杂 ZnO 薄膜优异的场发射性能。比如小的晶粒尺寸，小的晶粒尺寸导致的更大晶界密度和更多薄膜缺陷，这些都可以使场发射得到增强 [45,69-71]。但全面的场发射掺杂增强机制仍需要进一步的研究。

3. Al 掺杂对 ZnO 场发射性能的影响

图 3.4.25 为未掺杂 ZnO、Al 掺杂 ZnO 薄膜的 XRD 图谱。由图可见，与 La 掺杂 ZnO 薄膜得到的结果一致，掺 Al 后 ZnO 薄膜中未检测到 Al 或 Al 的化合物的衍射峰，掺杂前后的 ZnO 薄膜均只有单一的 (002) 面衍射峰，呈现很好的择优取向生长。这说明掺杂少量的 Al 并不会改变 ZnO 薄膜的晶体结构，薄膜仍然是六方纤锌矿结构。不过，由图 3.4.25 中的小插图可以看到，掺 Al 后薄膜衍射峰的半峰宽略微变大，主峰位置稍微向小角度偏移，说明少量 Al 的掺杂没有改变薄膜的晶体结构，掺 Al 后的薄膜结晶性稍微有所下降。

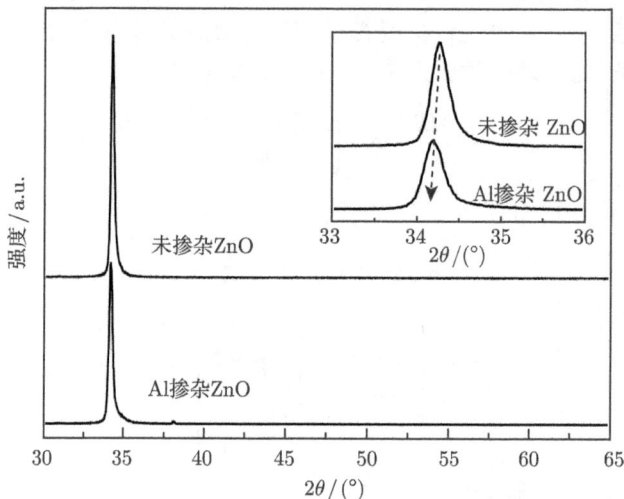

图 3.4.25　未掺杂 ZnO 和 Al 掺杂 ZnO 薄膜 XRD 图谱

图 3.4.26 给出的是掺杂前后 ZnO 薄膜的 AFM 照片。图 3.4.26 (a) 是未掺杂的 ZnO 薄膜，图 3.4.26 (b) 是掺 Al 后的 ZnO 薄膜，其粗糙度分别是 2.69 nm 和 3.59 nm。由图可见掺杂前后的薄膜表面均为均匀分布的微小尖端，粗糙度略有增加，但变化不大。掺 Al 后的薄膜表面微尖端较密，这也反映了掺杂后薄膜结晶性略微下降，晶粒尺寸略微减小，与上述 XRD 测试结果一致，两个薄膜样品的晶粒直径分别为 ~75 nm 和 ~65 nm。

图 3.4.27 为未掺杂 ZnO 和 Al 掺杂 ZnO 薄膜的场发射 J-E 曲线。未掺杂 ZnO 薄膜开启电场为 ~27.9 V/μm, 最大电流密度为 ~0.0037 mA/cm^2。Al 掺杂 ZnO 薄膜开启电场为 ~0.9 V/μm(电流密度达到 1 μA/cm^2 时的场强)，场强达到 ~6.6 V/μm 时，电流密度达到了 1 mA/cm^2。Al 掺杂 ZnO 薄膜的电流密度比未掺杂的 ZnO 薄膜电流密度整体提高了 4~5 个数量级。

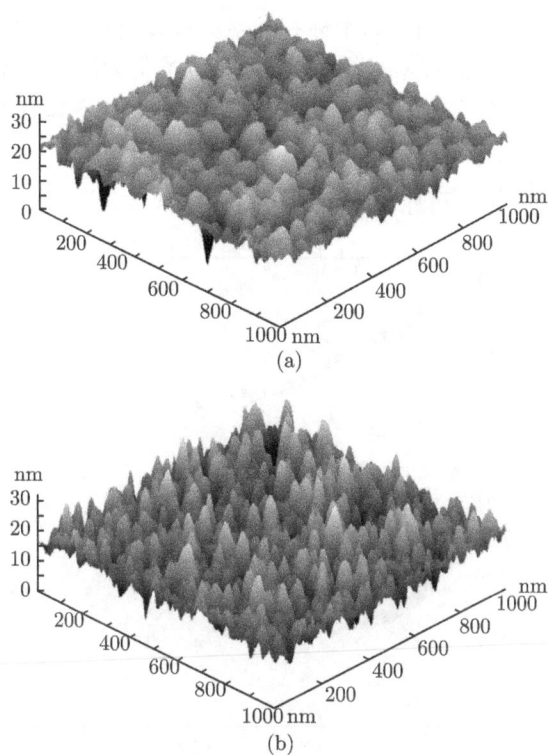

图 3.4.26 薄膜的 AFM 照片

(a) 未掺杂 ZnO 薄膜；(b) 掺 Al 后 ZnO 薄膜

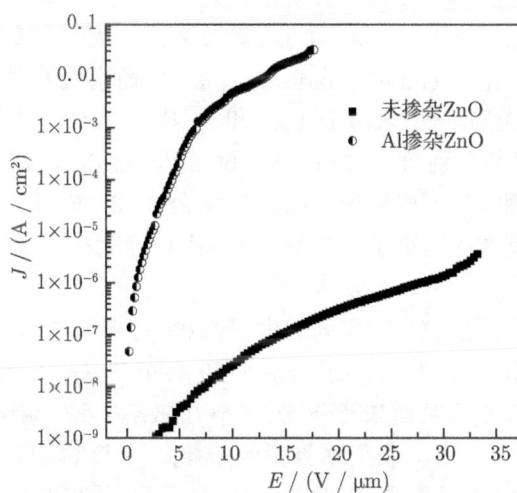

图 3.4.27 未掺杂 ZnO 薄膜和 Al 掺杂 ZnO 薄膜的 J-E 曲线

以 $\ln(J/E^2)$ 和 $1/E$ 分别为纵坐标和横坐标作图可得到图 3.4.28 的 F-N 曲线，发现在高场下近似表现为直线，说明在较高的电场下为隧穿电子发射。在低场下 F-N 曲线与高场下不同，较为平缓，即有扫尾现象。这种现象可能是由于在低场下有部分热电子参与发射，加之表面吸附的一些极易电离的粒子，在低电场作用下难以越过表面势垒发射到真空中[63]。

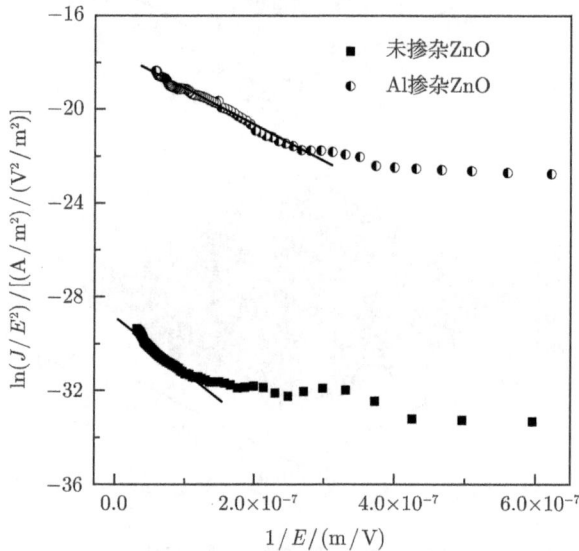

图 3.4.28　未掺杂 ZnO 薄膜和 Al 掺杂 ZnO 薄膜的 F-N 曲线

Al 掺杂 ZnO 薄膜具有如此奇异的场发射特性，是否源自几何场增强呢？由 F-N 曲线斜率可以求得未掺杂 ZnO 和 La 掺杂 ZnO 的场增强因子太大，与实际情况不符。于是我们通过 "hemi-ellipsoid on a plane" 场增强模型来计算我们这种场发射样品实际的场增强因子。未掺杂 ZnO 和 Al 掺杂 ZnO 的膜厚分别为 ~280 nm 和 ~300 nm，晶粒直径分别为 ~75 nm 和 ~65 nm，代入公式 (3.4.3) 计算得到场增强因子分别为 31.8 和 43.6，然后分别代入 F-N 公式 (3.4.6) 中，发现由这种场增强因子计算得到的电流密度远小于实验值。其原因可能就在于我们计算所用的 ZnO 功函数 (5.4 eV) 过大。

我们假设掺杂前后薄膜具有相同的电子亲和势。假设未掺杂 ZnO 和 Al 掺杂 ZnO 的载流子浓度分别为[68]：1×10^{18} cm^{-3} 和 1×10^{19} cm^{-3}。由公式 (3.4.5) 计算可得到 Al 掺杂 ZnO 功函数比未掺杂 ZnO 小 0.06 eV。进一步结合 F-N 曲线，联立方程 (3.4.6)~方程 (3.4.8)，我们估算得到未掺杂 ZnO 薄膜功函数为 (0.3±0.01) eV，Al 掺杂 ZnO 薄膜功函数为 (0.24±0.01) eV。可以看出制备的两个样品表面功函数都非常小，而且掺杂后的薄膜功函数进一步降低，也就是说一定程度上降低了表面隧穿势垒。

　　与 La 掺杂 ZnO 薄膜相同的是，Al 掺杂同样导致薄膜功函数减小，使得表面势垒高度降低，场发射增强。但不同的是，Al 属于轻金属原子，Al^{3+} 半径(0.053 nm) 远小于 La^{3+} 半径 (0.106 nm)，Al 原子在晶格中更多的以替代 Zn 位形式存在。由于比 Zn^{2+} 多一个正电荷，所以每个 Al^{3+} 周围便形成一个正电中心，这个正电中心可以把金属一个 "多余" 的价电子束缚在自己周围，形成一个靠近导带底部的施主能级。因为正电中心的束缚力比晶格对参加离子键的价电子的束缚能力小得多，因此即使在较低的温度下也很容易将束缚的电子热激发到导带。而场发射电子一般认为是从导带底隧穿到真空能级的，从而提供了更多的电子源，提高了场发射电流密度。

　　由上可知，Al 掺杂后 ZnO 薄膜场发射电流密度得到了数量级的提高。其场增强的机制类似于 La 掺杂 ZnO 场发射增强，即 Al 的掺杂可以使得 ZnO 薄膜费米能级升高，最终使其功函数降低，一定程度上降低了表面隧穿势垒，从而增大了场发射电流。但是由于 Al^{3+} 半径 (0.053 nm) 远小于 La^{3+} 半径 (0.106 nm)，Al 原子在晶格中更多的以替代 Zn 位形式存在。能形成更多的正电子中心和施主能级。由于正电中心的束缚力比晶格对参加离子键的价电子的束缚能力小得多，因此将会有更多的电子解脱束缚而热激发到导带，从而提供了更多的电子源，提高了场发射电流密度。

　　利用射频磁控溅射法在 Si 衬底上沉积了 La 掺杂 ZnO 和 Al 掺杂 ZnO 薄膜 (La 掺杂 ZnO 一组用的是粉末靶，而 Al 掺杂 ZnO 一组用的是陶瓷靶)，研究了掺杂对场发射性能的影响，发现未掺杂 ZnO 薄膜的场发射特性均不及掺杂 ZnO 薄膜。La 掺杂 ZnO 薄膜开启电场为 $\sim$0.4 V/μm(电流密度达到 1 μA/cm² 时的场强)，场强达到 $\sim$2.1 V/μm 时，电流密度达到了 1 mA/cm²。特别地，在 2.38$\sim$4.16V/μm 的场强范围内，La 掺杂 ZnO 薄膜发射电流比未掺杂 ZnO 薄膜整体提高了 2000$\sim$3000 倍。Al 掺杂 ZnO 薄膜开启电场为 $\sim$0.9 V/μm(电流密度达到 1 μA/cm² 时的场强)，场强达到 $\sim$6.6 V/μm 时，电流密度达到了 1 mA/cm²。Al 掺杂 ZnO 薄膜的电流密度比未掺杂的 ZnO 薄膜电流密度整体提高了 4$\sim$5 个数量级。

　　通过自洽计算出了 La 掺杂 ZnO 功函数约为 (0.18 ± 0.01) eV，Al 掺杂 ZnO 薄膜功函数约为 (0.24 ± 0.01)eV。掺杂后 ZnO 薄膜比未掺杂 ZnO 薄膜的场发射电流密度有数量级的提高。La 掺杂 ZnO 薄膜场增强实质可能源于：掺杂可以使 ZnO 薄膜费米能级升高，最终使其功函数降低，也就是说 定程度上降低了表面隧穿势垒，增大了场发射电流。而 Al 掺杂 ZnO 薄膜除了与之类似的增强机制之外，由于原子特性差异，又有自己的增强原因，即：由于 Al^{3+} 半径 (0.053 nm) 远小于 La^{3+} 半径 (0.106 nm)，Al 原子在晶格中更多的以替代 Zn 位形式存在。能形成更多的正电子中心和施主能级。由于正电子中心的束缚力比晶格对参加离子键的价电子的束缚能力小得多, 因此将会有更多的电子解脱束缚而热激发到导带, 从而提供了更多的电子源, 提高了场发射电流密度。更为深入全面的掺杂导致场发射增强机制仍需要进一步的研究。

3.5　晶体微结构调控薄膜场发射性能

前面主要研究纳米薄膜场发射的基底效应、厚度效应以及掺杂与成分调制对宽带隙半导体薄膜场发射性能的物理机制。本节我们主要研究纳米薄膜晶体微结构对场发射性能的影响。

3.5.1　BN 薄膜相结构调控及其对场发射性能的影响

本节中我们主要研究通过控制实验的工艺参数来达到控制 BN 薄膜相结构, 并分析其对场发射性能影响的机制。

宽带隙半导体材料普遍具有 NEA, 从而有利于降低阈值电压、增大发射电流, 因而其场电子发射特性及其作为冷阴极发射材料的应用备受关注。其中, 作为冷阴极发射材料研究较多的是金刚石及类金刚石薄膜, 相关的实验与理论工作都较为深入。而作为另一种重要的宽带隙半导体材料 BN[93,123-125], 对其研究却相对较少。原因在于其具有优异场电子发射性能的纯相的 c-BN 薄膜的制备相当困难, 相反容易获得高纯的 h-BN 薄膜, 其场电子发射性能却较差[93]。因此, 研究相结构对场发射性能影响, 将具有十分重要的意义, 一方面, 对于冷阴极发射材料中, 像具有 sp^3 键结构的宽带隙材料, 通常具有良好的发射性能, 如金刚石、β-SiC 及 c-BN 等, 而 sp^2 键结构, 其场发射性能却相对要差得多, 如 h-BN 等, 这就说明了研究相结构对场发射性能影响也许能进一步理解场发射物理实质, 有助于设计更为优异的场发射材料。另一方面, 目前尚很少有人研究相结构对场发射隧穿的影响, 因此研究相结构对 BN 薄膜场电子发射性能影响具有引导性作用, 材料相结构在场发射过程中其作用也是不可忽略的。

我们在长期研究 BN 薄膜沉积机理的工作基础上, 基本解决了制备 c-BN 薄膜的主要问题, 为研究 BN 薄膜特别是 c-BN 薄膜的场电子发射性能创造了条件。采用磁控溅射方法在 Si 基底上制备出不同立方相含量的 BN 薄膜, 并通过傅里叶红外谱 (FTIR) 与卢瑟福背散射谱 (RBS) 确定了薄膜的主要相结构, 通过不同相结构 BN 薄膜场发射性能比较, 从而研究相结构对 BN 薄膜场电子发射性能影响作用。

实验中, 采用磁控溅射系统, 利用上面优化的工艺参数, 基底为 (100) 硅, 其电阻率为 5~8 $\Omega \cdot$cm, 射频功率为 500 W, 基底温度为 500 ℃, 溅射时基压为 2×10^{-4} Pa, 混合工作气压为 1.3 Pa, 工作气压比 Ar/N_2=1。为调整相结构, 基底负偏压从

70~220 V 变化，沉积时间为 1 h。在实验中，薄膜相结构采用 Nicolet 550 FTIR 吸收谱来表征，其组成成分及厚度通过 RBS 来标定，而表面形貌通过标准的 Nanoscope Ⅲ AFM 观察。场发射实验在低于 4.67×10^{-7} 高真空环境下进行，$I\text{-}V$ 曲线在使用铜碟为阳极的二极管结构室温下测定，场发射样品与阳极的隔离采用方形开口云母，云母厚度为 22 μm，误差为 ±1 μm。

图 3.5.1(a) 和 (b) 为负偏压分别为 180V 与 75V 的 FTIR 吸收谱图，很明显地，在负偏压为 180 V 时，相结构主要是由立方相构成，c-BN 相结构在波数为 1080 cm^{-1} 的峰非常大，而 h-BN 相含量却较少，而且图 3.5.2 中，进一步使用 RBS 分析，发现薄膜成分比为 B/N=1，说明其确实为 BN 薄膜结构，其厚度大约为 250 nm。但在负偏压为 75 V 时，c-BN 的 FTIR 振动峰几乎没有，而仅出现了表征 h-BN 相面内振动峰 780 cm^{-1} 及面间振动峰 1380 cm^{-1}，这说明 BN 薄膜主要为 h-BN 相形式存在。对于 c-BN 含量，实际上可通过采用 FTIR 振动峰强度来确定[126]：

$$C = I_{1080}/(I_{1080} + I_{1380}) \tag{3.5.1}$$

其中 C 为 BN 薄膜的 c-BN 相含量；I_{1080} 为 1080 cm^{-1} 峰强度；I_{1380} 为 1380 cm^{-1} 强度。通过计算对于负偏压为 180 V 时，其立方相含量已经超过 80%。

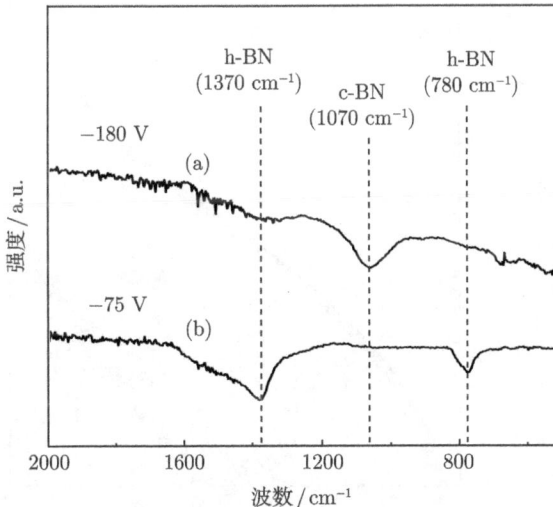

图 3.5.1 不同负偏压条件下的 BN 薄膜 FTIR 吸收谱图

(a) 180 V; (b) 75 V

图 3.5.3 为不同相含量的场发射 $I\text{-}V$ 曲线，很明显，对于高立方相含量 BN 薄膜，其阈值电场已经达到了 5 V/μm，而主要由六方相组成的 BN 薄膜场发射的阈值电场却是 18 V/μm，而且在同一电场条件下，其场发射电流强度远低于高立方相

含量的 BN 薄膜场发射电流强度, 大约相差两个数量级。这说明不同相结构对于场发射性能的影响是十分显著的, 这也与文献 [127] 结果一致。

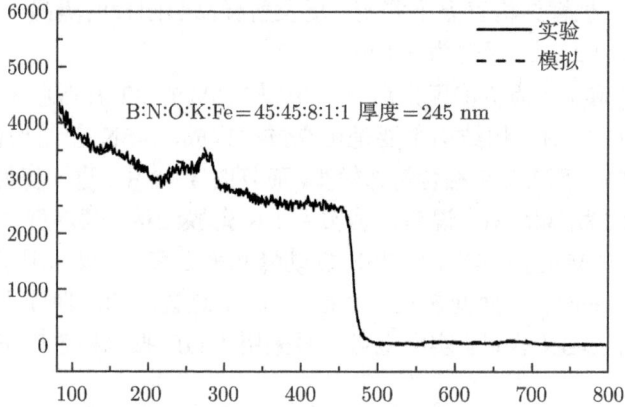

图 3.5.2　负偏压为 180 V 时, BN 薄膜的 RBS 谱分析

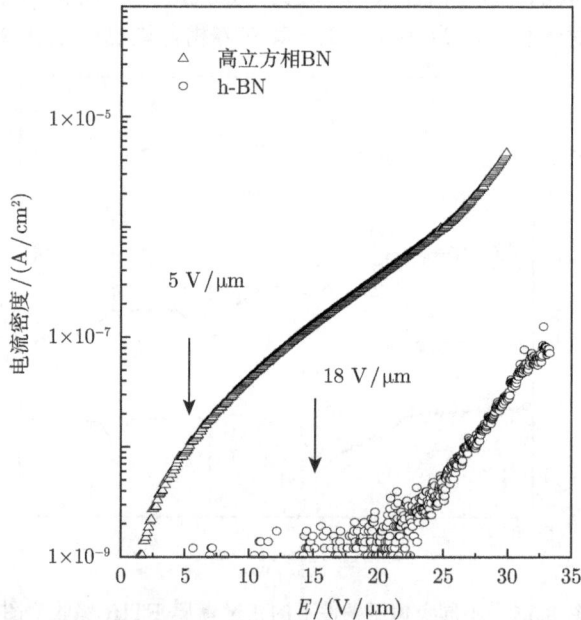

图 3.5.3　不同立方相含量 BN 薄膜的电流密度与电场强度关系曲线

就目前理论来讲, 场发射电流不同可能有以下几种原因: 发射材料表面形貌、材料能带结构及 NEA 等。图 3.5.5 为不同相含量的 AFM 表面形貌图, 可看出, 含立方相的 BN 薄膜粗糙度相对于主要为立方相组成的 BN 薄膜确实要大一些, 因

此将导致场增强因子增加，而发射电流变大。是否仅仅因为表面粗糙度使得场发射电流增加了两个数量级？以下将从不同相含量的 BN 薄膜的 F-N 图进一步分析场增强。一般地，F-N 方程可简单表示为

$$J = aE^2 \exp(-b\varPhi^{3/2}/E) \tag{3.5.2}$$

其中 a, b 为常数，与材料结构有关；J 为电流密度；E 为外加电场强度，在金属中 $\varPhi$ 为功函数，而在半导体中 $\varPhi$ 为与表面势垒有关的量。在方程中，b 是决定表面形貌的一种量，并与场增强因子 β 成反比 ($b \approx 6.44 \times 107/\beta$)。在图 3.5.4 中，如果假设对于某一种相结构场增强因子不变，可发现含立方相 BN 薄膜场发射 F-N 曲线实际由两部分组成的：c-BN 相场发射部分及 h-BN 场发射部分，而且我们可以发现，在低电场条件下，能出现场电子隧穿过程的仅有 c-BN 相，这也暗示了若要得到更低阈值电压，提高 BN 薄膜立方相含量将可能是一种可行方案[106]。在 F-N 图中，b_2/b_1 为曲线斜率之比，通过计算可得

$$\frac{\beta_1}{\beta_2} = \frac{b_2}{b_1} \cong 2.8 \tag{3.5.3}$$

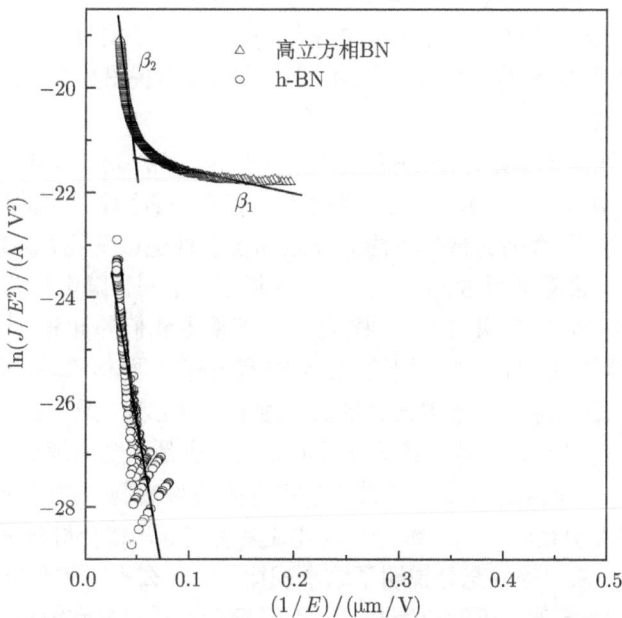

图 3.5.4　电流密度与电场强度关系曲线的 F-N 曲线

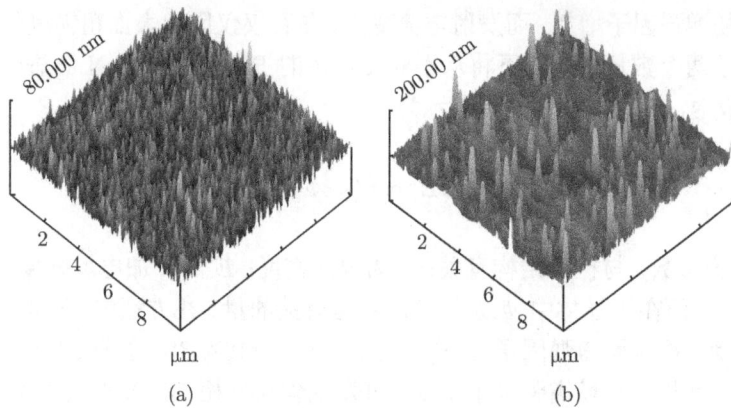

图 3.5.5　BN 薄膜 AFM 形貌图

(a) 不含立方相的 BN 薄膜; (b) 高立方相含量的 BN 薄膜

　　从式 (3.5.3) 可知，如果仅含立方相的 BN 薄膜只有表面形貌增强，则电流强度将仅增强 $e^{2.8} \approx 16.45$ 倍。而从图 3.5.3 的场发射曲线上可看到，不管外加电场如何，含立方相的 BN 薄膜场发射电流强度是主要含六方相的 BN 薄膜的场发射电流强度的 10^2 倍以上。这说明，对于不同相结构 BN 薄膜的场发射增强，起主要作用的不是相结构不同导致的表面形貌场增强。Kimura 等[128] 认为，可能是 c-BN 晶粒的不确定形状，导致了发射面积的增大，从而增大了发射电流。但是从我们实验样品的 AFM 形貌图 (图 3.5.5) 看，不同相结构的形貌图基本相似，场发射面积将不可能大大增加。

　　那么，不同相结构 BN 薄膜场发射增强实质何在呢？对于 h-BN 及 c-BN 相结构都可能存在 NEA[129]，因此不会因为 NEA 存在与否而使不同相结构 BN 薄膜产生如此大差异。是否因为带隙不同而导致场发射性能改变呢？c-BN 的带隙宽为 6.5 eV，而 h-BN 带隙宽为 5.2 eV，因为场作用下，不同带隙宽将存在着不同带弯曲，从而使得电子发射源来自于不同能级带。但根据我们的计算[130]，带弯曲与带隙宽基本呈线性关系，对于具有相近 NEA 的宽带隙半导体，其带弯曲对场发射的影响将是很小的。若进一步考虑表面形貌场增强，但 h-BN 及 c-BN 薄膜场增强仅相差 16.45 倍，根据 F-N 方程，其场发射电流大小也是不会出现数量级的改变。于是自然会想到，引起相结构改变的成键方式可能是影响场发射改变的一个重要因素。实验上已经充分证实了 sp^3 键合材料往往具有比 sp^2 键合材料更为优异的场发射性能，如 BN、SiC 等就充分说明了这个规律。为什么不同键合方式可能导致场发射性能如此大差异呢？可能原因在于，不同键合方式将导致材料组成结构不同，从而出现一些特殊发射电子积累点，从而导致电子更容易从表面隧穿，将可能降低阈值电压与增强场发射电流。在 CNT 场发射中，开口 CNT 与闭口 CNT 的场发射性能巨大差异也说明了结构对于场发射性能极为重要的作用。而相结构对于场发射性能巨大影响的物理实质及理论根源将在以后进一步探讨、发展与完善。

由于 BN 薄膜具有良好的物理化学性能，所以近十几年来，人们对其结构及性能的研究一直都是比较感兴趣的。但对于高质量 BN 薄膜制备，尤其是高质量 c-BN 薄膜，却没有大的突破。原因在于生长高立方相含量的 BN 薄膜条件较苛刻，生长工艺难以把握。于是，工艺参数的研究对高质量 c-BN 薄膜制备可能起到关键的作用，且对场发射性能具有十分重要的影响。因此，本节分析了 BN 薄膜不同相结构对于其场发射性能的影响及实际作用。研究表明：通过研究不同相结构 BN 薄膜场发射性能，发现高立方相 BN 薄膜具有更为优异的场发射性能，除了不同相结构 BN 薄膜表面形貌引起的场增强外，场发射增强更主要的原因可能在于不同相结构薄膜键合方式不同而导致电子积累及表面势垒的异同，一般而言，sp^3 键合材料的场发射性能可能要优于 sp^2 键合方式的场发射性能。

3.5.2 AlN 薄膜取向控制及其对场发射性能的影响

AlN 是一种非常重要的宽带隙半导体材料，其禁带宽度为 6.2 eV，是重要的蓝光、紫外发光材料，因此引起人们的广泛关注，并已经得到了广泛的应用，可能在许多方面具有十分重要的潜在应用[131-133]。本节中主要针对 AlN 薄膜取向控制，以及该结构薄膜对其场发射性能的影响进行研究。

实验样品的制备设备仍采用 3.1 节磁控溅射系统。通过优化工艺参数，发现工作气压为 1.2 Pa，溅射功率为 120 W 时，沉积在 Si 基上的 AlN 薄膜质量良好，且能通过改变基底温度沉积不同取向的薄膜，改变沉积时间获得不同厚度的 AlN 薄膜。因此，为更好地比较取向 AlN 薄膜的场发射特性，在保持工作气压为 1.2 Pa 及溅射频率为 120 W 不变的情况下，通过改变基底温度 (200 ℃ 与 400 ℃)、沉积时间 (20 min 与 80 min)，选取了三个具有代表性的样品 (基底温度 200 ℃ 及沉积时间 60 min、基底温度 400 ℃ 及沉积时间 20 min、基底温度 400 ℃ 及沉积时间 80 min) 进行场发射测试，从而保证其中有两个取向不同，两个厚度不同。场发射测试采用 3.1 节所述装置。

不同沉积时间将导致不同的薄膜厚度，实验首先比较了不同厚度的 (002) 取向 AlN 薄膜场发射特性，从图 3.5.6 可看出，对同样的生长基底温度，也就是取向相同的情况下，在沉积时间为 20 min，薄膜厚度为 400 nm 的 AlN 薄膜比沉积时间为 80 min，薄膜厚度为 1.6 μm 的 AlN 薄膜，具有更为优异的场发射特性，对于 400 nm 的 AlN 薄膜，其场发射电流甚至达到了 28.6 μA/cm²，且阈值电压进一步降低，接近 5 V/μm 低开启场强。这种厚度对 AlN 薄膜场发射影响原因可能来源于两个方面：一方面，对于 Si 基上宽带隙的 AlN 薄膜，由于带隙较宽 (6.2 eV)，所以价带顶的电子可能很难跃迁到导带底而发射出表面，强场作用下，可能使价带底弯曲到费米能附近位置[134]，但要实现良好的场电子发射，必须要有充足的电子积累，于是，较薄的 AlN 膜将可能更利于 Si 基上的电子积累于强场作用下弯曲到费米能附近的 AlN 导带底，从而实现良好的场发射过程。另一方面，对于较厚的 AlN 薄膜表面较之于较薄的 AlN 膜更为光滑，这里，可以从两个样品的 AFM 表面形貌图看出 (图 3.5.7 及图 3.5.8),400 nm 的 AlN 薄膜的表面粗糙度为 1.708 nm，而 1.6 μm 的 AlN 薄膜表面粗糙度却只有 0.995 nm，表面粗糙度增加将导致场表面增强因子变大，而场发射电流大小将随表面增强因子指数级增加，这也是较薄 AlN 膜具有更为优异场发射特性的一个非常重要的原因。

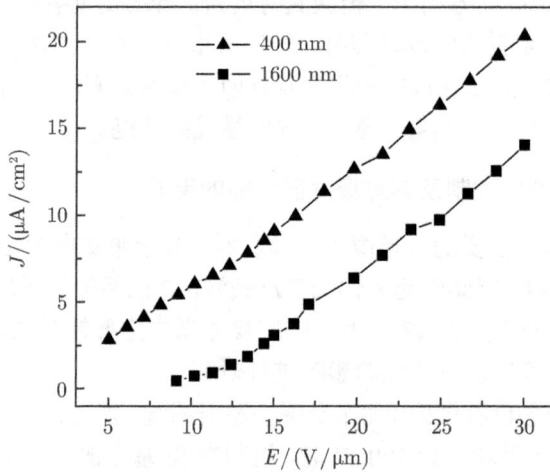

图 3.5.6　不同厚度 AlN 薄膜场发射 I-V 曲线

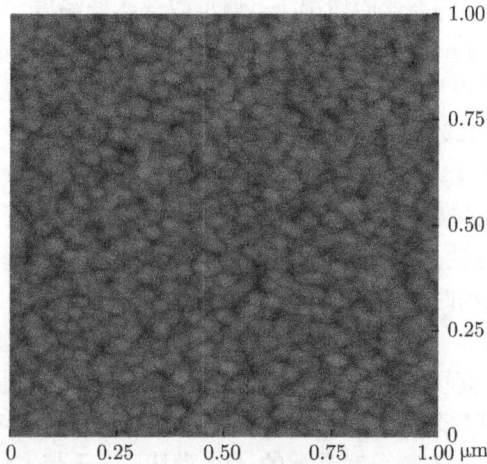

图 3.5.7　400 nm 厚 AlN 薄膜的 AFM 图

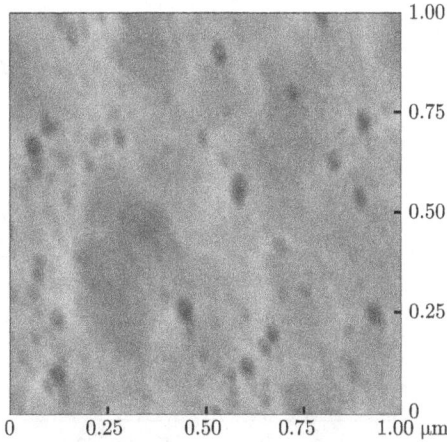

图 3.5.8　1.6 μm 厚 AlN 薄膜的 AFM 图

　　基于不同取向将可能对薄膜场发射性能造成较大影响, 试验中选取了两种不同取向的 AlN 薄膜进行了场发射测试, 一种样品仅有 (002) 取向 (生长薄膜的基底温度为 400 ℃), 而另一样品却具有两个取向 (100) 及 (002) 取向 (生长薄膜的基底温度为 200 ℃), 从图 3.5.9 中 XRD 谱可明显看出两种样品的不同取向形式。分别对两种不同取向 AlN 薄膜进行场发射测试, 发现具有 (100) 及 (002) 两种取向的 AlN 薄膜, 在目前采用的场发射测试系统中未能测到场发射电流的出现。而仅有 (002) 取向的 AlN 薄膜测试到非常大的发射电流 (图 3.5.10), 进一步地, 其 F-N 曲线 (图 3.5.11) 基本呈直线的现象, 也表明其确实是场电子发射隧穿电流, 且电流最大值达到了 15 μA/cm²。下面将进一步分析取向结构对于场发射性能影响的物理实质。

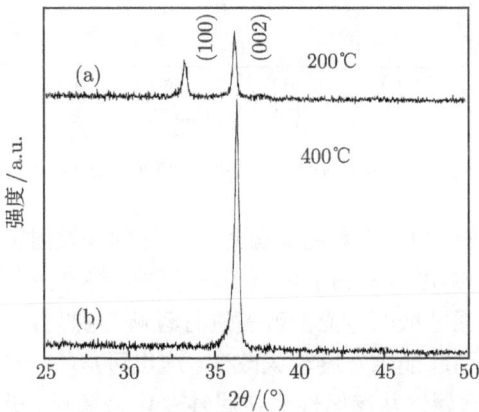

图 3.5.9　不同基底温度 AlN 薄膜的 XRD 谱

(a) 200 ℃; (b) 400 ℃

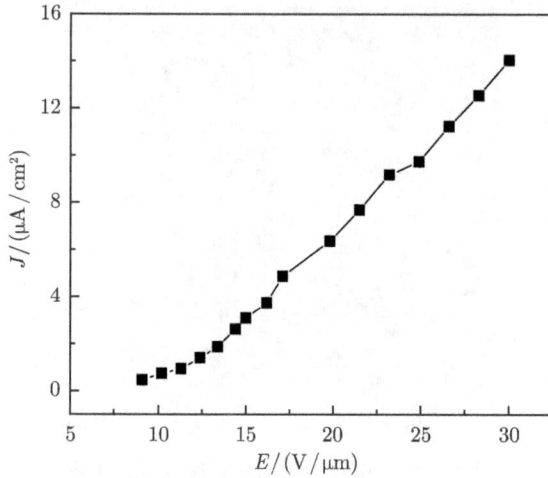

图 3.5.10   (002) 择优取向 AlN 薄膜场发射 $J\text{-}E$ 曲线

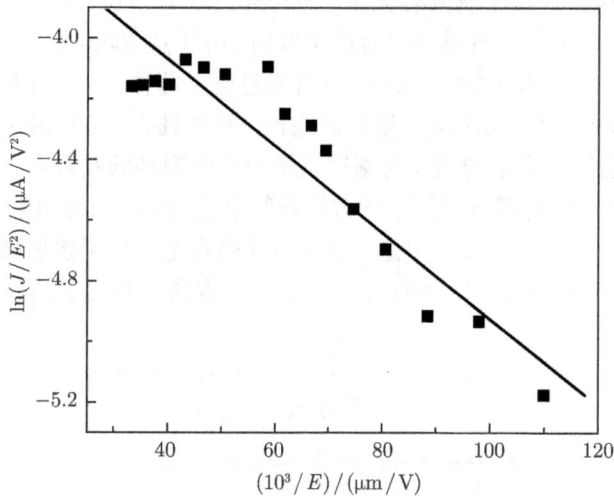

图 3.5.11   (002) 择优取向 AlN 薄膜场发射 F-N 图

上面实验已经表明, 单一取向将具有更为优异的场发射特性, 这也说明了高度取向 (单一择优取向) 将可能有利于场电子隧穿表面势垒。其物理实质或许能从能级结构与电子发射积累区域两方面的改变进行理解与探讨: 对于能级结构的改变, 可能因为取向性不同引起能隙宽度较大改变, 这也可从不同取向的 CNT 具有不同能隙宽度, 而使其物理属性从绝缘性到金属性变化来解释, 类似此情况, 或许 AlN 薄膜具有随取向结构变化的能级结构, 单一取向结构 AlN 的能级结构可能更加有利于场隧穿过程发生。另外, 高取向薄膜, 也就是单一择优取向或许更加利于场发射电子积累区域形成, 从而导致良好场电子隧穿过程的发生。这也可从 CNT 场发射类比理解, 对于闭口 CNT, 其 CNT 闭口端破坏了 CNT 的高度单一取向性, 因此其并不具有良好的场发射特性, 而一旦把闭口端打开, 恢复其内在的单一取向性, 则其将具有极为优异的场发射特性, 其场发射可能局域于开口端某个单一原子, 高度局域导致隧穿过程变得更加容易。对于单一取向 AlN 薄膜大于稳定场发射电流出现或许也能从电子高局域积累进行理解与研究。此外, 晶体不同取向结构引起晶界的改变可能导致场发射性能的改变。当然, 对于高取向薄膜优异场发射特性也可能有其他多方面原因。但由于目前我们的实验正处于开展中, 得到结果也是初步的与不全面的, 且其物理实质的分析也需要进一步理论计算支持。这也是我们下一步工作的主要目的, 下面将就不同取向 AlN 薄膜及其他取向薄膜进行全面研究, 同时进行相关理论研究与分析, 期望建立薄膜场发射取向性机制, 最终获得具有优异场发射特性的高取向性薄膜材料。

AlN 薄膜因其具有良好的光电性能, 因此无论是制备研究还是性能探索, 都成为目前氮化物半导体研究中的热点领域。由于 AlN 取向薄膜对于其光电性能有十分明显的改善, 所以研究取向制备方法及取向机制具有十分重要的意义。本章中, 采用反应磁控溅射系统, 制备出了高取向的 AlN 薄膜, 并研究了取向机制及工艺参数对于薄膜取向的影响。最后也就取向性对 AlN 薄膜场电子发射增强进行了研究。研究表明:

沉积气压对 AlN 取向是至关重要的, 影响实质可能在于不同气压条件导致形核密度及晶粒生长过程发生改变, 从而生长取向方式发生改变, 基于此, 试验上通过改变沉积气压条件得到了两种完全不同的择优取向 AlN 薄膜。进一步研究其他溅射参数对于 AlN 取向影响, 发现溅射功率、基底温度及基底材质对于 AlN 取向生长同样具有较大影响, 因为这些溅射参数同样能导致形核密度及晶粒生长速率改变, 这将导致不同 AlN 薄膜的取向生长。

在取向机制研究的基础上, 研究了取向 AlN 薄膜场发射性能。发现取向性对于 AlN 薄膜场发射性能影响是非常关键的, 对于具有 (100) 与 (002) 取向的 AlN 薄膜在目前测试系统中没有场发射电流出现, 而对于仅有 (002) 取向 AlN 薄膜却具有较好的场发射特性。另外, 不同厚度 AlN 取向薄膜对于场发射影响是较大的, 较薄 AlN 膜具有更好的场发射特性。

3.5.3 GaN 纳米薄膜晶体微结构调控对场发射性能的影响

本节中, 将采用 PLD 技术在 Si 衬底上直接沉积一系列纳米晶 GaN 薄膜。该 GaN 薄膜的结晶度、晶体取向等微结构可以通过沉积参数 (衬底温度) 的变化而简单、直接地控制, 从而研究纳米晶 GaN 薄膜阴极场发射特性和微结构效应之间的关系, 为高性能低成本的 Si 基 GaN 场发射器件阴极提供一种崭新的晶体结构调控方法。

1. GaN 纳米薄膜晶体微结构的调制及表征

利用 3.1 节所述的 PLD 技术，通过控制衬底温度在单晶 n-Si(100) 衬底上沉积了不同微结构的 GaN 纳米薄膜。在 GaN 纳米薄膜制备的过程中，具体的沉积参数如下：脉冲激光能量密度为 2.0 J/cm²，工作气压为 1 Pa。在沉积过程中，衬底温度分别设定为 1000 ℃、900 ℃、800 ℃、700 ℃和 600 ℃，并将相应的样品编号为 a~e，控制沉积时间为 10 min。沉积结束后，原位退火 30 min。由此得到不同晶体微结构的 GaN 薄膜。

采用 X 射线光电子能谱 (XPS) 对所有样品表面化学成分进行了测试分析，所有样品均显示出一致的测试结果，因此 XPS 表面化学成分以样品 c 为例。图 3.5.12 给出了样品 c 的 XPS 扫描全谱，扫描范围为 0~600 eV。图中各元素的峰值以 C 1s 峰 (284.8 eV) 作为参考基准。由图中可以看出，纳米晶 GaN 薄膜表面包含了 Ga、N、C 和 O 四种元素。图中几个主要峰位分别对应于 Ga 3d(19.8 eV)、Ga 3p(105.4 eV)、Ga 3s(159.8 eV) 和 N 1s(397.6 eV)。样品除了具有 Ga 和 N 的峰外还存在 O 1s 和 C 1s 峰，这可能是样品在空气中暴露而在样品表面形成 C 和 O 原子的吸附所造成的。图 3.5.12 中的小图分别显示了纳米晶 GaN 薄膜表面 O 1s 和

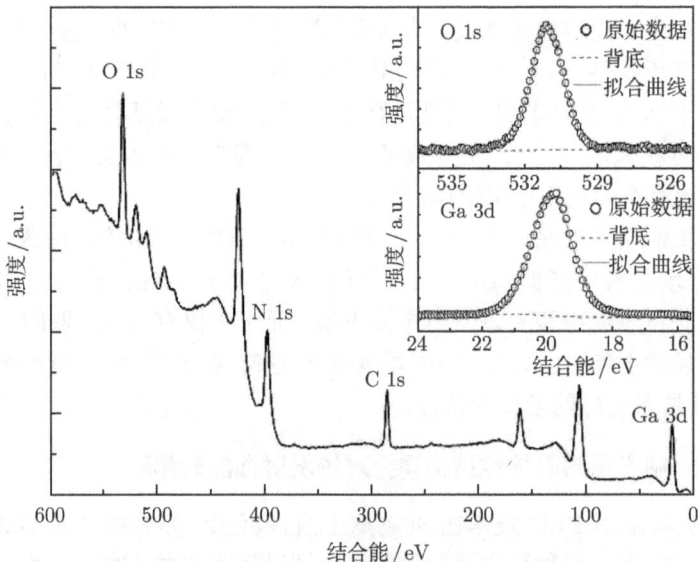

图 3.5.12　GaN 纳米晶薄膜的 XPS 能谱图

内部显示的是 O 1s 和 Ga 3d 的 XPS 能谱

Ga 3d 的 XPS 图谱。其中位于 531.3 eV 的 O 1s 峰属于表面化学吸附的氧原子[135]。根据文献报道，对于 Ga 3d 能级，20.6~20.8 eV 对应于 Ga—O 键而 19.6~19.8 eV 对应于 Ga—N 键[136,137]。因此，本实验中 Ga 3d 能级在 19.8 eV 处能够被非常好地拟合说明了表面成分由 GaN 组成。综合考虑 O 1s 和 Ga 3d 的峰位可以得出结论：所有样品均由成键 GaN 组成而未形成镓的氧化物。

图 3.5.13 给出了不同衬底温度下制备的 GaN 纳米薄膜的 XRD 图谱。对于沉积温度小于 500 ℃的 GaN 薄膜表现出较明显的非晶 XRD 特征 (未在图中显示)，这是由于在较低的温度下，表面吸附原子没有足够的能量扩散迁移到合适的位置，一般会形成表面粗糙且多孔的非晶薄膜。当温度达到 600 ℃时，在 34.5° 左右出现了非常宽的包状衍射峰。该包状衍射峰应对应于六方纤锌矿 GaN 在 32.4° 的 (100)、34.6° 的 (002) 以及 36.9° 的 (101) 面衍射峰。说明达到一临界温度后，表面吸附原子扩散迁移到合适的位置开始形核，但此时仍以非晶态为主，形成的晶核未有足够的能量长大，因此 XRD 图谱呈现出峰强小、峰形宽的特点。当温度升高到 800 ℃时，出现了非常明显的六方纤锌矿 GaN 在 (100)、(002) 及 (101) 面的衍射峰[138]，这表明温度的提高进一步促进了 GaN 形核长大过程，提高了 GaN 薄膜的结晶质量。由图 3.5.13 可见，一方面纳米晶含量的增多导致了衍射峰峰强的增大，另一方面晶粒尺寸的长大减小了对应晶面峰位的半高宽值。当温度继续增加到 1000 ℃时，只有 (002) 面衍射峰存在且峰强迅速增大，而 (100) 以及 (101) 面衍

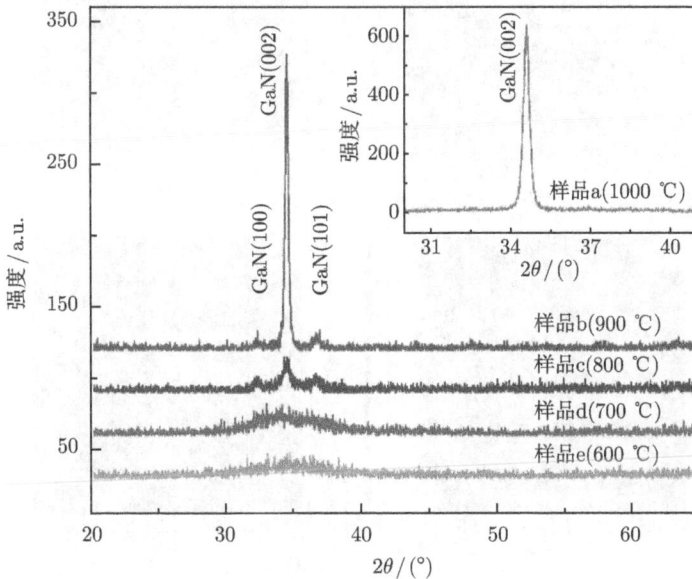

图 3.5.13 样品 b、c、d 和 e 的 XRD 图谱

插图显示的是样品 a 的 XRD 图谱

射峰消失，这说明在较高的温度下，表面吸附原子获得了足够的能量进行扩散迁移，在新的原子沉积到薄膜表面前已吸附原子能够迁移到能量最低的位置，因此 GaN 纳米晶粒迅速长大且呈现出沿六方纤锌矿 c 轴择优取向生长。

图 3.5.14 显示了不同厚度 GaN 纳米薄膜的 AFM 表面形貌照片。从图中可以明显看出，所有样品表面都形成了大量均匀分布的纳米尺度突起物，该突起物可以有效提高阴极表面的场增强因子，即提高发射表面的局域电场强度。随着沉积温度的升高，这些突起物的粒径从 500 nm 显著减小到了 100 nm 左右。通过计算，从样品 e 到样品 a 的均方根粗糙度分别为：51.8 nm、33.6 nm、16.8 nm、11.0 nm 和 3.9 nm，即粗糙度同表面粒径大小相一致，呈现出随温度增高而降低的趋势。这是由于在相同的脉冲激光能量以及脉冲频率条件下，包含靶材粒子的高能等离子体到达衬底后，对于已经吸附的粒子，其扩散能力主要依赖于衬底温度。当衬底温度较高时，粒子具有足够的能量从上一层生长表面快速转移到下一层生长表面，即吸附粒子能够较好地进行重排以获得较低的表面能，这时薄膜以二维生长模式进行生长，将会获得粗糙度较低的平面，如样品 a；当衬底温度较低时，粒子在层间的转

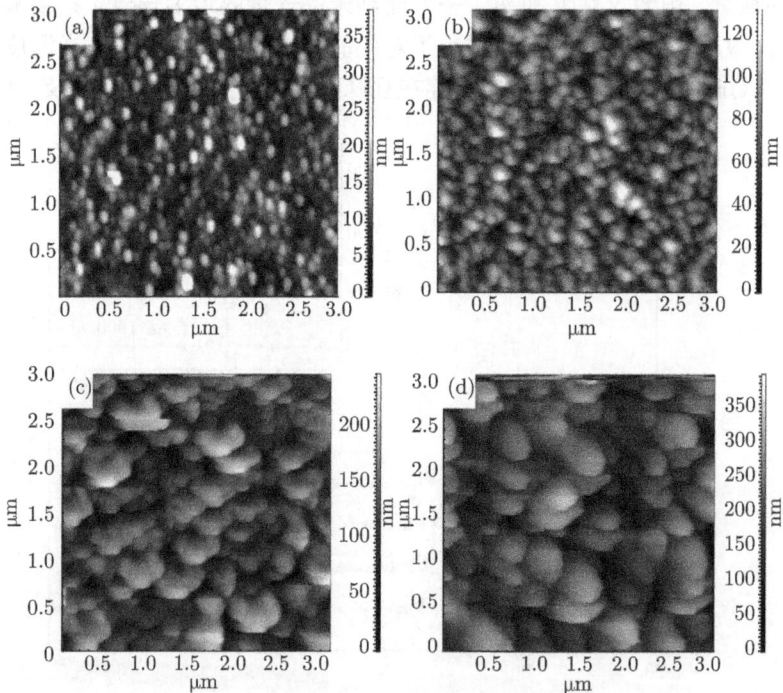

图 3.5.14   AFM 表面形貌照片

(a) 样品 a；(b) 样品 c；(c) 样品 d；(d) 样品 e

移困难，先到达表面的粒子尚未有效扩散，后续粒子又不断沉积到表面，容易形成大量的小岛而后会在已存在的小岛上产生堆积，此时薄膜以三维岛状模式生长，将会得到粗糙度较高的平面，如样品 e。上述 XRD 和 AFM 测试结果均显示出衬底温度对 GaN 薄膜微结构以及表面形貌的显著影响。

采用表面粗糙仪对所有样品的厚度进行了测量，测试结果显示所有样品的厚度分布在 220~260 nm 范围内，因此厚度变化对场发射性能的影响应仔细考虑。一方面，Zhao[139] 等对非晶碳薄膜的研究结果显示，从 50~300 nm 的范围内场发射开启电场及阈值电场不随薄膜厚度变化而改变，说明阴极薄膜厚度对场发射特性影响较小。另一方面，Lu[140] 等研究了在发射体表面涂覆不同厚度的 $Ba_{0.65}Sr_{0.35}TiO_3$(BST) 薄膜对场发射性能的影响，研究结果显示出：从 15~90 nm 膜厚的 BST 涂层对场发射特性影响显著，但通过对 XRD 等测试结果分析可知，场发射特性的变化主要源于薄膜中微结构的不同而非薄膜厚度变化本身；Sugino[42] 等研究了在 Si 衬底上沉积一系列不同厚度的 BN 薄膜，研究结果表明，对于厚度大于 20 nm 的薄膜膜厚，场发射性能的变化源于不同厚度薄膜表面粗糙度的变化而非膜厚变化本身；Ji[141] 等对金刚石薄膜阴极的研究也表明，不同厚度金刚石薄膜对场发射性能的影响是源于薄膜中 (111) 和 (110) 晶面取向晶粒间相对含量的变化。综上所述，对于传统纳米薄膜 (厚度 >10 nm)，膜厚的变化不会对场发射性能产生较大的影响。由于本实验中的样品厚度均大于 200 nm，有理由相信膜厚的小幅变化不会对场发射性能造成显著影响，即厚度效应可以忽略不计。

2. 纳米薄膜晶体微结构对其场发射的影响

图 3.5.15(a) 给出了不同微结构 GaN 纳米薄膜的场发射 J-E 关系曲线，其相应的 F-N 曲线显示在图 3.5.15 (b) 中。从场发射 J-E 关系曲线可以看出，所有样品均表现出明显的场发射特性。而从 F-N 曲线可以看出，在高场下所有样品均可以被线性拟合，这说明电子的发射机理源于量子 F-N 隧穿过程。本节中，场发射开启电场 E_{on} 定义为当电流密度达到 1 μA/cm² 时所需要的电场强度，场发射阈值电场 E_{th} 定义为当电流密度达到 0.1 mA/cm² 时所需要的电场强度。场发射测试结果显示出：除了样品 a 外，在较低电场下 (<10 V/μm)，从样品 e 到样品 b 的 E_{on} 分别为 8.9 V/μm、7.0 V/μm、4.5 V/μm 和 2.3 V/μm，且场发射电流密度显著增大了两个数量级；在较高电场下 (>10 V/μm)，E_{th} 也从样品 e 的 44.5 V/μm 急剧下降到样品 b 的 15.7 V/μm。上述场发射特性测试结果显示出随其制备衬底温度的提高，GaN 薄膜的结晶质量得到提高，与此同时其场发射性能获得提升。本实验中纳米晶 GaN 薄膜样品以及文献中报道的 GaN 纳米结构阴极场发射特性比较列于表 3.5.1 中。

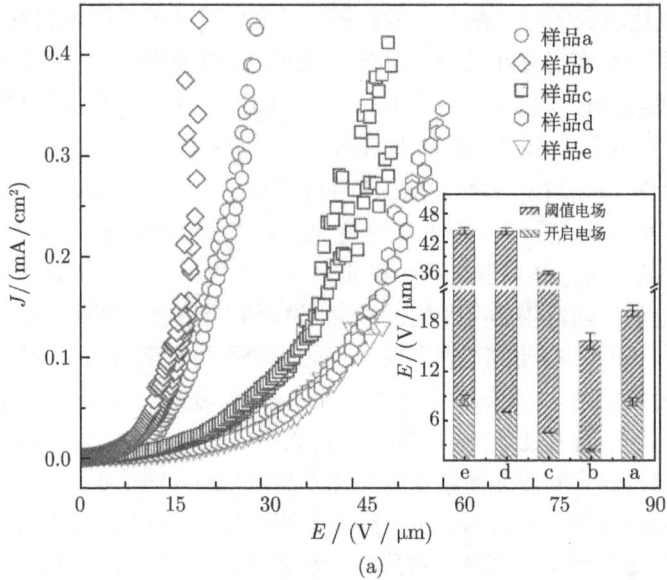

(a)

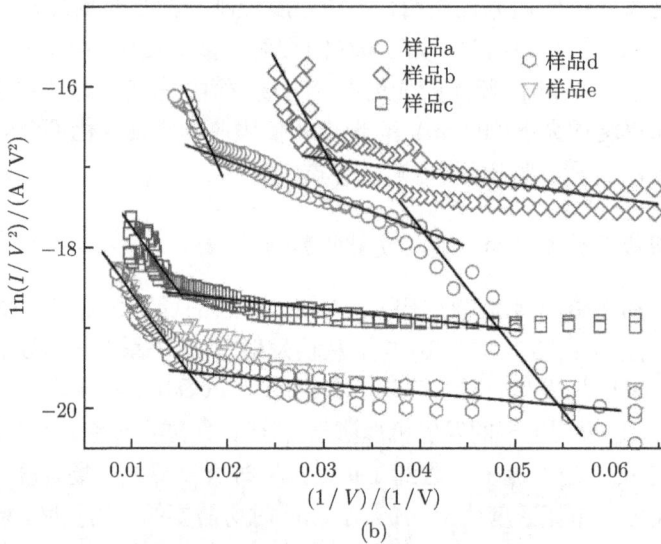

(b)

图 3.5.15　样品 a~e 的场发射特性曲线

(a) 场发射 J-E 关系曲线, 内部显示的是相应样品的 E_{on} 和 E_{th} 统计图; (b) 与 J-E 关系曲线对应的场
发射 F-N 曲线

　　通过场发射性能对比发现, 本节研究中所制备的 GaN 纳米薄膜 (样品 b) 开启
电场要低于传统的薄膜型 GaN 阴极, 甚至可以和一维 GaN 纳米材料阴极相媲美。
这说明优化的 GaN 微结构 (结晶质量、晶粒尺寸及取向) 薄膜可以有效地提高场发射性能。其具体作用机理需要对 F-N 曲线作进一步的分析。

表 3.5.1 GaN 纳米结构材料的开启电场 E_{on} 以及最大电流密度 J_{max}

特性	$E_{on}/(V/\mu m)/(\mu A/cm)$	$J_{max}/(mA/cm^2)/(V/\mu m)$	文献
三角纳米微管	2.9 / 10	3.0 / 9.5	[142]
针状纳米线	2.1 / 1	1.4 / 4.8	[143]
纳米线	4.0 / 10	0.01 / 4.0	[10]
模板法纳米线	8.4 / 10	0.96 / 10.8	[144]
纳米缆	1.4 / 0.1	0.1 / 3.4	[145]
针状纳米线	7.5 / 10	0.03 / 8.0	[146]
纳米线	8.5 / 0.1	0.2 / 17.5	[147]
纳米线	7.0 / 10	0.09 / 8.3	[148]
纳米带	6.1 / 0.1	0.35 / 13.5	[149]
纳米晶薄膜	2.3 / 1 (6.5 / 10)	0.43 / 20.0	本工作 (样品 b)

3. 晶体微结构场发射调控机制

根据式 (3.4.6)，通过对 F-N 曲线的线性拟合，场增强因子 β 可以由曲线斜率 k 计算获得，而有效发射面积 α 可以由 F-N 曲线和 y 轴的截距 b 计算获得。考虑到本实验中 GaN 薄膜足够厚 (> 100 nm)，纳米尺度效应可以忽略。而且所有样品未经表面处理，且 XPS 能谱显示表面清洁未包含其他元素的化学吸附及氧化，因此所有样品的表面有效势垒高度可以看做不变。如果将样品 a 的场增强因子 β_α 和有效发射面积 α_α 归一化为 1，则其他样品相对于样品 a 的场增强因子比 β_r 可以计算为

$$\beta_r = \frac{\beta_x}{\beta_A} = \frac{B\Phi^{2/3}d}{k_x} \cdot \frac{k_A}{B\Phi^{2/3}d} = \frac{k_A}{k_x} \tag{3.5.4}$$

有效发射面积比 α_r 可以计算为

$$\alpha_r = \frac{\alpha_x}{\alpha_A} = \frac{\exp(b_x)\Phi d^2}{A\beta_x^2} \cdot \frac{A\beta_A^2}{\exp(b_A)\Phi d^2} = \frac{\exp(b_x)}{\exp(b_A)\beta_r^2} \tag{3.5.5}$$

图 3.5.16 给出了不同纳米晶 GaN 薄膜的 β_r 值和 α_r 值。由图 3.5.16(a) 可以看出，从样品 e 到样品 a 的 β_r 值呈现出逐渐降低的趋势，这和 AFM 所测得的样品表面粗糙度随温度升高而下降的规律是一致的，说明对于薄膜型阴极其粗糙度的增大提高了几何场增强因子。然而较小的场增强因子却具有较优的场发射性能，这不同于一般场发射阴极的特性。另外，从图 3.5.16(b) 所示的 α_r 值可以看出，其变化规律和场发射性能的变化规律完全一致，说明了晶体微结构变化所导致的有效发射面积改变是增强场发射性能的主要因素，对薄膜型阴极而言，有效发射面积主要由电子在薄膜内部的输运过程决定。因此，需进一步分析微结构调制场发射性能的物理根源。

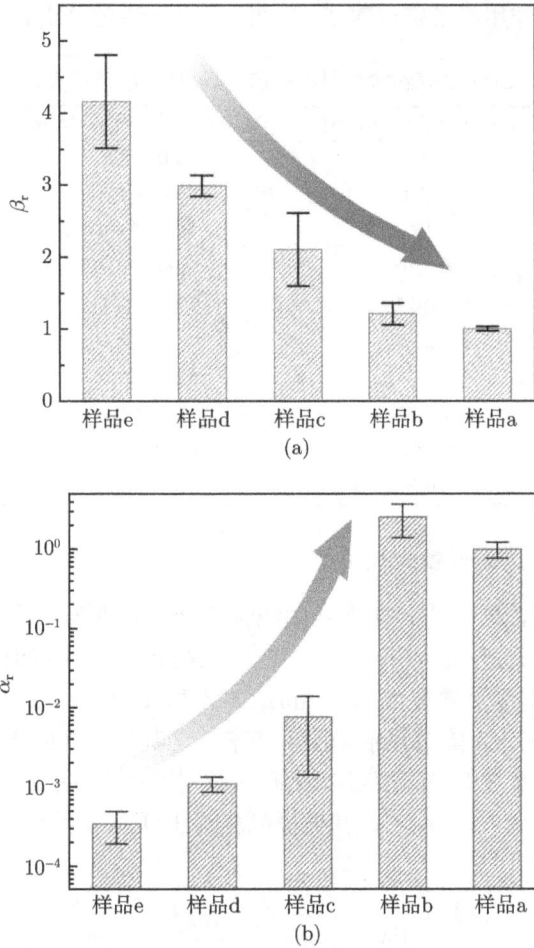

图 3.5.16　通过线性拟合 F-N 曲线得到的样品 a~e 的 (a) 场增强因子比以及 (b) 有效发射
面积比

　　通常, 场发射电流密度可写为[150]

$$J = e \int D(E_x) N(E_x) \mathrm{d}E_x \tag{3.5.6}$$

式中 $D(E_x)$ 为金属内部 x 方向上能量为 E_x 的电子穿透势垒的概率, 即透射系数。
其大小主要取决于表面有效势垒高度及场增强因子。一方面, 表面有效势垒高度降
低将减小电子隧穿势垒的高度, 可以有效增大透射率; 另一方面, 场增强因子的增
加可以有效增大近发射表面电场强度, 可以更有效地减小表面势垒宽度从而增大
透射率。$N(E_x)$ 为金属内部 x 方向上能量为 E_x 的电子单位时间打在单位面积上
的数目, 称为供给函数。供给函数主要取决于电子在薄膜内部的输运, 而薄膜晶体

微结构对电子在薄膜内部的输运过程起着至关重要的作用，从而影响其供给函数的大小。近几年来，金刚石等宽带隙半导体由于具有低的甚至负的电子亲和势而成为薄膜型场发射阴极的研究热点，然而作为宽带隙 (> 3 eV) 半导体，电子供给困难，势必对场发射性能造成严重影响。然而实验结果却表明，金刚石等宽带隙半导体具有其他材料薄膜型阴极所不具备的优异场发射性能。这是由于电子能够通过薄膜内部电子传导通道实现电子的有效供给，再经过表面低的甚至负的电子亲和势发射从而获得卓越的场发射性能，因此有效传导通道的形成对于宽带隙半导体材料的电子输运至关重要。

本研究中，图 3.5.17 显示了衬底温度小于 600 ℃ 以及衬底温度为 700 ℃ (样品 d) 时 GaN 纳米晶薄膜的 SEM 表面形貌图。由图中可以清晰看出，样品表面具有 300~500 nm 尺度的小岛，和 AFM 表面形貌测试结果相一致，而小岛表面又嵌入了尺度在 10~30 nm 的小晶粒。这些小晶粒随衬底温度的增高而长大，从衬底温度小于 600 ℃ 时的 10 nm 长大到衬底温度为 700 ℃ 时的 100 nm。这些小晶粒对于电子在 GaN 薄膜内部的输运和电子在表面的发射将起到重要的作用。下面提出了定性的传导通道模型，解释了电子在 GaN 纳米晶薄膜中的输运过程。

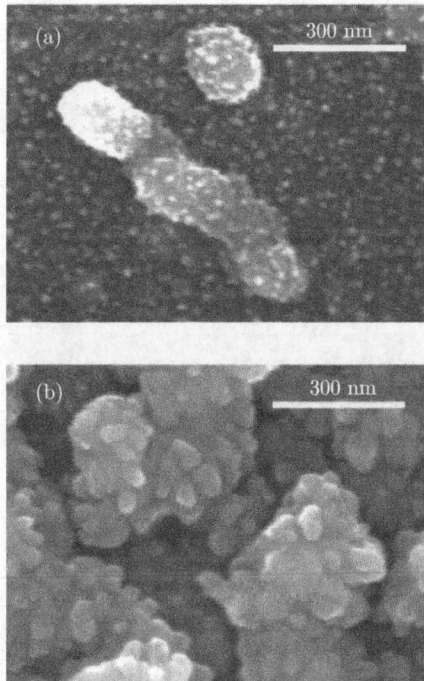

图 3.5.17　GaN 纳米晶薄膜的 SEM 表面形貌

(a) 600 ℃ 以下沉积的 GaN 薄膜；(b) 沉积温度为 700 ℃ 的 GaN 薄膜 (样品 d)

图 3.5.18 给出了 GaN 纳米晶薄膜电子输运示意图。当温度较低时，GaN 薄膜主要由非晶态组成，在非晶态GaN薄膜中镶嵌有晶粒尺寸较小的GaN纳米晶晶粒，各个GaN纳米晶晶粒间彼此孤立，不能形成有效的电子传导通道，如图 3.5.18 (a) 所示。而当温度较高时，GaN 薄膜中纳米晶含量增多且晶粒尺寸长大，镶嵌在非晶态 GaN 中相互孤立的纳米晶 GaN 彼此连接，形成电子传导通道，如图 3.5.18 (b) 所示。对于电子传导通道，Semenenko[151] 等报道了在 $SiO_x(Si)$ 薄膜内部由于 Si 纳米晶相互连接形成传导 Si 线，从而实现了薄膜内部的大电流传导。这说明 GaN 纳米晶晶粒很可能作为有效传导通道而增强了场发射过程的电子供给。而对于衬底温度小于 800 ℃的样品，虽然表面粗糙度增大使得场增强因子提高了 2~4 倍，但是彼此孤立的 GaN 纳米晶不能有效形成导电通道，使其电子供给显著减小，导致表面有效发射面积比 α_r 降低 3~4 个数量级。由此可见对于薄膜型阴极，和场增强相比电子供给占据场发射过程主导地位。

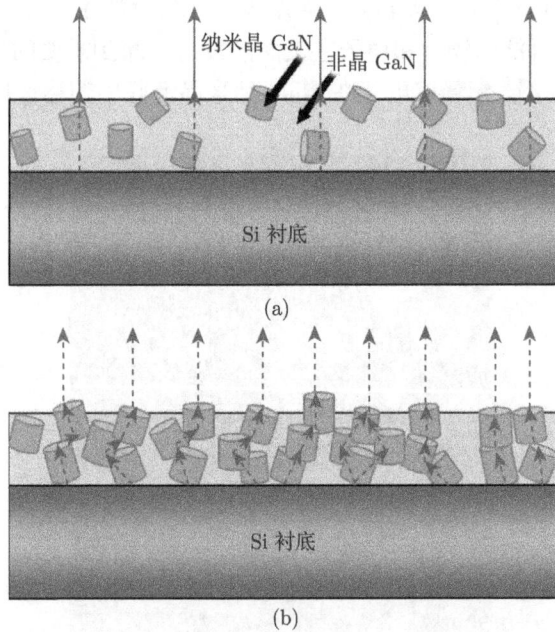

图 3.5.18   GaN 纳米晶薄膜在不同微结构下的电子发射模型示意图

通过上述分析可知，电子传导通道是和 GaN 纳米晶晶粒尺寸及其含量密切相关的。而该电子传导通道可能源于两种不同的电子输运机制，确定其具体的输运机制对于探明晶体微结构增强场发射性能的物理本质至关重要。第一种输运机制是电子通过 GaN 晶粒内部进行输运。如 Thelander[152] 等研究表明，InAs 纳米线中六方纤锌矿和立方闪锌矿结构 InAs 的相对含量对该纳米线电学性能影响显著，相含量的相对变化将会导致电导率两个数量级的变化。这说明电子在相同材料但不同相结构中的输运能力会发生显著变化，最终影响到场发射性能。本节研究中，随衬底温度升高，嵌入 GaN 非晶层中的 GaN 纳米晶彼此连接形成了连通的 GaN 电子传导通道，由此，电子可能通过 GaN 晶粒内部输运至表面发射。但是研究发现，样品 a 的 XRD 图谱显示出随着衬底温度的进一步提高，其晶体结构得到了进一步增强且沿 c 轴方向择优生长，这说明 GaN 纳米晶的含量及其晶粒尺寸得到了进一步的提高。因此有效发射面积以及场发射性能应得到进一步提高。然而从图 3.5.15 和图 3.5.16 中可以看出，有效发射面积比 α_r 和场发射性能不仅没有提高反而下降了。所以，电子在 GaN 纳米晶晶粒内部的输运难以给出合理的解释。第二种输运机制是电子通过晶界传导。文献中曾指出，位于晶界处的缺陷将会导致缺陷态的产生，而缺陷态的产生可以有效提高电导最终实现场发射性能的提高[153,154]。因此，当 GaN 纳米晶晶粒尺寸长大及其含量增多时，晶界数量增加，由此形成有效的晶界传导通道使得有效发射面积以及场发射性能增大。与此同时，通过样品 a 和其他样品的对比可以发现，衬底温度过高时 GaN 晶粒过度长大，晶界数量以及相应的缺陷急剧降低，导致有效发射面积和电子供给受到抑制，场发射性能下降。因此上述分析表明，GaN 纳米薄膜中晶体微结构变化所形成的高效晶界传导通道是电子供给增强以及场发射性能提高的本质，其机理如图 3.5.18 (b) 所示。该机理的阐释也为进一步增强 GaN 薄膜型阴极的场发射性能探索了一种晶体微结构调制的方法，即在抑制晶粒尺寸的同时提高纳米晶的含量以获得高效的晶界电子传导通道[86]。

通过调控 GaN 纳米薄膜晶体微结构的方法成功实现了场发射性能的增强。并探索了纳米晶 GaN 薄膜微结构和场发射特性之间的内在联系与影响机理。实验中采用 PLD 系统通过控制衬底温度制备了一系列具有不同微结构的纳米晶 GaN 薄膜阴极，通过对微结构的对比分析，显示出 GaN 纳米晶晶粒尺寸的长大及其含量的增加可增强场发射过程中的电子供给。相应的场发射测试结果显示出当纳米晶 GaN 薄膜具备合适微结构时，具有 2.3 V/μm 的低开启电场，在 20 V/μm 的场强下可以获得稳定的 0.43 mA/cm² 的电流密度。但纳米晶晶粒尺寸过度长大将会对电子供给产生抑制作用，导致其场发射性能变差。本实验中 GaN 纳米薄膜所表现出的场发射特性可以用晶界传导机制来进行合理的解释，即晶界提供了电子的有效输运通道、增大了电子供给并由此实现了场发射性能的增强。本研究将有助于设计高性能纳米场发射器件。

3.5.4 GaN 纳米薄膜场发射的结构调控效应

本节主要研究 GaN 生长中薄膜内部因工艺条件的不同会产生晶界、缺陷等晶体微结构的变化，将影响其电学性能。如 Semenenko[151] 等报道了在 SiO$_x$(Si) 薄膜内部由于 Si 纳米晶相互连接形成传导 Si 线,从而提升了其电子传导能力。此外,金刚石薄膜的场发射性能研究表明:当微结构由微米晶转变到纳米晶后,晶粒尺寸的减小将会显著提高其场发射性能。这是由于晶粒尺寸减小导致晶界数量的增加,晶界起到了电子传导通道的作用[155,156]。Ji[141] 等对金刚石薄膜冷阴极的研究发现,金刚石薄膜中 (111) 和 (110) 取向晶粒间的含量变化将显著影响场发射性能。Thelander[152] 等研究发现 InAs 纳米线的电学性能也显著地受到其晶体结构的影响,即立方闪锌矿 InAs 纳米线中六方纤锌矿 InAs 含量的增加会显著影响纳米线电子输运特性,其电阻率获得了两个数量级的提高。以上研究表明在薄膜生长过程中控制半导体材料的微结构可实现电子输运特性的增强。

一些研究结果表明,表面热处理对 GaN 薄膜的微结构和性能有重要影响。而且较高温度的热处理可以提高薄膜的电导率和场发射性能[50,153],热处理可以调节晶粒尺寸的大小,合适的晶粒尺寸使薄膜内部晶界数量增加,晶界的存在有利于电子的传输,从而使薄膜的场发射性能显著提高。但是目前这些研究结果多集中在不同的生长温度及退火温度对薄膜生长及光电性能的影响上,较少有退火时间对于 GaN 薄膜的微结构及场发射性能的影响研究。

因此,在本节的研究中首先通过控制退火时间对 GaN 薄膜的晶体结构进行调控,结合 XRD、XPS、AFM 及 SEM 等测试研究晶体结构增强场的发射特性及其机理。本节中,将采用 PLD 技术在 SiC 基底上制备一系列 GaN 纳米薄膜。通过调节退火时间直接调控 GaN 薄膜的结晶度,研究 GaN 纳米晶薄膜微结构对其场发射特性的影响,将为制备高性能的 SiC 基 GaN 场发射器件阴极提供一种晶体结构调控方法。

采用 3.1.2 节所述的 PLD 技术,在 n 型单晶 4H-SiC (0002) 基底上沉积约 30 nm 厚度的 GaN 薄膜,通过控制不同的退火时间,得到具有不同微结构的 GaN 纳米薄膜。退火时间分别为:0 min、15 min、30 min,将以上 GaN 纳米薄膜样品分别定义为样品 a、b、c。GaN 纳米薄膜的结构及场发射性能采用 3.1 节所述仪器测试。

图 3.5.19 为样品 a、b 和 c 的 XRD 图谱。从图中可以看出,未进行退火处理时,样品 a 并没有明显的 GaN 衍射峰,退火 15 min 的样品 b 出现了明显六方纤锌矿结构 GaN (0002) 特征峰,表明 GaN 薄膜是沿 c 轴取向择优生长的。当退火时间增加到 30 min 时,样品 c 的 GaN (0002) 衍射峰的强度变高,半高宽变窄,说明 GaN 薄膜的结晶性能更好。从图 3.5.20 中也可以看出,随着退火时间的延长,长出的薄膜表面越光滑,而且晶粒尺寸随之增大。总之,随着退火时间的延长,GaN 纳米薄膜的结晶性能更好。图 3.5.21 为不同退火时间 GaN 纳米薄膜的 AFM 表面形貌的 3D 照片。从图中可以看到,样品 a、b 和 c 的表面均呈现出一个个纳米尺度的凸起物。这些均匀的凸起一方面提供了高密度的电子发射位置,另一方面其规则周

期也保证了阴极电子发射的均匀性和稳定性。同时，从 AFM 表面形貌可以获得不同退火时间 GaN 纳米薄膜的表面粗糙度信息。利于 AFM 软件直接获得样品 a、b 和 c 的均方根粗糙度，分别为：0.84 nm、0.65 nm 和 10.00 nm。

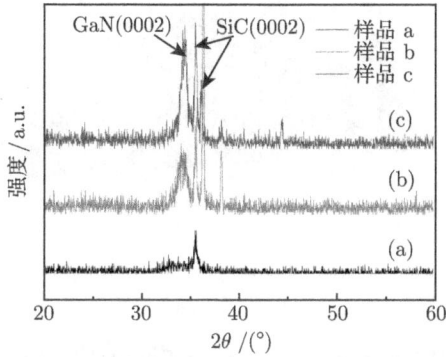

图 3.5.19 不同退火时间 GaN 纳米薄膜的 XRD 图谱

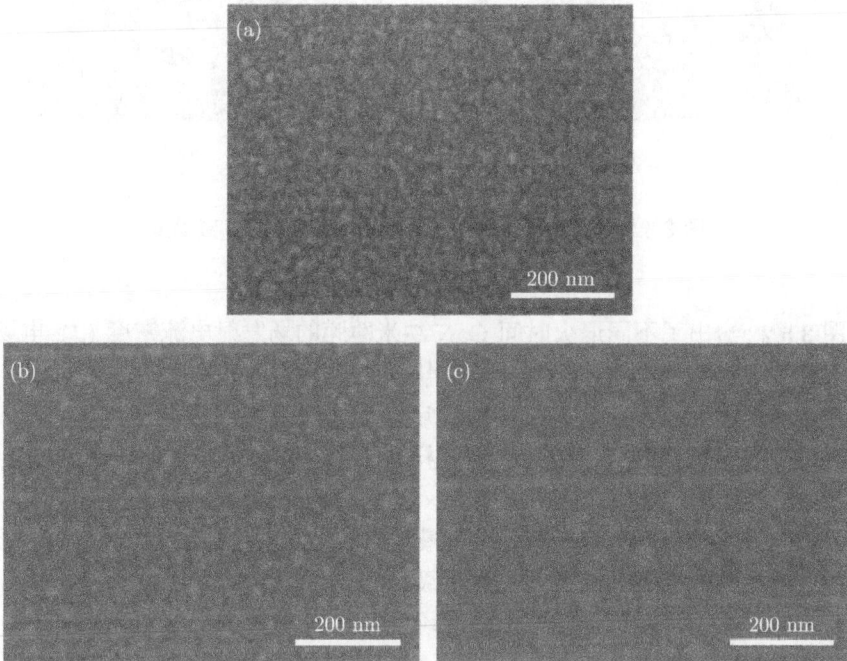

图 3.5.20 不同退火时间 GaN 纳米薄膜的 SEM 图谱

(a) 样品 a；(b) 样品 b；(c) 样品 c

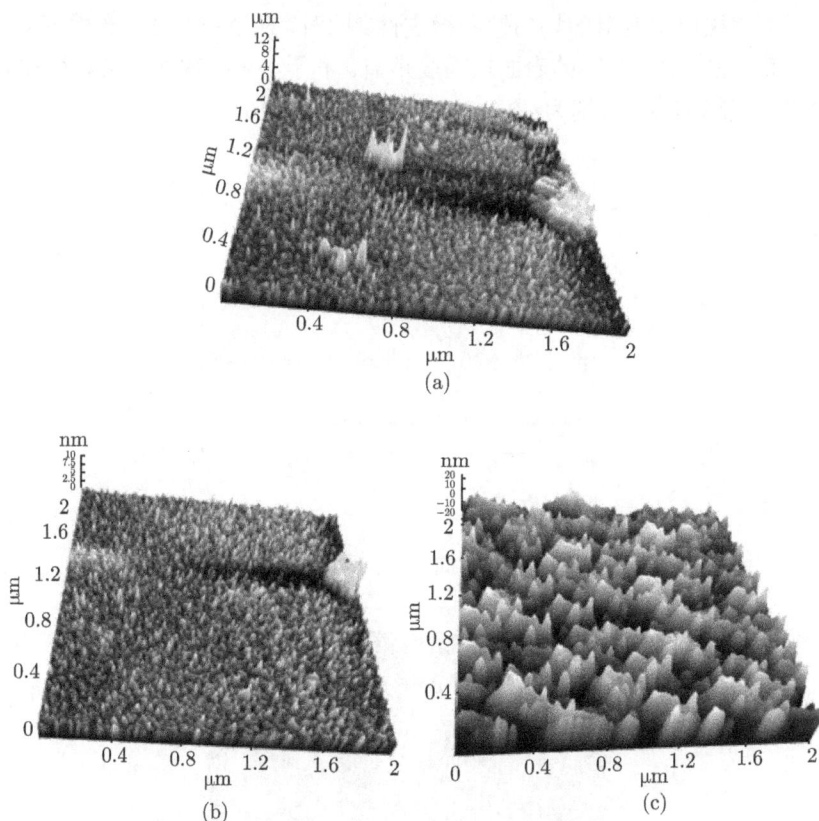

图 3.5.21　不同退火时间 GaN 纳米薄膜的 AFM 图谱

(a) 样品 a；(b) 样品 b；(c) 样品 c

图 3.5.22 给出了不同退火时间 GaN 纳米薄膜的场发射电流密度 (J)–电场 (E) 的特征曲线。本节中，定义场发射开启电场 E_{on} 为当电流密度达到 $1~\mu A/cm^2$ 时所需的电场强度。样品 a、b 和 c 的开启电场分别为 $10.4~V/\mu m$、$1.65~V/\mu m$ 和 $5.1~V/\mu m$，当电场强度为 $2~V/\mu m$ 时，样品 a、b 和 c 所产生的电流密度分别为 $4.71\times10^{-4}~\mu A/cm^2$、$5.92~\mu A/cm^2$、$6.06\times10^{-2}~\mu A/cm^2$。以上测试数据表明，退火时间为 $15~min$ 时的 GaN 纳米薄膜具备最优异的场发射性能，从图中也可看出，其场发射性能比其他样品提高了几个数量级。

图 3.5.23 给出了对应于图 3.5.22 中场发射 J-E 曲线的 F-N 曲线。从图中可以看出，在高电场区域，样品 a、b 和 c 的 F-N 曲线都可以拟合成一条直线，这说明 GaN 纳米薄膜在高场下的电子发射机制都源于场发射隧穿效应。我们还发现，所有样品的 F-N 曲线在低场区域均可被不同斜率的另一条直线拟合，这可能来源于低电场下的热电子发射与场发射的混合效应。

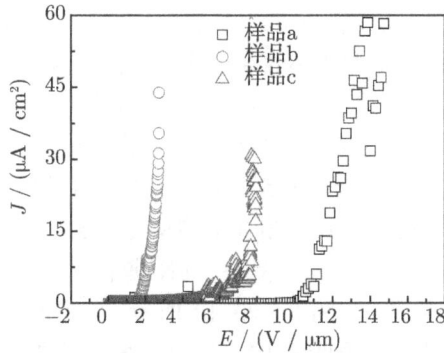

图 3.5.22 不同退火时间 GaN 纳米薄膜的 J-E 曲线

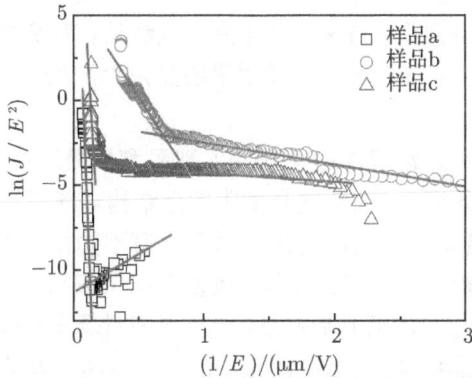

图 3.5.23 不同退火时间 GaN 纳米薄膜的 F-N 曲线

由于表面粗糙度值能直接反映场增强因子[29]，将均方根粗糙度代入公式 (3.2.4)，样品 a、b、c 的场增强因子之比为 β_a:β_b:β_c = 1.29:1:15.38。样品 b 的场增强因子最低，样品 a 与样品 b 相差不大，样品 c 具有最大场增强因子。这与我们的场发射测试结果样品 b 具有最低开启电场不一致，因此，推测不同退火时间 GaN 纳米薄膜其表面功函数将不一样，从而影响了其场发射性能。高场下 F-N 曲线的斜率可以从图 3.5.23 得出，S_a=41.72，S_b=4.28，S_c=39.12，将各样品的场增强因子与斜率代入公式 (3.2.1)，得到样品 a、b、c 的功函数之比 Φ_a:Φ_b:Φ_c=9.74:1: 9.14。说明样品 b 之所以具有最低的开启电场是由于其较低的功函数，而样品 c 由于具有比样品 a 低的功函数以及高的场增强因子，因此场发射性能优于样品 a。那么为什么样品 b 具有如此低的功函数呢？我们将进一步从薄膜微结构方面探索其物理根源。

Zapol 等[154] 在 2002 年利用分子动力学模拟了超纳米晶金刚石薄膜的晶界，指出晶界处更容易引入氮、硅等杂质，而且超纳米晶金刚石薄膜内晶界的无序结合以及杂质的引入导致带隙中大量缺陷态的产生，这些缺陷态发生离域，形成一个个缺陷带, 提高了导电性。2009 年 Ikeda[153] 实验证明了含氮纳米晶金刚石缺陷态的存在导致其导电性提高, 同时使费米能级上移, 降低了薄膜功函数进而增强了场发射性能。也就是说纳米晶界缺陷态的存在可以降低材料的功函数从而提高场发射性能。对于未退火的样品, GaN 薄膜主要由非晶态组成, 在非晶态 GaN 薄膜中镶嵌有晶粒尺寸较小的 GaN 纳米晶晶粒, 因此, 各个纳米晶晶粒之间彼此孤立, 如图 3.5.20(a) 所示。当样品退火 15 min 时, 薄膜中 GaN 纳米晶晶粒的数量增多且晶粒尺寸长大, 此时, 原本镶嵌在非晶态 GaN 薄膜中相互孤立的纳米晶 GaN 颗粒彼此连接, 形成大量晶界, 如图 3.5.20 (b) 所示。而当退火时间为 30 min 时, 我们从图 3.5.20 (c) 中看到 GaN 纳米晶的晶粒尺寸得到了进一步提高, 但是, 由于晶粒尺寸过大所以单位面积内晶界的数量明显减少。综上所述, 样品 a 与样品 b 的表面粗糙度相差不大, 但是由于样品 b 中存在大量晶界所以 GaN 薄膜的功函数显著降低, 场发射性能得到极大提高。而样品 c 虽然具有较高场增强因子, 但是由于薄膜内部 GaN 晶粒尺寸过大所以晶界数量明显减少, 因此, 其场发射性能相比样品 b 有所下降。

通过改变 GaN 纳米薄膜的退火时间实现了利用薄膜微结构调控提高场发射性能的问题, 进一步研究了 GaN 纳米薄膜的微结构对薄膜场发射影响机理。采用 PLD 技术改变薄膜的退火时间制备出一系列具有不同微结构的 GaN 纳米薄膜阴极, 并对薄膜的微结构进行了对比分析。场发射结果表明 GaN 纳米薄膜具备合适微结构时具有 1.65 V/μm 的低开启电场。退火时间对场发射性能的影响实质为: 退火可以提高薄膜的结晶质量, 纳米晶薄膜中的晶界有利于电子在薄膜中传导使费米能级提高, 从而降低薄膜的功函数使场发射性能大大提高。但是退火时间太长, 纳米晶颗粒尺寸变大, 晶界数量会有所减少, 从而使场发射性能降低。本研究结果表明, 要获得优异性能场发射薄膜, 合适的退火时间及薄膜晶体微结构需要重点考虑。

采用 PLD 系统通过调节退火时间在 SiC 基底上制备了不同微结构的 GaN 纳米薄膜。研究表明, 随着退火时间延长, 薄膜的结晶性能得到明显改善, 主薄膜中晶粒数量增多且薄膜晶粒尺寸明显增大, 但是场发射测试结果显示薄膜的场发射性能随着退火时间延长先提高后下降。其场发射调控的物理机制在于: 退火使薄膜内部 GaN 纳米晶晶粒数量增多且晶粒尺寸长大, 晶界数量增多, 晶界处的缺陷态有利于提高薄膜的导电性, 增强场发射电子供给, 提升场发射性能。然而, 过长的退火时间使得纳米晶晶粒尺寸过度长大从而使晶界数量急剧减少, 抑制了薄膜导电性的提高, 导致场发射性能有所下降。

3.5.5　AlGaN 混合取向纳米薄膜制备及其结构增强场发射机理

对于如何提高宽带隙半导体纳米薄膜场发射性能, 已经有很多相关研究提出了改善其场发射性能的观点, 如超薄宽带隙半导体薄膜层[72]、量子阱结构纳米薄

膜[157-159]、择优取向薄膜极化效应场增强其场发射性能[75,160] 以及等离子体表面
处理增强纳米薄膜场发射性能等[74]。另外，半导体纳米薄膜材料的电学性能与其
晶体结构有着紧密关系，如 Teii 等[161-163] 研究显示 BN 薄膜的不同相结构对其表
面形貌和电学性能有着显著的影响。因此调节半导体薄膜的相结构，将是改善其场
发射性能的一种有效方法。

目前，大多场发射研究材料均是针对单相结构的纳米薄膜，人们对于混合相结
构的纳米薄膜场发射性能研究甚少，尤其是针对两相或者多相混合的纳米薄膜场
发射特性，更是缺乏相关研究。最近，Thelander[164] 等报道了具有纤锌矿和闪锌矿
的 InAs 混合相结构纳米线材料，相对其单相结构，其电阻率增大了两个数量级，
他们认为这种结果可能是由纤锌矿和闪锌矿界面处极化电荷引起的[165]，混合相纳
米线结构可能阻碍电子的传输。针对混合相纳米薄膜，Purton[166] 等在其理论方面
研究了其电学性能的特性，而在实验方面人们对其研究甚少。

本节立足于实验，比较了成分调制的混合相与单相结构的纳米薄膜场发射性
能及其电学性能。结果显示，相对单相的闪锌矿 AlN 或者纤锌矿 GaN，纤锌矿与
闪锌矿混合相 AlGaN 纳米薄膜的场发射电流密度得到了数量级的提高，我们认为
这是成分调制的混合相结构纳米薄膜中杂质能级存在和电子阶梯式传输导致的结
果。霍尔测试发现，AlGaN 混合相纳米薄膜的电阻率比单相的 GaN 和 AlN 纳米
薄膜减少了两个数量级。说明成分调制的混合相薄膜有益于电子的传输，与混合相
纳米线的研究结果截然相反。

1. 样品制备及表征

首先是靶材的制备。以纯度为 98% 的 AlN 纳米粉体和 99.99% 的 GaN 纳米粉
体为原料，按摩尔比为 1:1 均匀混合，再经球磨 24 h 烘干后，按 3.4.1 节所述方法，
制出适用于 PLD 系统的 $Al_{0.5}Ga_{0.5}N$ 靶材。GaN 和 AlN 靶材制备参考 3.1.2 节。

GaN、$Al_{0.5}Ga_{0.5}N$ 和 AlN 靶材的 XRD 谱线如图 3.5.24 所示。根据公式 (3.1.1)
可知晶格常数越小，2θ 值越大。AlN、GaN 具有相同的六方纤锌矿结构且晶格常数
很相近，他们的 XRD 标准谱线的峰位数基本一致，只是 AlN 峰位比 GaN 峰位略
向大角方向偏移 1° 左右，这是由于 AlN 的晶格常数比 GaN 小。$Al_{0.5}Ga_{0.5}N$ 靶材
相比 GaN 靶材的各个峰位，由于混合相，2θ 值向大角偏移 0.1° 左右。

使用 PLD 系统在 n 型 Si(100) 衬底上制备了混合相 (纤锌矿和闪锌矿)
AlGaN(AGMP)、纤锌矿 GaN(WZ-GaN) 和闪锌矿 AlN(ZB-AlN) 纳米薄膜，其中
AGMP 的原子比为 Al:Ga:N=1:1:2。用 PLD 系统制备薄膜，所使用的工艺参数如
下：激光的能量密度为 5.0 J/cm^2，沉底温度为 880 ℃，工作气压为 1 Pa，沉积
5 min，最后原位退火 30 min，获得厚度为 120 nm 的薄膜样品。

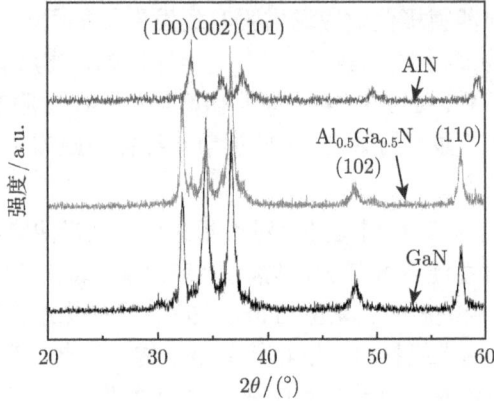

图 3.5.24　AlN、Al$_{0.5}$Ga$_{0.5}$N 和 GaN 靶材 XRD 图谱

　　场发射性能是使用 3.1 节提到的场发射测试系统得到的，阳极为面积为 (5×5) mm^2 的低阻 Si 片 (0.001 Ω·cm)，阴极为制备的样品，阳极和阴极通过两根 14 μm 平行放置的玻璃纤维隔离。AlN、GaN 和 AGMP 薄膜的载流子浓度与电阻率通过霍尔测试系统获得 (HL5500)。

　　图 3.5.25 为 AGMP、AlN 和 GaN 纳米薄膜的 XRD 图谱，对比 GaN 和 AlN 粉体的晶体衍射标准图谱 (JCPDS 50-0792 和 JCPDS 65-0841)，从图中可以看出，AGMP 和 GaN 图谱中均有六方纤锌矿 GaN(0002) 面的衍射峰，AGMP 和 AlN 图谱中均有立方闪锌矿的 AlN 的 (111) 和 (004) 面的衍射峰。说明所制备的 AGMP 样品生长了六方 GaN 和立方 AlN 结构的混合相纳米薄膜。XRD 图谱的峰均不是很明显，说明在纳米薄膜厚度较小时，XRD 衍射峰强度较小。

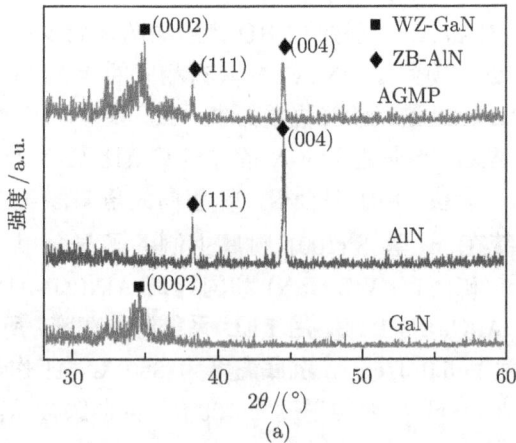

(a)

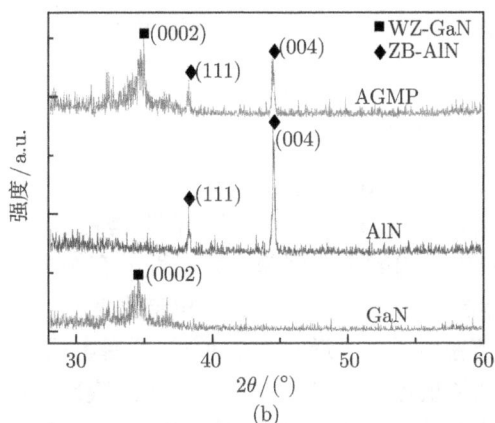

(b)

图 3.5.25 制备的 AGMP、AlN 和 GaN 薄膜样品的 XRD 图

图 3.5.26 为纤锌矿 GaN、闪锌矿 AlN 和 AGMP 纳米薄膜的 AFM 表面形貌图。由图可以看出，薄膜的相结构不同，其表面形貌有明显的差异。闪锌矿 AlN 纳米薄膜表面形貌比较平整，纤锌矿 GaN 和 AGMP 薄膜表面形貌呈现出均匀的圆形小凸起。该均匀突起的表面形貌，不仅增大了几何场增强，同时也保证了电子发射的均匀和稳定性。从该 AFM 图中，我们可以得到三个薄膜样品的表面粗糙

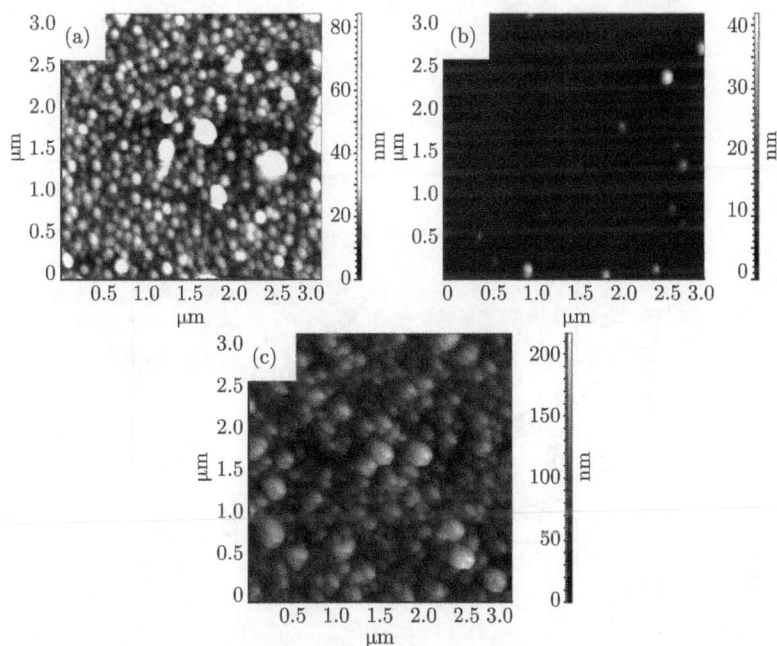

图 3.5.26 样品表面相貌图

(a) 纤锌矿 GaN 薄膜；(b) 闪锌矿 AlN 薄膜；(c)AGMP 薄膜

度的信息，经计算，AlN、GaN 和 AGMP 三个薄膜样品的均方根粗糙度分别为：4.51 nm、18.05 nm 和 28.12 nm。

2. 场发射性能测试及分析

图 3.5.27(a) 显示了 AGMP 和单相 GaN、AlN 纳米薄膜样品的电流密度–场强 (J-E) 关系曲线，图 3.5.27 (b) 是对应三个薄膜样品的 F-N 关系曲线。从图中结果可以看出混合相比单相的纳米薄膜场发射性能有明显的提高，从表 3.5.2 可以看出，三个薄膜样品在电场 3 V/μm 处，电流密度从 1.5×10^{-8}A/cm^2 提高到 0.5×10^{-4}A/cm^2，电流密度提高了近四个数量级，开启电压 E_{on} 从 17.8 V/μm 降低到 1.2 V/μm。从测试结果可以看出，AGMP 纳米薄膜比一维的 GaN 场发射性能优异，且可与 CNT 的场发射性能相媲美[167]。图 3.5.27 (b) 中所有样品的 F-N 曲线在高场部分可以拟合成一条直线，表明电子发射是通过隧穿表面势垒完成的。

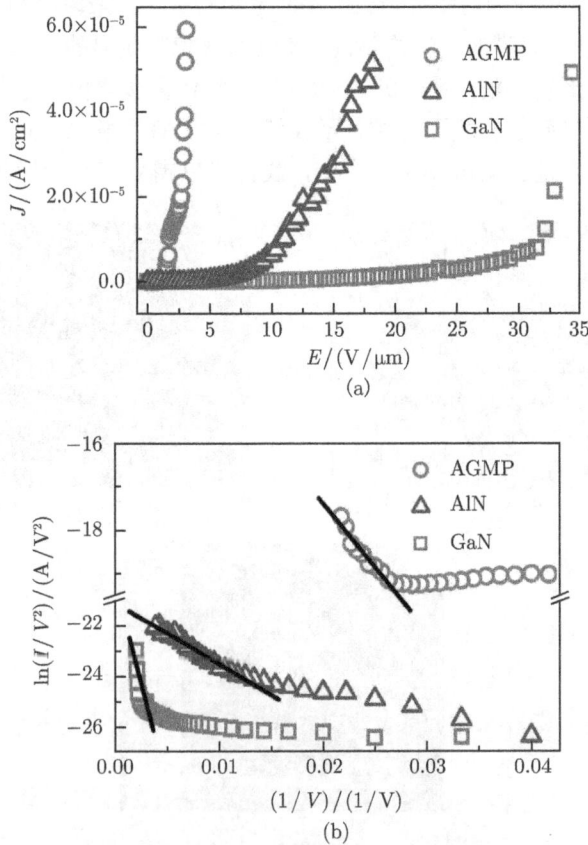

图 3.5.27   AGMP、GaN 和 AlN 场发射图

(a) 场发射 J-E 曲线；(b) 场发射 F-N 曲线

表 3.5.2 GaN、AlN 和 AGMP 纳米薄膜开启电场及电流密度

	WZ-GaN	ZB-AlN	AlGaN
开启电场/(V/μm)	17.8	8.7	1.2
电流密度/(A/cm²)($E=3$ V/μm)	1.5×10^{-8}	1.2×10^{-7}	0.5×10^{-4}

影响半导体薄膜场发射性能的两个关键因素[161,168] 是表面势垒 Φ_{sur} 和场增强因子。因此本节中我们首先考虑 Φ_{sur} 和 β 对混合相纳米薄膜场发射的增强。

我们可以根据测试结果计算得出三个样品的 β 和 Φ_{sur} 的数据[74,168]。由于 β 的大小和表面相貌的粗糙度有直接的相关性，我们假设 $\beta=\beta_0 R$，其中 β_0 是薄膜表面结构系数，R 为测试样品的表面粗糙度。我们可以从图 3.5.27 中得出 AGMP、AlN 和 GaN 纳米薄膜的场增强因子比例为 6.2:1.0:4.0。

表面势垒 Φ_{sur} 可从实验数据拟合 F-N 方程[169] 获得

$$J = A\left(\frac{\beta^2 E^2}{\Phi}\right)\exp\left(\frac{-B\Phi^{3/2}}{\beta E}\right) \tag{3.5.7}$$

其中 A 和 B 是常数，J, Φ, E 和 β 分别是场发射电流密度、表面有效势垒、场强和场增强因子。公式 (3.5.7) 中的 $-\dfrac{B\Phi^{3/2}}{\beta}$ 是图 3.5.27 (b) 中曲线的斜率，因此通过公式 (3.5.7)、F-N 图中曲线的斜率和上述给出的场增强因子比例，计算出 AlN、GaN 和 AGMP 的表面有效表面势垒比为 1:4.46:3.45。参考相关文献报道的实验数据可知非掺杂 GaN 的表面有效势垒 Φ_{GaN} 和表面均方根粗糙度为 18 nm 的场增强因子 β_{GaN} 分别为 3.4 eV 和 1.5×10^2[160,168]。如果场发射性能增强的结果仅仅是来自几何结构的增强和表面有效势垒的减少，那么在场强为 3 V/μm 时，根据公式 (3.5.7)，计算得到 AlN、GaN 和 AGMP 三个样品的电流密度比为 11.2:1:124.7，与我们之前实验中得到的数据相比是差别较大，仅提高了两个数量级。因此，混合相场发射的增强不仅来自表面有效势垒的降低及几何场发射增强，可能还有其他场发射增强因素。

3. 混合相结构增强场发射性能的机理

除了以上所述的表面有效势垒和场增强因子对纳米薄膜场发射性能影响以外，很多研究也表明场发射电流的大小也依赖于薄膜内部电子供给[157]。以上分析清楚地表明，考虑 AGMP 场发射增强也应该考虑薄膜内部的电子输运。考虑电子供给函数，半导体薄膜的场发射电流可写为[157]

$$\begin{aligned}
J &= \frac{4\pi q m_t k_B T}{h^3}\int T(E_x)\ln\left[1+e^{-\frac{(E_x-E_F)}{k_B T}}dE_x\right] \\
&= J_0\int J(E_x)dE_x = J_0 J_T
\end{aligned} \tag{3.5.8}$$

其中 $J_0 = 4\pi q m_t k_B T / h^3$，$J_0$ 的大小影响半导体薄膜内部电子供给的能力；J_T 的大小是影响半导体薄膜表面电子隧穿的能力；q 是单位电荷；m_t 是薄膜内横向电子的有效质量；k_B 是玻尔兹曼常量；$E_x = P_x^2 / 2m$ 是电子的法向能量，其中 P_x 是电子的法向动量；$T(E_x)$ 是透过系数；T 是温度；h 是普朗克常量。从公式中可看出，半导体薄膜场发射电流密度主要由半导体薄膜内部电子供给及表面隧穿系数决定。表面势垒和几何场增强因子主要影响表面隧穿能力，以下将主要考虑薄膜内部电子供给对其场发射性能的影响。基于混合相纳米薄膜中内部电子输运过程，提出电子阶梯式传输模型可增加薄膜内部高效的电子供给。混合相纳米薄膜中电子阶梯式传输的场发射模型如图 3.5.28 所示，其基本过程包括：①电子从导电基底通过阶梯式输运到薄膜和真空的界面处，并在界面处积累；②积累电子场发射隧穿出表面势垒。第二个过程为 F-N 隧穿过程，相关章节已有很多讨论，这里仅考虑阶梯式输运对场发射电子供给的增强机制。

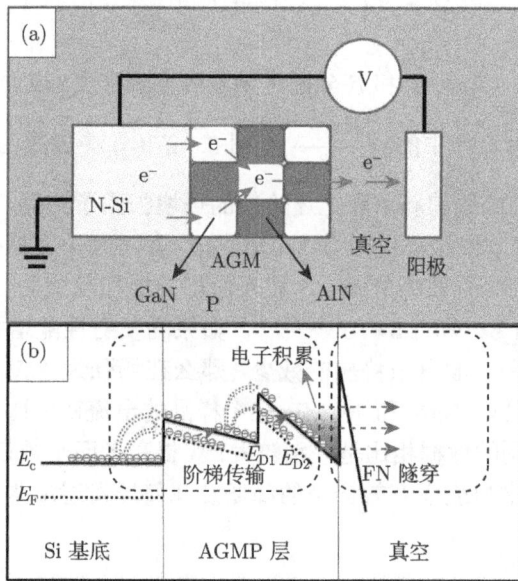

图 3.5.28　(a)AGMP 薄膜的场发射增强机制图示；(b) 电子阶梯式传输过程的能带结构图示

　　半导体场发射电子一般认为是源于导带[134]。因此，若电子能积累在低的甚至负的电子亲和势的 AlN 导带中[170]，场发射隧穿将更容易发生，从而提高场发射性能。如何使基底电子输运到界面处？对于 120 nm 厚的混合相纳米薄膜，已大于电子平均自由程，将不可能是弹道输运过程。基于此，我们提出了利用 AlN 与 GaN 能带结构差异而在 AGMP 薄膜内部进行阶梯式电子输运[4](图 3.5.28)，这样电子能更容易地从导电基底阶梯式地传输到薄膜表面，由于阶梯式能量差异较小，所以可从热激活能中获得[160,164]。电子的阶梯传输首先是传输到较低能级的 GaN 的导带，然而跃迁到较高能级 AlN 的导带中积累。相对于在单相 GaN 或 AlN 纳米薄膜，AGMP 中阶梯式输运对增强场发射具有两个明显的优势：①电子可在表面电子亲和势最低的能级积累，将使场发射隧穿过程更易发生 (通过电子阶梯式输运，可使电子积累在可能具有 NEA 的 AlN 导带)；②阶梯式传输使电子从导电基底到发射表面变得更容易，如图 3.5.28 (b) 所示。这样将大大增加场发射电子供给，增加场发射电流。

为了进一步证明 AGMP 中电子阶梯式传输过程的可能性，我们进一步对样品进行了相关电学性能测试，表 3.5.3 展示了 AGMP、AlN 和 GaN 三个薄膜样品的载流子浓度、电阻率和掺杂类型。从表中可以看出，AGMP 薄膜表面电阻率较单层 GaN 和 AlN 薄膜表面电阻率明显降低这也证实了 AGMP 纳米薄膜有利于电子输运，然而最近研究表明，六方相和立方相混合的纳米线却使电子的输运能力降低[164]，这可能是因为在立方相和六方相纳米线界面处由于极化电荷的积累，阻碍了电子的传输[165]。从表 3.5.3 中还可以看出 AGMP 薄膜的载流子浓度与单相的 GaN 和 AlN 薄膜的载流子浓度差别很大。基于表 3.5.3 中的实验数据，计算了在室温下杂质能级和费米能级的差值，结果如表 3.5.4 所示。由于三个样品的掺杂类型都是 n 型，那么杂质能级均在费米能级之上，从表 3.5.4 中可以看出 AGMP 纳米薄膜中的六方相 GaN 和立方相AlN的价带(E_c)和费米能级(E_F)的差值(< 0.05 eV)较单相中的差值要小一个数量级，因此 AGMP 薄膜中的杂质能级或者缺陷能级和导带的能级差非常接近于常温下的热激活能 ($kT \sim 0.0259$ eV)，这就意味着在制备 AGMP 过程中形成的非故意掺杂的杂质能级或缺陷能级[171] 上电子能通过热激活能传输到导带，价带的电子也可以通过这些杂质能级，通过阶梯式传输到导带，使得有足够的电子在导带积累，从而增强场发射性能。

表 3.5.3　AlN、GaN 和 AGMP 的电阻率、载流子浓度和杂质类型

	电阻率/(Ω/sq)	载流子浓度/cm^{-3}	杂质类型
AlN	66.73	9.784×10^{14}	n
GaN	6023	5.976×10^{15}	n
AGMP	0.2672	2.97×10^{18}	n

表 3.5.4　AlN、GaN 和 AGMP 的带隙宽度、载流子浓度和他们的相关参数

	带隙宽度/eV	计算本征载流子浓度/cm^{-3}	测试载流子浓度/cm^{-3}	计算导带和费米能级的差值/eV
AlN	5.34[a]	8.0327×10^{-27}	9.784×10^{14}	0.222
AGMP 中 AlN	5.34[a]	8.0327×10^{-27}	2.97×10^{18}	0.015
GaN	3.39[b]	3.6361×10^{-10}	5.976×10^{15}	0.193
AGMP 中 GaN	3.39[b]	3.6361×10^{-10}	2.97×10^{18}	0.032

注：a 参考文献 [172]；b 参考文献 [173]

本节使用 PLD 系统在 Si 衬底上成功制备了 n 型纤锌矿 GaN、闪锌矿 AlN 以及两相混合的 AlGaN 纳米薄膜。相对单相的 GaN 和 AlN 来说，成分调制的混合相纳米薄膜场发射性能有明显的提高，电流密度提高了 4 个数量级，开启电场也明显降低。对于混合相纳米薄膜场发射增强的解释，我们提出了基于电子阶梯传输的场发射机制，场发射显著增强可能部分来自于其内部的高效电子的供给和电子在最优场发射能级中的积累。由于电子阶梯式传输减少了电子传输所需的能量，所以更多的电子在薄膜表面的量子阱积累，极大地增加了表面电子场发射隧穿的几率。实验结果也表明混合相的纳米薄膜和混合相的纳米线的电学性能是完全相反的。可能的原因在于：①不同材料结构难以形成极化界面，即使界面极化也可能在场发射过程中被强场消除；②电子在混合相纳米薄膜与纳米线有着完全不同的输运行为。我们提出的基于混合相结构增强场发射将为新型半导体真空纳米电子器件设计提供一种可选思路。

3.6   表面修饰调控薄膜场发射性能

3.6.1   GaN 纳米取向薄膜的表面处理及对其场发射性能的影响

由于电子发射非常依赖于表面的性质[174]，所以可通过不同的等离子进行表面处理降低其表面有效势垒以增强薄膜场发射性能。最近 Selim 等[175] 研究了 ZnO 半导体薄膜表面掺氢，极大地增加了其自由电子的浓度和电导率。另外，研究发现在宽带隙半导体 (如金刚石[176]、BN[177]) 的表面吸附氢元素时，该材料表面具有负的电子亲和势，使得电子容易从表面发射到真空中。因此 H 元素掺进 GaN 纳米薄膜，可能是其场发射性能增强的一种有效方法。但是目前 H/O 等离子体表面处理的 GaN 纳米薄膜场发射性能还很少被研究，且表面处理对其场发射性能影响的机制还不清楚。因此本节首先介绍取向 GaN 纳米薄膜场发射性能，再基于该研究，以取向 GaN 纳米薄膜为研究对象，通过等离子体表面处理，降低薄膜表面有效势垒，增强薄膜的电导性，分析其场发射性能增强的物理机制。

1. GaN 薄膜制备、等离子体处理及其场发射分析

本实验所用靶材为 GaN，制备方法参考 3.3.3 节。使用 PLD 在 n 型 (100)Si 衬底上制备了 (002) 晶面取向的 GaN 纳米薄膜，采用相同工艺参数，制备三个样品，厚度均在 200 nm 左右。把制备好的薄膜样品放入化学气相沉积中，进行等离子体表面处理，工艺参数如下：背底真空为 1×10^{-4} Pa，通入 99.99% 的高纯氢气或氧气达到 10 Pa，功率为 80 W，形成等离子体后，把样品放在等离子体区域中，使等离子体对样品进行等离子渗入，此实验在室温下进行。

场发射性能是通过 3.1 节中介绍的场发射测试系统测试，阳极为面积 (7×7)

mm^2 的低阻 Si 片 (0.001 Ω·cm)，阳极和阴极通过两根 14 μm 平行放置的玻璃纤维隔离。通过 H 离子处理的 GaN 薄膜 (H-GaN)、通过 O 离子处理的 GaN 薄膜 (O-GaN) 以及未处理的 GaN 薄膜，三个纳米薄膜的载流子浓度、电子迁移率以及电阻率通过霍尔测试系统获得 (HL5500)。

图 3.6.1 为实验制备的 GaN 纳米薄膜以及经过 H/O 等离子体处理后的 XRD 图谱。对比 GaN 粉体的晶体衍射标准图谱 (JCPDS 50-0792)，可以看出，三个样品的图谱中有六方纤锌矿 GaN(002) 和 (101) 面的衍射峰，从图中还可以看出，经过等离子体表面处理前后，对于薄膜的相结构和峰的强度都无明显影响，说明等离子体表面处理并不影响 GaN 纳米薄膜的晶体结构。本章制备的六方纤锌矿 GaN 纳米薄膜有两个择优取向，主要择优取向为 (002) 晶面。

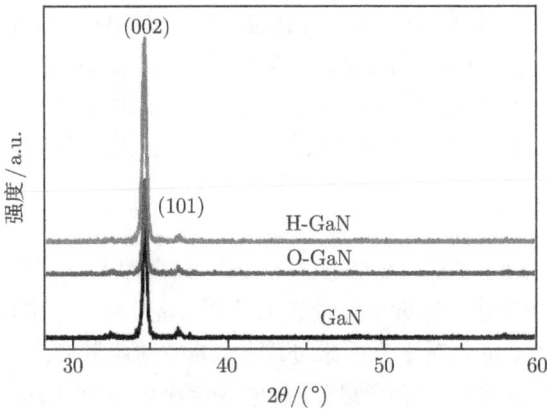

图 3.6.1　GaN 薄膜经等离子体处理前后的 XRD 图

图 3.6.2 为 GaN、H-GaN 和 O-GaN 纳米薄膜的 AFM 表面形貌图。由图可以看出，GaN 薄膜经过等离子体表面处理后其表面形貌无明显的差异。闪锌矿 GaN、H-GaN 和 O-GaN 纳米薄膜表面形貌呈现出均匀的圆形小凸起。该均匀突起的表面

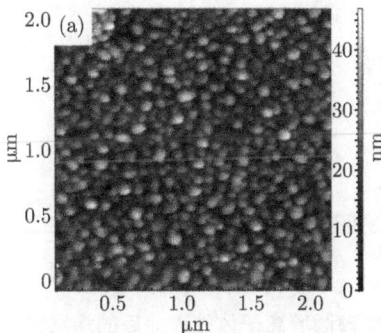

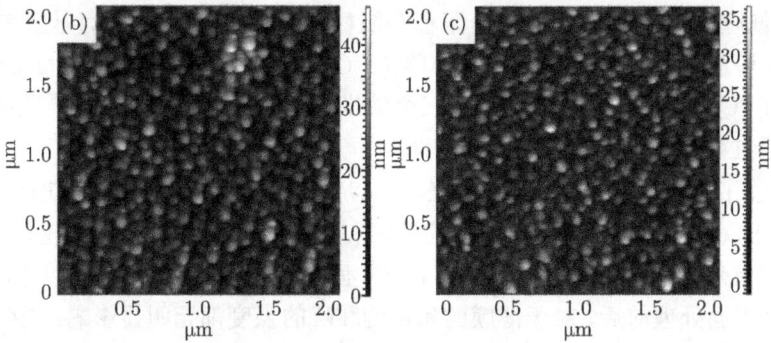

图 3.6.2　GaN 薄膜的 AFM

(a) 未经过处理；(b) 经过 H 处理；(c) 经过 O 处理

形貌，为场发射提供了较强的电场，且保证了电子发射的均匀性和稳定性。从该 AFM 图中，可得到三个样品薄膜的表面粗糙度的信息，经计算，GaN、H-GaN 和 O-GaN 三个薄膜样品的均方根粗糙度为：6.07 nm、6.23 nm 和 5.69 nm。从均方根粗糙度也可以看出，薄膜表面比较平整且圆形小凸起比较均匀。

2. 场发射测试及分析

图 3.6.3 为 GaN、H-GaN 和 O-GaN 纳米取向薄膜的电流密度–场强 (J-E) 关系曲线，从图中可以看出，等离子体处理前后对 GaN 纳米取向薄膜的场发射特性影响很大。由表 3.6.1 可知对于表面未处理的 GaN 薄膜其开启电场为 0.93 V/μm，经过 H 等离子体处理过的 GaN 薄膜开启电场最小为 0.52 V/μm，而经过 O 等离子体处理的薄膜场发射性能有所降低，开启电场强度为 1.79 V/μm。所有样品的厚度基本一致，可忽略薄膜厚度对场发射性能的影响。从 J-E 关系曲线图中可见，开启电场前，电流密度很小，达到开启电场后电流密度迅速增加。

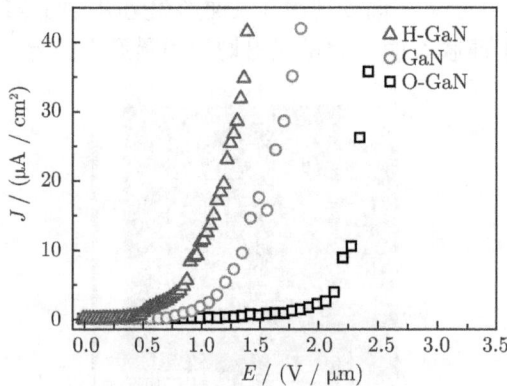

图 3.6.3　GaN 薄膜等离子体处理前后的场发射 J-E 关系曲线

表 3.6.1 GaN 薄膜及其经过 H/O 等离子体处理的 GaN 薄膜的开启电场

等离子体成分	H	无	O
开启电场/(V/μm)	0.52	0.93	1.79

图 3.6.4 为 GaN、H-GaN 和 O-GaN 纳米取向薄膜的场发射 F-N 关系曲线 $(\ln(I/V^2)$-$(1/V))$。所有样品的 F-N 曲线在高场部分可以拟合成一条直线，表明电子发射是通过隧穿表面势垒完成的。理论上，场发射电流与电压遵循 F-N 方程。

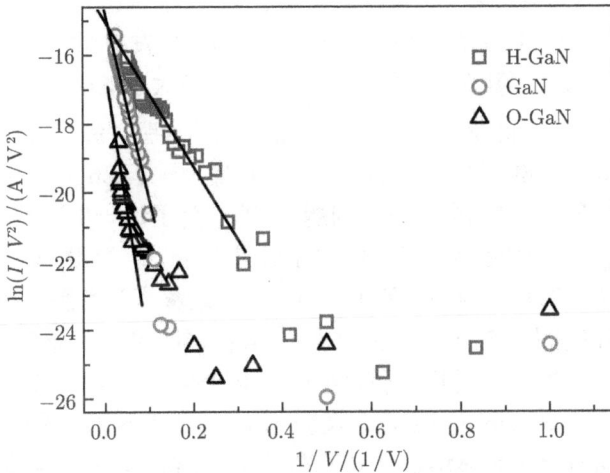

图 3.6.4 GaN 薄膜经等离子体处理前后的场发射 F-N 关系曲线

图 3.6.4 中可以看出三条曲线在高场部分斜率有所不同。F-N 曲线对应的斜率表示为 $k = -B\Phi^{3/2}d/\beta$，其中 B 为常数。因此，斜率的不同可能来源于薄膜的表面形貌导致的几何场增强因子以及电子亲和势的变化。

影响半导体材料场发射性能的两个方面：电子的供给和隧穿。本书所研究的 3 个样品均是以 n-Si 为衬底，所以衬底电子供给对电子的发射影响可以忽略。该场发射性能的不同主要取决于薄膜中电子传导和表面的电子隧穿发射的能力，表面发射到真空中电子的多少由表面形貌和表面有效势垒决定。图 3.6.2 为实验制备的 GaN 薄膜及其经过 H/O 等离子体处理过的薄膜的表面形貌 (AFM) 图。由图可见，本书所制备的 GaN 薄膜和经过 H/O 等离子体处理过的 GaN 薄膜的表面粗糙度无明显变化，可近似认为场增强因子基本不变。所以薄膜场发射性能的不同来源于有效表面势垒的改变。F-N 曲线的斜率不同使得三个样品的表面有效势垒不同，没有经过处理的 GaN 薄膜的表面有效势垒 E_g 为 3.4 eV[160]，从图 3.6.4 的曲线斜率的不同可以计算出经过 H/O 等离子体表面处理后的 GaN 薄膜的有效表面势垒分别为 1.42 eV 和 3.72 eV。通常，电子发射非常依赖于物质的终止端即表面的性质[174]，一些研究发现在宽带隙半导体 (如金刚石[176]、BN[177]) 的表面终止于氢元素时，该材料表面具有负的电子亲和势，所以电子容易从表面发射到真空中。H-GaN 纳米薄膜表面包覆大量的 H 元素，降低了 GaN 纳米薄膜的表面电子亲和势，从而导致表面有效势垒降低。与 GaN 薄膜相对比，H-GaN 薄膜的有效表面势垒降低了 1.98 eV，而 O-GaN 薄膜的有效表面势垒增加了 0.32 eV，可能是宽带隙GaN 半导体表面终止于 O 元素时，该材料的电子亲和势增大导致的。

从图 3.6.4 我们可以看出截距，其中截距 $b=\ln(\alpha A\beta^2/\Phi d^2)$，可以根据给定的 β、Φ 和 d 算出有效发射面积 α，假设未经过处理的 GaN 薄膜的有效发射面积为 1，那么可以计算出经过 H/O 处理后的 GaN 薄膜的有效发射面积分别为 2.8 和 0.6，由此可以看出，H-GaN 薄膜的表面包覆大量的氢，增大了该薄膜的有效发射面积。

以上讨论了薄膜表面电子隧穿对场发射性能的增强，影响其场发射性能的因素还有电子在薄膜内部的传输。最近 Selim 等研究[175] 了 ZnO 半导体薄膜掺入氢，增加了其自由电子的浓度和电导率的问题。因此，为了进一步证明 H-GaN 薄膜内部电子输运特性，我们分别对三个样品进行了霍尔测试，得出 H-GaN、O-GaN 和 GaN 三个薄膜样品的载电阻率、流子浓度、电子迁移率和薄膜的掺杂类型，见表 3.6.2。从表中可以看出，对于 H-GaN 薄膜，其面电阻率有所降低，从 68.51 Ω/sq 减低到 50.23 Ω/sq，其电子迁移率和自由电子浓度也有所提高，电子迁移率从 2.45 cm²/(V·s) 提高到 4.31 cm²/(V·s)，这表明 H-GaN 纳米薄膜有利于电子传导；而 O-GaN 薄膜的面电阻率明显增加，电子浓度有所下降，不利于电子的传输。从表 3.6.2 中可以看出三个样品的掺杂类型均为 n 型，进一步提供了电子源，有利于电子在取向纳米薄膜表面的场发射进行。

表 3.6.2　H-GaN、O-GaN 和 GaN 的电阻率、载流子浓度、电子迁移率和掺杂类型

	电阻率/(Ω/sq)	载流子浓度/cm⁻³	电子迁移率/(cm²/(V·s))	半导体类型
H-GaN	50.23	9.764×10^{17}	4.31	n
O-GaN	8521	5.084×10^{17}	2.88	n
GaN	68.51	7.445×10^{17}	2.45	n

本节利用 PLD 系统在 Si 衬底上制备了系列 GaN 纳米取向薄膜，分别经过 H/O 等离子体表面处理。实验结果表明，不同等离子体处理 GaN 纳米取向薄膜表面，对其场发射特性有很大影响。相对非表面处理 GaN 纳米薄膜，H-GaN 纳米取向薄膜场发射性能有所增强，而 O-GaN 纳米取向薄膜的场发射性能降低。导致H-GaN 纳米薄膜场发射性能增强的原因是：一方面，大量 H 元素包覆在 GaN 纳米取向薄膜表面，降低了薄膜表面的电子亲和势，且薄膜表面电子的有效发射面积增大，有利于场发射性能增强；另一方面，H-GaN 薄膜的表面电阻减小，电子迁移

率和自由电子浓度增大有利于电子在薄膜中传输,增强了场发射供给,提高了场发射性能。以上研究表明,对于 GaN 纳米取向薄膜,可使用 H 等离子体进行表面处理以进一步增强其场发射性能。

3.6.2 表面处理对 AlGaN 薄膜场发射性能的影响

表面修饰是对薄膜表面改性的一种方法。通过表面修饰可以改变薄膜表面电阻、表面化学结构、表面形貌等。通过表面修饰对半导体薄膜进行改性是增强改变其光电性能重要的方法。对于场发射材料的宽带隙半导体来说,表面修饰是增强其场发射性能的重要方法。宽带隙半导体的场发射性能取决于其功函数和场发射增强因子。H 等离子体处理可以改变薄膜的场发射功函数,Ar 等离子处理可以有效地改变薄膜表面形貌,增强其场增强因子从而增强场发射性能。通过第 3 章的理论计算,对于 AlGaN 材料,H 吸附可以降低其功函数,因此,本节基于此研究表面处理对 AlGaN 薄膜场发射性能的影响。

本节利用退火、等离子体处理等方法,制备了一系列不同处理方法的 AlGaN 薄膜并研究了其场发射性能。在保持其他工艺参数不变的条件下,探索在三种不同的工艺下,AlGaN 薄膜的场发射性能随处理时间的影响。研究结果为 AlGaN 场发射薄膜性能改善提供了有益的参考。

1. 表面修饰 AlGaN 薄膜样品的制备和表征

采用掺杂浓度 1% 和非掺杂的 AlGaN 薄膜进行表面处理。采用之前的工艺参数,用脉冲激光沉积系统在硅片 (001) 上制备 Si 掺杂的 AlGaN 薄膜。工艺参数如下:工作气压为 1 Pa,激光能量为 3 J/cm^2,频率 13 Hz,衬底温度 850 ℃,薄膜沉积时间 15 min。靶材为纯度 99.99% 的 GaN 和 AlN 纳米粉体按照 3:1 混合,按照 III 族原子与 Si 原子的原子比例分别制成 1% 掺杂的 $Al_{0.25}Ga_{0.75}N$ 靶材,为了测量样品的电学性能,在同样工艺参数条件,在石英上制备一组 AlGaN 样品。薄膜非晶,厚度 400 nm。

将制备的 n 型 Si 掺杂 1% 浓度的 $Al_{0.25}Ga_{0.75}N$ 薄膜放入退火炉内。采用不同的温度退火。退火时气压为 100 Pa,退火时间 30 min,退火温度分别以 800 ℃、1000 ℃和 1200 ℃进行 30 min 退火。后取出样品,进行测试。

将制备好的 $Al_{0.25}Ga_{0.75}N$ 薄膜放入等离子体处理系统内,通过感应耦合产生 H 等离子体,H 离子处理 $Al_{0.25}Ga_{0.75}N$ 薄膜来完成薄膜的 H 等离子处理。溅射前背底真空抽至 1×10^{-2} Pa,起辉时气压为 5 Pa,等离子体功率为 100 W。温度保持室温,溅射时间分别为 5 min、10 min。

将制备好的 $Al_{0.25}Ga_{0.75}N$ 薄膜放入双靶射频磁控溅射系统的靶材位置,通过溅射过程,使 Ar 被电离,Ar 离子轰击 $Al_{0.25}Ga_{0.75}N$ 薄膜实现薄膜表面处理。溅

射前背底真空抽至 1×10^{-2} Pa，溅射时通入纯度 99.99%的氩气，溅射气压为 5 Pa。温度保持室温，溅射时间取 1 min、3 min、5 min。

2. NH$_3$ 退火对掺杂 AlGaN 薄膜场发射的影响

为了提高薄膜的质量，对制备的掺杂薄膜进行 NH$_3$ 下高温退火。将脉冲激光沉积得到的 Si 掺杂 1%的薄膜样品，置入 NH$_3$ 气氛中，气压 100 Pa，分别以 800 ℃，1000 ℃和 1200 ℃进行 30 min 退火。后取出样品，进行测试。

图 3.6.5 是不同氨退火温度下的薄膜的 J-E 关系曲线，不同退火温度处理后，开启场强最小的是 1000 ℃，退火为 8.9 V/μm；800 ℃退火的样品在场强为 10 V/μm 时电流密度为 10 μA/cm^2；电流在开启场强最大的是 1200 ℃退火，为 10 V/μm。从图中可以看出，退火过高的样品性能反而下降。合适退火温度有利于提高其场发射性能。

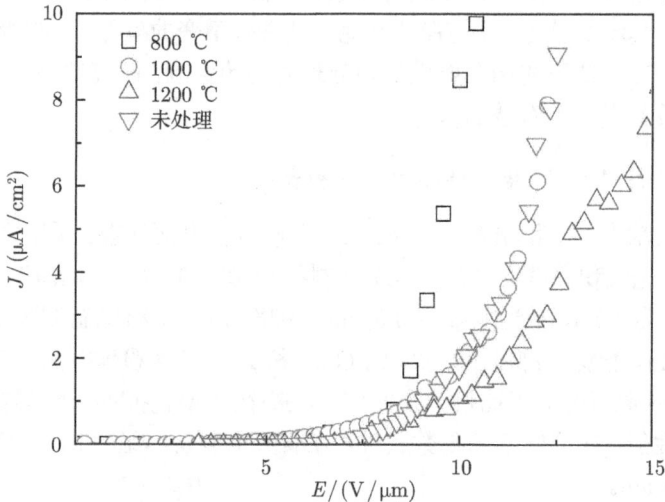

图 3.6.5　不同 NH$_3$ 退火温度的 Al$_{0.25}$Ga$_{0.75}$N 薄膜的场发射 J-E 曲线

图 3.6.6 为不同退火温度下制备的 Al$_{0.25}$Ga$_{0.75}$N 薄膜的 F-N 关系曲线，样品的曲线都是非线性的，高场部分可以近似为一条直线，表明电子在较高场强下是通过隧穿表面势垒完成的。从图中可以看出，曲线的高场部分斜率基本相同，根据 F-N 方程，说明样品功函数与场增强因子比值没有大变化。由于退火气氛为 NH$_3$，主要为 N 源，不能提供足够能量形成 N 替位掺杂，也不能大幅改变薄膜的表面粗糙度形成场增强，所以认为退火没有能够改变样品的功函数和场增强因子。

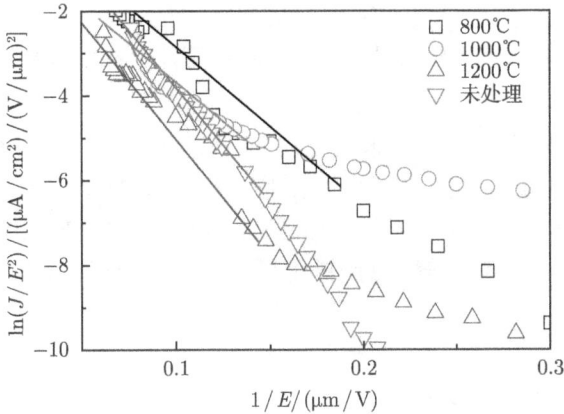

图 3.6.6 不同退火温度下 $Al_{0.25}Ga_{0.75}N$ 薄膜场发射 F-N 关系曲线

图 3.6.7 是不同退火时间的铝镓氮薄膜的 SEM 图。可以看出，随着退火温度的升高，薄膜表面越光滑，细小颗粒越少。取而代之的是大颗粒增多。当退火温度为 1200 ℃时，薄膜表面无小颗粒，但表面存在类似沙眼的细小微坑。

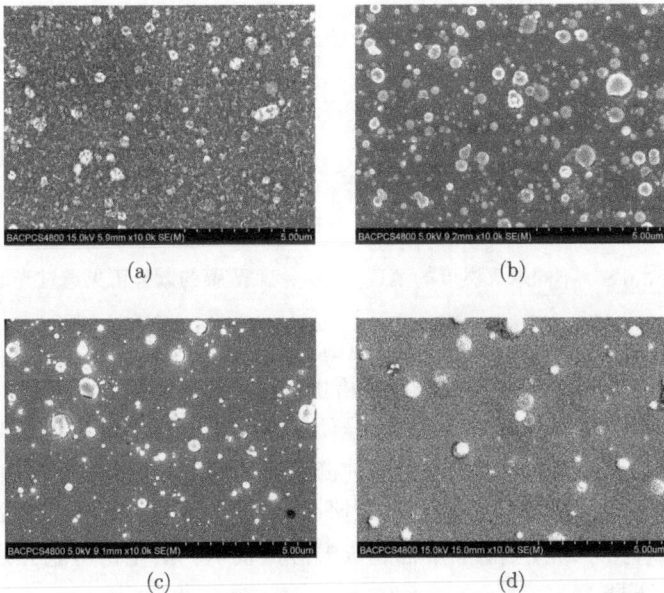

图 3.6.7 不同退火温度的 $Al_{0.25}Ga_{0.75}N$ 薄膜的 SEM 图

(a) 不退火；(b) 800 ℃；(c) 1000 ℃；(d) 1200 ℃

为进一步分析薄膜样品的缺陷及杂质，图 3.6.8 给出了不同退火温度的 $Al_{0.25}Ga_{0.75}N$ 薄膜的紫外可见透过谱，对比未退火样品，退火样品在可见光段平均透过率均大于 70%。而且吸收边在 400 nm 以下对应 GaN 的吸收 360 nm。而未退火样品在 600 nm 就已经有吸收边，说明样品中可能存在大量缺陷能级，从而使得样品吸收率上升，透过率下降。

以上也说明，样品经过高温退火处理，缺陷能级减少，因此平均透过率上升。当退火温度为 1200 ℃，波长为 200 nm 对应 AlN 的 6.2 eV 带隙时，样品仍有光线透过，样品厚度有可能变薄，造成不能有效吸收对应 AlN 带隙的光。这有可能是过高的温度加速了氮化物分解，薄膜厚度降低，形成表面微坑造成的。

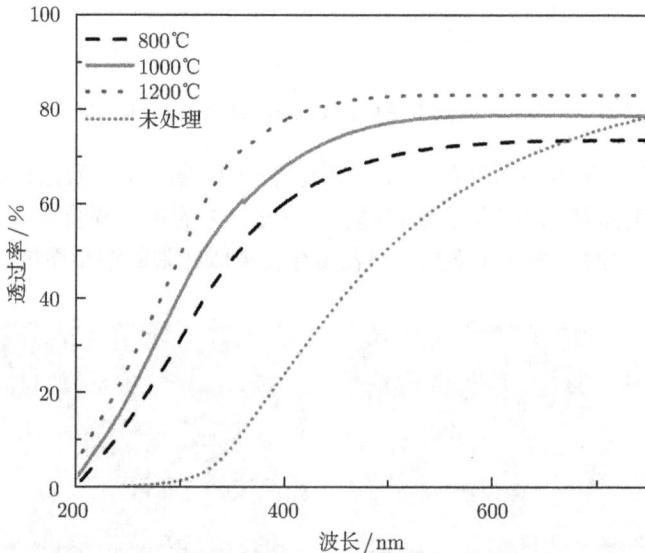

图 3.6.8　不同退火温度的 $Al_{0.25}Ga_{0.75}N$ 薄膜的紫外可见透过光谱

半导体掺杂后，由于杂质离子的存在，晶格常数失配会使一些晶格发生位移；杂质原子的固溶度有限会造成杂质原子析出；大量晶格缺陷造成空位，使得掺杂区原子排列混乱变为非晶。掺杂后，把半导体放在一定温度下进行退火，可以恢复晶格结构和消除缺陷，同时，退火还可能使施主杂质激活，把有些处于间隙位置的杂质原子通过退火而让他们进入替代位置[65]。从而加强电子供给，在没有降低功函数的情况下，增强了场发射性能。而退火温度过高时，氮化物可能会分解，反而导致场发射性能下降。

3. H 等离子处理对 AlGaN 薄膜场发射的影响

对 H 等离子体处理后的样品进行场发射性能测试，图 3.6.9 是不同 H 等离子

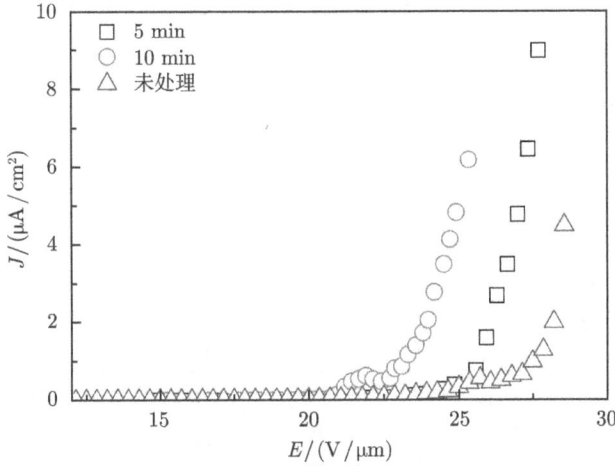

图 3.6.9 不同 H 等离子体处理时间的 AlGaN 薄膜的场发射测试

体处理时间的 $Al_{0.25}Ga_{0.75}N$ 薄膜的 $J\text{-}E$ 曲线。与未处理曲线对比，H 等离子体处理增强了 $Al_{0.25}Ga_{0.75}N$ 薄膜的场发射性能。电流密度达到 1 $\mu A/cm^2$ 时所需要的电场强度为开启电场，H 等离子体处理 10 min 的样品开启电场为 23.2 V/μm，当场强为 25 V/μm 时，电流密度达到 25 $\mu A/cm^2$，未处理样品开启电场为 27 V/μm。

图 3.6.10 为不同 H 等离子体处理制备的 $Al_{0.25}Ga_{0.75}N$ 薄膜的 F-N 关系曲线，样品的曲线都是非线性的，高场部分可以近似为一条直线，表明电子是通过隧穿表面势垒完成的。从图中可以看出，曲线的高场部分斜率比值约为 1:0.92:0.77。根据 F-N 方程，斜率的变化主要由功函数与场增强因子比值不同造成的。图 3.6.11 是 H 等离子体处理 5 min 的 $Al_{0.25}Ga_{0.75}N$ 薄膜和未处理薄膜表面形貌对比，可以看出经过 5 min H 等离子体处理，表面形貌未发生明显变化，通过测量薄膜粗糙度，发现处理后薄膜粗糙度没有增加，从 13 nm 下降为 12 nm。但其 F-N 曲线斜率影响较小。

通过 F-N 方程可以知道曲线斜率被功函数所影响，因此得出 H 等离子体处理后，功函数比为 1:0.94:0.84，与理论计算所得结果 1:0.92 接近，验证了氢吸附可使 $Al_{0.25}Ga_{0.75}N$ 薄膜功函数降低的结论。所得结果略大于计算结果，这有可能是因为 H 等离子体有 H_2 产生。由于 H_2 本身也有一定还原性，所以场发射性能提升的原因有可能是：在 H 等离子体处理下，$Al_{0.25}Ga_{0.75}N$ 薄膜表面的被空气自然氧化形成的少量氧化物被 H 等离子体还原或轰击脱落[66]，使得薄膜质量提升，场发射性能增强[178]。

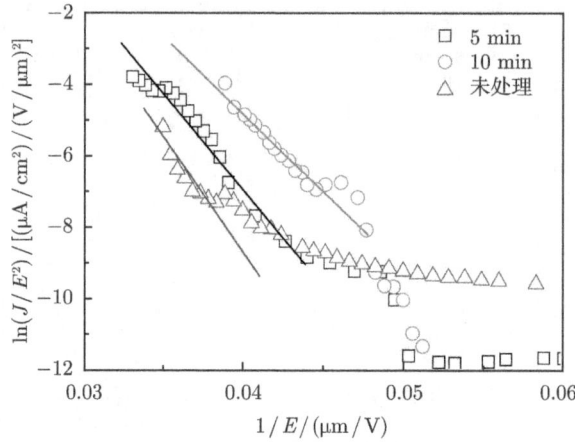

图 3.6.10　不同 H 等离子体处理时间的 $Al_{0.25}Ga_{0.75}N$ 薄膜的场发射测试

图 3.6.11　不同 H 等离子体处理时间的薄膜表面 SEM 图

(a) 未处理；(b) 5 min

4. Ar 等离子处理对 AlGaN 薄膜场发射的影响

用 J-E 关系曲线对薄膜的场发射性能进行分析。图 3.6.12 为 Ar 等离子体处理 $Al_{0.25}Ga_{0.75}N$ 薄膜的场发射 J-E 关系曲线。表 3.6.3 列出了对应开启电场值。由表可知，随着处理时间增加，场发射性能先提高后降低。处理时间在 3 min 以内，开启电场随着处理时间的增加而降低，相应的场发射性能提高；处理时间在 3 min 以上，开启电场随着处理时间的增加而增大，相应的场发射性能降低。经过 Ar 等离子处理的 $Al_{0.25}Ga_{0.75}N$ 薄膜中，处理时间为 3 min 的样品场发射性能最好，开启电场为 14.7 V/µm。未处理的样品场发射性能最差，开启电场为 27 V/µm。测试结果表明合适时间的 Ar 等离子处理有利于场发射性能的提高。Ar 离子表面处理对场发射性能影响物理机制如下，下文将进一步分析。

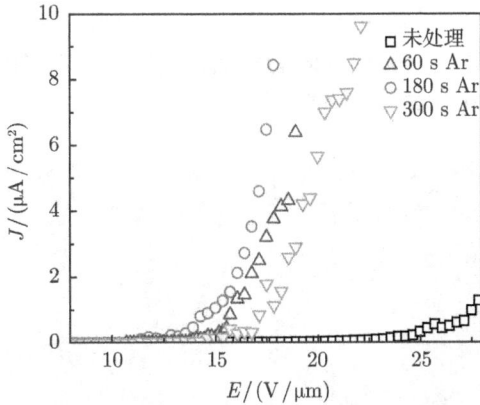

图 3.6.12　不同 Ar 等离子体处理时间的 AlGaN 薄膜的场发射测试

表 3.6.3　不同 Ar 等离子体处理时间样品的 $Al_{0.25}Ga_{0.75}N$ 薄膜的开启电压

处理时间/min	0	1	3	5
开启电压/(V/μm)	27	15.7	14.7	17.5

图 3.6.13 为 $Al_{0.25}Ga_{0.75}N$ 薄膜经过 Ar 等离子体处理后,对其进行的表面 I-V 曲线测量,发现不同样品之间变化不大,处理后也无明显影响。从图中可以看出, 不同处理时间的薄膜在电阻率上没有过多差距。可能是由于没有掺杂和其他原子 引入,而且薄膜成分也一样,也可近似认为薄膜功函数没有变化。

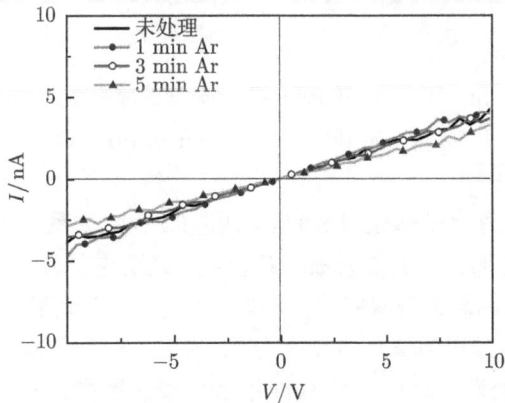

图 3.6.13　不同处理时间的样品的 I-V 曲线

从图 3.6.14 的 SEM 结果中可以看出,随着 Ar 等离子体处理时间改变, $Al_{0.25}Ga_{0.75}N$ 薄膜的表面形貌发生了很大的改变。(a) 图中,未处理样品表面凹 凸不平。(b) 图中,可以明显看出有一些突起。在 (c) 图中,突起部分更加明显,数 量也增多,此时形貌已经明显改变。最后 (d) 图中,大的白色突起消失,出现众多小型突起。这有可能是 Ar 等离子体处理造成 (c) 图中形成的结构被破坏。从不同时间的 SEM 图中可以看出随着处理时间增加，薄膜的场增强因子将有明显的变化，先增大后减小，与文献中有类似情况[67]。

图 3.6.14   不同 Ar 等离子体处理时间的薄膜表面 SEM 图

(a) 未处理；(b) 1 min；(c) 3 min；(d) 5 min

图 3.6.15 为 Ar 等离子体处理 AlGaN 薄膜的 F-N 关系曲线。样品的 F-N 曲线都是非线性的，高场部分可近似看成一条直线，表明电子发射是场发射隧穿行为。由图可见，两个样品高场部分斜率略有不同。理论上，电流密度与场强遵循 F-N 方程，其中，直线斜率方程为 $k = -B\Phi^{3/2}/\beta$。式中，B 为常数，薄膜未经掺杂或不同元素成分的表面处理，而且 I-V 曲线也近似没有区别，考虑功函数无变化。从 SEM 图中可以看出表面形貌有较大区别。因此，F-N 曲线斜率的不同来源于 Ar 等离子处理得到的表面形貌的变化导致的几何场增强因子的不同。薄膜的表面形貌与等离子体处理时间直接相关。处理时间变长，影响着薄膜的表面形貌，从而使场发射性能发生改变。公式中 B 为恒定值，$Al_{0.25}Ga_{0.75}N$ 的功函数为恒定值，计算得到不同处理时间下制备的样品的 β 比值 $\beta_0{:}\beta_1{:}\beta_3{:}\beta_5$ 约为 1:1.2:1.6:1.4。

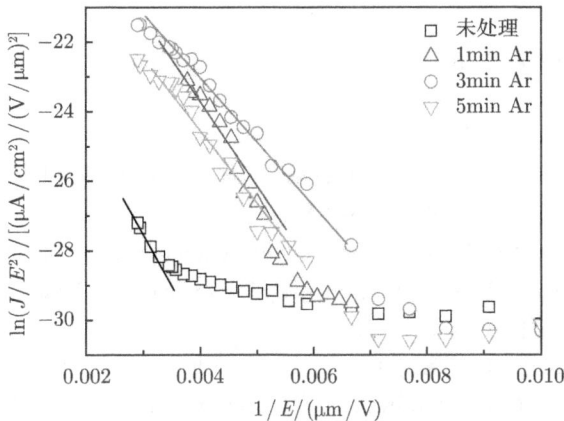

图 3.6.15 Ar 等离子体处理 AlGaN 薄膜的 F-N 关系曲线

把制备的样品放入氨气气氛中退火, 使薄膜表面缺陷减少, 透过率增高, 场发射性能略微增强。场发射性能增强的原因可能是减少了内部缺陷, 使杂质原子容易进入替代位置, 增加电子供给。过高的退火温度会使 AlGaN 薄膜容易分解, 降低其场发射性能。

采用感应耦合等离子源, 对 $Al_{0.25}Ga_{0.75}N$ 进行了 H 等离子体处理。其场发射性能测试显示, H 等离子体处理可以增强薄膜的场发射性质, 开启电压从 27 V/μm, 下降到 23.2 V/μm。场发射性能增强的原因为氢等离子体处理使得表面吸附氢导致的 AlGaN 功函数下降及作用, 验证理论分析。

采用磁控溅射法对 $Al_{0.25}Ga_{0.75}N$ 薄膜进行了不同处理时间 (处理时间 0 min、1 min、3 min、5 min) 的 Ar 等离子体处理。其场发射性能测试显示, $Al_{0.25}Ga_{0.75}N$ 薄膜场发射性能随着处理时间的增大先提高后降低, 在处理 3 min 的条件下制备的样品场发射性能最好; 测试表明薄膜的场发射性能增强主要源自表面形貌的改变增大了场增强因子。处理时间继续增长, 场增强因子不持续增加, 可能是源于长时间 Ar 离子处理破坏了有利于场发射的表面结构。

参 考 文 献

[1] Stevens K S, Kinniburgh M, Beresford R. Photoconductive ultraviolet sensor using Mg-doped GaN on Si(111). Appl. Phys. Lett., 1995, 66(25): 3518-3520.

[2] Guha S, Bojarczuk N A. Ultraviolet and violet GaN light emitting diodes on silicon. Appl. Phys. Lett., 1998, 72(4): 415-417.

[3] 韩爱珍. 半导体工艺化学. 南京: 东南大学出版社. 1991.

[4] 宋志伟. 铝镓氮纳米取向薄膜制备及场发射性能研究. 北京工业大学硕士学位论文, 2012.

[5] 李松玲. 氮化物半导体薄膜的制备及其场发射性能研究. 北京工业大学硕士学位论文,

2011.

[6] Brodie I, Schwoebel P R. Vacuum microelectronic devices. Proceedings of the IEEE, 1994, 82(7): 1006-1034.

[7] 高本辉, 崔素言. 真空. 北京: 科学出版社, 1983.

[8] 王峰瀛, 王如志, 赵维, 等. 非晶氮化镓纳米超薄膜 PLD 制备及其场发射性能. 中国科学 (F 辑: 信息科学), 2009, 39(3): 378-382.

[9] Wang F Y, Wang R Z, Zhao W, et al. Field emission properties of amorphous GaN ultra-thin films fabricated by pulsed laser deposition. Science in China Series F: Information Sciences, 2009, 52(10): 1947-1952.

[10] Dinh D V, Kang S M, Yang J H, et al. Synthesis and field emission properties of triangular-shaped GaN nanowires on Si(100) substrates. J. Cryst. Growth, 2009, 311(3): 495-499.

[11] Kyung S J, Park J B, Park B J, et al. Improvement of electron field emission from carbon nanotubes by Ar neutral beam treatment. Carbon, 2008, 46(10): 1316-1321.

[12] Fu L T, Chen Z G, Wang D W, et al. Wurtzite P-doped GaN triangular microtubes as field emitters. J. Phys. Chem. C, 2010, 114(21): 9627-9633.

[13] Sim H S, Lau S P, Ang L K, et al. Field emission from a single carbon nanofiber at sub 100nm gap. Appl. Phys. Lett. 2008, 93(2): 3.

[14] Diao W Y, Li S K, Wang K R, et al. Estimated nitrogen nutrition index based on the hyperspectral for wheat of drip irrigation under mulch. Spectrosc. Spectr. Anal., 2012, 32(5): 1362-1366.

[15] Zhou J, Ding Y, Deng S Z, et al. Three-dimensional tungsten oxide nanowire networks. Adv. Mater., 2005, 17(17): 2107-2110.

[16] Wu Z S, Deng S Z, Xu N S, et al. Needle-shaped silicon carbide nanowires: Synthesis and field electron emission properties. Appl. Phys. Lett., 2002, 80(20): 3829-3831.

[17] Vinegoni C, Cazzanelli M, Trivelli A, et al. Morphological and optical characterization of GaN prepared by pulsed laser deposition. Surf. Coat. Technol., 2000, 124(2-3): 272-277.

[18] Wang Y Q, Wang R Z, Li Y J, et al. From powder to nanowire: A simple and environmentally friendly strategy for optical and electrical GaN nanowire films. Crystengcomm, 2013, 15(8): 1626-1634.

[19] Wang Y Q, Wang R Z, Zhu M K, et al. Structure and surface effect of field emission from gallium nitride nanowires. Appl. Surf. Sci., 2013, 285: 115-120.

[20] Cohen M L. Quantum photoyield of diamond(111)-a stable negative-affinity emtter-comment. Phys. Rev. B, 1980, 22(2): 1095.

[21] Loh K P, Nishitani-Gamo M, Sakaguchi I, et al. Thermal stability of the negative electron affinity condition on cubic boron nitride. Appl. Phys. Lett., 1998, 72(23): 3023-3025.

[22] Benjamin M C, Wang C, Davis R F, et al. Observation of a negative electron-affinty for heteroepitaxlal aln on alpha(6H)-sic(0001). Appl. Phys. Lett., 1994, 64(24): 3288-3290.

[23] Wu C I, Kahn A, Hellman E S, et al. Electron affinity at aluminum nitride surfaces. Appl. Phy. Lett., 1998, 73(10): 1346-1348.

[24] Wu C I, Kahn A. Negative electron affinity at the Cs/AlN(0001) surface. Appl. Phys. Lett., 1999, 74(10): 1433-1435.

[25] Kryuchenko Y V, Litovchenko V G. Computer simulation of the field emission from multilayer cathodes. J. Vac. Sci. Technol. B, 1996, 14(3): 1934-1937.

[26] Youn C J, Jeong T S, Han M S, et al. Influence of various activation temperatures on the optical degradation of Mg doped InGaN/GaN MQW blue LEDs. J. Cryst. Growth, 2003, 250(3-4): 331-338.

[27] Vurgaftman I, Meyer J R. Band parameters for nitrogen-containing semiconductors. J. Appl. Phys., 2003, 94(6): 3675-3696.

[28] 刘恩科, 朱秉升, 罗晋生, 等. 半导体物理学. 第六版. 北京: 电子工业出版社. 2003.

[29] Song Z-W, Wang R-Z, Zhao W, et al. Enhanced field emission from GaN and AlN mixed-phase nanostructured film. J. Phys. Chem. C, 2012, 116(2): 1780-1783.

[30] Johnson W C, Parsons J B, Crew M C. Nitrogen compounds of gallium III Gallic nitride. J. Phys. Chem., 1932, 36(7): 2651-2654.

[31] Yoshida S, Misawa S, Gonda S. Improvements on the electrical and luminescent properties of reactive molecular-beam epitaxially grown gan films by using ain-coated sapphire substrates. Appl. Phys. Lett., 1983, 42(5): 427-429.

[32] Amano H, Sawaki N, Akasaki I, et al. Metalorganic vapor-phase epitaxial-growth of a high-quality gan film using an ain buffer layer. Appl. Phy. Lett., 1986, 48(5): 353-355.

[33] Zhang L, Ramer J, Brown J, et al. Electron cyclotron resonance etching characteristics of GaN in SiCl$_4$/Ar. Appl. Phys. Lett., 1996, 68(3): 367-369.

[34] Kozawa T, Suzuki M, Taga Y, et al. Fabrication of GaN Field Emitter Arrays by Selective Area Growth Technique. Seoul 135-703: Electronic Display Industrial Research Association Korea, 1997.

[35] Underwood R D, Keller S, Mishra U K, et al. GaN field emitter array diode with integrated anode. J. Vac. Sci. Technol. B, 1998, 16(2): 822-825.

[36] Underwood R D, Kapolnek D, Keller B P, et al. Selective-area regrowth of GaN field emission tips. Solid-State Electron, 1997, 41(2): 243-245.

[37] Kapolnek D, Underwood R D, Keller B P, et al. Selective area epitaxy of GaN for electron field emission devices. J. Cryst. Growth, 1997, 170(1-4): 340-343.

[38] Nam O H, Bremser M D, Ward B L, et al. Growth of GaN and Al-{0.2}Ga-{0.8}N on patterened substrates via organometallic vapor phase epitaxy. Jpn. J. Appl. Phys., 1997, 36(5A): L532-L535.

[39] Ward B L, Nam O H, Hartman J D, et al. Electron emission characteristics of GaN pyramid arrays grown via organometallic vapor phase epitaxy. J. Appl. Phys., 1998, 84(9): 5238-5242.

[40] Kozawa T, Suzuki M, Taga Y, et al. Fabrication of GaN field emitter arrays by selective area growth technique. J. Vac. Sci. Technol. B, 1998, 16(2): 833-835.

[41] Sugino T, Hori T, Kimura C, et al. Field emission from GaN surfaces roughened by hydrogen plasma treatment. Appl. Phys. Lett., 2001, 78(21): 3229-3231.

[42] Sugino T, Kimura C, Yamamoto T. Electron field emission from boron-nitride nanofilms. Appl. Phys. Lett., 2002, 80(19): 3602-3604.

[43] Cheah L K, Shi X, Liu E, et al. Electron field emission properties of tetrahedral amorphous carbon films. J. Appl. Phys., 1999, 85(9): 6816-6821.

[44] Forrest R D, Burden A P, Silva S R P, et al. A study of electron field emission as a function of film thickness from amorphous carbon films. Appl. Phys. Lett., 1998, 73(25): 3784-3786.

[45] Duan Z Q, Wang R Z, Yuan R Y, et al. Field emission mechanism from a single-layer ultra-thin semiconductor film cathode. Journal of Physics D: Applied Physics, 2007, 40(19): 5828-5832.

[46] Fujimura N, Nishihara T, Goto S, et al. Control of preferred orientation for znox films-control of self-texture. J. Cryst. Growth, 1993, 130(1-2): 269-279.

[47] Ji H, Jin Z S, Gu C Z, et al. Influence of diamond film thickness on field emission characteristics. J. Vac. Sci. Technol. B, 2000, 18(6): 2710-2713.

[48] 段志强, 王如志, 袁瑞场, 等. 半导体薄膜场发射中的膜厚影响. 发光学报, 2007, 28(2): 256-262.

[49] 李军. 氧化锌薄膜的制备及场发射性能研究. 北京工业大学硕士学位论文, 2008.

[50] Zhao W, Wang R Z, Song Z W, et al. Crystallization effects of nanocrystalline GaN films on field emission. J. Phys. Chem. C, 2013, 117(3): 1518-1523.

[51] Dang C, Wang B B, Wang F Y. Study on effect of oxygen adsorption on characteristics of field electron emission from aligned carbon nanotubes grown by plasma-enhanced hot filament chemical vapor deposition. Vacuum, 2009, 83(12): 1414-1418.

[52] Choi Y S, Park K A, Kim C, et al. Oxygen gas-induced lip-lip interactions on a double-walled carbon nanotube edge. Journal of the American Chemical Society, 2004, 126(30): 9433-9438.

[53] Luo G N, Yamaguchi K, Terai T, et al. Charging effect on work function measurements of lithium ceramics under irradiation. Journal of Alloys and Compounds, 2003, 349(1): 211-216.

[54] Zhao D G, Xu S J, Xie M H, et al. Stress and its effect on optical properties of GaN epilayers grown on Si(111), 6H-SiC(0001), and c-plane sapphire. Appl. Phys. Lett., 2003, 83(4): 677.

[55] Wang B B, Cheng Q J, Zhong X X, et al. Enhanced electron field emission from plasma-nitrogenated carbon nanotips. J. Appl. Phys., 2012, 111(4): 044317.

[56] Wang B B, Ostrikov K, Gong C S, et al. Structure- and composition-dependent electron field emission from nitrogenated carbon nanotips. J. Appl. Phys., 2012, 112(8): 084304.

[57] Kisielowski C, Kruger J, Ruvimov S, et al. Strain-related phenomena in GaN thin films. Phys. Rev. B, 1996, 54(24): 17745-17753.

[58] Jeong J K, Kim H J, Seo H C, et al. Improvement in the crystalline quality of epitaxial GaN films grown by MOCVD by adopting porous 4H-SiC substrate. Electrochemical and Solid-State Letters, 2004, 7(4): C43.

[59] Karabacak T, Senkevich J J, Wang G C, et al. Stress reduction in sputter deposited films using nanostructured compliant layers by high working-gas pressures. Journal of Vacuum Science & Technology A: Vacuum, Surfaces, and Films, 2005, 23(4): 986.

[60] Xiong C, Jiang F, Fang W, et al. Different properties of GaN-based LED grown on Si(111) and transferred onto new substrate. Science in China Series E, 2006, 49(3): 313-321.

[61] Zhao W, Wang R Z, Song X M, et al. Ultralow-threshold field emission from oriented nanostructured GaN films on Si substrate. Appl. Phys. Lett., 2010, 96(9): 092101.

[62] Wang Y Q, Wang R Z, Li Y J, et al. From powder to nanowire: a simple and environmentally friendly strategy for optical and electrical GaN nanowire films. CrystEngComm, 2013, 15(8): 1626-1634.

[63] Kuzumaki T, Takamura Y, Ichinose H, et al. Structural change at the carbon-nanotube tip by field emission. Appl. Phys. Lett., 2001, 78(23): 3699-3701.

[64] Sun C Q. Size dependence of nanostructures: Impact of bond order deficiency. Progress in Solid State Chemistry, 2007, 35(1): 1-159.

[65] Edgcombe C J, Valdre U. Experimental and computational study of field emission characteristics from amorphous carbon single nanotips grown by carbon contamination - I. Experiments and computation. Philos Mag B, 2002, 82(9): 987-1007.

[66] Dang C, Wang B B, Wang F Y. Study on effect of oxygen adsorption on characteristics of field electron emission from aligned carbon nanotubes grown by plasma-enhanced hot filament chemical vapor deposition. Vacuum, 2009, 83(12): 1414-1418.

[67] Tran N H, Lamb R N, Lai L J, et al. Influence of oxygen on the crystalline-amorphous transition in gallium nitride films. J. Phys. Chem. B, 2005, 109(39): 18348-18351.

[68] Chen Z, Cao C, Li W S, et al. Well-aligned single-crystalline GaN nanocolumns and their field emission properties. Crystal Growth and Design, 2009, 9(2): 792-796.

[69] Tang C C, Xu X W, Hu L, et al. Improving field emission properties of GaN nanowires by oxide coating. Appl. Phys. Lett., 2009, 94(24): 243105.

[70] Rai P, Mohapatra D R, Hazra K S, et al. Nanotip formation on a carbon nanotube

pillar array for field emission application. Appl. Phys. Lett., 2008, 93(13): 131921.

[71] Tsai T Y, Lee C Y, Tai N H, et al. Transfer of patterned vertically aligned carbon nanotubes onto plastic substrates for flexible electronics and field emission devices. Appl. Phys. Lett., 2009, 95(1): 013107.

[72] Binh V T, Adessi C. New mechanism for electron emission from planar cold cathodes: The solid-state field-controlled electron emitter. Phys. Rev. Lett., 2000, 85(4): 864-867.

[73] Wang R Z, Yan H, Wang B, et al. Field emission enhancement by the quantum structure in an ultrathin multilayer planar cold cathode. Appl. Phys. Lett., 2008, 92(14): 142102.

[74] You J B, Zhang X W, Cai P F, et al. Enhancement of field emission of the ZnO film by the reduced work function and the increased conductivity via hydrogen plasma treatment. Appl. Phys. Lett., 2009, 94(26): 262105.

[75] Underwood R D, Kozodoy P, Keller S, et al. Piezoelectric surface barrier lowering applied to InGaN/GaN field emitter arrays. Appl. Phys. Lett., 1998, 73(3): 405-407.

[76] Fiorentini V, Bernardini F, Ambacher O. Evidence for nonlinear macroscopic polarization in III–V nitride alloy heterostructures. Appl. Phys. Lett., 2002, 80(7): 1204-1206.

[77] Bernardini F, Fiorentini V. Nonlinear macroscopic polarization in III-V nitride alloys. Phys. Rev. B, 2001, 64(8): 085207.

[78] Fiorentini V, Bernardini F, Della Sala F, et al. Effects of macroscopic polarization in III-V nitride multiple quantum wells. Phys. Rev. B, 1999, 60(12): 8849-8858.

[79] Simon J, Protasenko V, Lian C, et al. Polarization-induced hole doping in wide-bandgap uniaxial semiconductor heterostructures. Science, 2010, 327(5961): 60-64.

[80] Ranjan V, Allan G, Priester C, et al. Self-consistent calculations of the optical properties of GaN quantum dots. Phys. Rev. B, 2003, 68(11): 115305.

[81] Bechstedt F, Grossner U, Furthmüller J. Dynamics and polarization of group-III nitride lattices: A first-principles study. Phys. Rev. B, 2000, 62(12): 8003-8011.

[82] Heiblum M, Nathan M I, Thomas D C, et al. Direct observation of ballistic transport in GaAs. Phys. Rev. Lett., 1985, 55(20): 2200-2203.

[83] Foutz B E, Eastman L F, Bhapkar U V, et al. Comparison of high field electron transport in GaN and GaAs. Appl. Phys. Lett., 1997, 70(21): 2849-2851.

[84] Foutz B E, O'Leary S K, Shur M S, et al. Transient electron transport in wurtzite GaN, InN, and AlN. J. Appl. Phys., 1999, 85(11): 7727-7734.

[85] Collazo R, Schlesser R, Roskowski A, et al. Electron energy distribution during high-field transport in AlN. J. Appl. Phys., 2003, 93(5): 2765-2771.

[86] 赵维. 氮化物半导体纳米薄膜结构增强场发射及其机理研究. 北京工业大学博士学位论文, 2012.

[87] Liu M, Man B Y, Xue C S, et al. The effect of nitrogen pressure on the two-step method deposition of GaN films. Appl. Phys. A, 2006, 85(1): 83-86.

[88] Kobayashi A, Kawano S, Ueno K, et al. Growth of a-plane GaN on lattice-matched ZnO substrates using a room-temperature buffer layer. Appl. Phys. Lett., 2007, 91(19): 191905.

[89] Yang C, Man B Y, Zhuang H Z, et al. Annealing of GaN/ZnO/Si films deposited by pulsed laser deposition. Jpn. J. Appl. Phys., 2007, 46(2): 526-529.

[90] Yamashita T, Hasegawa S, Nishida S, et al. Electron field emission from GaN nanorod films grown on Si substrates with native silicon oxides. Appl. Phys. Lett., 2005, 86(8): 082109.

[91] Yilmazoglu O, Pavlidis D, Litvin Y M, et al. Field emission from quantum size GaN structures. Appl. Surf. Sci., 2003, 220(1-4): 46-50.

[92] 薛增泉, 吴全德. 电子发射与电子能谱. 北京: 北京大学出版社, 1993.

[93] Kimura C, Yamamoto T, Sugino T. Field emission characteristics of boron nitride films deposited on Si substrates with cubic boron nitride crystal grains. J. Vac. Sci. Technol. B, 2001, 19(3): 1051-1054.

[94] Wang R Z, Zhou H, Song X M, et al. Effects of phase formation on electron field emission from BN films. J. Cryst. Growth, 2006, 291(1): 18-21.

[95] Xu N S, Chen Y, Deng S Z, et al. Vacuum gap dependence of field electron emission properties of large area multi-walled carbon nanotube films. J. Phys. D Appl. Phys., 2001, 34(11): 1597-1601.

[96] Liu C, Hu Z, Wu Q, et al. Synthesis and field emission properties of aluminum nitride nanocones. Appl. Surf. Sci., 2005, 251(1-4): 220-224.

[97] Chin K C, Poh C K, Chong G L, et al. Large area, rapid growth of two-dimensional ZnO nanosheets and their field emission performances. Appl. Phys. A, 2008, 90(4): 623-627.

[98] Utsumi W, Saitoh H, Kaneko H, et al. Congruent melting of gallium nitride at 6 GPa and its application to single-crystal growth. Nat. Mater., 2003, 2(11): 735-738.

[99] Chen J, Deng S Z, She J C, et al. Effect of structural parameter on field emission properties of semiconducting copper sulphide nanowire films. J. Appl. Phys., 2003, 93(3): 1774-1777.

[100] Luo L Q, Yu K, Zhu Z Q, et al. Field emission from GaN nanobelts with herringbone morphology. Mater. Lett., 2004, 58(22-23): 2893-2896.

[101] 陈传忠, 包全合, 姚书山, 等. 脉冲激光沉积技术及其应用. 激光技术, 2003, 27(5): 443-446.

[102] Duan Z Q, Wang R Z, Yuan R Y, et al. Field emission mechanism from a single-layer ultra-thin semiconductor film cathode. J. Phys. D Appl. Phys., 2007, 40(19): 5828-5832.

[103] 段志强. 纳米体系中场发射的结构效应. 北京工业大学硕士学位论文, 2006.

[104] Binh V T, Adessi C. New mechanism for electron emission from planar cold cathodes: The solid-state field-controlled electron emitter. Phys. Rev. Lett., 2000, 85(4): 864-867.

[105] Wang R, Wang B, Wang H, et al. Band bending mechanism for field emission in wide-band gap semiconductors. Appl. Phys. Lett., 2002, 81(15): 2782-2784.

[106] 王如志. III族氮化物半导体薄膜场发射性能研究: 北京工业大学博士学位论文, 2003.

[107] 王峰瀛. 铝镓氮半导体薄膜制备及场发射性能研究: 北京工业大学硕士学位论文, 2009.

[108] Wang J, Wang R Z, Xu L C, et al. Modulation of band gaps of codoping GaN: A first principles study. Proceedings of the Advanced Materials Research F, 2011.

[109] Zhao W, Wang R Z, Song X M, et al. Ultralow-threshold field emission from oriented nanostructured GaN films on Si substrate. Appl. Phys. Lett., 2010, 96(9): 3.

[110] Thapa R, Saha B, Chattopadhyay K K. Enhanced field emission from Si doped nanocrystalline AlN thin films. Appl. Surf. Sci., 2009, 255(8): 4536-4341.

[111] Xu C X, Sun X W, Chen B J. Field emission from gallium-doped zinc oxide nanofiber array. Appl. Phys. Lett., 2004, 84(9): 1540-1542.

[112] Cutler P H, Miskovsky N M, Lerner P B, et al. The use of internal field emission to inject electronic charge carriers into the conduction band of diamond films: A review. Appl. Surf. Sci., 1999, 146(1-4): 126-133.

[113] Sugino T, Kuriyama K, Kimura C, et al. Temperature dependence of field emission characteristics of phosphorus-doped polycrystalline diamond films. Appl. Phys. Lett., 1998, 73(2): 268-270.

[114] Shi S C, Chen C F, Chattopadhyay S, et al. Field emission from quasi-aligned aluminum nitride nanotips. Appl. Phys. Lett., 2005, 87(7): 3.

[115] Wang R Z, Ding X M, Wang B, et al. Structural enhancement mechanism of field emission from multilayer semiconductor films. Phys. Rev. B, 2005, 72(12): 6.

[116] Kasu M, Kobayashi N. Field-emission characteristics and large current density of heavily Si-doped AlN and $Al_xGa_{1-x}N$ $(0.38 \leqslant x < 1)$. Appl. Phys. Lett., 2001, 79(22): 3642-3644.

[117] Amano H, Kito M, Hiramatsu K, et al. P-type conduction in mg-doped gan treated with low-energy electron-beam irradiation (leebi). Jpn. J. Appl., Phys., 1989, 28(12): L2112-L2114.

[118] Lozykowski H J, Jadwisienczak W M, Brown I. Visible cathodoluminescence of GaN doped with Dy, Er, and Tm. Appl. Phys. Lett., 1999, 74(8): 1129-1131.

[119] Oshima Y, Yoshida T, Watanabe K, et al. Properties of Ge-doped, high-quality bulk GaN crystals fabricated by hydride vapor phase epitaxy. J. Cryst. Growth, 2010, 312(24): 3569-3573.

[120] Wang Q, Hui R, Daha R, et al, Carrier lifetime in erbium-doped GaN waveguide emitting in 1540 nm wavelength. Appl. Phys. Lett., 2010, 97(24): 241105.

[121] Chisholm J A, Bristowe P D. Stacking fault energies in Si doped GaN: A first principles study. Appl. Phys. Lett., 2000, 77(4): 534-536.

[122] Contreras O, Ponce F A, Christen J, et al. Dislocation annihilation by silicon delta-doping in GaN epitaxy on Si. Appl. Phys. Lett., 2002, 81(25): 4712-4714.

[123] Liu X L, Wang L S, Lu D, et al. The influence of thickness on properties of GaN Buffer layer and heavily Si-doped GaN grown by metal organic vapor-phase epitaxy. J. Cryst. Growth., 1998, 189:287-290.

[124] Halidou I, Benzarti Z, Chine Z, et al. Heavily silicon-doped GaN by MOVPE. Microelectronics Journal, 2001, 32(2): 137-142.

[125] Kusakabe K, Furuzuki T, Ohkawa K. Improvement of electrical property of Si-doped GaN grown on r-plane sapphire by metalor ganic yapor-phase epitaxy. Physica B-Condensed Matter, 2006, 376: 520-522.

[126] Ma B, Miyagawaa R, Hua W, et al. Structural and blectrical properties of Si-doped a-plane GaN grown on r-plane sapphire by MOVPE. Journal of Crystal Growth, 2009, 311(10): 2899-2902.

[127] Adessi C, Devel M. Theoretical study of field emission by a four atoms nanotip: Implications for carbon nanotubes observation. Ultramicroscopy, 2000, 85(4): 215-223.

[128] Kimura C, Yamamoto T, Hori T, et al. Field emission characteristics of BN/GaN structure. Appl. Phys. Lett., 2001, 79(27): 4533-4535.

[129] Powers M J, Benjamin M C, Porter L M, et al. Observation of a negative electron affinity for boron nitride. Appl. Phys. Lett., 1995, 67(26): 3912-3914.

[130] Gohda Y, Nakamura Y, Watanabe K, et al. Self-consistent density functional calculation of field emission currents from metals. Phys. Rev. Lett., 2000, 85(8): 1750-1753.

[131] Belyanin A F, Bouilov L L, Zhirnov V V, et al. Application of aluminum nitride films for electronic devices. Diamond and Related Materials, 1999, 8(2-5): 369-372.

[132] Nakashima H, Yonekura M, Wakabayashi H, et al. Application of silver-dispersed AlN thin film to solar control glass. J. Appl. Phys., 1998, 84(11): 6285-6290.

[133] Gonzalez M, Ibarra A. The dielectric behaviour of commercial polycrystalline aluminium nitride. Diamond and Related Materials, 2000, 9(3-6): 467-471.

[134] Wang R Z, Wang B, Wang H, et al. Band bending mechanism for field emission in wide-band gap semiconductors. Appl. Phys. Lett., 2002, 81(15): 2782-2784.

[135] Li D, Sumiya M, Fuke S, et al. Selective etching of GaN polar surface in potassium hydroxide solution studied by X-ray photoelectron spectroscopy. J. Appl. Phys., 2001, 90(8): 4219-4223.

[136] Wolter S D, Luther B P, Waltemyer D L, et al. X-ray photoelectron spectroscopy and X-ray diffraction study of the thermal oxide on gallium nitride. Appl. Phys. Lett., 1997, 70(16): 2156-2158.

[137] Shiozaki N, Hashizume T. Improvements of electronic and optical characteristics of n-GaN-based structures by photoelectrochemical oxidation in glycol solution. J. Appl. Phys., 2009, 105(6): 064912.

[138] Fu L T, Chen Z G, Wang D W, et al. Wurtzite P-Doped GaN Triangular Microtubes as Field Emitters. J. Phys. Chem. C, 2010, 114(21): 9627-9633.

[139] Zhao J P, Chen Z Y, Wang X, et al. Thickness-independent electron field emission from tetrahedral amorphous carbon films. Appl. Phys. Lett., 2000, 76(2): 191-193.

[140] Lu H, Chen X F, Pan J S, et al. Thickness effect on field electron emission of silicon emitter arrays coated with sol-gel $Ba_{0.65}Sr_{0.35}TiO_3$ and $(Ba_{0.65}Sr_{0.35})_{0.75}La_{0.25}TiO_3$ thin films. Thin Solid Films, 2008, 516(21): 7735-7740.

[141] Ji H, Jin Z S, Gu C Z, et al. Influence of diamond film thickness on field emission characteristics. Journal of Vacuum Science and Technology B, 2000, 18(6): 2710-2713.

[142] Fu L T, Chen Z G, Wang D W, et al. Wurtzite P-doped GaN triangular microtubes as field emitters. J. Phys. Chem. C, 2010, 114(21): 9627-9633.

[143] Lin C, Yu G, Wang X, et al. Catalyst-free growth of well vertically aligned GaN needle-like nanowire array with low-field electron emission properties. J. Phys. Chem. C, 2008, 112(48): 18821-18824.

[144] Ng D K T, Hong M H, Tan L S, et al. Field emission enhancement from patterned gallium nitride nanowires. Nanotechnology, 2007, 18(37): 375707.

[145] Jang W, Kim S, Lee J, et al. Triangular GaN-BN core-shell nanocables: Synthesis and field emission. Chem. Phys. Lett., 2006, 422(1-3): 41-45.

[146] Liu B, Bando Y, Tang C, et al. Needlelike bicrystalline GaN nanowires with excellent field emission properties. J. Phys. Chem. B, 2005, 109(36): 17082-17085.

[147] Ha B, Seo S H, Cho J H, et al. Optical and field emission properties of thin single-crystalline GaN nanowires. J. Phys. Chem. B, 2005, 109(22): 11095-11099.

[148] Liu B, Bando Y, Tang C, et al. Quasi-aligned single-crystalline GaN nanowire arrays. Appl. Phys. Lett., 2005, 87(7): 073106.

[149] Luo L, Yu K, Zhu Z, et al. Field emission from GaN nanobelts with herringbone morphology. Materials Letters, 2004, 58(22-23): 2893-2896.

[150] Young R D. Theoretical total-energy distribution of field-emitted electrons. Phys. Rev., 1959, 113(1): 110-114.

[151] Semenenko M. A novel method to form conducting channels in SiO_x(Si) films for field emission application. J. Appl. Phys., 2010, 107(1): 013702.

[152] Thelander C, Caroff P, Plissard S b, et al. Effects of crystal phase mixing on the electrical properties of InAs nanowires. Nano Letters, 2011, 11(6): 2424-2429.

[153] Ikeda T, Teii K. Origin of low threshold field emission from nitrogen-incorporated nanocrystalline diamond films. Appl. Phys. Lett., 2009, 94(14): 143102.

[154] Zapol P, Sternberg M, Curtiss L A, et al. Tight-binding molecular-dynamics simulation of impurities in ultrananocrystalline diamond grain boundaries. Physical Review B, 2001, 65(4): 045403.

[155] Joseph P T, Tai N H, Chen C H, et al. Field emission enhancement in ultrananocrystalline diamond films by in situ heating during single or multienergy ion implantation processes. J. Appl. Phys., 2009, 105(12): 123710.

[156] Wang C S, Chen H C, Cheng H F, et al. Synthesis of diamond using ultra-nanocrystalline diamonds as seeding layer and their electron field emission properties. Diamond and Related Materials, 2009, 18(2-3): 136-140.

[157] Wang R Z, Ding X, Wang B, et al. Structural enhancement mechanism of field emission from multilayer semiconductor films. Physical Review B, 2005, 72(12): 125310.

[158] Wang R Z, Yan H, Wang B, et al. Field emission enhancement by the quantum structure in an ultrathin multilayer planar cold cathode. Appl. Phys. Lett., 2008, 92(14): 142102.

[159] Zhao W, Wang R Z, Song X M, et al. Electron field emission enhanced by geometric and quantum effects from nanostructured AlGaN/GaN quantum wells. Appl. Phys. Lett., 2011, 98(15): 152110.

[160] Simon J, Protasenko V, Lian C X, et al. Polarization-Induced hole doping in wide-band-gap uniaxial semiconductor heterostructures. Science, 2009, 327(5961): 60-64.

[161] Wang R Z, Zhou H, Song X M, et al. Effects of phase formation on electron field emission from BN films. J. Cryst. Growth, 2006, 291(1): 18-21.

[162] Teii K, Matsumoto S, Robertson J. Electron field emission from nanostructured cubic boron nitride islands. Appl. Phys. Lett., 2008, 92(1): 013115.

[163] Teii K, Yamao R, Matsumoto S. Effect of cubic phase evolution on field emission properties of boron nitride island films. J. Appl. Phys., 2009, 106(11): 113706.

[164] Thelander C, Caroff P, Plissard S B, et al. Effects of crystal phase mixing on the electrical properties of InAs nanowires. Nano Lett., 2011, 11(6): 2424-2429.

[165] Dayeh S A, Susac D, Kavanagh K L, et al. Structural and room-temperature transport properties of zinc blende and wurtzite InAs nanowires. Advanced Functional Materials, 2009, 19(13): 2102-2108.

[166] Purton J, Lavrentiev M, Allan N. Monte carlo simulation of GaN/AlN and AlN/InN mixtures. Mater. Chem. Phys., 2007, 105(2-3): 179-184.

[167] Tsai T Y, Lee C Y, Tai N H, et al. Transfer of patterned vertically aligned carbon nanotubes onto plastic substrates for flexible electronics and field emission devices. Appl. Phys. Lett., 2009, 95(1): 013107-013107-3.

[168] Zhao W, Wang R Z, Song X M, et al. Ultralow-threshold field emission from oriented nanostructured GaN films on Si substrate. Appl. Phys. Lett., 2010, 96(9): 092101.

[169] Lu X, Yang Q, Xiao C, et al. Effects of hydrogen flow rate on the growth and field

electron emission characteristics of diamond thin films synthesized through graphite etching. Diamond Relat Mater, 2007, 16(8): 1623-1627.

[170] Wu C I, Kahn A, Hellman E S, et al. Electron affinity at aluminum nitride surfaces. Appl. Phys. Lett., 1998, 73(10): 1346.

[171] Stampfl C, Van de Walle C G. Theoretical investigation of native defects, impurities, and complexes in aluminum nitride. Physical Review B, 2002, 65(15): 155212.

[172] Thompson M P, Auner G W, Zheleva T S, et al. Deposition factors and band gap of zinc-blende AlN. J. Appl. Phys., 2001, 89(6): 3331-3336.

[173] Suzuki M, Uenoyama T, Yanase A. First-principles calculations of effective-mass parameters of AlN and GaN. Physical Review B, 1995, 52(11): 8132-8139.

[174] Xu N S, Huq S E. Novel cold cathode materials and applications. Materials Science and Engineering: R: Reports, 2005, 48(2–5): 47-189.

[175] Selim F A, Weber M H, Solodovnikov D, et al. Nature of Native Defects in ZnO. Phys. Rev. Lett., 2007, 99(8): 085502.

[176] Takeuchi D, Kato H, Ri G S, et al. Direct observation of negative electron affinity in hydrogen-terminated diamond surfaces. Appl. Phys. Lett., 2005, 86(15): 152103-152103-3.

[177] Loh K P, Sakaguchi I, Gamo M N, et al. Surface conditioning of chemical vapor deposited hexagonal boron nitride film for negative electron affinity. Appl. Phys. Lett., 1999, 74(1): 28-30.

[178] 王京. 掺杂及表面修饰铝镓氮场发射性能研究. 北京工业大学硕士学位论文, 2012.

第4章 多层纳米薄膜半导体场发射结构增强研究

4.1 引　言

　　传统的场发射阴极研究，主要着眼于应用新材料或者完善材料本身特性，如采用纳米管、线等新型材料，或者对场发射表面进行处理以降低电子亲和势等。与此同时，为了获得可实际应用的场发射电流密度，通常采用几何场增强或肖特基场增强效应的方法来实现。然而，所能获得的最大场发射电流密度及最低阈值电压还是 2000 年前后报道的结果，近几年一直没有大的突破。采用一些新材料，在提高场发射性能的同时往往存在着诸多缺陷，例如，采用 CNT 作为场发射材料，能获得大的发射电流密度，低的阈值电压，但经常可能因为局部温度过高致使 CNT 熔断，导致整个场发射系统崩溃[1]。采用几何场增强获得大发射电流的尖端场发射材料也往往会遇到同样的问题。场发射新材料研究进展缓慢、已有材料场发射存在的问题尚未解决，成为场发射器件大规模应用的瓶颈。

　　宽带隙半导体薄膜一般具有良好的化学稳定性、热稳定性、高熔点、高热导率、高击穿电压以及大的载流子迁移率，并且具有小的甚至是负的电子亲和势，有利于降低场发射阈值电压，增大场发射电流，且制备工艺相对简单，器件化相对容易，有利于光、电及显示功能的一体化集成，在场发射领域有着极为广阔的发展潜力及应用前景。然而，单纯的宽带隙半导体薄膜与实际应用尚存在一定的距离。人们尝试一些特殊薄膜结构提高宽带隙半导体薄膜的场发射性能，取得了良好结果。1998年，Geis 小组在 *Nature* 上首先报道了一种新的表面场发射机制[2]，他们采用金刚石薄膜在金属基底上沉积一种特殊的三角结构，使场发射电流增强 10^5 倍，而且阈值电压降低 100 倍。这种机制与传统场发射机制的不同在于：电子不是从金属或者半导体直接隧穿发射到真空，而是首先在半导体表面积累，然后隧穿发射到真空，成为通过调整宽带隙半导体薄膜结构极大改善其场发射性能的第一个成功范例。2000 年，Binh 小组在 *Phys. Rev. Lett.* 上报道了一种新的宽带隙半导体超薄膜平板阴极场发射机制[3]，采用固态场可控场发射结构，在常温和粗真空条件下，实现阈值电压降低 100 倍。最近，Binh 小组在实验上实现了宽带隙半导体的多层固态场可控场发射超薄膜结构[4]，得到了稳定的大场发射电流。这些实验表明，调控半导体薄膜结构来实现其场发射性能的极大提高是完全可能的。因此，通过薄膜结构参数 (薄膜组分、组分厚度、薄膜内场、发射表面形状、薄膜界面、层间耦合等) 的调整来实现场发射性能的提高将为场发射器件的应用提供一种全新的思路。其一, 在不改变材料成分的基础上, 通过薄膜结构调整, 可以实现场发射电流密度数量级的增大, 我们的研究结果也证明了这种可能性, 这比单纯发现新材料或者通过表面处理完善材料场发射性能效果更明显, 且更简单易行; 其二, 一般而言, 薄膜场发射结构将有利于避免局部场发射区域因为温度过高而烧毁, 保证了稳定的场发射电流, 可以极大地提高场发射器件的寿命; 其三, 若再对调整好的薄膜场发射结构加上适当栅极偏压, 可起到几何场增强的作用, 将很容易达到器件应用所需的电流密度及阈值电压。

　　基于上述分析, 薄膜结构参数的调整是实现场发射性能提高及应用的新思路。因此, 本章内容从理论和实验两个方面系统地研究了多层纳米半导体场发射阴极的结构模型以及其对电子发射特性的影响, 建立了多层纳米薄膜半导体场发射的研究体系。

4.2   多层纳米半导体场发射结构增强模型

　　实验报道的能显著改善场发射性能的特殊薄膜结构, 其厚度大都在小纳米尺度, 属于超薄膜场发射的研究范畴。基于半导体超薄膜结构对其场发射性能的提高, 目前一般的解释认为来源于两阶段过程[3-5]。首先电子从基底 (金属或者高掺杂 Si 等) 电子源注入宽带隙半导体超薄膜的异质结势阱积累, 从而导致薄膜表面电子亲和势降低、场发射增强。但我们的初步理论计算结果表明, 对于小纳米尺度的超薄膜结构, 电子隧穿整个薄膜层已经变得比较容易, 不需要在异质结势阱中的积累过程。以前建立起的宽带隙半导体薄膜能带弯曲场发射理论[6] 认为, 表面场强导致的宽带隙半导体薄膜大能带弯曲有利于基底电子源从薄膜表面发射; 而我们目前的初步计算结果表明, 超薄膜结构将提高电子隧穿薄膜结构的几率。这些研究基础, 为探寻可调控宽带隙半导体超薄膜的场发射增强机理提供了重要线索, 也预示着超薄膜场发射增强机制是与量子隧穿过程紧密相关的。目前国际上对半导体超薄膜的可调控场发射研究, 无论在实验或理论上都处于萌芽阶段。实验上, 研究仅局限于某种具体调控参数条件下薄膜结构的场发射性能研究, 尚没有系统地去考虑各种薄膜结构参数对其场发射性能的影响, 也未尝试通过结构参数调控获得具有最佳场发射性能的薄膜结构; 理论上, 大都是着眼某一种具体材料形成的薄膜结构, 解释某一种具体薄膜结构的实验结果, 采用的方法多为宏观的经典方法, 但系统的理论研究尚未见报道。因而, 薄膜结构参数能极大地提高场发射性能的物理实质远未明晰。基于以上考虑, 我们基于量子隧穿模型探讨多层薄膜的场发射结构增强模型。

4.2.1   量子自洽计算模型

　　通过自洽量子模型, 我们将场发射的两过程整合为一个定量的场发射结构效

应。场发射一般表达式可写为

$$J = \frac{4\pi q m_t k_B T}{h^3} \int T(E_x) \ln[1 + e^{-(E_x - E_F)/k_B T}] dE_x = J_0 \int J(E_x) dE_x = J_0 J_T \tag{4.2.1}$$

这里 $J_0 = 4\pi q m_t k_B T / h^3$，将影响电子源的供给；$J_T$ 被定义为场发射结构隧穿因子；q 为单位电荷；m_t 是电子有效质量；k_B 为玻尔兹曼常量；$E_x = P_x^2 / 2m$ 为垂直势垒方向电子动能；T 为温度；h 为普朗克常量；E_F 为费米能级。

为计算场发射电流，其中透射系数 $T(E_x)$ 是一个最重要的参量，可采用转移矩阵进行数值求解[7,8]。当然，转移矩阵法只能求解定态的薛定谔方程，也就是必须有一个稳定的势分布。若采用以前的两阶段场发射机制，在电子隧穿时，其势场将是非稳态的，将不可能采用转移矩阵法去求解 $T(E_x)$。基于此，为使采用的量子转移矩阵更接近实际的场发射隧穿过程，将通过使用自洽的能带弯曲模型，整合以前的两阶段场发射机制到场发射结构增强效应。首先将通过 2.3 节自洽能带弯曲模型求得稳定不变的势场分布。然后，使用量子转移矩阵求解多层半导体超薄膜的场发射隧穿过程将变得简单与方便。在此，以 AlGaN 多层薄膜体系作为示例进行模型研究。

理论模型的建立将参考已有实验结构[5]（能带结构图见图 4.2.1），在图中，当高场加入时，GaN 层的空间电荷分布应该服从于泊松定理

$$\frac{d^2\phi_1(x)}{dx^2} = \frac{e}{\varepsilon_1 \varepsilon_0} \rho_1(x) \tag{4.2.2}$$

这里，$\phi_1(x)$ 和 $\rho_1(x)$ 分别为距离 GaN-真空界 x 处的势能及电荷密度，ε_0 和 ε_1 分别是真空介电常数及 GaN 介电常数。而在 $Ga_{0.5}Al_{0.5}N$ 层，空间电荷分布同样符合泊松定理

$$\frac{d^2\phi_2(x)}{dx^2} = \frac{e}{\varepsilon_2 \varepsilon_0} \rho_2(x) \tag{4.2.3}$$

这里，$\phi_2(x)$ 和 $\rho_2(x)$ 分别为距离 $Ga_{0.5}Al_{0.5}N$-GaN 界面 x 处的势能及电荷密度，ε_2 是 $Ga_{0.5}Al_{0.5}N$ 的介电常数。

在 $Ga_{0.5}Al_{0.5}N$-GaN 界面，势分布遵循高斯定理，则应该有如下表达对应关系：

$$\varepsilon_1 \frac{d\phi_1(x)}{dx} = \varepsilon_2 \frac{d\phi_2(x)}{dx} \tag{4.2.4}$$

于是，与第 3 章一样 $Ga_{0.5}Al_{0.5}N$-GaN 界面处的场强 E_S 可由下式定义：

$$E_S = \frac{d\phi}{edx} = \frac{kT}{e\delta} \cdot \frac{\delta d\varphi}{dx}\bigg|_{\varphi_S} = \frac{kT}{e\delta} \cdot f(\varphi_S, \varphi_B) \tag{4.2.5}$$

其中 $\delta = (\varepsilon\varepsilon_0 kT/2n_i e^2)^{1/2}$ 为半导体的德拜长度而函数 $f(\varphi_s, \varphi_B)$ 见方程 (2.3.11) 定义。在这个模型中，假设电场加入时电子的积累过程导致的势垒降低及形成势场

分布是一个瞬间过程。因此，通过联合方程 (4.2.1)∼方程 (4.2.4) 和第 2 章的能带弯曲理论，两层的薄膜若能假设整合为一层去考虑，对于整个场发射结构的电荷分布也就能顺利求解出。

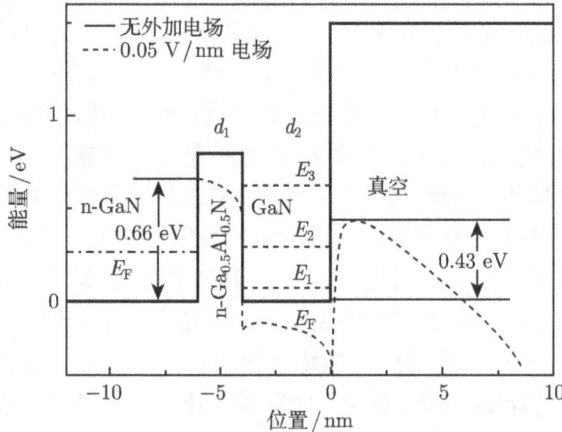

图 4.2.1　n-GaN/Ga$_{0.5}$Al$_{0.5}$N-GaN/真空场发射结构的能带分布图

其中 n-GaN 为基底，$d_1 = 2$ nm 和 $d_2 = 4$ nm 分别为 Ga$_{0.5}$Al$_{0.5}$N-GaN 及 GaN 的厚度，真空间距为 10 nm

　　而对于真空势垒的处理，采用与实际相符的精确的镜像势[9]，同时也考虑镜像漂移对于镜像势的影响。

$$V_{\mathrm{S}}(z) = \frac{q^2}{16\pi\varepsilon_{\mathrm{s}}} \sum_{n=0}^{\infty} (\beta\beta')^n \left[\frac{\beta}{ns - z} - \frac{\beta'}{(n+1)s - z} \right] \tag{4.2.6}$$

其中 s 为真空间距；q 为基本电荷；ε_{s} 为半导体的介电常数；$\beta = (\varepsilon_{\mathrm{s}} - \varepsilon_0)/(\varepsilon_{\mathrm{s}} + \varepsilon_0)$，$\varepsilon_0$ 为真空介电常数，若 $\beta = 1$ 则为金属–真空–半导体场发射结构。将要计算的结构也采取金属阳极及半导体阴极的三明治结构。然而，由于方程 (4.2.6) 的镜像势并没有考虑场渗透，在界面的处理将是不自洽的，在边界处的 $V_{\mathrm{S}}(z)$ 将为负无穷，因此，镜像势漂移应该被考虑[10]。在方程 (4.2.6) 中，考虑半导体及金属的镜像漂移距离分别为 r_1 和 r_2，则方程将被重新写为

$$\begin{aligned}
V_{\mathrm{S}}(z) = {} & \frac{q^2}{16\pi\varepsilon_{\mathrm{s}}} \sum_{n=0}^{\infty} (\beta\beta')^{2n+1} \left[\frac{\beta}{(2n+1)s - z + r_1} - \frac{\beta'}{(2n+2)s - z - r_2} \right] \\
& + \frac{q^2}{16\pi\varepsilon_{\mathrm{s}}} \sum_{n=0}^{\infty} (\beta\beta')^{2n} \left[\frac{\beta}{2ns - z - r_1} - \frac{\beta'}{(2n+1)s - z + r_2} \right]
\end{aligned} \tag{4.2.7}$$

　　既然漂移距离随着表面电荷密度增加[10]，在金属中的表面电荷密度肯定要比半导体的表面电荷密度要大。因此，根据报道的数据 [如文献 [21], 1 a.u.=0.529 Å]，

计算中假设 $r_1 = 1.2$ a.u. 和 $r_2 = 1.6$ a.u.。

通过上述公式，整个场发射结构的势分布则可求出，图 4.2.1 的虚线则为加入 0.05 V/nm 的场强后，通过自洽模型得到的能级分布图。

4.2.2 场发射量子结构中能级及其电子积累

为解释在实验上两层纳米薄膜结构中的场发射机制，Semet 等[4] 认为，采用两层薄膜将比单层薄膜场发射结构更具有优越性。其原因在于：两层薄膜将导致双势垒结构，其量子阱的子带形成将有助于改善空间电荷分布，从而提升场发射性能。此外，量子阱中多能级的出现增加了电子积累的机会，将导致表面势垒的进一步降低。然而，他们为解释两层超薄膜的场发射机制而提出双势垒模型[4]，但并没有清晰地给出场发射电子隧穿的物理过程。首先，在场发射过程中，将难以获得稳态的局域能级分布；其次，隧穿势垒的高度及量子能级的值在双势垒模型中也不能被定量地给出。根据我们的自洽带弯曲模型，如图 4.2.1 所示，当 0.05 V/nm 的场强施加于场发射结构时，表面有效势垒的计算值为 0.43 eV，与实验结果估算出的范围 $(0.25 \sim 0.53 \text{ eV})$[4] 符合得很好，同时也验证了自洽能带弯曲模型的计算结果是真实可靠的。

既然通过能带弯曲模型求出了场发射结构的稳定势场分布，其能带结构特征可通过计算透射系数随电子隧穿能量来间接获得。在图 4.2.2 中，可很明显地看出，当电子隧穿双势垒时，有三个清晰的共振峰。这也说明，当电子入射能量小于 0.8 eV 时，场发射结构中将存在三个量子能级。计算结果也显示出文献 [7] 中的假定可能是不适当的，他们认为，零电场情况下，量子阱中仅有两个量子能级。而实际上，图 4.2.2 的计算结果清楚地显示，即使在不加电场的情况，量子阱中也存在三个量子能级。而且在场强小于 0.1 V/nm 时，能级的位置基本没有什么大的改变。若场强进一步增加，能级将向低能区偏移，当在高场强的情况下，第四个能级将逐渐出现。随着电场的增加，在图中也可发现整个的透射系数将呈数量级式地增加，这与一般的场发射实验结果一致，场发射电流随场强的增加而指数级地变大。计算结果还表明，即使是施加 1 V/nm 的高场，最低量子能级将大于参考能级 0，这也与 Semet 等得出的结论[4] 最低量子能级将小于参考能级 0 的结果不同，也许其能级小于参考能级 0 的推论来源于量子阱中两个不适当的量子能级假设。

既然自洽计算表明量子能级是电子占据分布的结果，在电子能级低于实际表面势垒的情况下，这些能级应该对应于量子阱中的积累电子的占据态。例如，在场强为 0.05 V/nm 时，第一个势垒变为 0.66 eV，而表面势垒则变为 0.43 eV。在量子阱中，低于有效表面势垒的情况，将存在两个量子能级 (图 4.2.1)：E_1 为 0.071 eV，E_2 为 0.282 eV。这两个能级将提供量子阱中电子的积累占据能级。而第三个能级是 0.617 eV，高于有效表面势垒，对于入射电子发射而言，这将属于热场发射过程，电子进入量子阱后将直接发射到真空。第三个能级将增强热电子发射，可能导致场发射电流共振峰的出现。

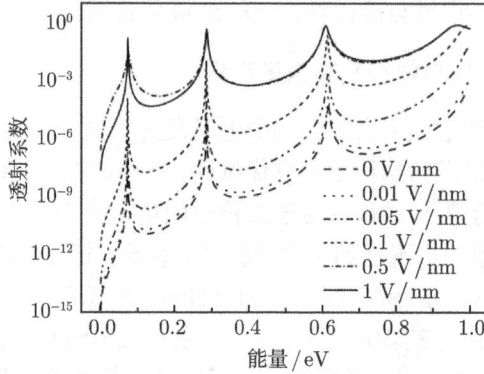

图 4.2.2　如图 4.2.1 所示的 n-GaN/Ga$_{0.5}$Al$_{0.5}$N-GaN/真空场发射结构的共振透射系数曲线
这里，$d_1 = 2$ nm 和 $d_2 = 4$ nm

4.2.3　多层超薄膜场发射的结构增强效应

为研究场发射的结构增强效应，我们首先计算了不同场发射结构的透射系数。计算中，场发射结构为总厚度为 6 nm 的 Ga$_{0.5}$Al$_{0.5}$N-GaN，其中 Ga$_{0.5}$Al$_{0.5}$N 与 GaN 的厚度比例可以调整。图 4.2.3 中，给出了三种不同厚度比例 Ga$_{0.5}$Al$_{0.5}$N-GaN 的透射系数曲线。可以发现，随着层厚度比例的调整，透射系数的大小及共振隧穿峰的位置都发生了极大地改变。从上节讨论可知，量子能级可改变积累电子的占据位置，并且可能影响有效表面势垒的大小。实验结果也表明[2]，表面势垒的降低将可能导致场发射电流数量级的增大，阈值电压却大大降低。上面的计算结果预示，或许可以通过结构调制极大地改善其场发射特性。

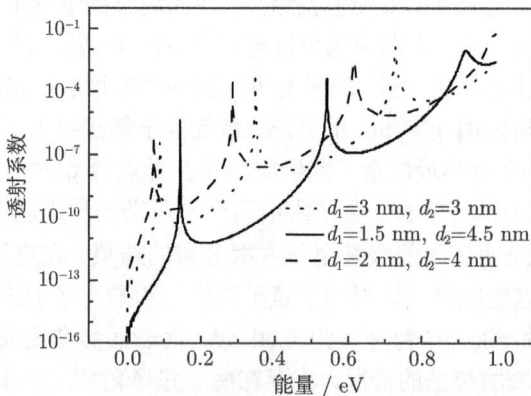

图 4.2.3　场强为 0.05 V/nm 时，不同 n-GaN/Ga$_{0.5}$Al$_{0.5}$N-GaN/真空场发射结构的共振透射系数曲线

在图 4.2.4 中，计算了三种不同场发射结构的 J-V 曲线。对于这三种结构，保持真空间距为 10 nm 并且 $Ga_{0.5}Al_{0.5}N$-GaN 总厚度不变。从图中能清楚地看出，仅对薄膜厚度比例作稍稍的调整，场发射电流却增大了三个数量级。在所加电压小于 2.2 V 时，场发射电流将遵循 F-N 定则，随电场强度而指数地增大，这与当场强为 $5 \times 10^5 \sim 1 \times 10^6$ V/cm 时的场发射测量值符合得很好。然而，当电压高于 2.2 V(大约为 2.0×10^6 V/cm) 时，从图中可以看出，场发射电流变化趋于平缓，并出现一个电流共振峰，其可能来源于上面计算的第三个量子能级。相似的理论计算结果也在 Si-SiO_2-Si-SiO_2 多层膜场发射中得到[11]；另外在多层膜的场发射实验上[12] 也观察到此现象，其共振峰的出现可能来源于量子阱中的子能级电子积累。由方程 (4.2.1) 可知，电子从某种固定场发射结构获取电子的最大能力应该是有限的，可较好地解释高场时场发射电流变化很小的原因。这一点可从图 4.2.5 中得到进一步论证，若

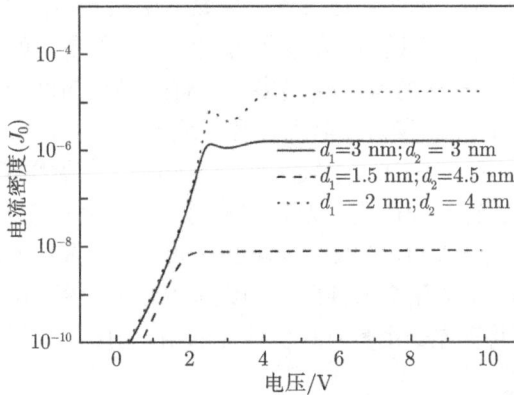

图 4.2.4 三种不同 n-GaN/$Ga_{0.5}Al_{0.5}$N-GaN/真空结构的场发射特性曲线

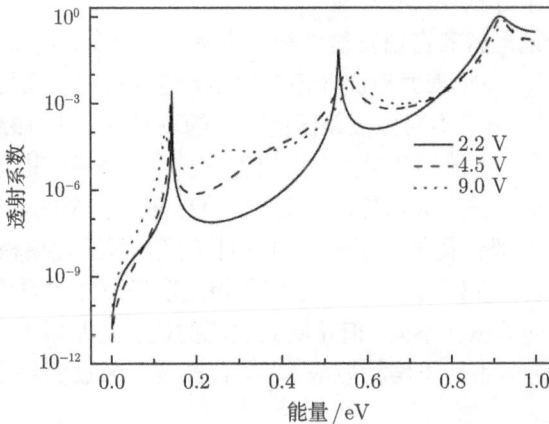

图 4.2.5 如图 4.2.1 结构中，d_1=3 nm 和 d_2=3 nm 及真空间距 10 nm,
n-GaN/$Ga_{0.5}Al_{0.5}$N-GaN/真空结构共振透射系数随应用电压的变化曲线

在阳极和阴极间加上 2.2 V、4.5 V 及 9 V 电压，透射系数大小变化较小，且量子能级峰基本保持在不变的位置。这意味着场发射结构隧穿因子 J_T，可能达到最大值，导致场发射隧穿系数改变不大，在图 4.2.4 中场发射电流在高场情况下变化很小的情况下，这是可以理解的。

在图 4.2.4 中，若场发射结构由 3 nm 的 GaN 膜与 3 nm 的 $Ga_{0.5}Al_{0.5}N$-GaN 膜构成，可以发现场发射电流仅有一个共振峰。而当场发射结构被调整为由 2 nm 的 GaN 膜与 4 nm 的 $Ga_{0.5}Al_{0.5}N$-GaN 膜组成时，很明显地，出现了两个共振场发射电流峰，且场发射电流大小也增强了。但是，当场发射结构被继续调整为 1.5 nm 的 GaN 膜与 4.5 nm 的 $Ga_{0.5}Al_{0.5}N$-GaN 膜时，可以惊奇地发现，电流共振峰消失，且场发射电流显著地下降了，而阈值电压也增大了。

从方程 (4.2.1) 可以发现，这种显著的多层场发射结构增强效应应该来源于场发射结构的隧穿因子 J_T，而 J_T 是与透射系数紧密相关的。因此，可通过比较图 4.2.3 中的能带结构来进一步说明，发现具有较大场发射电流的结构具有更低的量子能级，这意味着表面有效势垒降得更多。而有效势垒的降低，将极大地完善结构场发射性能，这在许多场发射实验上已经得到论证。考虑场发射结构总厚度是 6 nm，由 3 nm GaN 和 3 nm $Ga_{0.5}Al_{0.5}N$-GaN 组成，若调整 $Ga_{0.5}Al_{0.5}N$ 的厚度从 3 nm 到 0 nm 或者到 6 nm，则场发射结构将从两层结构变为单层的层结构 (单层 GaN 或者单层 $Ga_{0.5}Al_{0.5}N$-GaN)。实验也一再证实，多层场发射结构要优于单层结构。这实际意味着，对于多层薄膜结构组成的场发射结构，在其组分及总厚度保持不变的情况下，将存在一个具有最佳性能的场发射结构。以上的计算结果也证实了这一点。

以上的计算结果及以前的场发射实验测量都清楚地表明，对于场发射特性，有效表面势垒是一个十分重要的物理量。

为了更加清晰地理解其在场发射过程的实际物理意义，在图 4.2.1 所示的场发射结构上，在基底及 GaN 表面施加一栅极偏压，这样可能使表面有效势垒被强制降低。图 4.2.6 中，给出了不同栅极偏压情况下的场发射 J-V 曲线。结果表明：随着偏压的增大，场发射电流显著提高。仅施加 0.5 V 的偏压，其场发射电流就增大十倍左右，且阈值电压被大大降低。这说明，有效表面势垒的影响是十分显著的。这也为场发射材料的器件化提供了一个可行性方案，即通过栅极偏压的改变来控制场发射电流大小。但在图 4.2.5 中，虽然阳极及阴极所加的电压变化很明显，将导致在薄膜结构上的分偏压不同，但是其共振峰的位置却基本不变，将影响有效表面势垒。这说明场效应不同于结构效应 —— 仅改变有效表面势垒，而不影响量子能级。

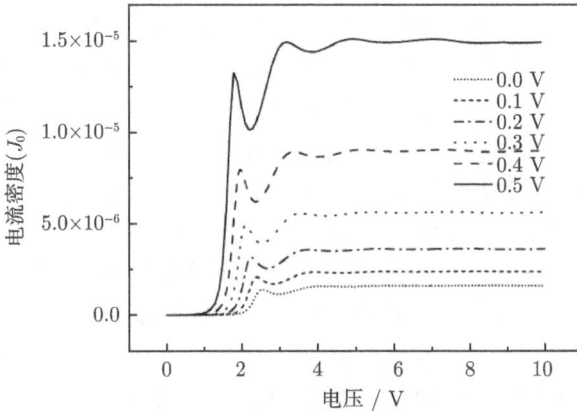

图 4.2.6   不同的偏压应用到 $Ga_{0.5}Al_{0.5}N$-GaN 上，对于 n-GaN/$Ga_{0.5}Al_{0.5}N$- GaN/
真空结构场发射电流曲线

其中 $d_1=2$ nm, $d_2=4$ nm

4.3   多层纳米半导体场发射薄膜制备及结构调控效应

新型半导体量子势垒–势阱结构场发射冷阴极的提出，对薄膜型真空微电子器件的规模应用与发展无疑是一个重大的突破。遗憾的是，尚缺乏基于多层量子薄膜的系统实验研究，且在较少的实验研究中，仅对个别样品的性能提高进行了结构增强的简单探索，尚未对纳米薄膜结构增强机制进行系统的研究[13-16]，且距离实际器件应用所需的性能还有较大差距，仍需要进一步深入的实验研究。

因此，本章通过实验方法以量子势垒–势阱结构为研究对象，首先研究 AlAs/GaAs 量子势垒–势阱的场发射特性，验证理论分析结果；之后采用 AlN/GaN 量子势垒–势阱结构，以期获得相比 AlAs/GaAs 结构更优的量子阱深度及共振能级，并研究厚度调制对场发射特性的影响；而后通过与 GaN 具有良好晶格匹配的 SiC 衬底，制备晶体结构优化的结晶 GaN/AlN/GaN 薄膜，实现场发射性能的提高；进一步的，通过三元化合物 $Al_xGa_{1-x}N$ 与 AlN 或 GaN 的组合，调控势垒–势阱结构的相对高度，研究了其对场电子发射特性的影响。最终，将量子增强结构同几何增强结构相耦合，实现场发射性能的非线性提高。实验结果验证了量子结构增强场发射的理论结果，并进一步发展了多层量子结构增强场发射新型制备技术，所制备的场发射阴极可应用于大电流、高功率真空纳电子器件。

4.3.1   AlAs/GaAs 量子结构对其场发射性能影响

一方面，在本书 4.2 节中已经阐述了由于共振隧穿作用，多层纳米薄膜量子结构调控可能使其场发射性能大大提高。且通过 4.2.3 节的理论计算，多层纳米薄膜厚度的调控可以获得场发射性能 3 个数量级的提升。由此可见，对量子势垒及势阱厚度的调控是一种直接高效的量子结构调制方法。因此本节将采用 AlAs、GaAs 作为量子垒/阱结构的纳米薄膜阴极材料，通过量子势垒/阱结构调制，实现场发射性能的量子结构增强并验证本书 4.2 节所提出的理论机制。

本节设计并通过实验方法制备了未掺杂的 6 nmGaAs/3 nmAlAs 和 3 nmGaAs/6 nmAlAs 双层超薄纳米平板阴极 (UMPC) 结构，通过量子结构的调控验证量子结构增强的方法，并且提出了一近似公式用于预测场发射的量子增强的效果[17]。

图 4.3.1 中显示了本节所讨论的超薄纳米平板阴极的机理示意图。实验中，如图中所示的阴极结构采用 EPI Gen-II 分子数外延系统在 n^+ 型 GaAs(001) ($n=1 \times 10^{18} cm^{-3}$) 衬底上制备，所制备的薄膜厚度采用低能电子衍射 (LEED) 技术进行原位测量。另外，所制备样品的表面粗糙度采用原子力显微镜测量，其结果显示样品表面具有原子级的粗糙度。

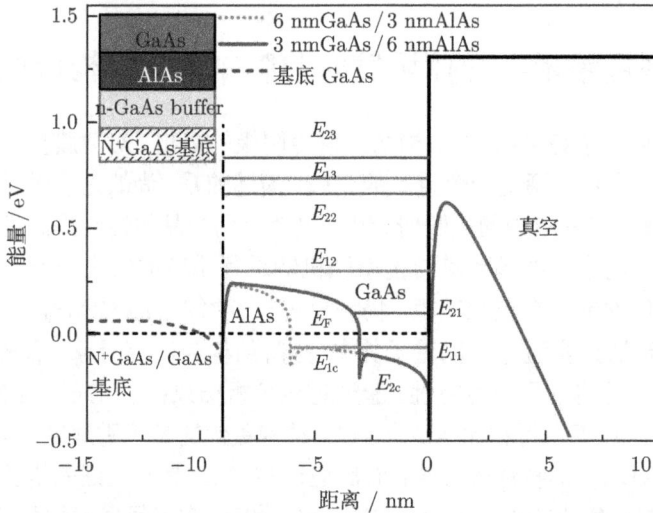

图 4.3.1　超薄纳米场发射阴极在 0.065 V/nm 场强下的能带计算结果

E_{11}、E_{12} 和 E_{13} 为 6 nmGaAs/3 nmAlAs 结构的共振能级，E_{21}、E_{22} 和 E_{23} 为 3 nmGaAs/6 nmAlAs 结构的共振能级，E_{1c} 和 E_{2c} 为两种结构样品的导带能级

如图 4.3.2 所示，场发射电流密度和场强关系的 J-E 曲线显示出了两不同结构样品 (图 4.3.1) 的场发射特性。从图中可以看出，通过对两样品纳米结构的调控，场发射电流密度可以提高 16 倍。然而，块体 GaAs 的场发射电流密度却远小于两个超薄纳米场发射阴极，该结果进一步直接证明了超薄纳米平板阴极结构对于场发射性能的增强作用[4]。

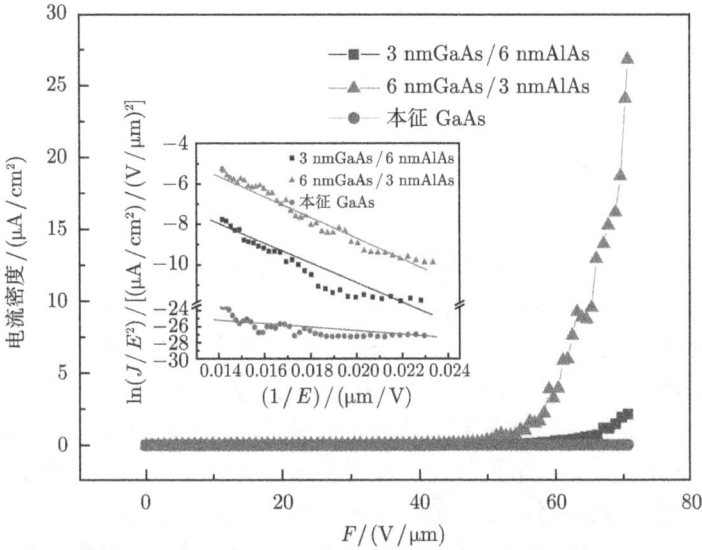

图 4.3.2　两种超薄纳米平板阴极的场发射电流密度, 图中附图为相应的 F-N 曲线

进一步地, 我们提出该结构场发射结构增强模型。对于薄膜型阴极表面, 如果考虑其表面势垒的下降和外加电场呈线性关系, 即 $\chi = \gamma F_{\mathrm{M}}$, 其中 γ 为场增强因子, 那么传统的场发射 F-N 方程可以表示为

$$\ln\left(J_{\mathrm{F}}/F_{\mathrm{M}}^2\right) = \ln\left(\frac{A\gamma^2}{\Phi}\right) - \frac{B\Phi^{3/2}}{\gamma F_{\mathrm{M}}} \tag{4.3.1}$$

式中 J_{F} 为电流密度, Φ 为表面势垒高度。如上文所述, 6 nmGaAs/3 nmAlAs 和 3 nmGaAs/6 nmAlAs 两样品的表面为原子级粗糙度, 即其表面几何场增强效应可以忽略, 可假定式中的 A 和 B 为常数。图 4.3.1 所示的两样品势分布是采用了相应的实验参数[18] 进行自洽计算[19] 所获得, 因此当施加在 AlAs/GaAs 超薄纳米平板阴极上的电场相同时两样品具有相同形状和高度的表面势垒。这意味着, 对于量子阱中具有相同入射能量的电子, 表面势垒 (Φ) 将具有相同的电子发射能力。从图 4.3.2 中所示的 F-N 曲线可以明显看出, 两样品的 F-N 曲线的斜率 $B\Phi^{3/2}/\gamma$ 基本相同, 然而块体 GaAs 的 F-N 曲线斜率却和上述两样品显著不同, 这意味着块体 GaAs 表面具有更大的电子发射势垒。根据方程 (4.3.1), 上述结果自然将导致两超薄纳米场发射阴极样品具有相同的理论 F-N 曲线 (但是实验结果显示两条实验曲线具有显著差别)。显然, 上述推论和图 4.3.2 所示的实验结果相悖。因此, 需要提出不同于传统场发射机理的新机制用于解释上述现象。

通常，场发射电流密度可以写成如下形式[9]：

$$J = \frac{4\pi q m_\mathrm{t} k_\mathrm{B} T}{h^3} \int T(E_x) \ln[1 + \mathrm{e}^{-(E_x - E_\mathrm{F})/k_\mathrm{B} T}] \mathrm{d}E_x = J_0 \int J(E_x) \mathrm{d}E_x = J_0 J_\mathrm{T}$$

(4.3.2)

和

$$J(E_x) = T(E_x) \ln[1 + \mathrm{e}^{-(E_x - E_\mathrm{F})/k_\mathrm{B} T}] = T(E_x) \lambda(E_x)$$

(4.3.3)

式中 $J_0 = 4\pi q m_t k_\mathrm{B} T/h^3$，其主要取决于电子的有效横向质量 m_t，J_T 取决于场发射结构的隧穿因子，其值为场发射能量分布 $J(E_x)$ 的积分。$T(E_x)$ 为场发射结构的隧穿几率，其值通过转移矩阵方法[7] 获得，其中势分布可以通过量子自洽模型[19] 获得。可以清晰地看到，形成量子阱后 GaAs 层的导带底低于费米能级 0.25 eV，这归因于超薄宽带隙半导体薄膜的强烈能带弯曲[6]。能带结构特征可以通过图 4.3.3 中透射系数 $T(E)$ 的计算结果获得，可以获知当电子隧穿超薄纳米场发射阴极时产生了三个分立的共振峰。对于 6 nmGaAs/3 nmAlAs 结构，有两个量子能级位于 GaAs 量子阱中，然而对于 3 nmGaAs/6 nmAlAs 结构，只有一个量子能级位于 GaAs 量子阱中，上述结果表明发射电流可能依赖于一个合适的电子发射能量位置。下文将对量子结构场发射增强效应作出定量的评估。

根据公式 (4.3.2)，J_0 取决于有效横向质量 m_t。考虑到 AlAs/GaAs 作为一个整体结构[19]，这里采用对有效质量[20] 作加权平均作为计算中的 m_t，其值通过对 GaAs 和 AlAs 厚度比的线性加权获得

$$m_\mathrm{t} = r_1 m_\mathrm{GaAs} + r_2 m_\mathrm{AlAs}$$

(4.3.4)

式中 m_GaAs、m_AlAs 为 GaAs 和 AlAs 的效横向质量，r_1 和 r_2 为 GaAs 和 AlAs 的厚度比。在计算中，假设 m_GaAs 为 $0.063m_0$（m_0 为单位电子质量）、m_AlAs 为 $0.19m_0$[18]。如果只考虑有效质量效应，通过公式 (4.3.4)，6 nmGaAs/3 nmAlAs 结构场发射阴极的场发射电流密度仅为 3 nmGaAs/6 nmAlAs 结构场发射电流密度的 0.718 倍。然而，通过实验获得的电流密度却增大了 16 倍。因此，上述结果表明量子结构效应对于场发射性能的增强起到了重要的作用。

在图 4.3.3 中，两种结构样品的场发射电子能谱均显示出多个共振峰的特性，这和文献中采用密度泛函理论计算的 W (001) 面上 Fe 超薄薄膜的场发射电子能谱结果[21] 相似。显然，本节中两个超薄纳米薄膜场发射阴极的场发射电子能谱获得了几个数量级的提高。和 3 nmGaAs/6 nmAlAs 结构样品相比，因为 6 nmGaAs/3 nmAlAs 样品具有更优的量子结构，所以其相应的电子隧穿能力获得了显著增强。根据公式 (4.3.2)，电子隧穿能力的提升将极大地提高场发射电流密度。因为通过调节 m_t 只能使场发射电流获得 0.718 倍的变化，这意味着隧穿因子 J_T 对于提高本节所述多层纳米结构阴极的场发射性能更加有效。因此为了提高 J_T，根据公式

(4.3.5) 可以将量子阱中量子能级向低能级方向调节。从图 4.3.3 中可以看出，电流主要由共振能级附近的电子提供。场发射共振态的宽度主要取决于势垒的高度、宽度及能级[22]。在共振峰的最大值部位，$T(E_x)$ 可以简单地写为洛伦兹 (Lorentzian) 形式[23]

$$T(E_x) = \frac{T_i}{1 + ((E_x - E_i)/\Delta E_i)^2} \tag{4.3.5}$$

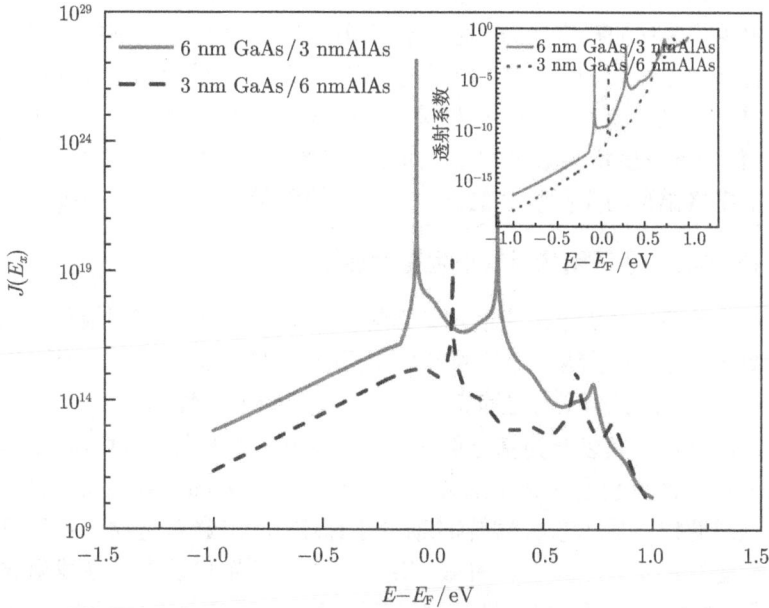

图 4.3.3　在 0.065 V/nm 场强下两种超薄纳米平板阴极的场发射电子能谱
图中附图为相应的共振透射系数

式中 E_i 是 AlAs/GaAs 多层纳米结构的准能级，T_i 是第 i 个准能级位置处的最大透射概率，ΔE_i 是第 i 个准能级位置处的共振峰半高宽。为了突出共振透射概率的效应，计算中 $T(E)$ 的能量范围设置在 $2\Delta E$ 的范围内。需要注意的是，在不同外加电场强度下，共振隧穿能级的能量位置只有非常小的漂移[19]。而后，AlAs/GaAs 超薄纳米结构场发射性能的相对增强可以通过下面公式进行大致的预测：

$$\beta_q = \frac{m_{t1}}{m_{t2}} \left\{ \frac{\sum\limits_{i1} \int T(E_x)\lambda(E_x)\mathrm{d}E_x}{\sum\limits_{i2} \int T(E_x)\lambda(E_x)\mathrm{d}E_x} \right\}$$

$$
= \frac{m_{t1}}{m_{t2}} \left\{ \frac{\sum\limits_{i1} \int\limits_{|E_x - E_{i1}| \leqslant 2\Delta E_{i1}} \dfrac{T_{i1}}{1 + ((E_x - E_{i1})/\Delta E_{i1})^2} \ln\left(1 + e^{-(E_x - E_F)/k_B T}\right) dE_x}{\sum\limits_{i2} \int\limits_{|E_x - E_{i2}| \leqslant 2\Delta E_{i2}} \dfrac{T_{i2}}{1 + ((E_x - E_{i2})/\Delta E_{i2})^2} \ln\left(1 + e^{-(E_x - E_F)/k_B T}\right) dE_x} \right\}
$$

$$(4.3.6)$$

式中 m_{t1}、m_{t2}、E_{i1}、E_{i2} 分别是 AlAs/GaAs 超薄纳米平板阴极的有效横向质量和共振能级，β_q 定义为量子结构相对增强因子。这里，可以将优化的量子结构理解为：该结构不仅通过能级的调控能够提供有益的发射能级位置，而且为量子阱中积聚的电子提供了最佳的隧穿能力。对于本节所阐述的两种阴极结构，其温度设定为 $T = 300$ K，其 $k_B T$ 为 0.026 eV。如图 4.3.3 所示，β_q 的效应是由超薄纳米平板阴极结构的某一个准能级决定的。根据公式 (4.3.6)，β_q 的计算结果为 9.16，其值和试验中 16 倍的场发射增强效果相近。而对于实验值大于理论预测值的结果，可能源于本节中粗略模型与实际机理的出入以及实验测量误差。

4.3.2 AlN/GaN 量子结构对其场发射性能影响

之前章节的理论分析已经表明：基于电子共振隧穿，超薄膜阴极可能具有优异的场发射特性。因为电子隧穿势垒的能力和超薄膜中共振能级相关，且可以通过量子结构调控，这提供了一个行之有效的方法来提高场发射性能。

GaN、AlN 和 InN 及以此为基础的三元合金材料，其带隙宽度可从 0.78~6.25 eV 连续可调[24,25]，调整膜层 III 族元素组分，其功能薄膜内部能级结构以及量子阱深度可被大范围调控。因此与 4.3.1 节的研究工作相比，III 族氮化物可以形成比 III 族砷化物结构更深的量子阱，能够有效实现电子共振隧穿以及电子在发射表面的有效积累；另一方面 GaN 与 AlN 具有较低甚至负的电子亲和势，有利于电子隧穿表面势垒发射。由此可见采用 GaN 与 AlN 作为多层量子结构阴极材料能够达到上述构造深势阱和降低表面材料电子亲和势两个方面的要求，从而进一步提高场发射性能。因此本节将采用 AlN、GaN 作为量子垒/阱结构的纳米薄膜阴极材料，通过量子势垒/阱结构调制，实现场发射性能的量子结构增强并进一步验证本书 4.2 节所提出的理论机制。

1. AlN/GaN 双层量子薄膜的制备

利用 3.1.2 节所述的 PLD 方法，在 n 型 Si 衬底上制备不同 AlN 及 GaN 厚度的 AlN/GaN 双层纳米薄膜场发射阴极[26]。首先在 n-Si(100) 衬底上沉积一层 AlN 薄膜作为量子势垒层。AlN 量子势垒层沉积完毕之后，旋转靶托在 AlN 量子势垒层上原位沉积一层 GaN 量子势阱层。为了探索多层场发射阴极的量子结构增强特性，应尽量避免表面突起形貌所引起的几何电场增强效应。因此在本节的研究中，多层薄膜的制备采用了我们前期工作[27] 的工艺参数以使得薄膜表面均方根粗糙度控制在 3 nm 范围内，从而抑制表面电场增强以便于研究场发射阴极的量子结构增强效应。具体的沉积参数如下：脉冲激光能量密度为 100 mJ/cm², 脉冲频率为 5 Hz, 脉宽为 10 ns, 靶基距为 7.0 cm, 衬底温度为 400 ℃, 靶和衬底自转速度为 10 rpm。制备室的背底真空度为 3×10^{-4} Pa, 沉积前通入纯度为 99.99% 的高纯氮气并调节工作气压到 1 Pa。

在 AlN 量子势垒层以及 GaN 量子势阱层沉积过程中，控制 AlN 及 GaN 层沉积时间分别为 8/2 min、6/4 min、4/6 min 和 2/8 min, 由于 AlN 薄膜和 GaN 薄膜生长速率不同，获得了厚度分别为 20/20 nm、15/40 nm、10/60 nm 和 5/80 nm 的 AlN/GaN 双层纳米薄膜场发射阴极。与此同时，制备了 GaN 以及 AlN 单层纳米薄膜和 AlN/GaN 双层纳米薄膜作为对比，其厚度分别为 100 nm 和 25 nm。

场发射测试采用 3.1.3 节所述的真空测试系统在室温下完成，为了确保场发射测试结果的重复可靠，在实际测试中进行了多次测量使阴极表面气体解吸附以使得测试数据达到稳定。

2. AlN/GaN 双层量子薄膜的场发射特性

图 4.3.4 中给出了 GaN 及 AlN 单层纳米结构薄膜和 AlN/GaN 双层纳米结构薄膜的场发射特性对比曲线，其中图 4.3.4 (a) 显示了场发射 J-E 关系曲线，图 4.3.4 (b) 显示了和场发射 J-E 关系曲线相对应的场发射 F-N 曲线。

在本节中，将开启电场和阈值电场分别定义为场发射电流密度达到 1 μA/cm² 和 1 mA/cm² 时所需的场强大小。薄膜结构以及场发射特性相关的参数列于表 4.3.1 中。由表 4.3.1 可以看出，GaN 和 AlN 单层纳米结构薄膜所对应的开启电

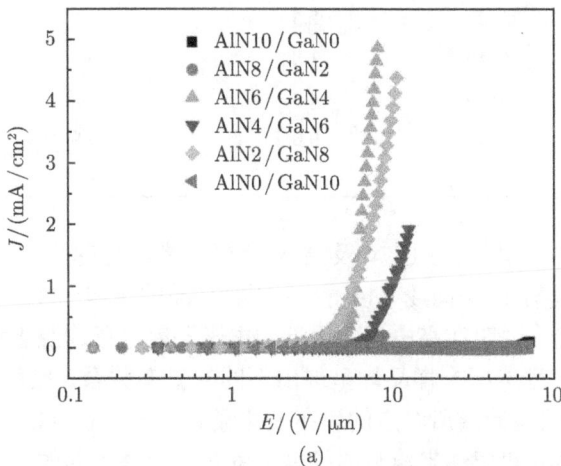

(a)

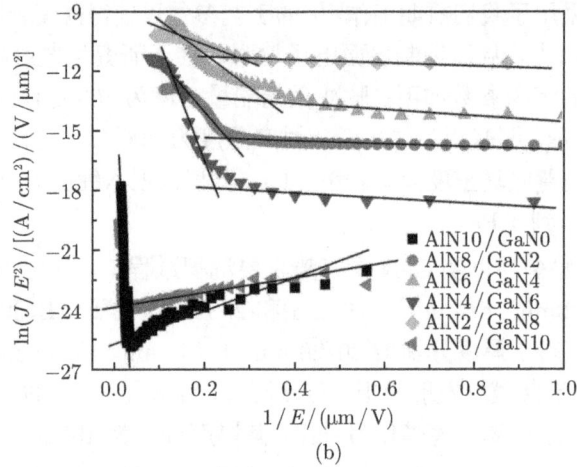

图 4.3.4　AlN(GaN) 单层薄膜和 AlN/GaN 薄膜的场发射特性[26]

(a) 场发射 J-E 关系曲线；(b) 场发射 F-N 关系曲线

场分别为 52.5 V/μm 和 48.5 V/μm。而 AlN/GaN 双层纳米结构薄膜却具有最低仅为 0.6 V/μm 的开启电场，其相应的阈值电场可以达到 5.9 V/μm，该性能达到了目前薄膜型场发射阴极中较优异的结果，可以和具有优异场发射性能的金刚石薄膜阴极性能相比[28-31]。

表 4.3.1　GaN、AlN 单层纳米薄膜以及 AlN/GaN 双层纳米薄膜的相关参数：膜层厚度 d、开启电场 E_{on}、阈值电场 E_{th} 和有效功势垒高度 Φ_{eff}[26]

	d/nm	E_{on}/(V/μm)	E_{th}/(V/μm)	Φ_{eff}/eV
GaN	0/100	52.5	—	3.22
	20/20	2.5	—	0.30
AlN/GaN	15/40	1.3	6.1	0.19
	10/60	4.6	10.3	0.49
AlN	5/80	0.6	5.9	0.15
	25/0	48.5	—	2.62

　　由图 4.3.4 (b) 中所示的 GaN 及 AlN 单层纳米结构薄膜和 AlN/GaN 双层纳米结构薄膜的场发射 F-N 曲线可以看出，所有样品的 F-N 曲线在高电场下都可以被一条直线所拟合，说明在高电场作用下的电子发射过程均源于场发射隧穿过程。而在较低电场下，虽然所有样品均呈现出不同的斜率关系，也可以明显看出 GaN 和 AlN 单层纳米结构薄膜所对应的斜率变化显著大于 AlN/GaN 双层纳米结构薄膜，这意味着单层与双层纳米薄膜的场电子发射过程是不同的。

3. AlN/GaN 双层薄膜场发射的量子结构增强机制

根据式 (2.1.40)，表面有效势垒高度 Φ_{eff} 可以通过线性拟合 F-N 曲线的斜率获得。由于所有样品均属于薄膜型阴极，且采用相同的制备工艺，所以表面形貌对场发射性能的影响可忽略不计。根据文献中报道的类似实验样品[32]，可假定所有样品的 β 为 50。由此，所有样品的表面有效势垒 Φ_{eff} 可以计算得出，其计算结果列于表 4.3.1 中。由表可见，GaN 和 AlN 单层薄膜的 Φ_{eff} 值分别为 3.2 eV 和 2.6 eV。而 AlN/GaN 双层纳米结构薄膜的 Φ_{eff} 值分布在 0.15~0.49 eV 的范围内。因此可以分析得出，AlN/GaN 双层纳米结构薄膜电子发射性能的极大提高是源于表面有效势垒高度的极大降低。单层和双层纳米结构薄膜阴极的场发射过程讨论如下。

对于 GaN 和 AlN 单层纳米结构薄膜，电子发射机制是电子从电子源输运至阴极表面后隧穿单一真空势垒完成的，即通常的场发射过程。而其 F-N 曲线在高场和低场下表现出的两段斜率特征源于低电场下热电子发射向高电场下场致电子发射过程的转变[33]。因此，GaN 单层纳米结构薄膜 Φ_{eff} 值计算结果为 3.2 eV，完全吻合本征 GaN 2.7~3.3 eV 的电子亲和势。同样地，AlN 有效势垒高度为 2.6 eV 归因于其较低的电子亲和势。然而，对于薄膜型场发射阴极来说，较低的场增强因子导致了单层 GaN 和 AlN 纳米薄膜较小的场发射电流密度以及较大的开启及阈值电场。

而对于纳米结构的 AlN/GaN 双层纳米薄膜，其电子发射机制已不是通常的场发射过程，而是伴随着双势垒共振隧穿过程进行的[34]。双势垒共振隧穿效应不同于通常量子力学中的单势垒隧穿。共振隧穿除了和势垒高度及宽度有关外，还和势阱中能级的分布有关，而势阱中能级的分布则取决于势垒/势阱的结构。另外，双势垒共振隧穿会在近发射表面势阱中积累电子，进一步降低有效势垒高度。这些结果也与我们在 4.2 节中基于能带弯曲模型和量子自洽理论成功地提出的多层半导体纳米薄膜的结构增强场发射机制[17,19] 是一致的，即多层半导体薄膜的场发射结构增强效应是源于电子局域能级位置的改变以及有效表面势垒高度的降低。因此，本实验中的 AlN/GaN 双层纳米结构薄膜形成了量子势垒/势阱的结构，通过调节 AlN/GaN 的膜厚可以有效调节势阱中能级的分布，使得积累电子增多及表面有效表面势垒降低，从而使场发射性能提高。

进一步地，图 4.3.5 给出了 AlN/GaN 双层纳米薄膜场发射机理示意图。由图可见，AlN 和 GaN 的导带底以及真空能级共同形成了量子势垒/阱/垒的双势垒共振隧穿结构。根据前面对场发射共振隧穿机制的介绍，这种双势垒单势阱共振隧穿结构的形成，能够在势阱中形成分立的束缚能级，而束缚能级的产生改变了电子在发射表面位置的基态能量位置。因此，与 GaN 和 AlN 单层纳米结构薄膜相比，电子在 AlN/GaN 双层纳米薄膜表面的有效势垒高度 Φ_{eff} 得到了显著的降低。这

与 4.2.3 节的理论计算结果是一致的，即量子势垒/阱几纳米厚度的变化将会导致
场发射电流密度数量级的提高。本节实验中，对于不同结构的 AlN/GaN 双层纳米
薄膜，其有效表面势垒高度在 0.15~0.49 eV 的范围内发生变化。此结果也完全吻
合 4.2.2 节中通过理论计算得出的 0.43~0.50 eV 结果以及 Semet[4] 等通过实验分
析得出的 0.25~0.53 eV 的结果。

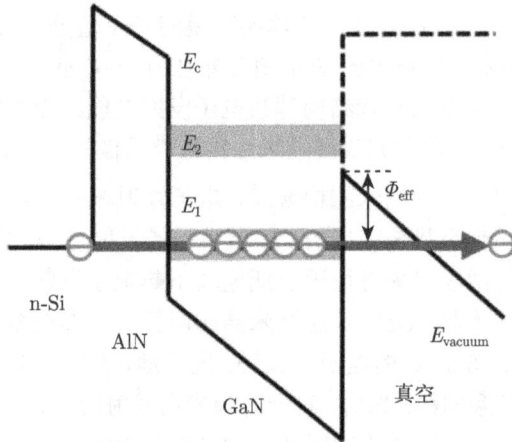

图 4.3.5　AlN/GaN 双层纳米薄膜场发射机理示意图

4.3.3　多层量子场发射阴极的量子结构增强

3.3.2 节已经探索了在 SiC 基底上生长 GaN 纳米薄膜的制备工艺，制备出了
具备优异场发射性能的结晶 GaN 纳米薄膜。同时 3.3.3 节中，通过调控 GaN 纳米
薄膜晶体微结构的方法成功实现了场发射性能的增强，通过对微结构的对比分析
显示出 GaN 纳米晶晶粒尺寸的长大及其含量的增加可增强场发射过程中的电子供
给。并提出了晶界传导机制来进行合理的解释，即晶界提供了电子的有效输运通
道、增大了电子供给并由此实现了场发射性能增强。基于上述研究结果，本节采用
和Ⅲ族氮化物有较好晶格匹配的 SiC 为衬底，以 AlN 和 GaN 作为量子势垒/阱结
构材料，以期获得结晶的 AlN 和 GaN 纳米薄膜，通过优化晶体结构实现多层量子
结构阴极的场发射性能提高。

1. GaN/AlN/GaN 多层量子结构薄膜的制备

采用 PLD 系统，在 n 型 SiC 基底上先沉积一层 GaN 薄膜，接着沉积一层
AlN 薄膜，最后再沉积一层 GaN 薄膜。具体工艺参数如下：脉冲激光能量为 350
mJ/mm^2，脉冲频率为 10 Hz，KrF 准分子激光器的发射波长为 248 nm，脉冲宽
度为 10ns，靶基距为 6.5 cm，靶和基底自转速度为 10 rpm。腔体背底真空度达到

10^{-4} Pa，沉积前通入纯度为 99.99% 的高纯氮气并调节工作气压到 1 Pa。在沉积过程中，保持基底温度为 875 ℃。沉积结束后，退火 15 min。在沉积过程中，为制备不同厚度的多层 GaN/AlN/GaN 薄膜，控制沉积时间为 3 min/8 min/3 min，获得了厚度为 25 nm/50 nm/25 nm 的场发射阴极。为了验证多层纳米薄膜量子结构调控增强场发射性能，同时制备了 GaN 和 AlN 单层纳米薄膜作为对比。由于 GaN 与 AlN 薄膜的生长速率不一样，为了得到与多层纳米薄膜一样的厚度需要控制不同的沉积时间。除此之外，其他参数与制备多层薄膜时均一致。其中 GaN 单层薄膜厚度为 90 nm，AlN 单层薄膜沉积时间为 12 min，厚度经测量为 100 nm。将多层 GaN/AlN/GaN 薄膜以及 GaN 和 AlN 单层薄膜分别定义为样品 a、b 和 c。

2. 多层 AlGaN 纳米薄膜微结构表征及场发射测试

图 4.3.6 为 GaN 及 AlN 单层纳米薄膜与多层 GaN/AlN/GaN 纳米薄膜的 XRD 图谱。对比 GaN 和 AlN 粉体的晶体衍射标准图谱 (JCPDS 50-0792 和 JCPDS65-0841)，从图中可以看出：一方面，多层 GaN/AlN/GaN 纳米薄膜和单层 GaN 纳米薄膜的图谱中均有六方纤锌矿 GaN (0002) 面的衍射峰；另一方面，多层 GaN/AlN/GaN 纳米薄膜和单层 AlN 纳米薄膜图谱中均有立方闪锌矿的 AlN 的 (111) 和 (004) 面的衍射峰。上述结果表明制备的多层 GaN/AlN/GaN 多层薄膜样品中既形成了六方 GaN 结构又形成了立方 AlN 结构的纳米薄膜。XRD 图谱中样品衍射峰高度的差异是由不同样品中 GaN 与 AlN 厚度不同造成的，薄膜厚度越大，衍射峰越强。

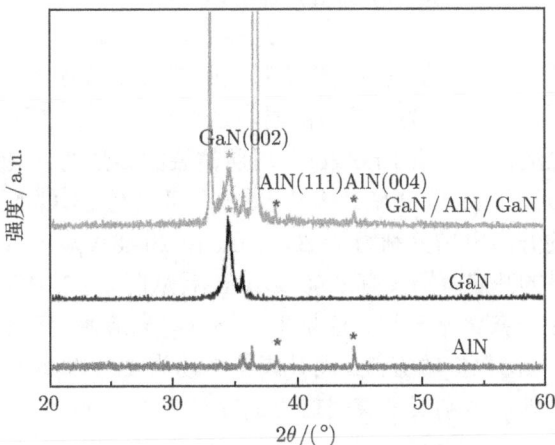

图 4.3.6 铝镓氮纳米薄膜的 XRD 图谱

样品 a、b 和 c 的 SEM 断面如图 4.3.7 所示。从图中可以看出，样品 a 中包含了三层厚度均匀的纳米薄膜，且层与层之间具有清晰的界面，根据薄膜沉积顺序可以判定分别为 GaN、AlN 和 GaN。样品 b 和样品 c 为厚度均匀的单层膜。由此断面图可以直接获得样品 a 中每一层薄膜的厚度分别为 25 nm、50 nm 和 25 nm,样品 b 和 c 的薄膜厚度依次为 90 nm 和 100 nm。

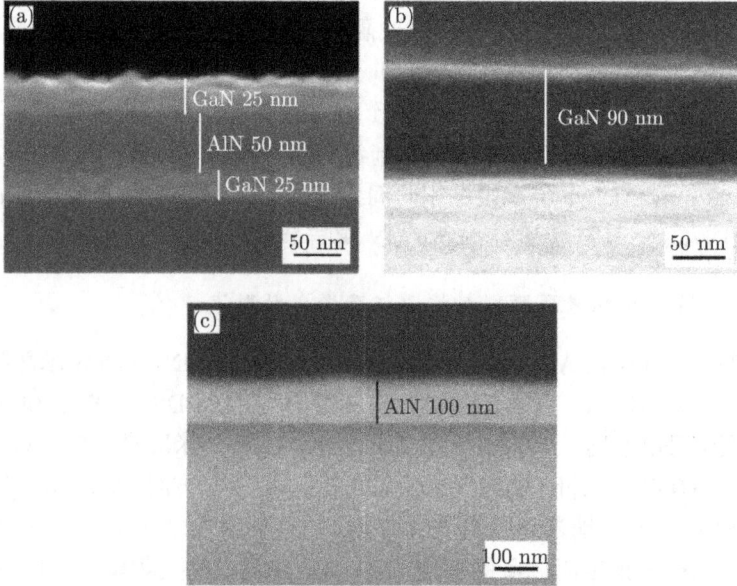

图 4.3.7　铝镓氮纳米薄膜的 SEM 断面图

(a) 样品 a；(b) 样品 b；(c) 样品 c

　　根据 F-N 方程,场致电子发射过程所对应的 F-N 曲线应为一条线性变化直线,此处定义当 F-N 曲线开始变为一条直线时所加电场为样品的开启电场,将阈值电场定义为场发射电流密度达到 1 mA/cm^2 时所需要的场强大小。薄膜结构以及场发射特性相关的参数列于表 4.3.2 中。从表 4.3.2 中可以看出,GaN 和 AlN 单层纳米结构薄膜所对应的开启电场分别为 5.41 V/μm 和 26.43 V/μm。而 GaN/AlN/GaN 多层纳米结构薄膜的开启电场仅有 0.93 V/μm。且从图 4.3.8 中能够明显看出,$J\text{-}E$ 曲线在高场区域呈一条水平直线,这是由于场发射电流密度已经达到了场发射测试系统 K 2410 的最高保护电流值。而其阈值电场为 2.07 V/μm,其性能已经可与具有优异场发射性能的金刚石薄膜阴极相媲美[28-31]。

表 4.3.2　不同样品的相关参数

样品编号	样品组成结构	$E_{on}/(V/μm)$	$E_{th}/(V/μm)$	$J_{max}/(mA/cm^2)$
a	GaN/AlN/GaN	0.93	2.07	$\geqslant 50$
b	GaN	5.41	—	0.50
c	AlN	26.43	—	0.19

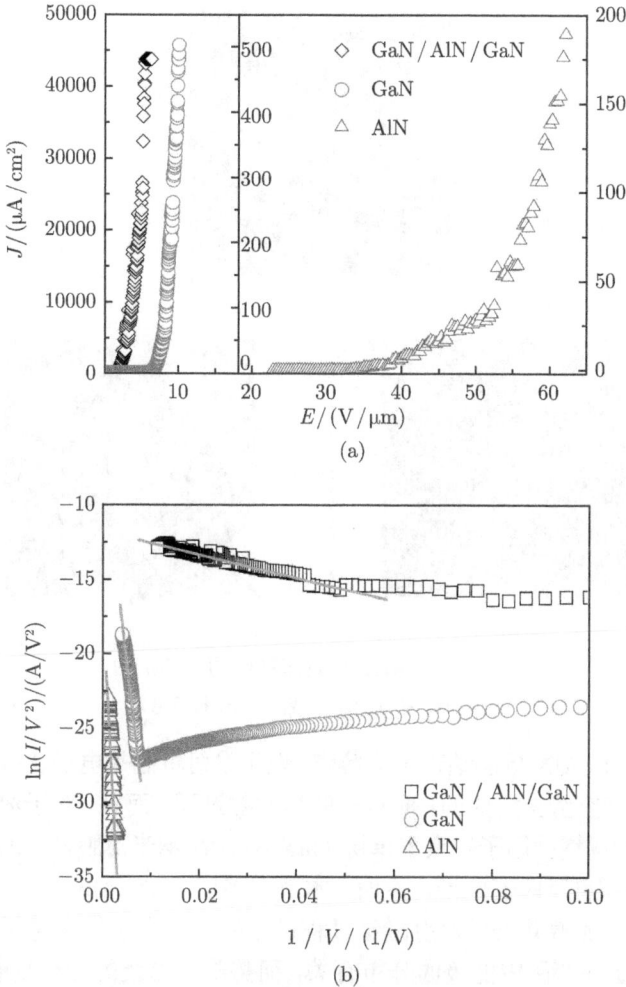

图 4.3.8 AlGaN 纳米薄膜的场发射特性

(a) 场发射 J-E 关系曲线；(b) 场发射 F-N 关系曲线

上述结果表明多层 GaN/AlN/GaN 纳米薄膜场发射性能相比单层 GaN 以及 AlN 薄膜获得了显著增强。根据 F-N 方程，场发射性能主要由场增强因子 β 和表面有效势垒高度 Φ_{eff} 决定。使用 AFM 测试样品表面形貌如图 4.3.9 所示，得到样品 a、b 和 c 的表面粗糙度值分别为：0.78 nm、0.84 nm 和 1.56 nm，所以表面形貌变化对场发射性能的影响可忽略不计。因此，本节中多层及单层纳米薄膜场发射阴极的性能主要取决于表面有效势垒高度 Φ_{eff}。综上所述，多层 GaN/AlN/GaN 纳米薄膜表面有效势垒高度的降低是其场发射性能增强的主要原因。

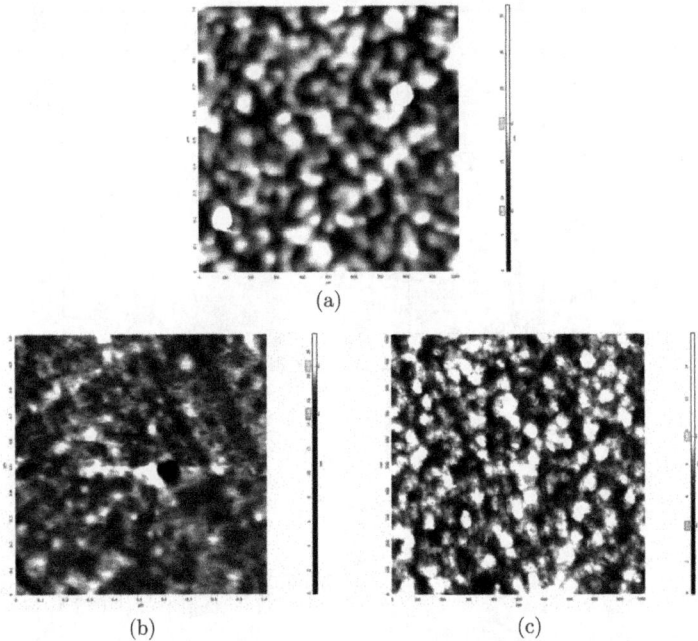

图 4.3.9 　AlGaN 纳米薄膜的 AFM 图

(a) 样品 a；(b) 样品 b；(c) 样品 c

对于 GaN 和 AlN 单层纳米结构薄膜，电子发射机制是电子从电子源输运至阴极表面后隧穿真空势垒完成的，即传统的场发射过程。而且，对于薄膜型场发射阴极来说，较低的场增强因子导致了单层 GaN 和 AlN 纳米薄膜较小的场发射电流密度以及较大的开启及阈值电场。然而，本节中多层 GaN/AlN/GaN 纳米薄膜的电子发射机制是伴随着共振场发射隧穿过程进行的[34]。共振隧穿除了和势垒高度及宽度有关外，还和势阱中能级的分布有关，而势阱中能级的分布则取决于势垒/势阱的结构。而共振隧穿的特点在于，当能量 E 与势阱中分立亚能级对准时透射几率达到最大值，理想情况下该最大值接近于 1，即电子全部透射，因而远大于电子隧穿单势垒时的透射率。另外，双势垒共振隧穿会在近发射表面势阱中积累电子，进一步降低有效势垒高度。因此，本节中的 GaN/AlN/GaN 多层纳米结构薄膜通过量子势垒/势阱结构，使得积累电子增多及表面有效发射势垒降低，并通过场发射共振隧穿效应，使场发射性能进一步得到提高。

和 4.3.2 节中 AlN/GaN 双层量子薄膜场发射性能相比，本节 GaN/AlN/GaN 多层纳米结构薄膜阈值电场从 5.9 V/μm 显著降到了 2.07 V/μm，这源于两个方面的原因：

(1) 晶界传导增强。通过 3.3.3 节所述的晶界传导模型可知，当纳米晶晶粒尺寸长大及其含量增多时，晶界数量增加，由此形成有效的晶界传导通道使得有效发射面积以及场发射性能增大。

(2) 相对于非晶态，晶体结构优化的半导体材料缺陷显著降低，其能带结构也更加接近本征半导体。因此结晶的 GaN、AlN 及其三元氮化物能够形成比非晶态更加有效的势垒–势阱结构，有利于亚能级的形成及相应的共振隧穿电子发射。

4.3.4　量子薄膜势垒–势阱相对高度对其场发射性能影响

在本书 4.2 节的多层纳米半导体场发射阴极增强机制的理论研究中，采用了 $Al_{0.5}Ga_{0.5}N$ 作为势垒层、GaN 作为势阱层。在 4.3.2～4.3.3 节的实验研究中，均采用 AlN 作为势垒层、GaN 作为势阱层。在上述理论和实验研究中均未对势垒/势阱的相对高度进行讨论，然而势垒/势阱的相对高度必然对量子能级结构及对电子的限制作用产生影响，进而影响电子发射性能。因此本节从实验出发，以 $Al_{0.3}Ga_{0.7}N$ 为例探讨了势垒/势阱的相对高度对场发射性能的影响。

1. 样品的制备及表征

将分析纯 AlN 粉和 GaN 粉按物质的量比 3:7 均匀混合制得 $Al_{0.3}Ga_{0.7}N$ 靶材。靶材 XRD 谱线如图 4.3.10 所示。AlN、GaN 具有相同的六方纤锌矿结构且晶格常数相近，其 XRD 标准谱线的峰位基本一致，但 AlN 峰位比 GaN 峰位略向大角度方向偏移 1° 左右。从图 4.3.10 中可以看出，$Al_{0.3}Ga_{0.7}N$ 靶的各个峰位相比标准 GaN 谱线略向大角度偏移约 0.2°，这是由 Al 原子的加入引起的。

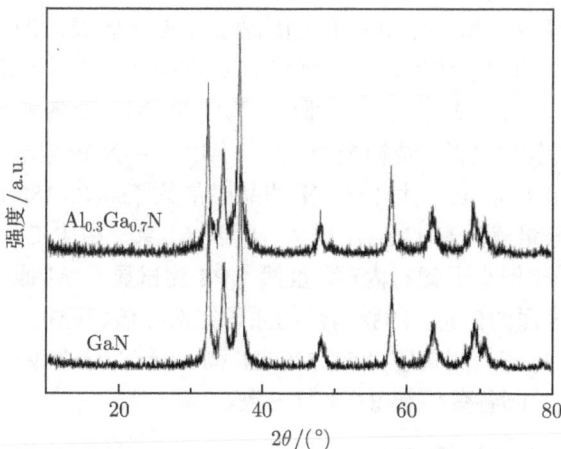

图 4.3.10　$Al_{0.3}Ga_{0.7}N$ 靶图谱

靶材中 Al、Ga 的原子比为 3:7，但由于 Al、Ga 元素物理性质的差异，薄膜中 Al、Ga 的原子比例可能和靶材产生偏差。因此我们对制备的 $Al_{0.3}Ga_{0.7}N$ 薄膜进行了 XPS 分析，如图 4.3.11 所示。

XPS 元素半定量分析公式为

$$C_x = \frac{I_1/\alpha_1}{\sum I_1/\alpha_1 + I_2/\alpha_2 + \cdots} \qquad (4.3.7)$$

式中 C_x 为原子百分比浓度；I_1、I_2 为元素 1, 2 的强度 (扫描谱面积)；α_1、α_2 为元素 1, 2 的灵敏度因子 (Al 为 0.234, Ga 为 3.720)。

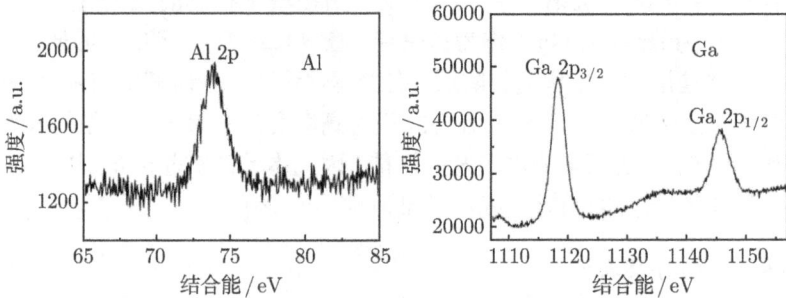

图 4.3.11　Al$_{0.3}$Ga$_{0.7}$N 薄膜 Al 及 Ga 元素 XPS 图谱

图 4.3.11 中左图为 Al 的 XPS 图谱，右图为 Ga 的 XPS 图谱，对谱线分别进行高斯拟合和洛伦兹拟合，然后进行定量分析。根据高斯拟合薄膜中 Al、Ga 原子比例为 1:5.3；根据洛伦兹拟合薄膜中 Al、Ga 原子比例为 1:5.4，两种拟合的结果基本一致，薄膜中 Al 原子的比例要小于靶材中的比例。

XPS 的检测深度一般小于 3 nm，因此表征的是薄膜表面的元素成分，只能半定量地表示薄膜中的原子比例。六方纤锌矿 GaN(AlN) 表面不管是正极性还是负极性，最外层为 N 原子在热动力学上都是不稳定的，因此薄膜表面一般都是富金属原子，以使系统的势能最低，结构最稳定[35]。Al(Ga)—N 键基本是纵向的，而 AlN 的晶格常数 (c_0=0.4980 nm) 大于 GaN 的晶格常数 (c_0=0.4185 nm)，因此 Al—N 键沿纵向的键能分量就没有 Ga—N 键大，所以 Al 原子相比 Ga 原子更容易逸失，导致表面 Al 原子比例小于靶材内部。虽然 XPS 测试显示 Al 原子比例过低，但它表征的只是薄膜表面的信息，薄膜内部的原子比例应该和靶材一致。

在 n-Si(100) 衬底上制备了 AlN/AlGaN 和 AlGaN/GaN 两个样品，每层的沉积时间都为 2 min，制备条件和 3.3.4 节一致。

2. 场发射结构增强测试

在本节中，定义场发射电流密度达到 1 mA/cm^2 时，阳极和样品之间所施加的场强为阈值电场。图 4.3.12 给出了 AlN/AlGaN 和 AlGaN/GaN 的场发射 J-E 关系曲线，其阈值电场都在 4~6 V/μm，场发射性能略优于 4.3.2 节中的 AlN/GaN 薄膜，但仍处于相同的数量级。

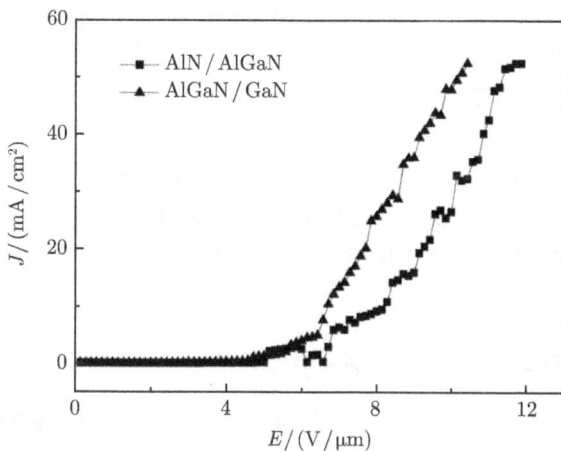

图 4.3.12 AlN/AlGaN 和 AlGaN/GaN 薄膜的场发射 J-E 关系曲线

图 4.3.13 给出了 AlN/AlGaN 和 AlGaN/GaN 两个样品场发射 F-N 曲线。由图中可见,两个样品的 F-N 曲线在整个场强范围内是非线性的,但均可分为两段直线。需要注意的是,两个样品的曲线斜率产生拐点的场强范围均在 4~6 V/μm,且在高电场下两个样品的 F-N 曲线可以被两条相互平行的直线所拟合,这表明两个样品的电子发射机理是相同的,即通过势阱中亚能级的电子共振隧穿发射。另外,两个样品 F-N 曲线在图 4.3.13 上 y 轴截距的不同则源于两个样品因势垒–势阱层材料不同,形成了不同的势垒–势阱量子结构,因而电子的发射源于不同的势阱亚能级,由此导致了阴极表面有效势垒高度不同,从而产生了电子发射性能的差别。

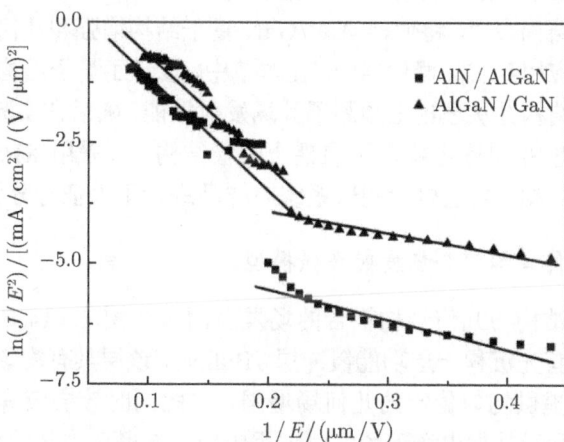

图 4.3.13 AlN/AlGaN 和 AlGaN/GaN 薄膜的场发射 F-N 关系曲线

AlN 具有低的甚至负的电子亲和势, GaN 可以有效地进行 n 型掺杂是它们在场发射领域最显著的特点。同时, AlN 及 GaN 的三元化合物 $Al_xGa_{1-x}N$ 随着组分 x 的变化, 如晶格参数、带隙宽度等各种特性可在 AlN 和 GaN 之间调控, 场发射性能也将随之变化。因此有必要进行 $Al_xGa_{1-x}N$ 成分优化, 强化其场发射性能。然而通过实验方法, 需要系统地进行大量研究工作以优化量子势垒-势阱结构, 需要投入大量的人力、物力。因此, 迫切需求基于 FEED 的理论研究, 建立量子结构模型, 探索结构调控的微观物理机制, 最终获得优化的电子发射性能, 这部分内容将在本书第 6 章中进行阐述。

4.3.5　量子与几何结构耦合增强场发射性能研究

通过对 4.3.1 和 4.3.2 节 AlN/GaN 薄膜量子结构调控及其对场发射性能的影响研究表明, 通过构造深势阱量子结构, 电子能够在发射表面有效积累并可以通过共振隧穿发射, 最终降低表面有效势垒高度、极大地增强了电子的透射几率, 从而有效地提高了薄膜型场发射阴极的电子发射性能, 获得了超过金刚石薄膜型场发射阴极的电子发射性能。然而, 该场发射阴极的阈值电场及最大电流密度等场发射性能仍不及一维纳米结构材料, 距离实际器件应用所需求的场发射性能还有一定差距。因此, 如何进一步提高场发射性能, 获得达到或超越一维材料的电子发射性能, 成为了进一步研究的重点。

若能将前两节中量子结构增强场发射阴极和微尖端几何结构增强场发射阴极相耦合, 在具有电子共振隧穿特性的同时利用几何结构场增强, 将会获得场发射性能的非线性增强 [36]。微尖端阵列型场发射阴极源于 Spindt[37] 在 1968 年提出的金属微尖端阵列型场发射阴极的设计思想, 但是制备微尖端阵列的工艺较复杂。如果能通过简单、低成本的方法在 Si 衬底上直接制备大面积类似微尖端阵列的粗糙且分布均匀的纳米结构表面, 将使得 AlN/GaN 量子结构增强和几何电场增强的耦合结构得以实现并应用到实际器件当中。在本节中, 设计了量子结构增强和几何电场增强的耦合阴极结构并从理论上预测了其场发射性能, 随后在实验上通过简单、直接的 PLD 方法在 Si 衬底上构造了该耦合阴极结构, 并采用 XPS、紫外光电子能谱系统 (UPS)、AFM、真空电学测试系统对样品进行了表征与分析。

1. 量子与几何结构耦合场发射增强模型

理想的量子结构与几何结构耦合的场发射阴极如图 4.3.14 所示。该结构特点为: 在 Si 衬底上首先沉积一层功能缓冲层 (Buffer), 该层具有均匀分布的微尖端阵列式表面形貌以提供均匀稳定的几何场增强, 与此同时该层应具有较大的电导率及载流子浓度以利于外加电场下场发射过程中电子在薄膜内部的输运。随后, 在功能缓冲层上沉积一层氮化物量子势垒层, 该层氮化物材料应具有较大的带隙宽度以形成较高的势垒结构，且该层的厚度应该控制在 10 nm 以下，以利于电子的隧穿。最外 (表面) 一层为氮化物量子势阱层，该层氮化物材料相对于势垒层材料应具有较小的带隙宽度，而且该层应具有合适的厚度以形成分立的量子能级。由此构成的量子势垒/阱结构通过电子的束缚能级积累电子，可使表面隧穿势垒的高度显著地降低到 0.2~0.5 eV[4,19]，从而极大地增强场电子的隧穿几率。

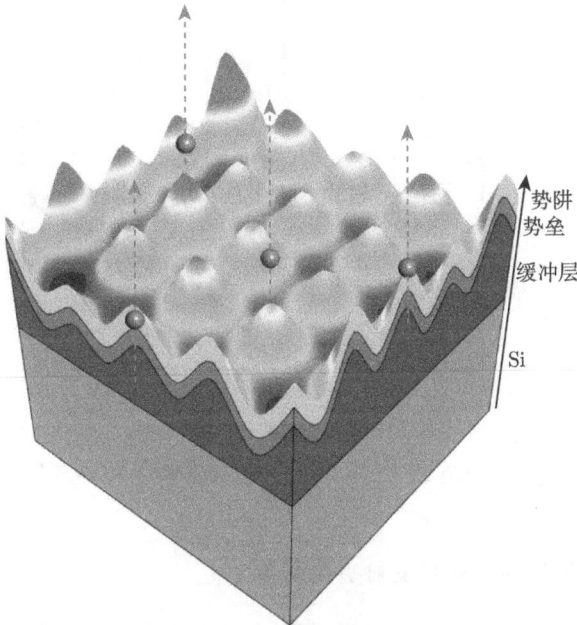

图 4.3.14   理想的量子结构与几何结构耦合的场发射阴极示意图

如果将上述的薄膜内部量子增强结构和薄膜表面几何电场增强结构耦合为一个单一的整体结构，场发射增强效应将会得到极大的提高[36]。在耦合作用下场发射特性的增强效果可以通过式 (2.1.36) 所示的经典 F-N 方程来估算。将文献中 CNT[38] (CNT，$\beta=2400$，$\Phi=5.0$ eV)、传统平板多层量子阱场发射阴极[4] (MQEs，$\beta=10$，$\Phi=0.5$ eV)、GaN 涂覆的 Si 微尖端阵列阴极[39] (FEAs，$\beta=300$，$\Phi=3.2$ eV) 的实验参数代入 F-N 方程，与本书中量子结构与几何结构耦合的场发射阴极 (GQEs，$\beta=300$，$\Phi=0.5$ eV) 的电子发射性能相比较，将直观地反映出耦合结构与上述几种场发射阴极性能的关系。如图 4.3.15 所示，虽然 MQEs 以及 FEAs 本身场发射性能相对较弱，但将两种结构有效结合的 GQEs 极大地提高了场发射电流密度。而且在低场区域，GQEs 的场发射性能甚至优于 CNT，这意味着 GQEs 可能具有极低的开启电场，可以广泛应用于超低阈值场发射器件。

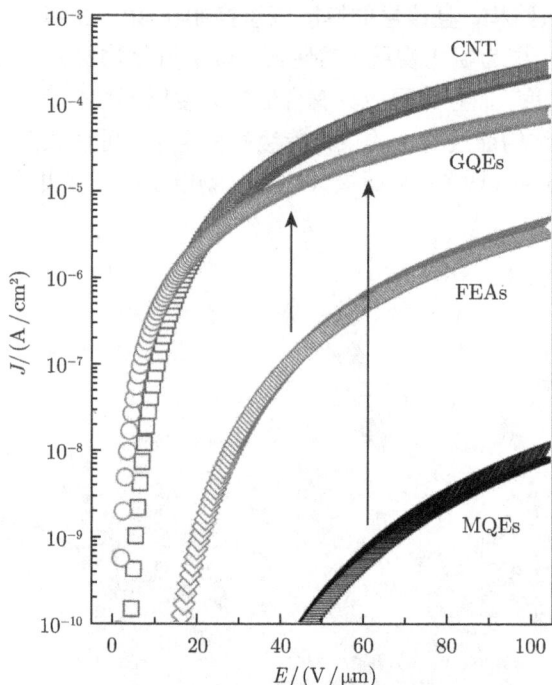

图 4.3.15　GQEs 和 CNT、FEAs 以及 MQEs 的场发射 *J-E* 性能对比图[36]

2. 量子与几何结构耦合场发射阴极制备

为了验证上述理论观点，利用激光脉冲沉积技术，在 Si 衬底上制备了不同 GaN 势阱层厚度的 GaN/AlGaN/GaN 量子结构与几何结构耦合的 GQEs 场发射阴极。在GQEs场发射阴极的制备过程中，首先在n-Si(100)衬底上沉积一层100 nm 厚的 GaN 薄膜作为缓冲功能层。具体的沉积参数如下：脉冲激光能量密度为 2.5 J/cm², 脉冲频率为 15 Hz, 脉宽为 10 ns, 靶基距为 7.0 cm, 衬底温度为 850 ℃, 靶和衬底自转速度为 10 rpm。制备室的背底真空度为 5×10^{-4} Pa, 沉积前通入纯度为 99.99% 的高纯氮气并调节工作气压到 1 Pa。GaN 缓冲功能层沉积完毕之后，旋转靶托原位沉积一层 6 nm 左右的 AlGaN 量子势垒层。沉积参数如下：脉冲激光能量密度为 3.0 J/cm², 脉冲频率为 10 Hz, 脉宽为 10 ns, 靶基距为 700 mm, 衬底温度为 850 ℃, 靶和衬底自转速度为 10 rpm。最后，原位沉积一层具有不同厚度的 GaN 量子势阱层。具体的沉积参数如下：脉冲激光能量密度为 3.0 J/cm², 脉冲频率为 10 Hz, 脉宽为 10 ns, 靶基距为 700 mm, 衬底温度为 850 ℃, 靶和衬底自转速度为 10 rpm。在沉积过程中，控制沉积时间得到厚度约为 4 nm、8 nm、12 nm、16 nm 和 20 nm 的 GaN 薄膜，并将以上薄膜阴极样品分别定义为样品 1～5。

场发射测试采用 3.1.3 节所述的真空测试系统在室温下完成。为了确保场发射测试结果的重复可靠，在实际测试中需要多次循环测量使阴极表面气体解吸附以使测试数据达到稳定。

3. 量子与几何结构耦合场发射阴极微结构

图 4.3.16 为在 n-Si(100) 衬底上沉积一层 100 nm 厚的 GaN 缓冲功能层后的 AFM 表面形貌照片。从图中可以明显看出，GaN 功能缓冲层由大量准周期排列的纳米圆锥所组成，其密度为 $10^8 \sim 10^9 \, cm^{-2}$，直径为 200~250 nm。由此构成的 GaN 功能缓冲层由于具有均匀且粗糙的表面形貌，有利于制备场发射性能均匀稳定的阴极。另外，此准周期排列的纳米圆锥制备方法简单、直接，无需工艺复杂、高成本的光刻技术，因而适于低成本、大规模基于场发射的光电子器件商业化应用。

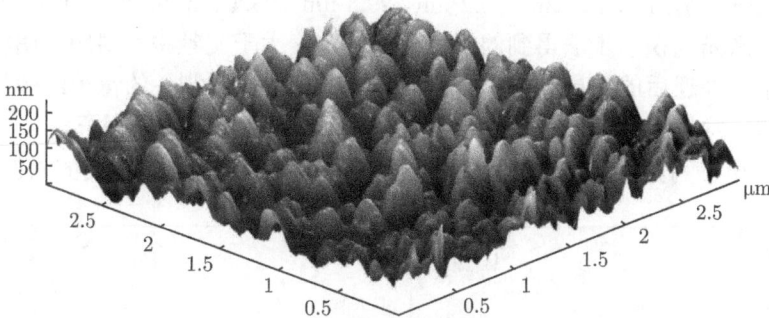

图 4.3.16　GaN 缓冲功能层的 AFM 表面形貌照片[36]

图 4.3.17 为在 GaN 缓冲功能层上沉积 AlGaN 量子势垒层并沉积了不同厚度 GaN 量子势阱层薄膜后的阴极表面 AFM 形貌照片。从图中可以看出，所有样品的表面形貌保持了 GaN 缓冲功能层准周期排列的纳米圆锥形貌。该均匀周期突起的表面形貌保证了阴极电子发射性能的均匀和稳定。同时，从 AFM 表面形貌可以

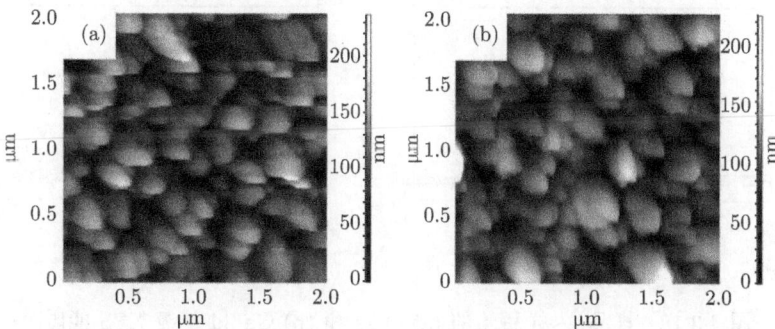

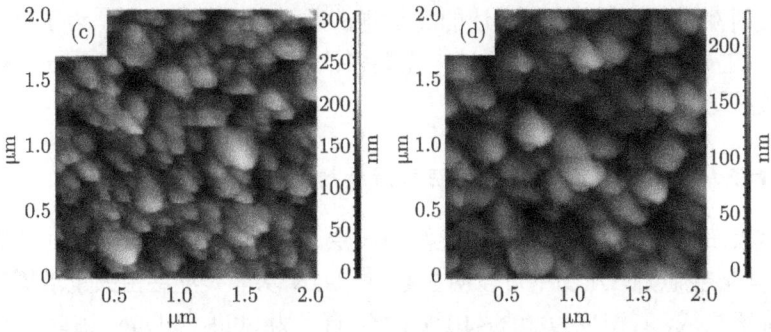

图 4.3.17　AFM 表面形貌照片[36]

(a) 样品 1；(b) 样品 2；(c) 样品 3 及 (d) 样品 4

获得不同厚度 GaN 纳米薄膜的表面粗糙度信息。经计算，从样品 1 到样品 5 的均方根粗糙度分别为：34.5 nm、30.2 nm、29.3 nm、28.4 nm 和 30.9 nm。由此可见，通过脉冲激光沉积一步法得到的阴极表面粗糙度大于文献中对薄膜型阴极表面进行等离子体处理后的结果[40,41]。因此有理由相信，由此制备的量子结构与几何结构耦合的场发射阴极具有优于平面型场发射阴极的几何场增强因子。

XPS 用于测试样品表面化学成分。由图 4.3.18 所示的不同样品的 XPS 表面能

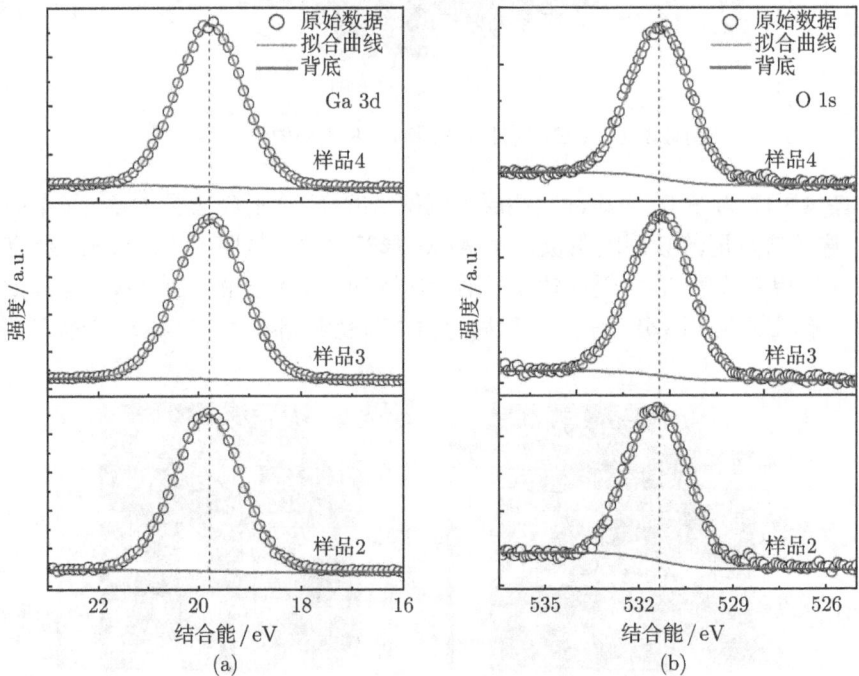

图 4.3.18　样品 2～样品 4 的 (a) O 1s 和 (b) Ga 3d 能级 XPS 能谱图

谱可以看出，由于样品在空气中暴露过，所有样品除了具有 Ga 3d 和 N 1s 峰外还存在 O 1s 和 C 1s 峰。根据文献报道，本工作中半高宽为 2.3 eV，位于 531.3 eV 的 O 1s 峰属于表面化学吸附的氧原子[42]。另外，本工作中 Ga 3d 能级可以被半高宽为 1.56 eV，位于 19.8 eV 的峰完美地拟合，属于氮化镓的峰[43,44]。因此，根据 O 元素和 Ga 元素的峰位，可以确认所有样品表面没有其他元素的吸附，且由 Ga-N 键组成而未形成镓的氧化物。

4. 量子与几何结构耦合场发射增强机制

图 4.3.19 对比了不同 GaN 量子势阱层厚度 GQEs 样品的场发射性能。从图 4.3.19 (a) 中可以看出，除了 1 号样品外所有样品均表现出明显的场发射特征。图 4.3.19 (b) 显示出了开启电场随 GaN 量子势阱层厚度变化的关系图，根据图中所

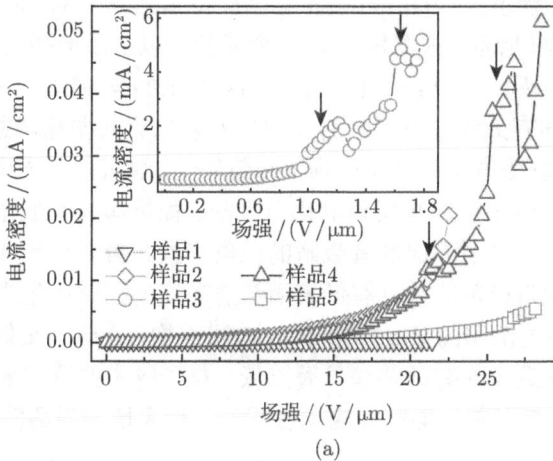

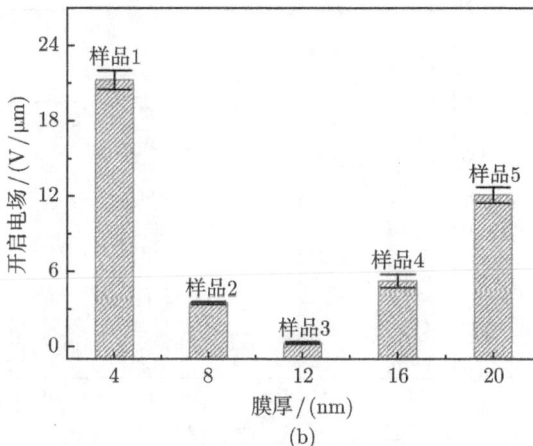

图 4.3.19　(a) 不同样品的场发射 *J-E* 关系曲线及其相对应的 (b) 开启电场随厚度的变化图

显示的结果，3 号样品具有最优的场发射性能，其开启电场低至 0.4 V/μm。而且，当电流密度达到实际器件应用需求的 1 mA/cm² 时，其相应的电场强度仅为 1.1 V/μm。这一结果远低于目前所报道的微尖阵列型场发射阴极以及平面量子结构场发射阴极，甚至可以和一维纳米结构场发射阴极相比。另外，从 3 号样品和 4 号样品的 J-E 曲线中我们可以发现明显的共振峰，这也不同于传统场发射阴极的平滑的 J-E 曲线。

　　为了探索上述电子发射增强机理，对样品表面有效势垒高度 Φ_{sur} 的分析是十分必要的。表面有效势垒高度 Φ_{sur} 的值可以通过线性拟合 F-N 曲线获得。这里，根据图 4.3.17 所示的各样品间 AFM 表面形貌以及所对应的表面均方根粗糙度十分相近，因此可不考虑表面形貌对不同样品间场发射性能的影响。根据文献中报道的表面粗糙度为 17.9 nm 的 GaN 薄膜阴极其场增强因子为 150[40]，考虑到所有 GQEs 样品表面粗糙度在 30.0 nm 左右，因此将本工作中 GQEs 场增强因子假定为 300。如图 4.3.20 所示，根据拟合 F-N 曲线斜率以及场增强因子，1 号样品到 5 号样品的 Φ_{sur} 值分别为 2.2 eV、1.6 eV、0.3 eV、1.9 eV 和 1.8 eV。其中 3 号样品 0.3 eV 的极低表面有效势垒高度同时伴随场发射电流共振峰现象，可能源于以下机制：其一，阴极表面电子亲和势得到了有效降低，这可能源于电子发射表面经过涂覆处理或者有低电子亲和势材料的化学吸附，如氢等具有低电负性的材料。而在一些特殊条件下，表面涂层或者吸附的低电子亲和势材料形成了量子限制能带结构，因此场发射阴极可能在具有低表面势垒高度的同时产生电子的共振隧穿现象[16,45]；其二，通过沉积的半导体量子势垒/阱结构，在电子发射表面处有效地形成了电子积累，导致表面有效势垒显著降低，量子阱中的分立亚能级在外加电场下，电子可以通过量子共振隧穿效应发射[13,46]，极大地增强场发射电流。

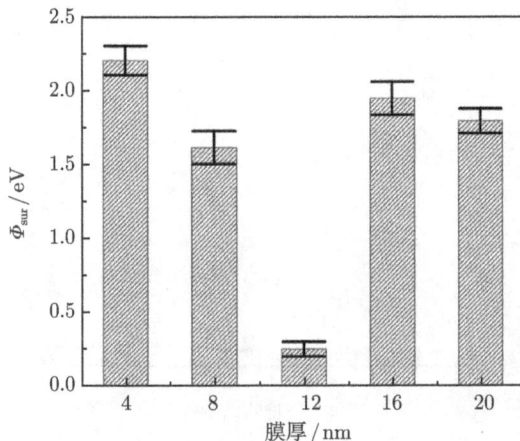

图 4.3.20　不同样品的表面有效势垒高度随势阱层厚度变化图

为了证实本工作中 Φ_{sur} 值的变化源于量子结构的调控而不是阴极发射表面电子亲和势的改变，因此采用 UPS 对所有样品的表面电子亲和势进行了测试，测试结果显示在图 4.3.21 中。根据 Yamaguchi[47] 等对 UPS 能谱关于电子亲和势的计算方法，所有样品的表面电子亲和势均为 3.2 eV，符合文献所报道的 GaN 表面电子亲和势 (2.7~3.3 eV)[48]。结合 XPS 测试结果可以确认，GQEs 样品表面有效势垒高度随量子势阱层厚度的变化以及 J-E 曲线共振峰现象的出现，不是源于表面其他元素的化学吸附。另外，根据 UPS 测试结果，可以绘出如图 4.3.21 (b) 所示的 GQEs 能带结构图。表面 GaN 量子势阱层中的电子被束缚在分立的亚能级中，当施加一个电场后，在亚能级中积累的电子能够通过势阱中 E_1 及 E_2 亚能级共振隧穿发射，在有效降低表面有效势垒高度的同时产生了共振隧穿机制所特有的电流共振峰现象。进一步地，将上述的场发射量子结构增强与几何结构电场增强效应相结合后，场发射电流密度得到指数级的提高，其性能甚至可与一维纳米结构阴极性能相比。

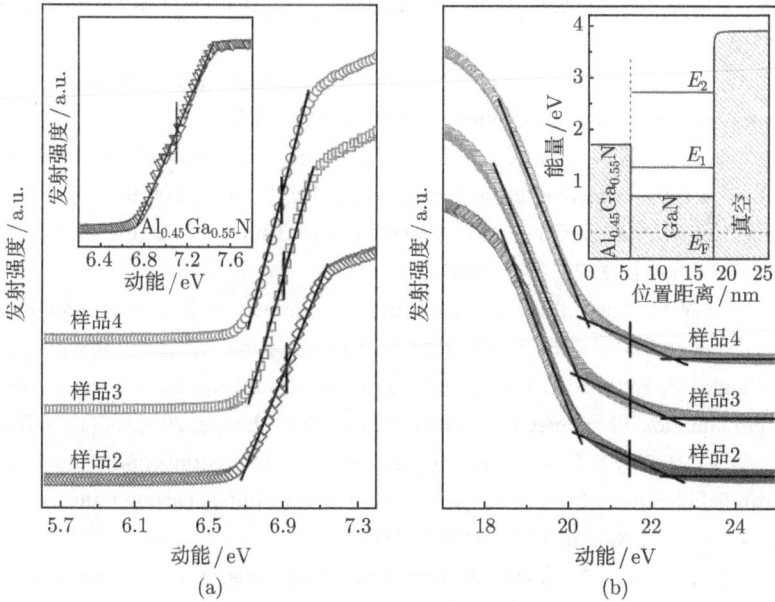

图 4.3.21　样品 2 到样品 4 的 UPS 图谱

(a) 样品的低能截止边和 (b) 样品的高能截止边

参 考 文 献

[1] Huang N Y, She J C, Chen J, et al. Mechanism responsible for initiating carbon nanotube vacuum breakdown. Physical Review Letters, 2004, 93(7): 075501.

[2] Geis M W, Efremow N N, Krohn K E, et al. A new surface electron-emission mechanism in diamond cathodes. Nature, 1998, 393(6684): 431-435.

[3] Binh V T, Adessi C. New mechanism for electron emission from planar cold cathodes: The solid-state field-controlled electron emitter. Physical Review Letters, 2000, 85(4): 864.

[4] Semet V, Binh V T, Zhang J P, et al. Electron emission through a multilayer planar nanostructured solid-state field-controlled emitter. Applied Physics Letters, 2004, 84(11): 1937-1939.

[5] Binh V T, Semet V, Dupin J P, et al. Recent progress in the characterization of electron emission from solid-state field-controlled emitters. Journal of Vacuum Science & Technology B, 2001, 19(3): 1044-1050.

[6] Wang R Z, Wang B, Wang H, et al. Band bending mechanism for field emission in wide-band gap semiconductors. Applied Physics Letters, 2002, 81(15): 2782-2784.

[7] Wang R Z, Yan X H. Resonant peak splitting for ballistic conductance in two-dimensional electron gas under electromagnetic modulation. Chinese Physics Letters, 2000, 17(8): 598.

[8] You J Q, Zhang L, Ghosh P K. Electronic transport in nanostructures consisting of magnetic barriers. Physical Review B, 1995, 52(24): 17243.

[9] Wang R Z, Ding X M, Xue K, et al. Multipeak characteristics of field emission energy distribution from semiconductors. Physical Review B, 2004, 70(19): 195305.

[10] Lang N, Kohn W. Theory of metal surfaces: Induced surface charge and image potential. Physical Review B, 1973, 7(8): 3541.

[11] Goncharuk N M. The influence of an emitter accumulation layer on field emission from a multilayer cathode. Materials Science and Engineering: A, 2003, 353(1): 36-40.

[12] Litovchenko V, Evtukh A, Kryuchenko Y, et al. Quantum-size resonance tunneling in the field emission phenomenon. Journal of Applied Physics, 2004, 96(1): 867-877.

[13] Tsang W M, Henley S J, Stolojan V, et al. Negative differential conductance observed in electron field emission from band gap modulated amorphous-carbon nanolayers. Applied Physics Letters, 2006, 89(19): 193103-193103-3.

[14] Johnson S, Züicke U, Markwitz A. Universal characteristics of resonant-tunneling field emission from nanostructured surfaces. Journal of Applied Physics, 2007, 101(12): 123712.

[15] She J C, Xu N S, Deng S Z, et al. Experimental evidence of resonant field emission from ultrathin amorphous diamond thin film. Surface and Interface Analysis, 2004, 36(5-6): 461-464.

[16] Lyth S M, Silva S R P. Resonant behavior observed in electron field emission from acid functionalized multiwall carbon nanotubes. Applied Physics Letters, 2009, 94(12): 123102.

[17] Wang R Z, Yan H, Wang B, et al. Field emission enhancement by the quantum structure in an ultrathin multilayer planar cold cathode. Applied Physics Letters, 2008, 92(14): 142102.

[18] Madelung O. Semiconductors: Group IV Elements and III - V Compunds. Verlag Berlin Heidelberg New York: Springer, 1991.

[19] Wang R Z, Ding X M, Wang B, et al. Structural enhancement mechanism of field emission from multilayer semiconductor films. Physical Review B, 2005, 72(12): 125310.

[20] Chung M, Miskovsky N, Cutler P, et al. Band structure calculation of field emission from $Al_xGa_{1-x}N$ as a function of stoichiometry. Applied Physics Letters, 2000, 76(9): 1143-1145.

[21] Li B, Leung T, Chan C. Highly spin-polarized field emissions induced by quantum size effects in ultrathin films of Fe on W (001). Physical Review Letters, 2006, 97(8): 087201.

[22] Vatannia S, Gildenblat G, Schiano J. Resonant tunneling emitter quantum mechanically coupled to a vacuum gap. Journal of Applied Physics, 1997, 82(2): 902-904.

[23] Price P J. Simple theory of double-barrier tunneling. Electron Devices, IEEE Transactions on, 1989, 36(10): 2340-2343.

[24] Vurgaftman I, Meyer J R. Band parameters for nitrogen-containing semiconductors. Journal of Applied Physics, 2003, 94(6): 3675-3696.

[25] Vurgaftman I, Meyer J R, Ram-Mohan L R. Band parameters for III - V compound semiconductors and their alloys. Journal of Applied Physics, 2001, 89(11): 5815-5875.

[26] Zhao W, Wang R, Wang F, et al. Field emission from nanostructured AlN/GaN films on Si substrate prepared by pulsed laser deposition. Journal of Nanoscience and Nanotechnology, 2011, 11(12): 10817-10820.

[27] Wang F Y, Wang R Z, Zhao W, et al. Field emission properties of amorphous GaN ultrathin films fabricated by pulsed laser deposition. Science in China Series F: Information Sciences, 2009, 52(10): 1947-1952.

[28] Wang C S, Chen H C, Cheng H F, et al. Synthesis of diamond using ultra-nanocrystalline diamonds as seeding layer and their electron field emission properties. Diamond and Related Materials, 2009, 18(2): 136-140.

[29] Chen H C, Palnitkar U, Pong W F, et al. Enhancement in electron field emission in ultrananocrystalline and microcrystalline diamond films upon 100 MeV silver ion irradiation. Journal of Applied Physics, 2009, 105(8): 083707.

[30] Liu K F, Chen L J, Tai N H, et al. Effect of Mo-buffer layer on the growth behavior and the electron field emission properties of UNCD films. Diamond and Related Materials, 2009, 18(2): 181-185.

[31] Tiwari R N, Chang L. Growth, microstructure, and field-emission properties of synthesized diamond film on adamantane-coated silicon substrate by microwave plasma chemical vapor deposition. Journal of Applied Physics, 2010, 107(10): 103305.

[32] Sugino T, Kimura C, Yamamoto T. Electron field emission from boron-nitride nanofilms. Applied Physics Letters, 2002, 80(19): 3602-3604.

[33] Xu N S, Chen J, Deng S Z. Physical origin of nonlinearity in the Fowler-Nordheim plot of field-induced emission from amorphous diamond films: Thermionic emission to field emission. Applied Physics Letters, 2000, 76(17): 2463-2465.

[34] Kryuchenko Y V, Litovchenko V G. Computer simulation of the field emission from multilayer cathodes. Journal of Vacuum Science & Technology B, 1996, 14(3): 1934-1937.

[35] Zywietz T K, Neugebauer J, Scheffler M. The adsorption of oxygen at GaN surfaces. Applied Physics Letters, 1999, 74(12): 1695-1697.

[36] Zhao W, Wang R Z, Song X M, et al. Electron field emission enhanced by geometric and quantum effects from nanostructured AlGaN/GaN quantum wells. Applied Physics Letters, 2011, 98(15): 152110.

[37] Spindt C A. A thin-film field-emission cathode. Journal of Applied Physics, 1968, 39(7): 3504-3505.

[38] Zhang X H, Gong L, Liu K, et al. Tungsten oxide nanowires grown on carbon cloth as a flexible cold cathode. Advanced Materials, 2010, 22(46): 5292-5296.

[39] Tong X L, Jiang D S, Li Y, et al. Folding field emission from GaN onto polymer microtip array by femtosecond pulsed laser deposition. Applied Physics Letters, 2006, 89(6): 061108.

[40] Sugino T, Hori T, Kimura C, et al. Field emission from GaN surfaces roughened by hydrogen plasma treatment. Applied Physics Letters, 2001, 78(21): 3229-3231.

[41] Zhu K, Kuryatkov V, Borisov B, et al. Evolution of surface roughness of AlN and GaN induced by inductively coupled Cl_2/Ar plasma etching. Journal of Applied Physics, 2004, 95(9): 4635-4641.

[42] Li D S, Sumiya M, Fuke S, et al. Selective etching of GaN polar surface in potassium hydroxide solution studied by X-ray photoelectron spectroscopy. Journal of Applied Physics, 2001, 90(8): 4219-4223.

[43] Wolter S D, Luther B P, Waltemyer D L, et al. X-ray photoelectron spectroscopy and x-ray diffraction study of the thermal oxide on gallium nitride. Applied Physics Letters, 1997, 70(16): 2156-2158.

[44] Shiozaki N, Hashizume T. Improvements of electronic and optical characteristics of n-GaN-based structures by photoelectrochemical oxidation in glycol solution. Journal of Applied Physics, 2009, 105(6): 064912.

[45] Filip L D, Palumbo M, Carey J D, et al. Two-step electron tunneling from confined electronic states in a nanoparticle. Physical Review B, 2009, 79(24): 245429.

[46] Yamada T, Shikata S I, Nebel C E. Resonant field emission from two-dimensional density of state on hydrogen-terminated intrinsic diamond. Journal of Applied Physics, 2010,

107(1): 013705.

[47] Yamaguchi H, Masuzawa T, Nozue S, et al. Electron emission from conduction band of diamond with negative electron affinity. Physical Review B, 2009, 80(16): 165321.

[48] Ng D K T, Hong M H, Tan L S, et al. Field emission enhancement from patterned gallium nitride nanowires. Nanotechnology, 2007, 18(37): 375707.

第 5 章　一维半导体场发射冷阴极

5.1　引　言

与体材料相比，低维纳米材料具有大的体表面积以及小尺寸效应和量子效应等特性，在光、电、热及化学等方面具有截然不同的性能。而与二维或三维纳米材料相比，一维纳米结构材料在很多方面都有着更加优越的特性，因此，几何形貌、化学成分及结晶性可控的一维纳米结构材料在研究材料结构与性能的关系，以及此方面的器件应用中有着重要的地位。而在一维半导体场发射冷阴极领域，人们的研究材料众多，如 CNT[1,2]、ZnO[3-6]、Si[7]、GaSe[8,9]、GaN[10-16]、AlN[17-21] 等。

一维纳米场发射材料中，可作为备选材料的有 ZnO、CNT 及 GaN 纳米线等。一维 ZnO 纳米结构由于其在室温下激子结合能可以达到 60 meV，并且因其材料本身具有的无毒、导电性良好及化学性质稳定而受到广泛关注。例如，Wang[22] 等通过 MOCVD 法在 Si 衬底表面成功制备出一维取向 ZnO 纳米线阵列，发现当电流密度为 1 mA/cm^2 时，其阈值电场为 13 V/μm，此电流密度达到了轰击荧光粉发光的亮度，达到了一般显示器的亮度要求。CNT 由于其独特的结构而具有优异的物理性能，在 FED 应用方面，自支撑 CNT 薄膜是替代氧化铟锡导电薄膜的理想材料，更是有可能广泛应用于全透明及柔性场发射显示器上。GaN 纳米线具有宽的直接带隙、强的原子键、高的热导率等性质和强的抗辐照能力等特点，其场发射性能一直是人们的研究热点。目前，人们用来制备 GaN 纳米线的设备多种多样，我们[23] 利用等离子体增强气相沉积系统成功制备了 GaN 纳米线，此系统制备纳米线的特点是方法原理简单，而且生长过程中不以常见的氨气为原料，大大减少了对环境的污染，为工业上大规模的清洁生产提供了可能。

5.2　场发射纳米线制备及其结构表征

5.2.1　等离子体化学气相系统简介

图 5.2.1 为等离子体辅助热丝化学气相沉积 (Plasma Assisted Hot Filament Chemical Vapor Deposition PAHFCVD; 为等离子增强化学气相沉积 (Plasma-enhanced Chemical Vapor Deposition, PECVD) 中的一种) 系统结构示意图。由图 5.2.1 可知，腔体中的加热系统由三根钨丝组成，加热钨丝自身大约能被加热到 2000 ℃

左右。衬底位于钨丝下方约 8 mm 的平台上，四个 GaN 靶材紧紧围绕衬底放置，热偶探测衬底表面温度。在 N_2 及 H_2 的混合气氛下将衬底快速加热到设定温度时，打开偏压系统，靶材及衬底周围由偏压系统产生的辉光包围，如此，衬底上就会生长出 GaN 纳米线，达到实验目的。

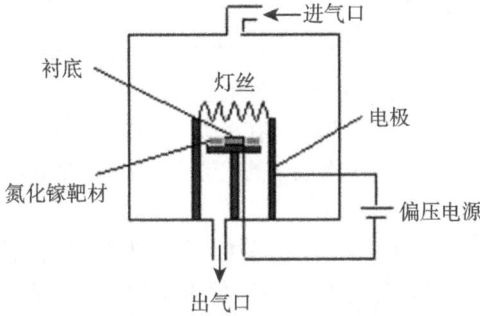

图 5.2.1 PAHFCVD 系统示意图

与其他系统相比，PAHFCVD 系统操作简便，高速的升温及降温过程有利于 GaN 纳米线的生长，缩短了试验周期，等离子体辅助系统加速了辉光区域中粒子的移动，进而加速了纳米线的生长，并且在制备过程中避免了氨气的使用，有效减少了对环境的破坏，因此该系统在工业大规模清洁生产上的应用潜力巨大。

5.2.2 基于 GaN 粉末的场发射纳米线制备

利用 PAHFCVD 系统制备 GaN 纳米线，其生长机制遵循气-液-固 (VLS) 机制。实验中使用 20nm 厚的金膜作为纳米线生长的催化剂，在加热过程中，由于金膜与硅片衬底的热膨胀系数不同，金膜与衬底间产生应力应变，纳米金膜分裂为小块的片状结构，而众所周知，当材料尺寸达到纳米级别后，其活性会大幅度提升，材料熔点就会降低，因此原本金的熔点在 1064 ℃，但是在实验中，900 ℃就可以使得金膜熔化成小的金属液滴。Boris 等[24] 的研究结果表明 GaN 的分解温度在 Ar 与 N_2 的混合气氛中为 970 ℃，而在 H_2 气氛中分解温度为 600 ℃，因此实验中 GaN 靶材在 900 ℃可以分解为 Ga 和 N 两种原子。由于衬底及靶材表面辉光的作用，Ga 和 N 两种原子会转变为 Ga^+ 和 N^+ 两种离子，其反应方程式如下所示：

$$Ga \longrightarrow Ga^+ \tag{5.2.1}$$

$$N \longrightarrow 2N^+ \tag{5.2.2}$$

在偏压电场作用下，Ga^+ 和 N^+ 两种离子会快速向与阴极相连接的衬底移动，然后，GaN 纳米线会遵循 VLS 机制生长。在 Johnson 等[25] 生长 GaN 及 Ga_2O_3 纳米线的文献中，解释利用 VLS 机制生长 GaN 的过程是这样的：Ga 与 N 原子被金的液滴吸附，形成合金液滴，Ga 和 N 的含量达到饱和后开始从金属液滴中析出，析出的位置是金属液滴与硅衬底相接处的界面，因为此处的界面能最低。Ga 和 N 析出后进行了重结晶过程，生长出了 GaN 纳米线，纳米线的直径取决于金膜溶化后液滴的尺寸。

图 5.2.2 是本实验中 GaN 纳米线生长过程的示意图，如图所示，GaN 纳米线的生长可分为以下几个阶段：

(1) 图 5.2.2(a) 和 (b) 中，由于金膜与衬底的热膨胀系数不同，加热过程中产生的应力应变使得金膜分裂，分裂成小块的金膜在 900 ℃熔化为金属液滴。

(2) 图 5.2.2(c) 中，Ga 和 N 的颗粒在外加电场的作用下移动到衬底表面，被金属液滴吸收，形成含有 Ga、N 及 Au 的合金液滴，外加电场的应用加速了这个过程，有利于纳米线的生长。

(3) 图 5.2.2(d) 中，随着 Ga 和 N 的颗粒不断融入，合金液滴中两种颗粒达到饱和，Ga 和 N 的颗粒由液滴与衬底接触的位置析出，生长为一维纳米线结构，气氛中 N 颗粒的含量决定了纳米线的生长速度。

(4) 由于等离子体气氛的作用，反应气氛中可能会含有 NH^+、NH_2^+、NH_3^+ 等粒子[26]，在这些离子的轰击下，纳米线顶端的合金颗粒可能会脱落，由于尖端效应的作用，此时纳米线顶端边缘的电场线密度较大，强度较中心位置更强，所以以纳米线顶端边缘的生长速度更快，如图 5.2.2(e) 所示。

(5) 图 5.2.2(f) 中，由于纳米线顶端合金的脱落，可能形成尖端形貌，这对 GaN 纳米线场发射性能的提高很有帮助[27]。

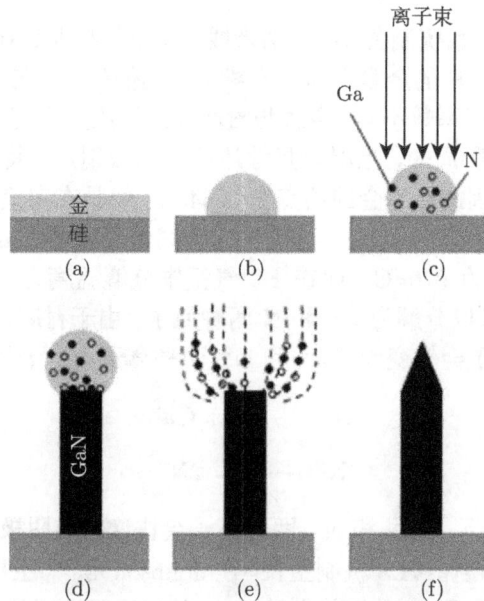

图 5.2.2　GaN 纳米线生长过程示意图

5.2.3 GaN 纳米线制备工艺及表征

在 PAHFCVD 系统制备 GaN 纳米线过程中,我们可以通过改变反应温度、反应时间、反应压强等一系列参数调整纳米线几何尺寸、晶体结构、成分及密度等物理参数,研究各项物理参数对 GaN 纳米线场发射性能的影响,从而获得场发射性能最佳的工艺参数。以调节反应气氛中 N_2 与 H_2 比例为例,在 PAHFCVD 系统保持其他参数不变的前提下,逐渐改变通入的反应气体的 N_2 与 H_2 流速比例,利用 VLS 机制,在沉积有 20 nm 金膜的 Si(100) 衬底上生长 GaN 纳米线。

所选用的工艺参数如表 5.2.1 所示。本实验采用 n 型单晶硅 Si(100) 衬底,实验前在硅片表面沉积一层厚度约为 20 nm 的金膜,反应时衬底表面温度约为 900 ℃,背底真空为 1 Pa,反应压强为 1500 Pa,反应时外加偏压为 680~880 V,偏压电流约为 120 mA,生长时间为 20 min,反应过程中,输入的 N_2 与 H_2 气体总流速控制在 50 sccm,样品的氮气流速分别为 50 sccm,40 sccm,30 sccm,25 sccm,20 sccm,10 sccm 和 0 sccm。

表 5.2.1 不同反应气氛制备 GaN 纳米线的工艺参数

样品编号 (#)	N_2/H_2 流速比例	反应气压 /Pa	生长时间 /min	偏压电流 /mA	偏压电压 /V	金膜厚度 /nm	反应温度 /℃
1	50/0	1500	20	120	680~690	20	870~898
2	40/10	1500	20	120	680~690	20	890~904
3	30/20	1500	20	120	690~700	20	890~909
4	25/25	1500	20	120	680~700	20	887~912
5	20/30	1500	20	120	690~710	20	892~920
6	10/40	1500	20	120	710~740	20	900~926
7	0/50	1500	20	120	760~880	20	890~927

图 5.2.3 为不同反应气氛制备的 GaN 纳米线的 XRD 图谱。对比 PDF#JCPDS 50-0792 卡片可知,图中 32.41°、34.54°、36.83° 和 57.76° 四处的峰位对应的是 GaN 六方纤锌矿结构;对比 PDF#JCPDS 43-1012 及 06-0503 卡片可知,38.57° 和 40.37° 两处峰位对应的是氧化镓 (Ga_2O_3) 成分,所制备的 GaN 纳米线为六方纤锌矿 GaN。从图也可知,所制备的 GaN 纳米线在不同 N_2/H_2 比例下结晶性明显不同。随着 H_2 比例的逐渐上升,样品中 Ga_2O_3 成分逐渐消失,GaN 的结晶性逐渐降低,最终消失,GaN 结晶峰转变为非晶胞。

当反应气体完全为 N_2 时,气氛中 N 原子的数量最大,有利于 N 原子与 Ga 原子的结合,但是此时腔体中的残余 O_2 也容易与 Ga 原子或 GaN 反应,因此 XRD 图谱中出现代表 Ga_2O_3 的结晶峰。随着 N_2 比例的下降,H_2 的逐步引入,H 与 O 反应,此时样品中 Ga_2O_3 的含量大幅下降。但是,随着 H_2 比例的逐渐增加,气氛中 N 原子含量逐渐降低,不利于 GaN 的合成,导致样品的结晶性下降。

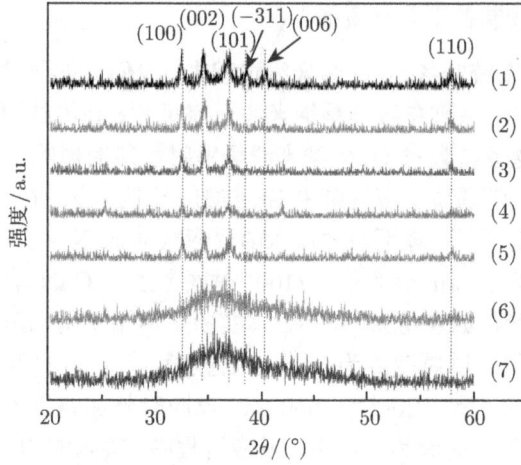

图 5.2.3　不同反应气氛制备的 GaN 纳米线的 XRD 图谱

　　图 5.2.4 是不同反应气氛制备的 GaN 纳米线的场发射扫描电镜 (FESEM) 图。由图 5.2.4 可知，随着 N_2 含量下降，H_2 含量上升，样品中的纳米线密度基本呈逐步下降的趋势，纳米线的长度基本逐渐下降，直径逐渐增加。另外，随着混合气体中 N_2 含量下降，H_2 含量上升，样品形貌由纳米线结构逐渐转变为直径达到微米级的柱状体。

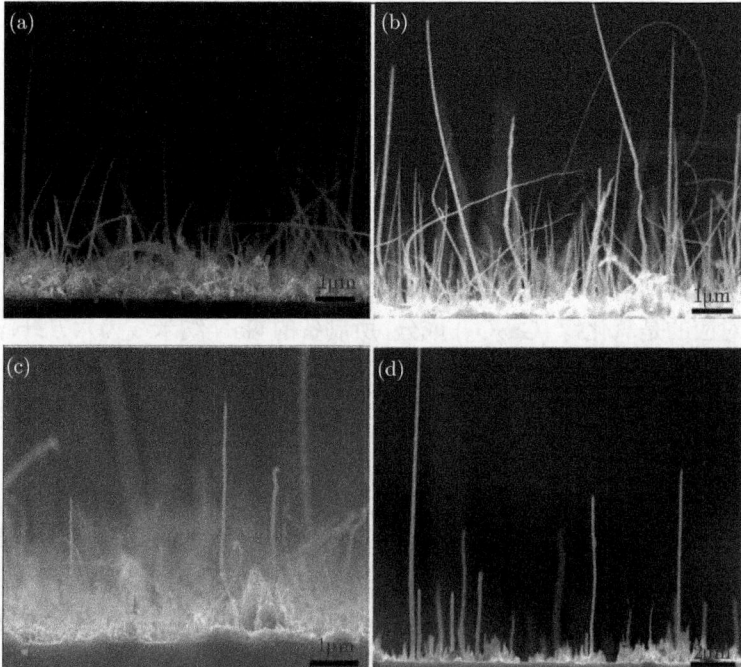

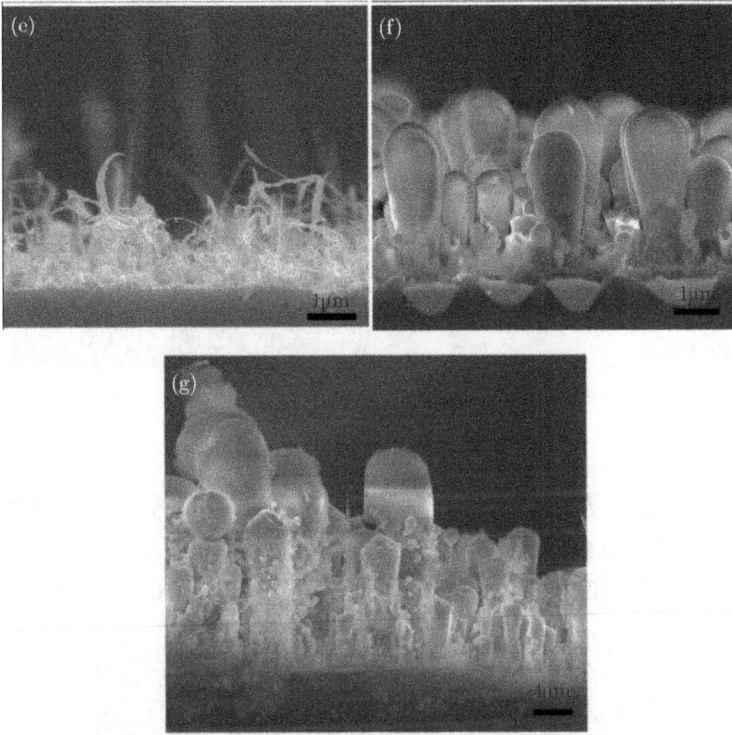

图 5.2.4 不同反应气氛制备的 GaN 纳米线的 FESEM 图

在本节样品制备过程中，N_2 与 H_2 比例逐渐改变，随着 H_2 含量的逐渐增加，等离子体气氛中 N 原子含量逐渐下降，减缓了 GaN 纳米线在衬底表面的生长速度，随着加热过程的开始，作为催化剂的金膜在应力作用下分裂为片状结构，高温下熔化为小的金属液滴，由于 GaN 纳米线生长缓慢，为较小的金属液滴融合为较大的金属液滴提供了充分的时间，因此 GaN 析出生长的液滴尺寸变大，在 VLS 机制作用下，原本的 GaN 纳米线结构逐渐转变为直径达到微米级别的柱状结构。从图 5.2.4(g) 中我们可以很容易地看到柱状体顶端存在的合金液滴，这就验证了之前 VLS 生长机制。

图 5.2.5(a) 和 (b) 分别是 2# 样品的 TEM 电子衍射花样照片及高分辨透射电镜 (HRTEM) 照片，由图 5.2.5(a) 中的电子衍射花样可知，该 GaN 纳米线为单晶的纤锌矿结构。图 5.2.5(b) 是图 5.2.5(a) 中的纳米线的 HRTEM 图，由图 5.2.5(b) 可知，纳米线的晶格间距为 0.276 nm，这属于纤锌矿结构 GaN 的 (100) 晶面，说明该纳米线沿 (100) 晶面生长。

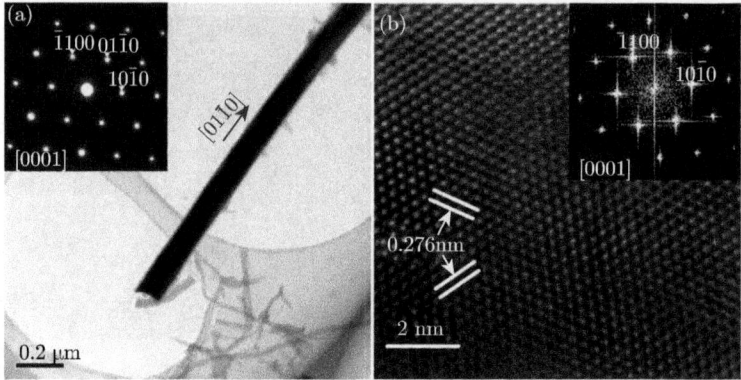

图 5.2.5 2#样品的 TEM 图

(a) 电子衍射花样图；(b) 高分辨电镜图

利用能量色散谱设备对 2#样品中单根纳米线的元素成分进行了更加深入的测试分析，结果如图 5.2.6 所示，单根 GaN 纳米线所包含的元素主要有两种，分别是红色代表的 Ga 元素和绿色代表的 N 元素，证明该 GaN 纳米线的纯度很高。

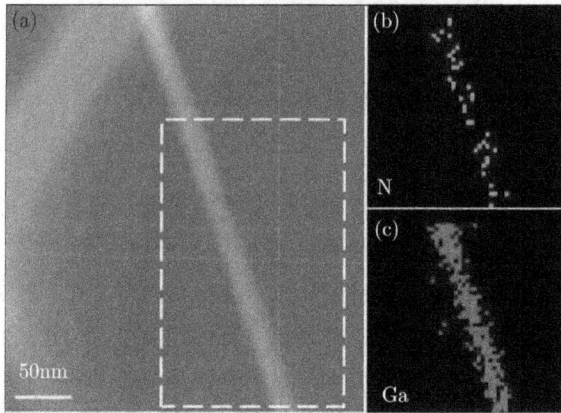

图 5.2.6 2#样品的元素扫描图 (后附彩图)[23]

结合 XRD、TEM 及 X 射线能谱仪 (EDS) 的分析结果，发现 2#样品中的纳米线为高质量的单晶纤锌矿结构的 GaN 纳米线。

5.3 纳米线结构调控对其场发射的影响

GaN 是直接宽带隙 (3.4 eV) 半导体材料，具有熔点高、载流子迁移率高、化学性质稳定等优点，在场发射平板显示器及蓝光发光二极管研究领域有着良好的应用前景。由于 GaN 纳米线具有低的电子亲和势 (2.7~3.3 eV)、高的长径比及大的带隙宽度，是研究场发射及光致发光性能的热门材料。反应气氛可以显著影响纳米线形貌结构，同时由于气氛不同，其纳米线表面成分将会有较大改变，从而影响其表面功函数，导致其场发射性能有较大变化。

5.3.1　GaN 纳米线场发射性能测试

对 5.2.3 节中通过改变反应气氛制备的 GaN 纳米线样品进行了场发射性能测试，研究了 GaN 纳米线形貌、线径及表面成分对其场发射性能的影响。

图 5.3.1 是 5.2.3 节中反应气氛不同制备的 GaN 纳米线的电流密度–电场强度 (J-E) 关系曲线图，由图可知，利用 PAHFCVD 制备 GaN 纳米线过程中 N_2 与 H_2 流速比例的改变对纳米线的场发射性能影响很大。表 5.3.1 中是不同反应气氛制备的 GaN 纳米线的开启电场及最大电流密度列表，由此表可知，当开启电流密度为 1 $\mu A/cm^2$ 时，N_2/H_2 比例为 40/10 时样品的开启电场最低，为 0.86 V/μm。随着 N_2 与 H_2 混合气体中 H_2 比例的不断提高，开启电场强度基本呈逐渐增加的趋势。另外，场发射测试过程得到的样品可以达到的最大电流基本随着 N_2 与 H_2 混合气体中 H_2 比例的上升而不断降低。从 J-E 关系曲线可看出场强达到开启电场前电流密度很小，其后电流密度迅速增加。因为在较低电场下，表面势垒高且宽，电子隧穿表面势垒的几率很小，电子发射主要是通过热电子越过界面势垒进入真空，而常温热发射电子很少。在高电场下，表面能带弯曲较大，导带接近甚至低于费米能级，电子积累增多，且势垒高度降低、宽度变窄，足以让大量的电子隧穿表面势垒，场发射特性更加明显。

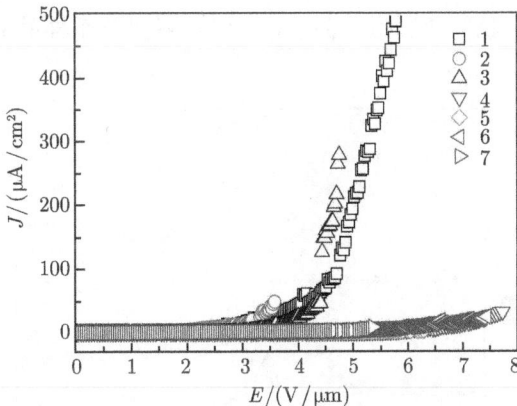

图 5.3.1　反应气氛不同制备的 GaN 纳米线场发射 J-E 关系曲线图

与纳米薄膜相比，一维纳米结构在场发射方面的优势主要在于其大的长径比及尖端形貌[27]。从图 5.2.4 中看到，在反应气体中 N_2 含量较高时 GaN 样品主要为一维纳米线结构，由于其较大的场增强因子，其开启电场较低，相应的纳米线可以达到的最大电流密度也较大；随着 H_2 含量的不断增加，尤其是 N_2/H_2 比例下降到 10/40 以下时，GaN 样品主要由直径达到微米级别的柱状体组成，其长径比很小，尖端效应也并不明显，场增强因子较小，而且非晶结构也影响了场电子的发射，因此其开启电场较大，相应的样品可以发射的最大电流密度也有了明显的下降。

表 5.3.1　反应气氛不同制备的 GaN 纳米线的开启电场和最大电流密度

样品编号 (#)	N_2/H_2 流速比例	开启电流密度/($\mu A/cm^2$)	开启电场/(V/μm)	最大电流密度/($\mu A/cm^2$)
1	50/0	1	0.9	860
2	40/10	1	0.86	124
3	30/20	1	2.8	360
4	25/25	1	5.6	310
5	20/30	1	5	5
6	10/40	1	3.9	32
7	0/50	1	6	8

5.3.2　GaN 纳米线成分、表面功函数及其对场发射性能的影响

5.2.3 节中制备的 GaN 纳米线样品中场发射性能最好的是 1#~3#样品，因此，我们对这三个样品进行了更加深入的分析。众所周知，表面功函数对场发射性能有显著影响，因此首先进行了 GaN 纳米线的表面成分分析并研究了其对表面功函数的影响。

图 5.3.2 是 1#~3#样品的 GaN 纳米线的 XPS 低能截止光谱图谱，负偏压为 5 V。从图 5.3.2 中，我们通过拟合曲线，可以计算出三个样品的功函数 Φ 分别为 3.43 eV、2.89 eV 及 3.40 eV。

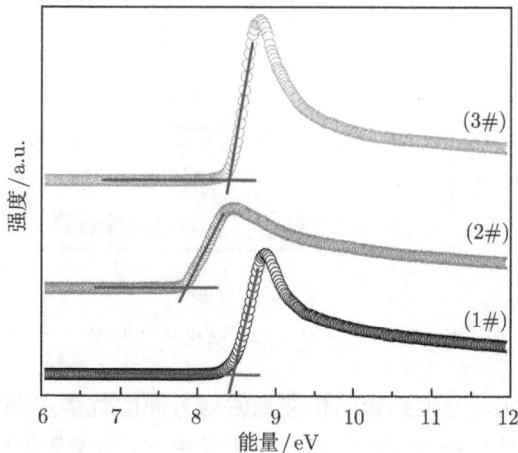

图 5.3.2　1#~3#样品的 GaN 纳米线的 XPS 低能截止光谱

利用 XPS 对三个样品中的 GaN 纳米线进行了表面成分分析测试，并分别计算了样品的表面功函数。图 5.3.3 是三个样品含有的元素的 XPS 宽谱图。结合 XPS 图谱手册[28]，从图 5.3.3 中我们可以了解到，20.1 eV、284.8 eV、397.0 eV、531.4 eV 和 1117.8 eV 峰位分别对应 Ga 3d、C 1s、N 1s、O 1s 及 Ga 2p3/2 元素价态，其中 C 是 XPS 仪器引入作为基准的元素。方框中的峰均属于 N 的俄歇峰，106 eV、160 eV 和 1143 eV 峰位分别属于 Ga 3p、Ga 3s 及 Ga 2p1/2。在 972 eV 位置的峰属于 C 的俄歇峰。

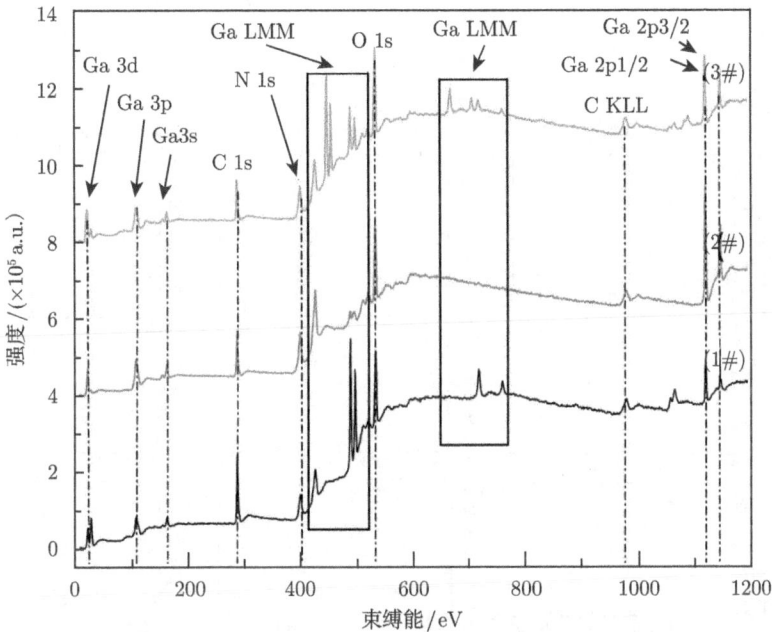

图 5.3.3　1#∼3#样品的 GaN 纳米线的 XPS 宽谱图

为了进一步分析三个样品的成分，对 XPS 结果中 Ga 3d, Ga 2p, N 1s 和 O 1s 的窄谱图进行了详细的分析，如图 5.3.4 所示。从图 5.3.4 中可以看出，这些峰位均出现了宽化且对称性差，可以认为这是多个峰位共同作用的结果，因此依照 Wagner 等[28] 的 XPS 手册，使用 XPS 分峰软件对这些峰进行了分峰拟合。图 5.3.4(a)∼(c) 分别是三个样品的 Ga 3d 图谱，从这三张图中我们可以看到，每个 Ga 3d 图谱都在 19.8 cV 和 20.5 eV 位置有两个峰，这两个位置分别代表了 Ga—N 和 Ga—O(或者 Ga—OH) 两种化学键的存在；而图 5.3.4(b) 和 (c) 中，17.9 eV 位置的峰，代表单质 Ga 的存在，这在图 5.3.4(a) 中是不存在的。图 5.3.4(d)∼(f) 分别是三个样品的 Ga 2p 图谱，从这三张图中可以看到，每个 Ga 2p 图谱都在 1117.8 eV 和 1118.9 eV 位置有两个峰，这两个位置分别代表了 Ga—N 和 Ga—O 两种化学键的存在。

图 5.3.4(g)~(i) 分别是三个样品的 N 1s 图谱，从这三张图中可以看到，三个 N 1s 峰均可被 393.8 eV，396.2 eV 和 397.8 eV 三个峰所拟合，其中 396.2 eV 和 397.8 eV 两个位置的峰分别表示了 Ga—N 和 N—H$_2$ 两种化学键的存在，而 393.8 eV 位置的峰属于 Ga 的俄歇峰。图 5.3.4(j)~(l) 分别是三个样品的 O 1s 图谱，从这三张图中可以看到，三个 O 1s 均可被位置大约在 531.7~532.1 eV 和 530.5~530.9 eV 的两个峰拟合，这两个峰位分别表明了 Ga—O 键和 GaN 纳米线表面吸附了 O$_2$。

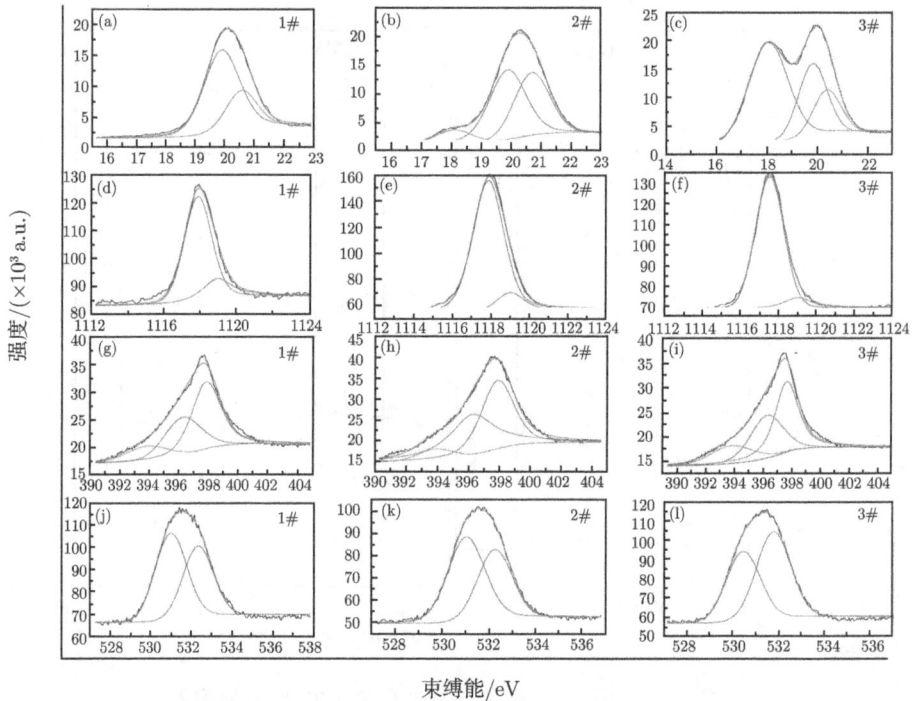

图 5.3.4　1#~3#样品的 GaN 纳米线的 Ga 3d、Ga 2p、N 1s 及 O 1s 窄谱图

纳米材料的尺寸对其表面功函数影响很大，但是由图 5.2.4 可知，三个样品中纳米线的直径均在 100 nm 左右，此时尺寸对纳米线表面功函数的影响可以忽略不计。功函数的定义为一个电子从固体内部移动到表面所需的最少能量，那么根据功函数的定义，当 GaN 纳米线的表面亲和势相近时，其功函数的大小也应该是相近的。然而，图 5.3.4 中 O 元素的存在可以对样品的表面亲和势起到一定的调节作用，样品功函数的不同可能与样品中 O 的吸收有关。从图 5.3.4 中可以看到，三个样品表面中均有 Ga—O(或者 Ga—OH) 键存在，而由于 N—O 键、Ga—O 键和 Ga—OH 键均为极性键，这三类键在 GaN 纳米线表面的存在会产生偶极矩，大量的偶极矩构成偶极层，形成表面的内建电场，若内建电场的方向与外加电场方向相

同则会提高纳米线的场发射性能,若内建电场与外加电场方向相反则会降低纳米线的场发射性能[29]。1986 年,Hardegree 等[29] 总结了偶极层内建电场与半导体表面功函数的关系,得出如下经验方程式:

$$\Delta\Phi = \frac{en\theta\mu^*}{\varepsilon_0\varepsilon_s\left[1 + k\alpha\left(n\theta\right)^{3/2}\right]} \tag{5.3.1}$$

方程 (5.3.1) 中,ε_0 和 ε_s 分别为真空介电常数和纳米线表面介电常数;n 为单位面积原子数,θ 为吸附面积百分比;μ^* 为孤立的表面吸附物产生的偶极矩;另外 α 为偶极子极化率。当偶极子负极背向固体内部时,μ^* 为正,$\Delta\Phi$ 为正值,纳米线表面功函数增加,场发射性能下降;当偶极子负极指向固体内部时,μ^* 为负,$\Delta\Phi$ 为负值,纳米线表面功函数减小,场发射性能提高。由于 O 的电负性要强于 N,因此 GaN 纳米线中吸收 O 形成的偶极子负极背向固体内部,会降低纳米线的场发射性能。根据图 5.3.4(j)~(l),分别计算了三个样品中吸附 O 和结合 O 的相对面积及吸附氧所占百分比,结果如表 5.3.2 所示。

表 5.3.2　图 5.3.4 中 (j)~(l) 中吸附氧与结合氧相对面积及吸附氧所占百分比

样品编号 (#)	吸附氧相对面积	结合氧相对面积	吸附氧百分比/%
1	74459	61201	54.9
2	70116	56448	55.4
3	63366	83326	43.2

从表 5.3.2 中我们可以看到,1#样品中吸附氧的百分比与 2#样品十分接近,根据前面的分析可以推理,两个样品的功函数应该是接近的,事实上 2#样品的功函数远小于 1#样品的功函数,这个结果可能是由其他原因引起的。与 1#样品的制备过程不同,2#样品生长过程中引入了 H₂,使得纳米线表面可能存在 O—H 键,这一猜想已经被图 5.3.4(k) 的结果证实。由于 O 的电负性要高于 H,因此 O—H 键形成的偶极子的负端指向固体内部,根据方程 (5.3.1),GaN 纳米线的表面功函数下降,场发射性能提高。因此,总体上 2#样品由于吸附氧而增加的表面功函数较小。1#样品中吸附氧的百分比要远大于 3#样品,而且 3#样品制备过程中也使用了 H₂,因此 3# 样品的表面功函数应该远小于 1#样品。但是图 5.3.2 表明 1#、3#两个样品的功函数十分接近,这可能是由金属 Ga 的析出引起的。比较图 5.3.4(a) 和 (c),3#样品在生长过程中发生了金属 Ga 的析出,这一现象在 Li 等[30] 的研究中也有报道,它的成因还不太清楚。由于样品制备完成后是在大气中保存,金属 Ga 可能与空气中的 O₂ 反应生成 Ga₂O₃,这在图 5.2.3 中的 XRD 图谱中有相应反应,

这就导致 3#样品的功函数增大, 开启电场增大, 场发射性能降低。由图 5.3.4(b) 和 (c) 可以明显地看出, 3#样品中金属 Ga 的析出量明显更多, 因此与 2#样品相比, 3#样品的表面功函数更大。

5.3.3　热效应对 GaN 纳米线场发射的影响

GaN 纳米线的场发射性能不仅与其表面功函数有关, 也与纳米线的几何场增强因子及温度等因素相关。以下我们可以进一步分析影响 GaN 纳米线场发射的其他因素。

图 5.3.5(a) 是 1#~3#样品的场发射 J-E 关系曲线图, 图 5.3.5(b) 是 F-N 曲线图。由图 5.3.5(b) 三个样品的 F-N 曲线可以拟合为多段斜率不同的直线, 但只有第一段高场下的直线完全符合 F-N 曲线, 此时电子发射是通过隧穿表面势垒完成的。理论上, 场发射电流与电压遵循 F-N 方程[31]

$$\ln(I/V^2) = -B\Phi^{3/2}d/\beta V + \ln(\alpha A\beta^2/\Phi d^2) \tag{5.3.2}$$

其中 A 和 B 为常数; I 为发射电流; Φ 为功函数; V 为阴阳极间电压; β 为场增强因子; d 为阴极和阳极之间的距离; α 为有效发射面积。F-N 曲线对应的斜率表示为

$$k = \frac{\mathrm{d}\left[\ln\left(J/E^2\right)\right]}{\mathrm{d}\left(1/E\right)} = -\frac{6.44 \times 10^3 \Phi^{3/2}}{\beta} \tag{5.3.3}$$

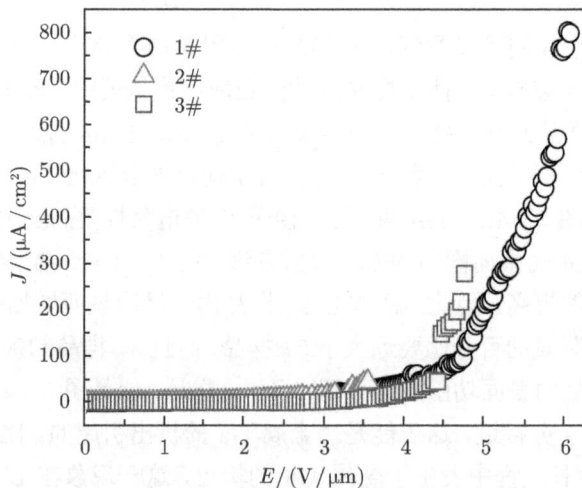

(a)

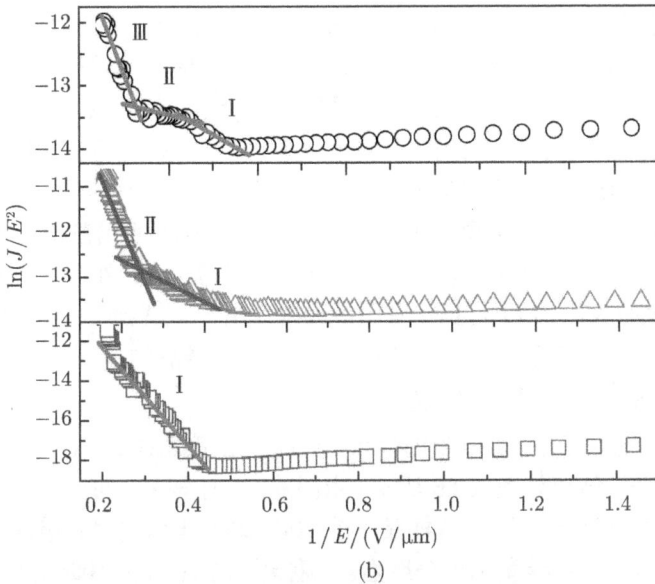

图 5.3.5 1#~3#样品的 GaN 纳米线样品场发射曲线图

(a) $J\text{-}E$ 关系曲线图;(b) F-N 关系曲线图

由此方程可知方程斜率的大小由几何场增强因子 β 和功函数 $\varPhi$ 共同决定。前文中,我们已经计算出三个样品表面功函数的准确值,分别为 3.43 eV,2.89 eV 和 3.40 eV,将 $\varPhi$ 值代入方程 (5.3.3),可以计算出三个样品的场增强因子分别为 9000、8237 和 1615。从计算结果中我们可以看出,1#、2#样品的场增强因子比较接近,大概是 3#样品场增强因子的五倍以上,这个结果主要是由 GaN 纳米线的形貌的不同造成的。图 5.2.3(1)~(3) 表明,1#、2#号样品中大量 GaN 纳米线存在尖端形貌,3#样品中纳米线顶端多为一个平面。当纳米线的顶端为一平面时,其场增强因子 β 正比于纳米线长度与半径之比,而在 Seelaboyina 等[32] 的研究结果中,对于有尖端形貌的纳米线,其场增强因子 β 的计算公式为

$$\beta = \beta_{NW} \cdot \beta_{tip} \tag{5.3.4}$$

方程 (5.3.4) 中 β_{tip} 是纳米线尖端场增强因子;β_{NW} 为纳米线尖端以下场增强因子。由于尖端形貌的存在,1#、2#样品的场增强因子得到了极大的提高,远大于 3#样品的场增强因子。

影响 GaN 纳米线场发射性能的两个重要因素——表面功函数与场增强因子已被详细讨论,综上所述,2#样品有最小的表面功函数及较大的场增强因子,那么根据 F-N 方程[31],其场发射性能应该最好。从图 5.2.4 中可以看出,相比于 1#、3#样品,2#样品的纳米线平均长度更大,这些尖端形貌的长直纳米线在外加电场作用

下更容易发射出电子。但是，由于电子发射过程中会伴随着焦耳热产生[33]，GaN纳米线也可能因此发生损坏，导致场增强因子减小，最终场发射性能被降低，因此2#样品在高场下的场发射性能很差。如图 5.2.4 所示，与样品 3#相比，1#样品中纳米线的密度更大，长直纳米线数量更多，因此 1#样品的场发射性能更强。由于3#样品的表面功函数大，场增强因子小，其场发射性能较差，但是同样焦耳热对其影响较小，纳米线不容易出现大量的损毁，所以其 F-N 曲线在高场下可以拟合为一条，且是唯一的一条直线，也说明其场发射性能稳定。另外，焦耳热效应可以对GaN 纳米线表面吸附的 O 起到一定的解吸附作用[34]，这会使 GaN 纳米线的表面功函数降低，场发射性能提高，这可能也是 1#、2#样品的 F-N 曲线在高场下可以拟合为多条斜率不同的直线的原因。

　　为了对以上推论进行进一步的确认，在场发射测试前后，对 2#样品进行了两次 FESEM 测试，结果如图 5.3.6 所示。由图 5.3.6(a) 和 (b) 可知，场发射测试过程中，由于焦耳热效应的作用，2#样品中的 GaN 纳米线顶端遭到破坏，纳米线的长度变短，密度变小，形貌变化十分明显。这种现象在 Wang 等研究 CNT 场发射性能的过程中曾被观察到[33]。

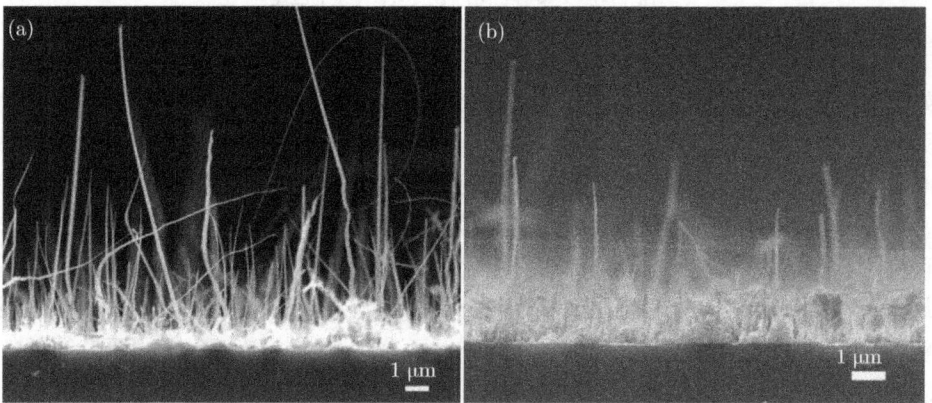

图 5.3.6　场发射测试前后 2#样品的 FESEM 图

(a) 测试前；(b) 测试后

　　本节对利用 PECVD 系统制备的部分样品进行了场发射性能测试。场发射测试结果表明：随着反应气氛中 N₂ 比例的下降，H₂ 比例的上升，样品的场发射性能基本呈现逐渐下降的趋势，其中 N₂ 与 H₂ 气体的流速分别为 40 sccm 和 10 sccm时，开启电场最低，为 0.86 V/μm。通过对场发射性能较好的 1#~3#样品进行进一步测试分析，发现其场发射性能的变化与三个方面有关：其一是纳米线的表面成分不同，导致其表面功函数发生变化，这个结果已经通过对样品进行 XPS 系统测试证明；其二是三个样品中的 GaN 几何形貌不同，导致其场发射几何场增强因子有明显区别。而 GaN 纳米线样品的场发射性能主要由这两方面决定。其三是由于2#样品在场发射测试初始阶段纳米线长度较大，场增强因子较大，表面功函数较低，所以样品的开启电场较低，也就是说，在较低的电场下的发射电流强度很大，但是由于焦耳热效应的作用，纳米线在发射电子的过程中会产生大量热，最终导致纳米线折断损坏，所以 2#样品虽然开启电场最低，但其在高场下的电流密度却较小。

5.4 Ga₂O₃ 还原法制备 GaN 纳米线及其场发射特性

5.2 节介绍的无氨法制备 GaN 纳米线的方法虽然避免了氨气的引入，但是由于镓源是由氮化镓提供的，不可避免地提高了对系统真空度的要求，为了进一步简化工艺，降低未来工业大规模生产的成本，2014 年我们[13] 发展出了成本更低，环境更友好的制备 GaN 纳米线的新方法。他们同样没有使用腐蚀性的 NH₃ 为原料，而是以 Ga₂O₃ 和离子态的 N 为前驱体，在 PECVD 系统中成功制备出了 GaN 纳米线，对制备出的 GaN 纳米线进行相应的场发射性能测试，发现其具有开启电场较低、电流密度大等特点，同时在对其生长机制进行分析的过程中发现等离子体的润湿效应有利于纳米线的快速生长，然而制备过程中也会不可避免地出现缺陷，对缺陷种类及其对场发射性能的影响也进行了相关研究。但无论如何，为在低真空度条件下，采用价格低廉的原料制备性价比较高的 GaN 纳米线发展了新思路。同时也为可应用于纳米光电器件的低成本大规模 GaN 纳米线的制备提供了可行技术方案，为工业生产指出了一个新的研究方向。

5.4.1 Ga₂O₃ 还原制备 GaN 纳米线 PECVD 系统

为获得理想的实验条件，此纳米线制备采用自己搭建的 PECVD 系统，图 5.4.1 为 PECVD 系统的示意图及实物图。从图中可以看出，系统以一根石英玻璃管为反应腔体，在抽至预设真空条件和达到实验设定温度后通入实验所需气体，在射频 (RF) 电源作用下将气体分子电离，使其在局部形成化学活性很强的等离子体。在等离子体及高温的作用下，各反应前驱体在预沉积金属催化剂的基片上生长出所期望的纳米线。该系统的操作通过集成化处理，实验过程中所有的开关操作及参数设定过程皆可在图 5.4.1 所示的触控面板上完成。

与其他系统相比，PECVD 系统具有操作简便，升温降温速度快，实验过程允许采用惰性的 N₂ 等为反应物，等离子体辅助可加速纳米线生长，降低基底温度等优点，为可应用于纳米光电器件的低成本大规模纳米材料的制备提供了可行性技术方案。

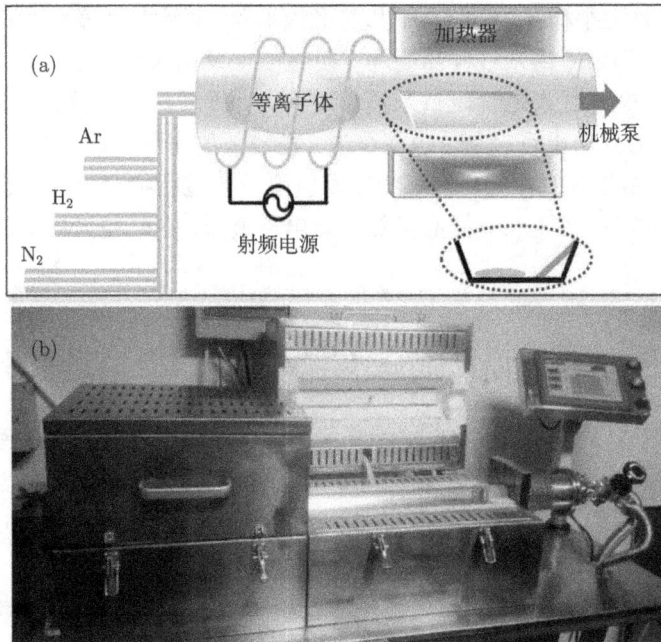

图 5.4.1   (a) PECVD 系统示意图；(b) 实物图

5.4.2 基于 Ga₂O₃ 粉末的场发射纳米线制备

纳米线的生长遵循 VLS 的生长机制，制备中以 Au 为催化剂，由于预先所镀 Au 膜与衬底之间的热膨胀系数存在差异，在加热的过程中 Au 膜碎裂后熔化成为小液滴。Au 液滴吸收 Ga、N 前驱体，过饱和后析出 GaN 晶籽，在表面动力学的驱使下按照一定方向生长出具有一定取向的纳米线。

从图 5.4.2(a) 可以看出纳米线顶端存在一个催化剂小液滴，这说明纳米线的生长机制为 VLS 机制[35,36]。图 5.4.2(b) 为在使用经 HF 腐蚀的 Si 片 (内插图) 时制备的纳米线的 SEM 图，从图中可以看出所制备纳米线截面为三角形，纳米线为具有尖端的三角锥形。两种截然不同形貌纳米线的形成过程大致为：经过 HF 长时间浸泡的 Si 片，由于 Si 表面的各向异性腐蚀出具有如图 5.4.2(b) 内插图所示的倒金字形的缺陷，Au 在加热熔化的过程中汇聚在此缺陷之中使得催化剂小液滴具有固定的形状，由研究可知催化剂小液滴的形态将直接决定所生成纳米线的形貌，同理，在未经处理的 Si 片上 Au 膜碎裂熔化，自然凝聚为圆形小液滴，生成圆锥状纳米线 (图 5.4.2(c))。从图中还可看出，纳米线皆具有尖端形貌，这是由于在高温和高能量等离子体的轰击下，纳米线顶端相对较活跃的原子被蒸发，从而呈现出尖端形貌。

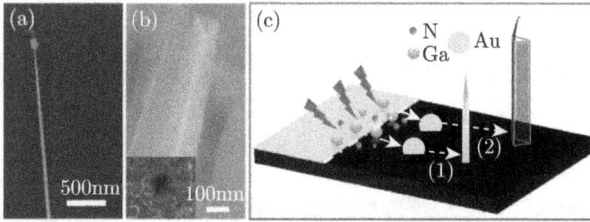

图 5.4.2   (a)、(b) 纳米线 SEM 图；(c) 纳米线生长示意图

图 5.4.3(a) 显示，与大多数 VLS 机制相关报道不同的是催化剂的小液滴并不是在纳米线的顶端而是在其侧面。根据 Dubrovskii[37] 等建起的模型，在纳米线生长的过程中在催化剂小液滴与纳米线接触处存在一个 VLS 的三相线 (Triple Phase Line-TPL)，在纳米线生长的过程中存在以下四个力的相互作用，分别为：纳米线表面和气相间的 γ_{wv}，垂直方向的固态和液态间的 γ_{SL}^{l}，固态和液态间水平方向作用力 γ_{SL}，纳米线顶端和气相间的作用力 γ_{sv}。

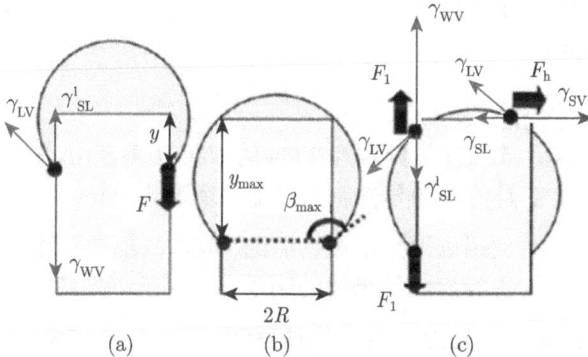

图 5.4.3   纳米线生长力学示意图

实验中高能等离子体的轰击使得纳米线表面活跃，γ_{wv} 增大，在此力的作用下催化剂小液滴随之下移，催化剂小液滴的移动生长过程中存在润湿效应，加快了纳米线的生长速度，因此实验中所制得的纳米线较长。实验中随着三相线向催化剂液滴中心/向下移动，β_0 也会随之变化，使三相线始终处于动态平衡之中。

5.4.3   GaN 纳米线制备工艺及表征

1. 基底处理

实验中考虑到未来 GaN 纳米线的应用，GaN 和基底的晶格匹配度及成本问题，采用工艺较为成熟的 Si 为基底进行纳米线的制备。基底不仅会影响纳米线的取向和质量，还会对后期的应用等产生影响[38-40]。本小节以 Si 为基底先后通过预镀膜和湿法刻蚀的方法对基底进行相应的处理，以研究不同的处理方式对制备纳米线的影响。

本小节中纳米线的制备参数与 5.4.1 节中 1#样品相同。湿法刻蚀的具体步骤和参数如下:

纳米柱状　(图 5.4.4(b))

将清洗干净的 Si 片放入质量分数为 ~3% 的 HF 中浸泡 5~10 min,去除表面氧化层,使表面疏水;

将清洗好的 Si 片放入 HF 和 $AgNO_3$ 的水溶液中,浸泡 10~60 s,然后迅速取出,在 Si 表面沉积一层 Ag 纳米颗粒;

将沉积有 Ag 纳米颗粒的 Si 片在去离子水中浸洗后放入 MACE 刻蚀溶液 (HF-H_2O_2-H_2O 体系) 中,其中 HF 浓度 3.6 mol/L,H_2O_2 浓度 0.2 mol/L,在恒温条件下反应 6 min;

取出 Si 片放入 HNO_3 中浸泡一定时间去除表面 Ag 颗粒,去离子水清洗 15 遍以上,放入 60 ℃烘箱中烘干;

放入酒精中保存。

金字塔状　(图 5.4.4(d))

将清洗好的 Si 片放入质量分数为 2.5% 的 NaOH 溶液中,在 80 ℃水浴条件下反应 40 min,利用 Si 片的各向异性腐蚀出金字塔形状;

将处理好的 Si 片使用去离子水进行清洗,放入酒精中保存。对进行相关处理的 Si 片,各镀金 10 s 进行后续纳米线的制备。

图 5.4.4 为衬底经不同处理方式处理后制备的 GaN 纳米线 FESEM 图。图 5.4.4(a) 为经预镀膜处理,图 5.4.4(b) 和 (c) 分别为湿法刻蚀的纳米柱结构和所制备的纳米线,图 5.4.4(d) 和 (e) 分别为刻蚀的金字塔形状及所制备的纳米线。从图中可以看出在镀过一层 GaN 膜的衬底上制备的纳米线直径要明显大于其他方式生长的纳米线,且从其内插图中可以看出使用此衬底制备的纳米线呈具有尖端结构的剑形,其形成机制还有待进一步讨论。Si 基底经湿法刻蚀后所制备的纳米线大多近乎垂直于基底生长,平均长度在 15 μm 左右。

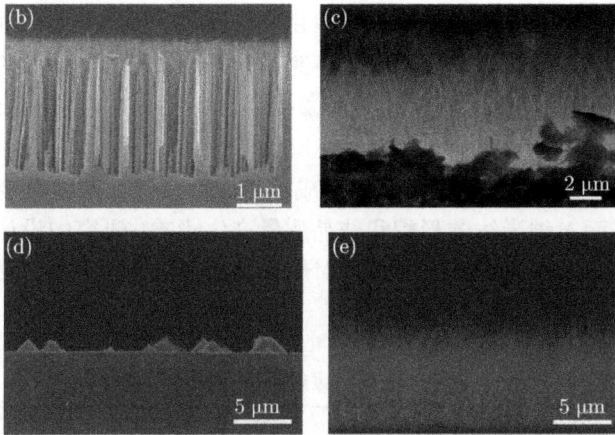

图 5.4.4   不同基底处理方式制备 GaN 纳米线 FESEM 图

图 5.4.5 为 GaN 纳米线 XRD 图谱。从图中可以看出在 32.4°、34.6°、36.9° 处存在三个明显的 XRD 峰，对应六方纤锌矿结构 GaN。在三种条件下制备的 GaN 均具有较好的结晶性。

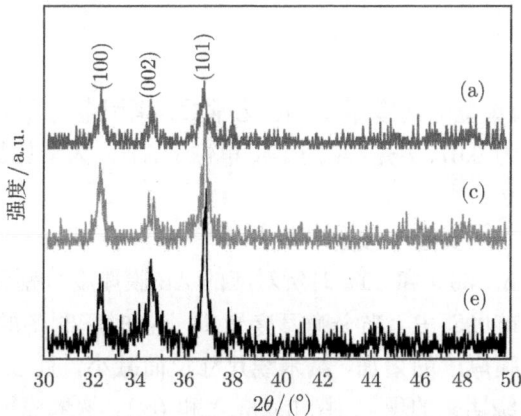

图 5.4.5   不同基底处理方式制备 GaN 纳米线 XRD 图

(a) 预镀膜处理；(c) 湿法刻蚀纳米柱结构；(e) 刻蚀金字塔形状

由以上分析可以得出如下结论：使用合适 Si 基底可以很好地实现纳米线的生长，同时通过对基底进行简单的处理即可实现对 GaN 纳米线形貌和质量的显著调控，方法简单，效果明显。

2. 催化剂调控

实验中作为纳米线生长的 VLS 机制，对催化剂的选择有以下几点要求，首先是熔点，要求易于熔化；其次为热膨胀系数 (α)，催化剂与衬底的 α 应存在一定的差值，便于加热时催化剂膜的碎裂进而熔化为小液滴；催化剂还需具有较强的溶解反应物能力，以便吸收反应前驱体物。本实验中采用Au为催化剂，熔点为1064 ℃，相较于其他金属较低，热膨胀系数为 14.2，Si 为 2.5，两者之间存在较大差值；同时 Au 对 Ga 也具有较好的吸收能力。

催化剂厚度直接决定金膜碎裂后形成小液滴的尺寸，这将直接影响其吸收反应物的能力，进而对纳米线的形貌和结晶质量产生影响。研究中设计催化剂厚度的系列实验，以研究不同催化剂液滴尺寸对纳米线质量的影响规律。具体实验参数如表 5.4.1 所示：

表 5.4.1　催化剂厚度系列实验工艺参数

样品编号 (#)	RF 功率/W	镀 Au 时间/s	t/min	T/℃	N_2 流速/sccm	H_2 流速/sccm	Ga_2O_3:C
1	80	10	60	900	20	10	1:6
2	80	30	60	900	20	10	1:6
3	80	50	60	900	20	10	1:6

图 5.4.6 为催化剂厚度系列样品的 FESEM 图。图 5.4.6(a)、(b)、(c) 分别表示采用 SCB-12 小型离子溅射仪蒸镀 10 s、30 s 和 50 s 催化剂 Au 所制备纳米线的 SEM 图。根据公式

$$d = K \cdot I \cdot V \cdot T \tag{5.4.1}$$

其中，d 表示以 Å 为单位的镀膜厚度；K 为常数，采用金靶和空气，靶与溅射样品间距 5 cm 时 K 值为 0.07；I 是等离子流，单位 mA；V 为所施加电压，单位 kV；T 表示溅射时间，单位 s。

根据公式 (5.4.1)，实验中镀金参数为 $I = 10$ mA，$V = 22$ kV，10 s 时所镀金膜的厚度约为 15 nm，30 s 和 50 s 时所对应的 Au 膜厚度分别为 45 nm 和 75 nm。

从图 5.4.6(a) 可以看出，当金膜厚度为 15 nm 时所制备的纳米线直径和长度较为均一，随着金膜厚度的增加，纳米线尺寸反而减小，且 Si 片表面逐渐出现大量晶须和纳米线缠绕团聚的现象 (图 5.4.6(b) 和 (c))。纳米线尺寸并没有随着金膜厚度的增加而增加，反而出现了减小的现象，原因可能为 Au 太厚导致在纳米线生长的过程中金膜还未完全熔化形成独立的小液滴，在反应的过程中还伴随着小液滴的形成，这就导致晶须的出现及团聚现象的发生。

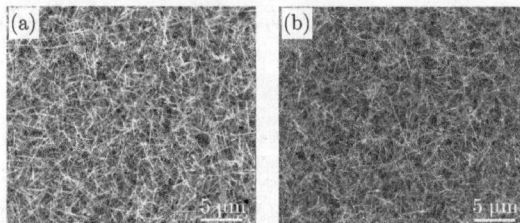

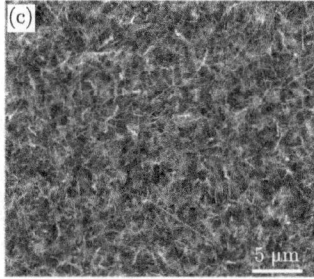

图 5.4.6   催化剂厚度系列样品 FESEM 图

镀 Au 时间分别为：(a) 10 s；(b) 30 s；(c) 50 s

图 5.4.7 为催化剂厚度系列实验 XRD 图谱。从图中可以看出所制备纳米线 XRD 符合 JCPDS 50-0792 卡片信息，证明所获得的为六方纤锌矿结构 GaN，且随着镀金时间的延长，在 38° 附近逐渐出现衍射峰，此处峰位对应 Au。结果分析显示，在其他反应条件相同的情况下，金膜的厚度改变对纳米线的结晶性并没有显著的影响。

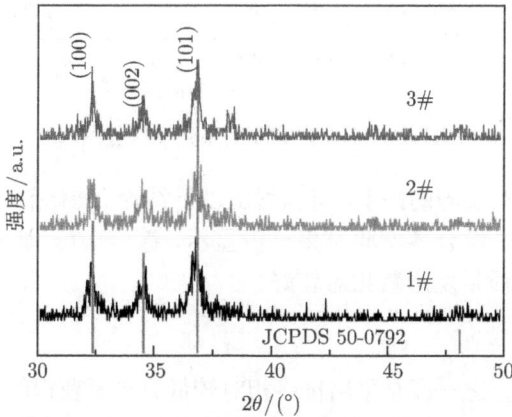

图 5.4.7   催化剂厚度系列样品 XRD 图谱

六方纤锌矿结构 GaN 属于 C$_{6v}^4$(P63mc) 空间群，原子全部占据 C$_{3v}$ 位。据群论理论，在波矢 $K \approx 0$ 处，晶格振动的对称性分类为：A$_1$(z)+2B$_1$+E$_1$(x, y)+2E$_2$，其中 x，y，z 分别代表声子极化方向。由于光子纵向振动受宏观电场的影响，A$_1$，E$_1$ 两个光学声子振动模将会分裂成纵向光学声子 (LO) 和横向光学声子 (TO)[41]。因此，本书进一步通过拉曼光谱分析来研究所制备样品的结构特征。

图 5.4.8 为样品拉曼光谱图，图中 510~530 cm^{-1} 处的打断为 Si 的拉曼散射模[42,43]。图中 568 cm^{-1} 和 727 cm^{-1} 的两个峰值分别对应 GaN 的 E$_2$(高) 和

$A_1(LO)$ 特征峰。此外，在 254 cm^{-1} 和 422 cm^{-1} 处还存在两个明显的拉曼峰，根据 T.Livneh[44] 等的研究成果，其原因可能为有限尺寸效应和高的表面无序度，在六方纤锌矿结构的 GaN 单晶体中还存在声学声子的谐振过程，在拉曼光谱中表现为在 301 cm^{-1} 处出现明显的峰位[45]，仅在镀金时间为 10 s 时出现此峰，也说明此条件下制备的 GaN 具有相对较好的结晶性。同时，由图 5.4.6 可以看出随着 Au 膜厚度的增加，所制得纳米线中 GaN 晶须逐渐增多，这势必会增大纳米线表面的无序度，最终导致拉曼峰的宽化趋势逐渐明显。

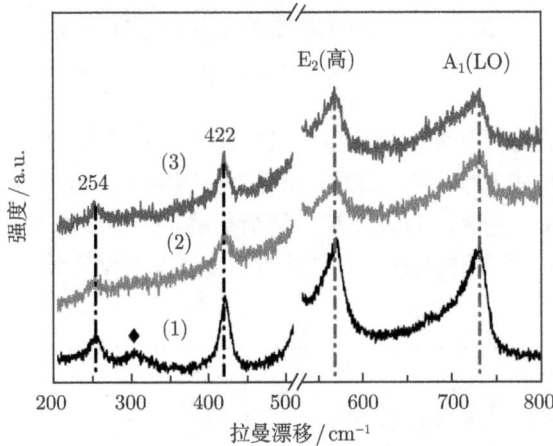

图 5.4.8　催化剂厚度系列样拉曼图谱

通过催化剂系列实验的探索，可以得出以下结论：催化剂对纳米线的形貌及表面会产生较大影响。综合各实验结果分析显示，镀金 10 s 即 Au 膜厚度为 15 nm 时所制备纳米线的质量及形貌相对较好。

3. 掺碳除氧方法

本实验的创新点之一即是采用价格相对较低且更易获得的 Ga_2O_3 粉末为 GaN 纳米线制备的 Ga 源。考虑到实验中氧元素的引入可能会带来的影响，我们采用掺入碳粉的方法以消除此影响。根据已有的实验结果分析[46,47]，在实验过程中主要发生的反应可能为

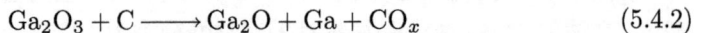

$$Ga_2O_3 + C \longrightarrow Ga_2O + Ga + CO_x \tag{5.4.2}$$

$$Ga_2O + Ga + C + H^+ + N^+ \longrightarrow GaN + H_2O + CO_x \tag{5.4.3}$$

因实验中有等离子体存在，离子种类和成分比较复杂，反应式是根据已有研究成果的经验公式。

从上述反应式中可以看出，碳的掺入量对 GaN 纳米线纯度可能起着决定性的影响，本研究中设计此系列实验以研究碳的掺入量对 GaN 纳米线质量的具体影响，

掺入量按摩尔比进行称量混合。具体实验工艺参数见表 5.4.2。

表 5.4.2　掺碳比例系列实验工艺参数

样品编号 (#)	RF 功率/W	镀 Au 时间/s	t/min	T/℃	N$_2$ 流速/sccm	H$_2$ 流速/sccm	Ga$_2$O$_3$:C
1	80	30	60	900	20	10	1:1
2	80	30	60	900	20	10	1:3
3	80	30	60	900	20	10	1:6

图 5.4.9 为掺碳比例系列实验 FESEM 图。如图 5.4.9(a) 所示，当 Ga$_2$O$_3$:C 摩尔比为 1:1 时，制得的纳米线多以晶须状存在，总体而言 GaN 纳米线长度和直径都较小，随着碳掺入量的增加，纳米线整体的直径逐渐变大。图 5.4.10 为 GaN 纳米线 XRD 图谱。从图中可以看出所有的 XRD 图在 38° 处都存在一个峰位，对应催化剂 Au 的 XRD 峰 (JCPDS 04-0784)。除此之外，在 32.4°，34.6°，36.9° 和 48.2° 处还存在四个明显的 XRD 峰，分别对应 GaN 的六方纤锌矿结构 (JCPSD 50-0792) 的 (100)，(002)，(101) 和 (102) 晶面。XRD 图谱显示，所制备的 GaN 样品纯净，并没有发现 Ga$_2$O$_3$ 相的存在，结果说明碳的掺入很好地解决了使用原料中氧化的问题，在解决氧元素存在的基础上并未引入其他杂相。从 XRD 图谱中可以看出，掺碳比为 1:6 时所得纳米线的结晶性要明显优于其他参数下所制备的 GaN 纳米线。

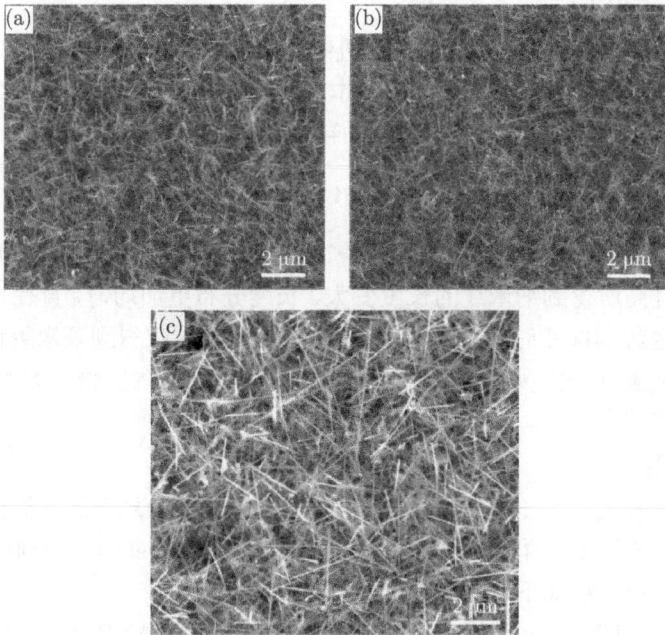

图 5.4.9　掺碳比例系列样品 FESEM 图

(a) 1:1；(b) 1:3；(c) 1:6

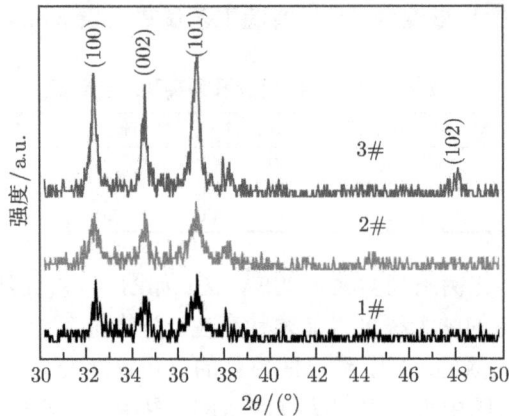

图 5.4.10　掺碳比例系列样品 XRD 图

从以上实验数据的分析可以得出以下结论：在氧化物中掺入碳不仅可以很好地解决原料中氧化问题，同时在此过程中亦不会引入其他杂相。此外，通过简单地改变碳的掺入量就可以对 GaN 纳米线的形貌和质量进行调控。此方法为在低真空度条件下，采用价格低廉的原料制备高质量 GaN 纳米线提供了新思路。

5.4.4　GaN 纳米线工艺参数调控

在通过前期实验确定出使用 VLS 机制制备 GaN 纳米线的基底和催化剂以及弄清去除原料中氧元素方法的基础上，本节将对诸如基底温度、RF 功率、反应时间等工艺参数对纳米线质量的影响进行详细分析。

1. 基底温度对 GaN 纳米线生长的影响

基底温度对 GaN 纳米线的质量有着重要的影响，Li[38]等研究发现随着实验中基底温度的升高所得到纳米线的长度变大，长度分布更加均匀，直径也更大，然而当基底温度达到 1100℃时纳米线的各向异性生长消失，仅得到毫米级别的微粒。为探究不同反应条件下温度对实验结果的具体影响，此系列实验分为不掺碳的探索和掺碳的调控两个部分。具体实验方案如下：

1) 不掺碳

使用传统管式炉在 Ga_2O_3 不加碳粉的情况下，通过调压器、适配器及铜线圈电离 N_2、H_2 混合气体的方式进行实验，温度设置分别为 900℃、1000℃和 1050℃。具体的实验结果分析如下：

图 5.4.11 及图 5.4.12 为在 900℃（图 5.4.11(a)）、1000℃（图 5.4.11(b)）和 1050℃（图 5.4.11(c)）条件下制备的 GaN 纳米线的 FESEM 图及 XRD 图谱。从图中可以看出 900℃条件下基底上仅出现相互分散且粒径相对均一的颗粒状物质并无纳米

线生成，由图 5.4.12 XRD 图谱分析可知颗粒为催化剂 Au。随着实验温度的升高产物逐渐由纳米带转变为纳米线，产生此现象的原因还有待进一步分析，同时，随着温度的升高 XRD 图谱中除 Au 的峰外 GaN 特征峰也逐渐增强。实验中考虑到石英玻璃管所能承受的温度，最高温度设置为 1050 ℃。然而从结果分析中可以看出，在此条件下，要制备出质量较好的 GaN 纳米结构所需的基底温度将会提高。

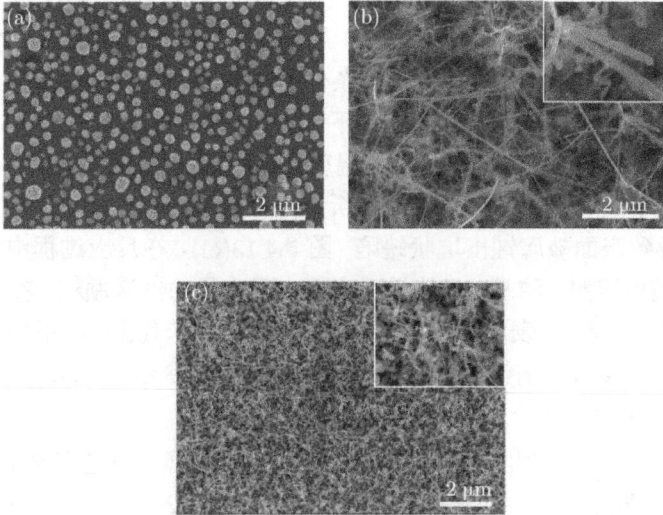

图 5.4.11　GaN 纳米线 FESEM 图

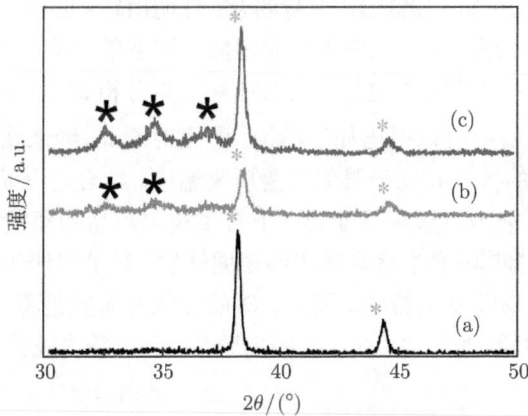

图 5.4.12　GaN 纳米线 XRD 图谱

2) Ga₂O₃ 与碳混合

因直接使用 Ga_2O_3 制备 GaN 纳米线所需温度条件极高，接下来通过碳粉掺入 Ga_2O_3 粉末中的方法以降低反应所需温度。具体反应条件如表 5.4.3 所示。

表 5.4.3　不同温度制备 GaN 纳米线工艺参数

样品编号 (#)	RF 功率/W	镀 Au 时间/s	t/min	T/℃	N_2 流速/sccm	H_2 流速/sccm	Ga_2O_3:C
1	80	10	60	800	20	10	1:6
2	80	10	60	900	20	10	1:6
3	80	10	60	1000	20	10	1:6

　　实验中设置基底温度为 800 ℃、900 ℃、1000 ℃。所用 Si 衬底在实验前经 HF 浸泡 120 min。图 5.4.13 为在不同温度条件下制备 GaN 纳米线的 FESEM 图。图 (a)、(b) 分别为在 800 ℃和 900 ℃条件下制备的 GaN 纳米线形貌图，在 800 ℃时 得到的大多为杂乱无章的纳米晶须，当温度升高到 900 ℃时可以看出，除纳米线外 在衬底表面还存在大量的纳米颗粒，分析原因可能为在实验前 Si 衬底经 HF 浸泡 时间过长，导致表面被腐蚀出坑状缺陷 (图 5.4.13(c))，在反应过程中 GaN 气相前 驱体大量在其中聚集、结晶，最终导致表面出现大量的纳米颗粒。在 1000 ℃时混 合药品全部蒸发，在 Si 表面无任何物质生成，在此并未列出。结果表明，碳粉的掺 入可以显著降低实验所需温度，原因可能为掺入碳可将 Ga_2O_3 转化为熔点更低的 Ga 或 Ga_2O，从而有利于反应的进行。

　　图 5.4.14 为温度系列实验的 XRD 图谱，33° 处的峰对应基底 Si 的 XRD 峰位，如图 5.4.14 内插图所示。如图所示，XRD 图谱中在 32.4°、34.6°、36.8°、48.1° 和 57.8°处存在五个明显的峰位分别对应 GaN 的 (100)、(002)、(101)、(102) 和 (110) 晶面，结果与 JCPDS 50-0792PDF 卡片吻合，证明所得到的 GaN 为六方纤锌矿结 构，且无其他杂相出现。从结果中可以看出随着温度的升高，所得到的 GaN 纳米 线的结晶性得到了很大改善，也与 FESEM 图结果分析相吻合。

　　从实验结果分析中可以得出如下结论：温度对 GaN 纳米线的质量和形貌起着 决定性的作用，碳的掺入有助于降低实验所需温度。结合已有研究成果，分析造成 这种现象的原因可能为：基底温度的大小直接决定药品的蒸发程度及前驱体离子 的活跃性，进而影响其结晶进程和纳米线表面活性，对纳米线生长过程产生重要影 响，导致结晶性及形貌差别悬殊。同时，碳的掺入有可能使得 Ga_2O_3 粉末转化为 熔点较低的其他物质，导致在 1000 ℃的实验条件下，粉末被完全蒸发。

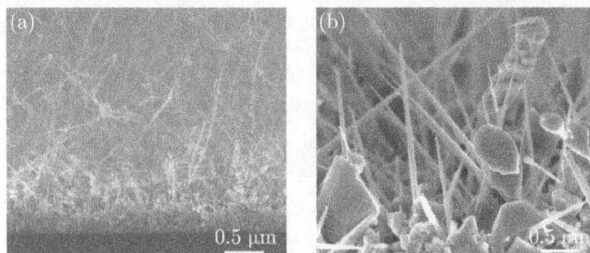

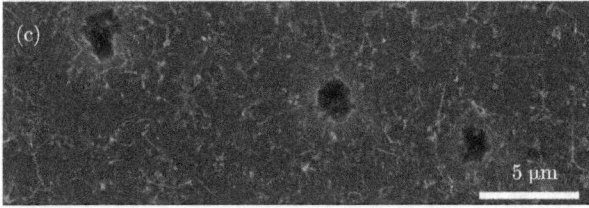

图 5.4.13　不同温度制备的 GaN 纳米线 FESEM 图及 HF 处理后 Si 片表面图

(a) 800 ℃；(b) 900 ℃；(c) HF 处理 120 min 后 Si 表面图

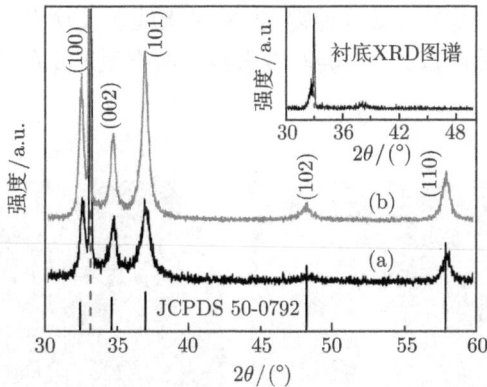

图 5.4.14　不同温度制备的 GaN 纳米线 XRD 图谱

(a) 800 ℃；(b) 900 ℃

2. RF 功率对 GaN 纳米线生长的影响

在研究温度对纳米线质量影响的基础上, 对实验中的另一个重要参数 RF 功率进行相应研究。通过射频电源 GMPOWER PG-500 及其匹配器 GMPOWER BM-2000 为缠绕在玻璃管上的空心铜管施加电源, 组成一个简单的介质阻挡放电装置, 电离 N₂ 和 H₂ 的混合气体, 产生高能和高活性的氮离子、氢离子及其他等离子体[48-51], 为 GaN 的生长提供氮源。RF 功率大小将直接决定产生等离子体的活性, 对产生纳米线的质量产生重大影响。

在此研究中设计此系列实验, 以弄清 RF 功率对 GaN 纳米线产生的具体影响, 详细实验参数见表 5.4.4。

表 5.4.4　RF 功率系列实验工艺参数

样品编号	RF 功率/W	镀 Au 时间/s	t/min	T/℃	N₂ 流速/sccm	H₂ 流速/sccm	Ga₂O₃:C
1	40	10	60	900	20	10	1:6
2	60	10	60	900	20	10	1:6
3	80	10	60	900	20	10	1:6

图 5.4.15 为不同反应功率条件下制备的 GaN 纳米线 FESEM 图。从图中可以看出，当反应功率为 40W 时 (图 5.4.15(a) 的纳米线量少、尺寸偏小且不均匀，表面还存在大量的丝状物。当反应功率增大到 60W 时，可以从图 5.4.15(b) 看出，纳米线的密度明显增大且更加均匀；图 5.4.15 中，80W 的 FESEM 图，相较于其他两个实验条件下制备的 GaN，其纳米线长度略有变小，但直径变得更加均匀，且纳米线密度有较大增加。从以上分析中可以看出随着反应功率的增大，所制备的 GaN纳米线形貌越来越好，质量越来越好。其原因可能为在实验中，随着射频电源功率的增加，等离子体的能量也将会增大，活性提高，导致在 Si 衬底上的迁移运动更加频繁，从而使得反应前驱体更易进入催化剂小液滴中，同时在吸收的过程中达到过饱和析出的过程随之缩短，最终使得 GaN 纳米线在大功率下更易制备。但是，功率过高将导致离子体能量太大，会对纳米线表面产生严重的破坏，实验中 RF 功率最大设置为 80 W。

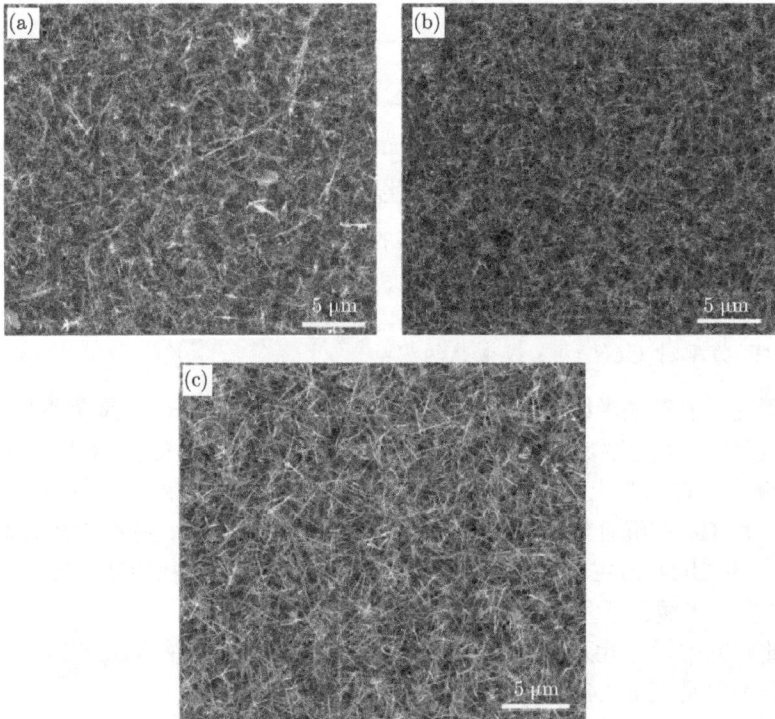

图 5.4.15　RF 功率系列样品 XRD 图

(a) 40W；(b) 60W；(c) 80W

图 5.4.16 为不同反应功率下制备的 GaN 纳米线的 XRD 图谱。图中反应功率

不同的三组样品均在 $32.4°$、$34.6°$、$36.9°$ 和 $48.26°$ 处存在四个明显的衍射峰，与 GaN 六方纤锌矿结构 XRD 衍射图一致，说明三组条件下都成功制备出了 GaN，且都是六方纤锌矿结构，无杂相生成。此外，从图中还可看出随着反应功率的增加，XRD 峰逐渐尖锐，半高宽变大，纳米线的结晶性逐渐增强。RF 功率对纳米线的结晶性具有显著的影响。

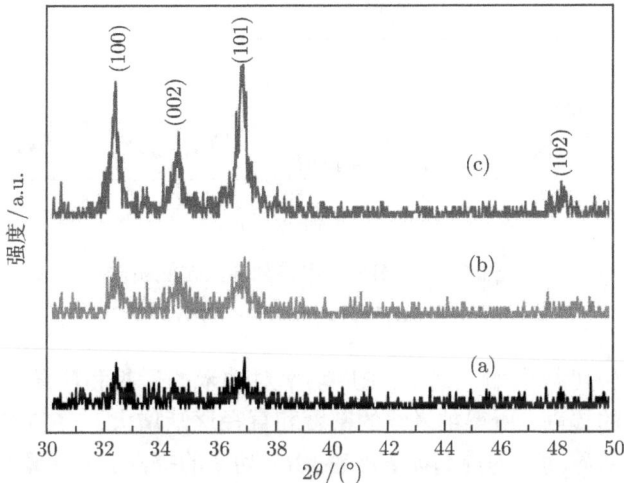

图 5.4.16　RF 功率系列样品 XRD 图

(a)40 W; (b)60 W; (c)80 W

图 5.4.17 是不同反应功率下制备的 GaN 纳米线拉曼图。从图中可以看出在 $420\ \mathrm{cm}^{-1}$，$567\ \mathrm{cm}^{-1}$ 和 $728\ \mathrm{cm}^{-1}$ 处存在三个明显的拉曼峰，其中位于 $520\ \mathrm{cm}^{-1}$ 处的衍射峰为衬底 Si 的拉曼频移 ($510{\sim}530\ \mathrm{cm}^{-1}$ 处打断)。位于 $567\ \mathrm{cm}^{-1}$ 处的峰对应于 GaN 纳米线的 $\mathrm{E_2}$(高) 模，与体相相比，峰位没有太大的偏移。$\mathrm{A_1(LO)}$ 模式的峰位对应 $728\ \mathrm{cm}^{-1}$，相对于体相中 $736\ \mathrm{cm}^{-1}$ 峰位，出现了较为明显的红移。影响拉曼散射的因素包括材料的介电域效应、尺寸效应、应力大小、有序度以及结构缺陷等。本实验中所制备的 GaN 纳米线属于一维纳米材料，直径仅为几十纳米。因此，可以认为 $\mathrm{A_1(LO)}$ 模式的红移是由纳米材料的尺寸效应造成的。除此之外，随着 RF 功率的增加，所制得纳米线的拉曼光谱的红移出现更加明显的趋势，原因可能为功率的增加使纳米线表面缺陷增加，表面无序度增大。除上述两个峰位之外，在 $420\ \mathrm{cm}^{-1}$ 处还出现了一个不属于六方 GaN 振动模式的峰位。根据 Camplell[52] 等分析的结果，当尺寸达到某一临界尺寸时，材料的表面对拉曼谱的贡献将造成新的峰位出现。因此，本实验中出现的 $420\ \mathrm{cm}^{-1}$ 峰位可能是由制备的 GaN 纳米线尺寸小、表面无序度大造成的。

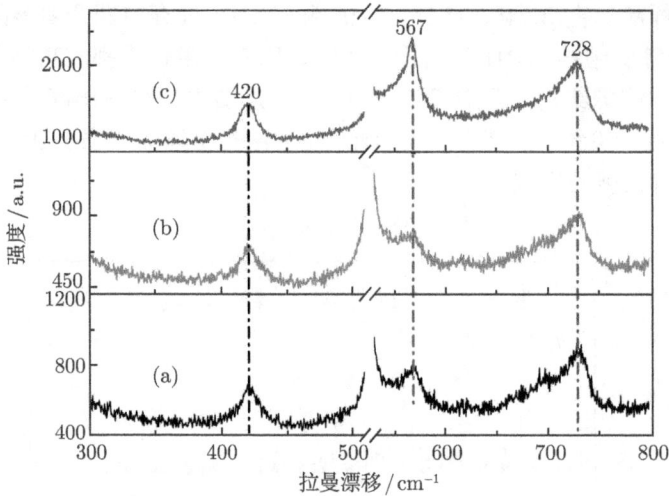

图 5.4.17　RF 功率系列样品拉曼图谱

(a)40 W; (b)60 W; (c)80 W

由以上分析可得出如下结论：RF 功率对纳米的形貌和质量有着重要的影响，随着 RF 功率的提高，所得纳米线的密度和直径逐渐增大；XRD 图谱显示纳米线的结晶性也会随着功率的提高显著改善；RF 功率的提高会不可避免地对纳米线的表面造成影响，增大纳米线表面的无序度。

3. 反应时间对 GaN 纳米线生长的影响

为探索制备质量更好，更长的 GaN 纳米线，我们将研究反应时间对纳米线产生的具体影响。反应时间对纳米线的影响主要体现在纳米线的长度上，同时随着反应时间的延长有可能导致纳米线在高温的情况下出现团聚的现象，本实验通过调节时间参数确定反应时间对纳米线质量的具体影响规律。实验的具体工艺参数如表 5.4.5 所示。

表 5.4.5　不同反应时间制备 GaN 纳米线工艺参数

样品编号 (#)	RF 功率/W	镀 Au 时间/s	t/min	T/℃	N_2 流速/sccm	H_2 流速/sccm	Ga_2O_3:C
1	80	10	30	900	20	10	1:6
2	80	10	60	900	20	10	1:6
3	80	10	90	900	20	10	1:6

图 5.4.18 为时间系列实验样品的 FESEM 图。图 5.4.18(a)、(b)、(c) 分别表示在 30 min、60 min 和 90 min 的反应时间条件下制备的 GaN 纳米线的 FESEM 图谱，从图中可以看出，30 min 时制备的 GaN 样品中存在大量的晶须状物质；随着

反应时间的延长, 当达到 60 min 后晶须逐渐消失变为直径更大, 形貌更加均一的纳米线; 当时间进一步延长至 90 min 后, 纳米线出现弯曲和团聚的现象。Hanrath 和 Korgel[53] 的研究结果表明, 纳米线过长的处于高温环境下的纳米晶体或合金液滴将会聚合在一起。在 VLS 的生长机制作用下的催化生长法中, 纳米线生长过程中必然存在大量的晶粒和吸收反应前驱体的合金小液滴, 因此在长时间的高温反应条件下出现团聚的现象会更加明显, 如图 5.4.18(c) 所示。

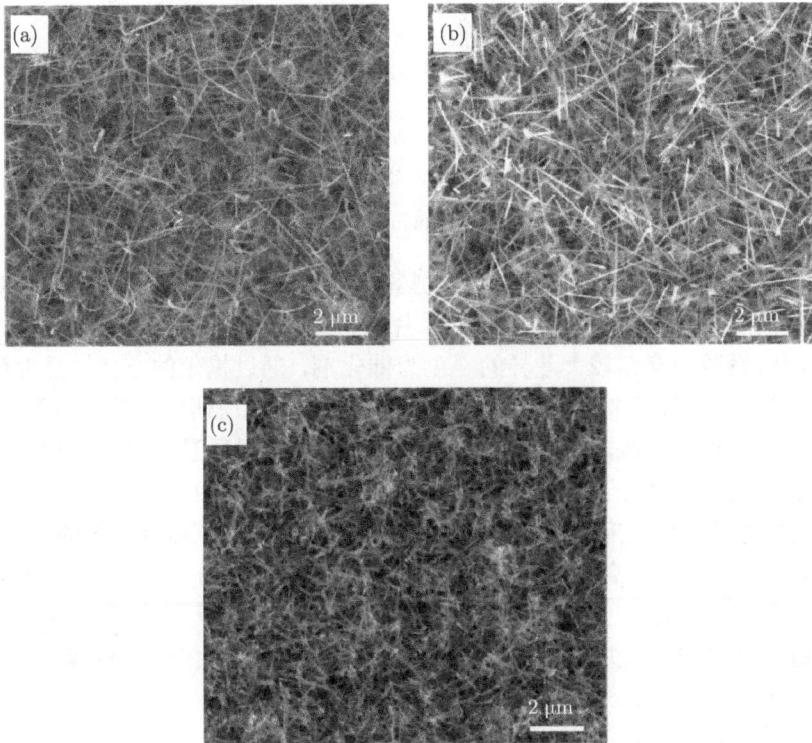

图 5.4.18　时间系列样品 FESEM 图

(a) 30 min; (b) 60 min; (c) 90 min

　　图 5.4.19 为时间系列的 GaN 样品 XRD 图谱。所有图中都可以看出在 32.4°, 34.6°, 36.9° 处存在三个峰, 分别对应六方纤锌矿结构 GaN 的 (100)、(002) 和 (101) 晶面, 38° 处的峰对应 Au 的峰位。随着反应时间的延长, XRD 的峰形及峰高变化并不是特别得明显, 说明反应时间对纳米的结晶质量影响不大。

　　实验结果表明, 反应时间对纳米线的形貌影响显著, 反应时间太短会生成大量晶须, 然而, 如果时间过长则会出现团聚现象。但反应时间对纳米线的结晶质量影响不大。相较而言, 60 min 时得到的 GaN 纳米线形貌较为均一, 结晶性相对较好。

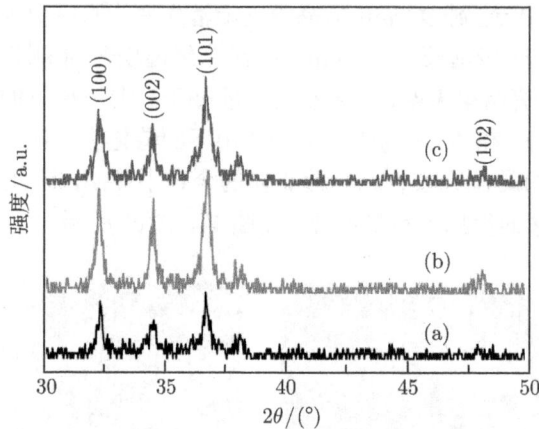

图 5.4.19　时间系列 XRD 图谱

(a)30 min; (b)60min; (c)90 min

　　本节主要介绍纳米线的制备流程、制备过程和参数调控的过程等。通过对基底处理方式的研究最终确定以不经处理 Si 片为衬底的研究方案,采用熔点较低和 Si 基底热膨胀系数间存在较大差异的 Au 为催化剂,通过掺碳的方式很好地解决了原料中含氧的问题。在接下来的参数调控系列研究中系统研究了基底温度,RF 功率和反应时间对纳米线质量及形貌的影响,实验结果显示温度对质量和形貌起着决定性的作用,同时由于碳的掺入使 Ga_2O_3 转化为熔点相对较低的 Ga 或 Ga_2O 等,从而显著降低了反应所需温度,在 900 ℃条件下即可获得高质量的 GaN 纳米线;随着 RF 功率的提高,所得纳米线的密度和直径逐渐增大;反应时间太短会导致生成大量晶须,时间过长则会出现纳米线团聚的现象,反应时间 60 min 时效果较好。结果表明,实验过程中只需对实验参数进行简单的改变、调控即可获得质量和形貌不同的纳米线。

5.4.5　GaN 纳米线薄膜场发射性能研究

1. 纳米线形貌对场发射性能的影响

　　纳米线的形貌及取向对其场发射性能具有重要的影响。图 5.4.20 为在 RF 功率为 60 W 条件下衬底 Si 片未经 HF 处理 (图 5.4.20(a) 为 1#样品) 和经 HF 浸泡 20 min 制备的 GaN 纳米线 (图 5.4.20(b) 为 2#样品)。从图 5.4.20(a) 可以看出纳米线较细且存在一定程度的缠绕,长度在 5~8 μm。从图 5.4.20(b) 中可以看出纳米线最大长度为 ~7 μm,大部分纳米线长度在 1~3 μm,且纳米线都有尖端形貌。图 5.4.21 为 GaN 纳米线 TEM 图。图中顺序与图 5.4.20 中相符,从图 5.4.21(a) 中可以看出此纳米线表面粗糙,直径较小为 ~20 nm;图 5.4.21(b) 显示,纳米线截面呈三角形,长度要明显短于图 5.4.21(a) 中纳米线,其直径约 80 nm。图 5.4.21(c) 的

选区衍射 (SAED) 及图 5.4.21(d) 的 HRTEM 都表明所制备的纳米线为单晶结构。利用此形貌迥异的纳米线研究形貌对其场发射性能的影响。

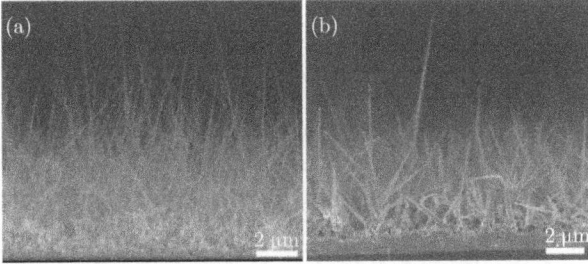

图 5.4.20   GaN 纳米线 FESEM 图

(a) 未经 HF 处理 Si 片 (1#)；(b) Si 片经 HF 浸泡 20 min(2#)

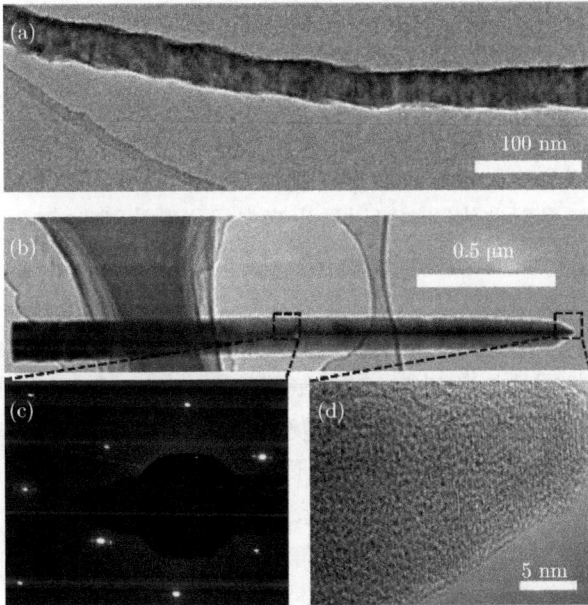

图 5.4.21   GaN 纳米线 TEM 图

图 5.4.22 为 1# 和 2# GaN 纳米线的场发射 *J-E* 曲线图 (内插图 (a) 为 2# 纳米线 *J-E* 曲线) 和 F-N 曲线图 (b)。从 *J-E* 关系曲线中可以看出，两者所能达到的最大电流密度相差近 100 倍。1# 纳米线可达 255 μA/cm^2 而 2# 样品仅 2 μA/cm^2。由 F-N 曲线可以看出 1# 样品的 F-N 关系曲线在高场下可以拟合为一条直线，说明此样品在高场下的电子发射为场发射，然而，2# 样品在高场下并不能拟合为一条直线，其在高场下的 F-N 曲线杂乱无章。

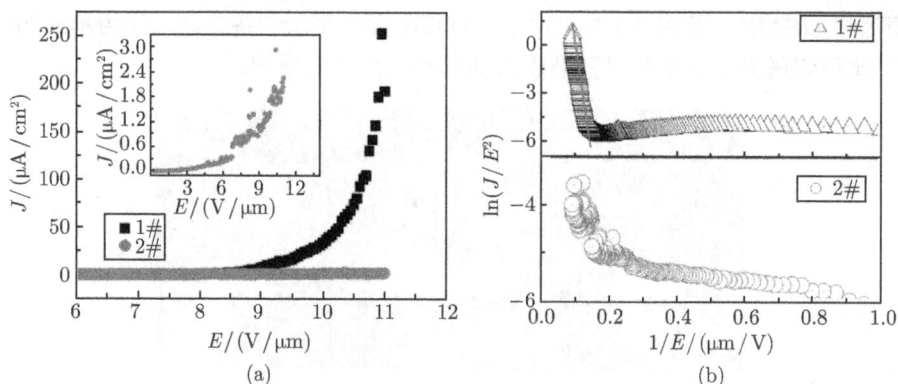

图 5.4.22　GaN 纳米线场发射关系曲线图

(a) *J-E* 曲线；(b) F-N 曲线

　　为进一步说明纳米线形貌结构对纳米线性能的影响，特对以下实验结果进行分析。从图 5.4.23 中可以发现在衬底上生长的 GaN 纳米线呈不规则状分散在整个硅片上。从单根纳米线的 TEM 图中可以看出纳米线的尺寸在 20 nnm 左右，由 SAED 图可以发现其衍射斑点为单独分立的亮点，说明生成的纳米线为纤锌矿结构的单晶体。可以看出纳米线表面并不是很光滑，边缘呈现出不规则的锯齿状结构。从图 5.4.24 场发射曲线图中可以看出当电场强度达到 15 V/µm 时，电流密度达到最大值 130.7 µA/cm², 比较发现，制备纳米线的方向性、线密度及尖端形貌对场发射性能有较大影响。

　　Li[44] 等的研究成果显示，产生这种现象的原因可能为：纳米线表面粗糙，将会产生大量的颗粒或边缘凸起等，这些缺陷将会增加电子逸出的通道数增大局部电场强度，使其功函数减小从而提高场发射性能。由图 5.4.20 和图 5.4.21 可以看出，1#纳米线表面粗糙且直径更小，此形貌有利于电子的发射，2#纳米线虽具有尖端形貌然而长度太小且表面光滑，生长方向不一，可能导致场发射性能下降。

图 5.4.23　(a) 纳米线 FESEM 图；(b) TEM 图 (内插图为 SAED 图谱)

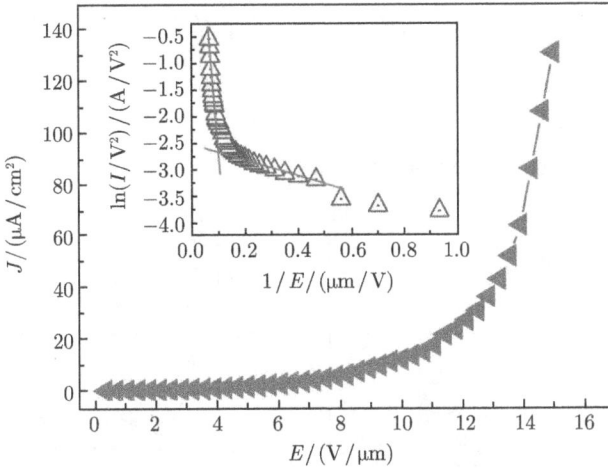

图 5.4.24 场发射 *J-E* 及 F-N 曲线

2. GaN 纳米线薄膜结构调控场发射机制

从 5.4.4 节分析可知提高 RF 功率有利于获得高密度和具有更大直径，质量更好的 GaN 纳米线。然而随着功率的提高，等离子体的能量将会随之变大，从而对纳米线的表面造成影响。不同纳米线表面可能对场发射具有显著影响，以下将对不同结构纳米线薄膜的场发射进行研究。

图 5.4.25 为在不同反应功率条件下制备的 GaN 纳米线的场发射 *J-E* 关系曲线图 (a) 和 F-N 关系曲线图 (b)。从图中可以明显看出反应功率对其场发射性能产生了显著的影响，且随着功率的增加，其场发射性能也在逐步提高。表 5.4.6 为不同反应功率条件下制备的 GaN 纳米线开启电场和最大电流密度列表。从表中可知，当规定开启电场为电流密度达到 1 μA/cm² 时的电场强度时，40 W 条件下制备的 GaN 纳米线开启电场为 6.7 V/μm，随着 RF 功率增加，所制得 GaN 纳米线的开启电场逐渐升高，其所能达到的最大电流密度 1#和 2#纳米线并无太大区别，然而，从表中可知 3#纳米线可达到的最大电流密度明显大于前两个。说明 80 W 时制备的 GaN 纳米线相对具有较好的场发射性能。

影响 GaN 纳米线场发射性能的两个重要因素为表面功函数与场增强因子，一维纳米线因其具有的较大长径比和比表面积，纳米线形貌的差异将会对上述两个影响因素产生重要影响，如下将基于场发射 F-N 曲线对不同反应功率下制备 GaN 纳米线的场发射机制进行详细讨论。

图 5.4.25(b) 为所制备 GaN 纳米线的场发射 F-N 曲线。从图中可以看出 1#和 2#在高场下可拟合为多条直线，3#仅可拟合为一条直线，说明样品在高场下为场电子隧穿发射。理论上，场发射电流与电压遵循 F-N 方程

$$J = A \left(\frac{E^2 \beta^2}{\Phi} \right) \exp \left(\frac{B \Phi^{\frac{3}{2}}}{\beta E} \right) \tag{5.4.4}$$

其中，A、B 常数分别为 1.56 和 6440；J 为电流密度 ($\mu A/cm^2$)；E 为所加场强 ($V/\mu m$)；Φ 为功函数；β 为场增强因子。

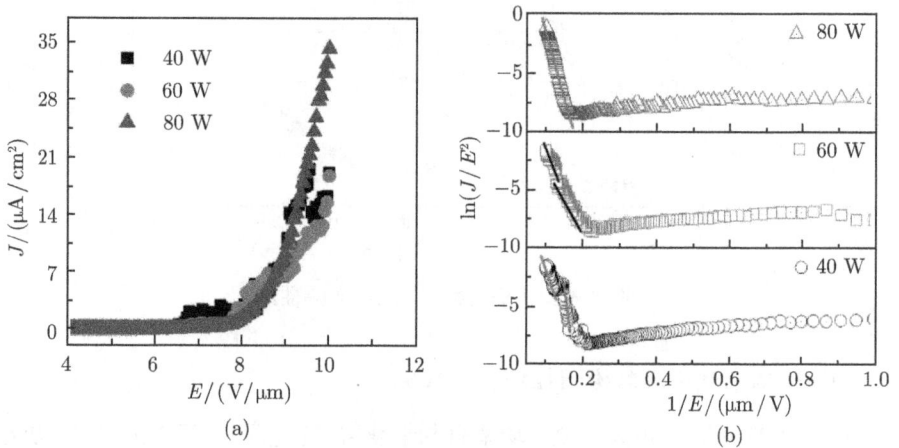

图 5.4.25　反应功率系列场发射关系曲线图

(a) $J\text{-}E$ 曲线；(b) F-N 曲线

表 5.4.6　不同反应功率制备的 GaN 纳米线开启电场和最大电流密度

样品编号 (#)	功率/W	开启电流密度/($\mu A/cm^2$)	开启电场/($V/\mu m$)	最大电流密度/($\mu A/cm^2$)
1	40	1	6.7	19.13
2	60	1	7.8	18.73
3	80	1	7.95	34.33

由式 (5.4.4) 可得 F-N 曲线中斜率的表达式

$$K = \frac{d(\ln(J/E^2))}{d(1/E)} = -\frac{6.44 \times 10^3 \, \Phi^{3/2}}{\beta} \tag{5.4.5}$$

GaN 的功函数 Φ 为 4.1 eV，计算得到 1#~3#样品的场增强因子 β 分别为 962.68、738.82、430.87。从理论计算结果看，对于 1#样品 GaN 纳米线应具有最大的场增强因子，理论上其场发射性能应该最好，但是图 5.4.23 结果表明其场发射性能明显要差于其他两个。结合前面 SEM 图片分析可知，1#样品纳米线整体较细，场发射测试过程中尤其在高场下将会产生大量的焦耳热，从而导致其表面形貌遭到损坏，可发射电流的纳米线数量减少，使其场增强因子减小，最终导致场发射整体性能下降。从 3#样品 SEM 图中可以看出在 80 W 时制备的纳米线直径较大，较其他纳米线也更加均匀。由场发射结果分析可知，其场发射性能较好，但是场增强因子较小，且在高场下可以很好地拟合为一条直线。说明此条件下制备的纳米线，在高场下产生焦耳热，场发射性能较稳定，表现出较好的场发射性能。

图 5.4.26 为在不同反应时间条件下制备的 GaN 纳米线的场发射 J-E 关系曲线图 (a) 和 F-N 关系曲线图 (b)。从图中可以明显看出反应时间为 30 min 时制备的纳米线表现出优异的场发射性能。从表 5.4.7 可知 1#纳米线开启电场最小，所能达到的最大电流密度是其他两个样品的将近 30 倍。

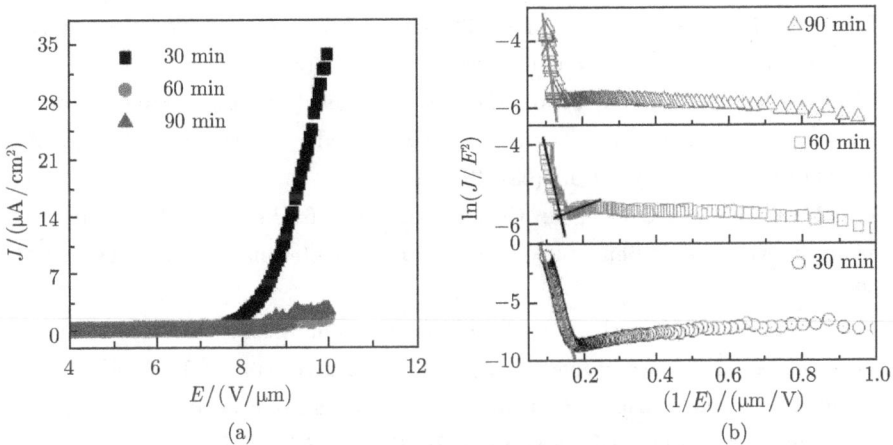

图 5.4.26　反应时间系列场发射关系曲线图

(a) J-E 曲线；(b) F-N 曲线

表 5.4.7　不同反应时间制备的 GaN 纳米线开启电场和最大电流密度

样品编号 (#)	反应时间/min	开启电流密度/(μA/cm^2)	开启电场/(V/μm)	最大电流密度/(μA/cm^2)
1	30	1	7.8	33.74
2	60	1	9.2	1.6
3	90	1	8.65	2.55

如下将基于场发射 F-N 曲线对不同反应时间下制备 GaN 纳米线的场发射机制进行详细讨论。图 5.4.26(b) 为不同反应时间下所制备纳米线的场发射 F-N 曲线图。可以看出反应 30 min 情况下其 F-N 曲线在高场下可以很好地拟合为一条直线，但是，随着反应时间的延长，60 min 和 90 min 条件下的 F-N 曲线在高场下所拟合的直线不再那么吻合。

根据公式 (5.4.5) 得到 1#~3#样品的场增强因子 β 分别为 638.1、1044.8、958.6。从分析结果可以看出，2#样品具有最大的场增强因子，但是 J-E 曲线显示其场发射性能较差。这是由于在制样过程中 2#样品被划伤，影响了场发射性能。

　　由以上分析可知：随着实验参数的改变，所制备纳米线的结构也会随之发生很大变化。通过对不同形貌结构纳米线的场发射性能及机制的分析可知在所得到纳米线为非阵列结构的情况下，表面相对粗糙，长径比更大的纳米线场发射性能相对较好。然而，这样也会带来另一个问题，即直径较小的纳米线在场发射电流过大时容易被烧断从而场发射性能变差。

参 考 文 献

[1] Bonard J M, Weiss N, Kind H, et al. Tuning the field emission properties of patterned carbon nanotube films. Advanced Materials, 2001, 13(3): 184-188.

[2] Wang L, Liu L, Wang X, et al. Synthesis and field emission properties of carbon nanowire-single walled carbon nanotube networks hybrid films. World Journal of Engineering and Technology, 2015, 3(03): 97.

[3] Li L M, Du Z F, Li C C, et al. Ultralow threshold field emission from ZnO nanorod arrays grown on ZnO film at low temperature. Nanotechnology, 2007, 18(35):355606-355605.

[4] Li Y, Meng G W, Zhang L D, et al. Ordered semiconductor ZnO nanowire arrays and their photoluminescence properties. Applied Physics Letters, 2000, 76(15): 2011-2013.

[5] Wang X D, Zhou J, Lao C S, et al. In situ field emission of density-controlled ZnO nanowire arrays. Advanced Materials, 2007, 19(12): 1627-1631.

[6] Wang X D, Song J H, Summers C J, et al. Density-controlled growth of aligned ZnO nanowires sharing a common contact: A simple, low-cost, and mask-free technique for large-scale applications. Journal of Physical Chemistry B, 2006, 110(15): 7720-7724.

[7] Lombardi I, Hochbaum A I, Yang P D, et al. Synthesis of high density, size-controlled Si nanowire arrays via porous anodic alumina mask. Chemistry of Materials, 2006, 18(4): 988-991.

[8] Morral A F I. Gold-free GaAs nanowire synthesis and optical properties. IEEE Journal of Selected Topics in Quantum Electronics, 2011, 17(4): 819-828.

[9] Russo-Averchi E, Vukajlovic P J, Tütüncüoglu G, et al. High yield of GaAs nanowire arrays on Si mediated by the pinning and contact angle of Ga. Nano Letters, 2015,15(5): 2869-2874.

[10] Yongho C, Michan M, Johnson J L, et al. Field-emission properties of individual GaN nanowires grown by chemical vapor deposition. Journal of Applied Physics, 2012, 111(4): 044308-0443086.

[11] Li E, Cui Z, Dai Y, et al. Synthesis and field emission properties of GaN nanowires. Applied Surface Science, 2011, 257(24): 10850-10854.

[12] Tang C C, Xu X W, Hu L, et al. Improving field emission properties of GaN nanawires by oxide coating. Applied Physics Letters, 2009, 94(24): 243105-2431053.

[13] 赵军伟, 张跃飞, 宋雪梅, 等. 无氨法制备 GaN 纳米线及其光电性能研究. 物理学报, 2014, 11: 280-285.

[14] Li E, Cui Z, Fu N, et al. Growth and field emission of single-crystalline GaN nanowire with ropy morphology. Materials Letters, 2015, 139: 426-428.

[15] Holmes M J, Kako S, Choi K, et al. Probing the excitonic states of site-controlled GaN nanowire quantum dots. Nano Letters, 2015, 15(2): 1047-1051.

[16] Lin Y, Leung B, Li Q, et al. GaN nanowires with pentagon shape cross-section by ammonia-source molecular beam epitaxy. Journal of Crystal Growth, 2015, 427: 67-71.

[17] Wu Q, Zhang F, Wang X Z, et al. Preparation and characterization of AlN-Based hier-archical nanostructures with improved chemical stability. Journal of Physical Chemistry C, 2007, 111(34): 12639-12642.

[18] Liu N, Wu Q, He C Y, et al. Patterned growth and field-emission properties of AlN nanocones. Acs Applied Materials & Interfaces, 2009, 1(9): 1927-1930.

[19] Kenmochi N, Ota H, Nishitani-Gamo M, et al. AlN nanowire growth using InN crys-talline powders by physical vapor deposition. Bulletin of the American Physical Society, 2015, 60(1). http://meetings. aps. org/link/BAPS. 2015. MAR. H1.299.

[20] Wu H M, Peng Y W. Investigation of the growth and properties of single-crystalline aluminum nitride nanowires. Ceramics International, 2015, 41(3): 4847-4851.

[21] Teker K. Aluminium nitride nanowire array films for nanomanufacturing applications. Materials Science and Technology, 2015, 31(15): 1832-1836.

[22] Wang W Z, Zeng B Q, Yang J, et al. Aligned ultralong ZnO nanobelts and their enhanced field emission. Advanced Materials, 2006, 18(24): 3275-3278.

[23] Wang Y Q, Wang R Z, Li Y J, et al. From powder to nanowire: A simple and envi-ronmentally friendly strategy for optical and electrical GaN nanowire films. CrystEng-Comm, 2013, 15(8): 1626-1634.

[24] Bovis V L. Kinetics and mechanism of thermal decomposition of GaN. Thermochimica Acta, 2000, 360(1): 85-91.

[25] Johnson J L, Choi Y H, Ural A. GaN nanowire and Ga_2O_3 nanowire and nanoribbon growth from ion implanted iron catalyst. Journal of Vacuum Science & Technology B, 2008, 26(6): 1841-1847.

[26] Wang B B, Dong G B, Xu X Z. Carbon fractals grown from carbon nanotips by plasma-enhanced hot filament chemical vapor deposition. Applied Surface Science, 2011, 258(5): 1677-1681.

[27] Liu B D, Bando Y, Tang C C, et al. Needlelike bicrystalline GaN nanowires with excellent field emission properties. Journal of Physical Chemistry B, 2005, 109(36): 17082-17085.

[28] Wagner C D, Riggs W M, Davis L E, et al. Handbook of X-Ray Photoelectron Spec-troscopy. Minnesota: Perkin-Elmer Corporation, 1979.

[29] Hardegree E L, Ho P, White J M. Sulfur adsorption on Ni(100) and its effect on CO chemisorption. I. TDS, AES and work function results. Surface Science, 1986, 165(2-3): 488-506.

[30] Li D S, Sumiya M, Fuke S, et al. Selective etching of GaN polar surface in potassium hydroxide solution studied by X-ray photoelectron spectroscopy. Journal of Applied Physics, 2001, 90(8): 4219-4223.

[31] Sun L, Yan F, Wang J, et al. The field emission properties of nonpolar a -plane n-type GaN films grown on nano-patterned sapphire substrates. Physica Status Solidi (a), 2009, 206(7): 1501-1503.

[32] Seelaboyina R, Huang J, Park J, et al. Multistage field enhancement of tungsten oxide nanowires and its field emission in various vacuum conditions. Nanotechnology, 2006, 17(19): 4840-4844.

[33] Wang Z L, Gao R P, De Heer W A, et al. In situ imaging of field emission from individual carbon nanotubes and their structural damage. Applied Physics Letters, 2002, 80(5): 856-858.

[34] Dang C, Wang B B, Wang F Y. Study on effect of oxygen adsorption on characteristics of field electron emission from aligned carbon nanotubes grown by plasma-enhanced hot filament chemical vapor deposition. Vacuum, 2009, 83(12): 1414-1418.

[35] Purushothaman V, Ramakrishnan V, Jeganathan K. Interplay of VLS and VS growth mechanism for GaN nanowires by a self-catalytic approach. RSC Advances, 2012, 2(11): 4802-4806.

[36] Harmand J, Patriarche G, Pere-Laperne N, et al. Analysis of vapor-liquid-solid mechanism in Au-assisted GaAs nanowire growth. Applied Physics Letters, 2005, 87(20): 203101.

[37] Dubrovskii V G, Cirlin G, Sibirev N, et al. New mode of vapor-liquid-solid nanowire growth. Nano Letters, 2011, 11(3): 1247-1253.

[38] Yang Y, Ling Y, Wang G, et al. Growth of gallium nitride and indium nitride nanowires on conductive and flexible carbon cloth substrates. Nanoscale, 2013, 5(5): 1820-1824.

[39] Brubaker M D, Levin I, Davydov A V, et al. Effect of AlN buffer layer properties on the morphology and polarity of GaN nanowires grown by molecular beam epitaxy. Journal of Applied Physics, 2011, 110(5): 053506.

[40] Yan Z, Liu G, Khan J M, et al. Graphene quilts for thermal management of high-power GaN transistors. Nature Communications, 2012, 3: 827-828.

[41] 薛晓咏. 氮化镓材料的不同极性面拉曼光谱分析; 西安电子科技大学硕士学位论文, 2012.

[42] Sun Z, Yang L, Shen X, et al. Anisotropic Raman spectroscopy of a single β-Ga$_2$O$_3$ nanobelt. Chinese Science Bulletin, 2012, 57(6): 565-568.

[43] Pan X, Zhang Z, Jia L, et al. Room temperature visible green luminescence from a-GaN: Er film deposited by DC magnetron sputtering. Journal of Alloys and Compounds, 2008,

458(1): 579-582.

[44] Li Z, Li W, Wang X, et al. Improving field-emission properties of SiC nanowires treated by H_2 and N_2 plasma. Physica Status Solidi (a), 2014, 211(7): 1550-1554.

[45] Davydov V Y, Kitaev Y E, Goncharuk I, et al. Phonon dispersion and Raman scattering in hexagonal GaN and AlN. Physical Review B, 1998, 58(19): 12899.

[46] Han W, Fan S, Li Q, et al. Synthesis of gallium nitride nanorods through a carbon nanotube-confined reaction. Science, 1997, 277(5330): 1287-1289.

[47] Wang B, Dong G, Xu X. Carbon fractals grown from carbon nanotips by plasma-enhanced hot filament chemical vapor deposition. Applied Surface Science, 2011, 258(5): 1677-1681.

[48] Tatarova E, Dias F, Gordiets B, et al. Molecular dissociation in N_2-H_2 microwave discharges. Plasma Sources Science and Technology, 2004, 14(1): 19.

[49] Zhang Z, Liao X. An inline RF power sensor based on fixed capacitive coupling for GaAs MMIC applications. Sensors Journal IEEE, 2015, 15(2): 665-666.

[50] Nguyen H P T, Cui K, Zhang S, et al. Controlling electron overflow in phosphor-free InGaN/GaN nanowire white light-emitting diodes. Nano Letters, 2012, 12(3): 1317-1323.

[51] Wang Y, Wang R, Zhu M, et al. Structure and surface effect of field emission from gallium nitride nanowires. Applied Surface Science, 2013, 285: 115-120.

[52] Campbell I, Fauchet P M. The effects of microcrystal size and shape on the one phonon Raman spectra of crystalline semiconductors. Solid State Communications, 1986, 58(10): 739-741.

[53] Hanrath T, Korgel B A. Nucleation and growth of germanium nanowires seeded by organic monolayer-coated gold nanocrystals. Journal of the American Chemical Society, 2002, 124(7): 1424-1429.

第6章 纳米半导体场发射能谱及其量子结构共振隧穿机制

6.1 引　言

通过场发射能量分布 (FEED) 能确定场发射电子源发射位置，对理解场发射过程有着非常重要的作用。对 FEED 的研究，无论是实验上还是理论上，一直都引起人们的极大关注。实验上，Henderson 和 Dahlstrom[1] 采用推迟势分析仪，首先研究了钨尖端的 FEED 特性。作为传统的场发射材料，金属场发射研究已有很长的历史。因此，对其场发射过程的研究，在实验及理论上都发展得比较成熟。一般而言，无论实验测量还是理论计算，通常只能观察到一个 FEED 峰。1966 年，Swanson 和 Crouser[2] 首次在钨尖端的 FEED 发现一个异常的肩膀峰。而到 1992 年，Binh 等 [3] 在纳米突起状的钨尖端场发射中，观察到非常清晰的两个分离 FEED 峰。半导体薄膜场发射的场发射能量分布的研究始于 1964 年，Stratton[4] 首先给出了关于 FEED 较完备的一个理论体系。但是，直到 1990 年，很少有实验对半导体薄膜场 FEED 作出研究。近年来，由于宽带半导体薄膜 (WBGS) 优异的场发射特性 [5]，其 FEED 特性也引起人们越来越多的关注 [6-12]，一些宽带隙半导体薄膜的 FEED 特性被广泛地研究，如金刚石 [6,12] 及 c-BN[9-11]。与金属一样，半导体薄膜场发射一般只存在一个 FEED 峰。最近，在高场情况下，在宽带隙半导体薄膜场发射中，观察到了额外的 FEED 峰：Chen 等 [7] 在非晶碳氮薄膜中重复地观察到 FEED 双峰特征；在高场下，Collazo 等 [8] 在 AlN 薄膜中发现 FEED 双峰现象。实际上，更早些时候，Gröning 等 [6] 在研究掺氮类金刚石薄膜 FEED 时，曾出现一个额外的 FEED 小峰，但是在论文中被忽略了。这些实验结果表明，高场情况下半导体薄膜的 FEED 多峰特性可能是本质的。不过，就目前而言，对于半导体薄膜的多峰 FEED，没有系统的理论研究。对于金属的异常 FEED 峰现象，Nagy 和 Cutler[13] 根据 Stratton 理论 [4]，使用带结构模型，首先计算了其 FEED 特性，并分析了这种异常 FEED 多峰行为。然而，由于采用的带结构模型过于简单及粗糙，其结果在形状及峰的位置与实验观察 [1] 上都存在着较大差异。Binh 等 [3] 也指出，采用带结构模型对实验观察到的第一个 FEED 峰随着场强的增加而变大的现象也不能作出实质性的解释。因此，对于半导体薄膜场发射能量分布的多峰特征，需要进一步的理论支持。

本章通过构造纳米半导体场发射阴极模型,以 FEED 为研究手段,深入分析了电子发射特性。从理论上进一步探索了单层和多层半导体薄膜场发射能量分布的多峰特征以及多层纳米场发射阴极量子结构调控对电子发射特性的增强机制。

6.2 单层纳米半导体场发射能谱多峰模型

在本节内容中,将通过考虑综合能带结构及表面势垒影响的高场效应,提出一种共振隧穿模型,根据场发射过程的实际物理意义,研究半导体薄膜的 FEED 多峰特征。

6.2.1 考虑能带弯曲及复杂镜像势的量子隧穿模型

为强调物理实质并简化计算,计算模型将不采用总能量分布,而注重于纵向能量分布,由供给函数及透射系数两部分组成。

半导体中场发射的一般表达式可写为 [14]

$$J = \frac{4\pi q m_t k_B T}{h^3} \int T(E_x) \ln[1 + e^{-(E_x - E_F)/k_B T}] dE_x = \int J(E_x) dE_x \qquad (6.2.1)$$

这里 q 是单位电荷;m_t 是横向电子有效质量;k_B 是玻尔兹曼常量;$E_x = P_x^2/2m$ 为入射电子纵向能量;T 是温度;h 是约化普朗克常量;E_F 为费米能级。$J(E_x)$ 为纵向能量分布,则可写为

$$J(E_x) = \frac{4\pi q m_t k_B T}{h^3} \ln[1 + e^{-(E_x - E_F)/k_B T}] \cdot T(E_x) \qquad (6.2.2)$$

可看出,方程 (6.2.2) 由透射系数 $T(E_x)$ 与供给函数两部分组成,透射系数可通过量子转移矩阵求得 [15],量子转移矩阵的基本原理主要是通过数值求解线性势情况下薛定谔方程的解析解,这个解析一般可表示为 Airy 函数或者平面波函数的线性组合,基本原则是,将任意形式的势垒分成间隔相等的小势垒,当这小势垒的数目趋近于无穷时,则每个小势垒可看作一方势垒。这样,对于每个小方势垒的薛定谔方程就可解析求解,通过匹配边界条件,则可数值求解整个势垒区的薛定谔方程,从而解出 $T(E_x)$。与传统的 WKB 方法或者 LS 自洽方程求解 $T(E_x)$ 比较,量子转移矩阵法的优势在于:它没有忽略势垒的任何信息,通过数值方法精确地求解薛定谔方程,将能更可靠地去描绘场发射的实际隧穿过程。

在计算中,m_t 和 E_F 将采用已有的实验参数,这样也就给定了半导体的能带结构。因此在计算供给函数时,仅需要考虑占据态密度去简化具体的能带结构。但是高场时的能带弯曲必须考虑,因为我们以前的研究结果表明 [16],宽带半导体的最大带弯曲与半导体的带隙宽度基本呈线性关系,其大小可达几个电子伏。

根据本书 2.3 节纳米宽带隙半导体场发射能带弯曲理论, 已获得了半导体及界面处表面势 E_S。而采用量子转移矩阵计算 $T(E_x)$, 势垒形状的影响将是非常显著的, 因此也非常有必要去考虑更复杂与实际的镜像势 [17], 参见本书 4.2.1 节公式 (4.2.6) 和公式 (4.2.7)。

考虑能带弯曲与有效镜像势, 图 6.2.1 给出了 c-BN 的势垒分布, 对 c-BN 的电子带隙宽度及电子亲和势分别取为 6.5 eV 及 −0.3 eV。

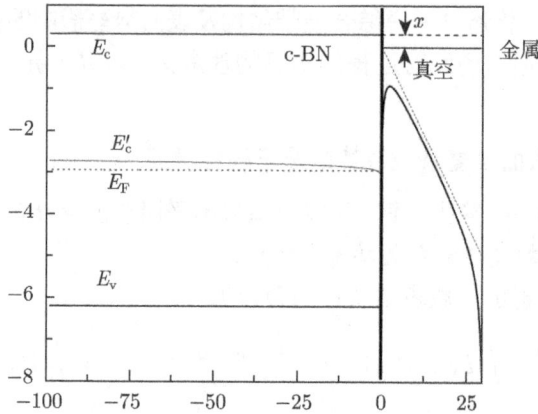

图 6.2.1　在 c-BN 与金属上加 5 V 电压时, c-BN/真空/金属的能带结构图

其中 E_c' 和 E_c 分别为加电压和不加电压时的导带底, E_v 为价带顶

6.2.2　半导体薄膜 FEED 的多峰特性

为系统地研究半导体薄膜的 FEED 的多峰特性, 将采用 c-BN 薄膜作为研究对象。选择 c-BN 作为示例的原因在于, 它是一个典型的宽带隙半导体。而目前报道的具有多峰 FEED 特性的半导体场发射材料, 大都是宽带隙半导体薄膜; 另外, c-BN 具有非常优异的场发射性能与良好的化学及热稳定性, 有发展成为优异场发射器件的潜在优势。

1. 半导体薄膜 FEED 的电场强度效应

根据图 6.2.1 的势垒分布得到 c-BN 的 FEED 的计算曲线, 如图 6.2.2 所示。计算中选取阳极–阴极间的距离为 3 nm, 在施加不同的电压情况下, 研究了 FEED 与场强的关系。一般地, 采用固定的阳极–阳极距离将能很方便地构造计算模型。但考虑一个实际的 FEED 测量系统, 其真空间距将远大于 3 nm, 因此在某种程度上可能偏离目前的计算模型。但是, 如果在实验系统与计算模型所加场强一样的情况下, 一些主要的特性, 如 FEED 峰的数目、峰的相对强度等, 它们的计算值与测量值应该是基本一致的。在计算模型中, 电场强度从 0.67~2.0 V/nm 变化, 该场强范围与实验值相符。因为在实际系统中，发射表面比较粗糙时，考虑几何场增强的情况下，其实际场强可达到 2 V/nm。

在图 6.2.2 中，可明显看到，随场强的增大，FEED 多峰特性变得越来越明显，与实验结果完全一致 [7,9]。在低场情况下，在图 6.2.3 中，仅只有一个 FEED 峰出现，而随着场强的增加，第二个峰出现并慢慢增强，而且位置逐渐向低能区移动。此 FEED 行为在金属的 FEED 的实验测量中也曾被观察到 [18]。Binh 等 [18] 首先在纳米金属突起的场发射中观察到两个清晰分离的 FEED 峰，他们认为双峰出现的原因是金属纳米突起局域了足够高的场强。为证明其观点，他们给出了不同高度的纳米突起场发射总能量分布。纳米突起的增高，也就意味着局域场强的增大，伴随第二个峰出现并且慢慢变强，这与图 6.2.3 中半导体薄膜的计算结果一致。

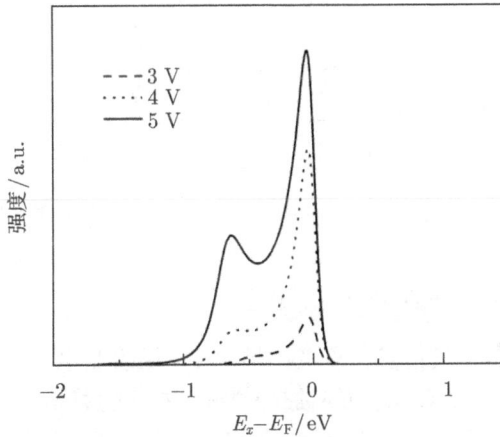

图 6.2.2　在真空间距保持 30 Å 不变的情况下，c-BN 的 FEED 随场强变化曲线

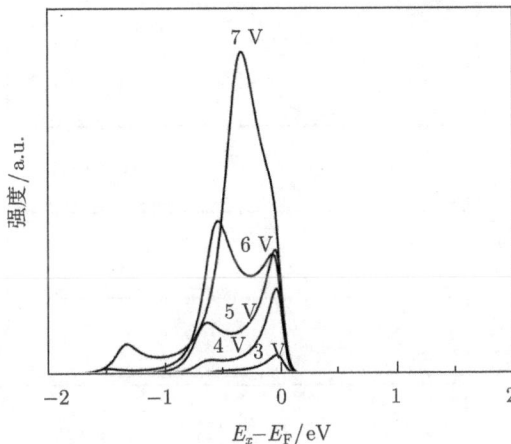

图 6.2.3　在真空间距保持 30 Å 不变的情况下，c-BN 的 FEED 随场强变化曲线

在图 6.2.4 中, 保持阳极–阴极间所加电压不变, 通过改变真空间距来调制场强, 研究 c-BN 的 FEED 特性, 得到了与上面一样的结论, 即场强增加将导致 FEED 多峰的出现。这也从另外一方面证明了, 真空间距影响是可以忽略的, FEED 特性将主要与场强有关, 对于 FEED 的多峰特征的出现, 是一个关键的因素。

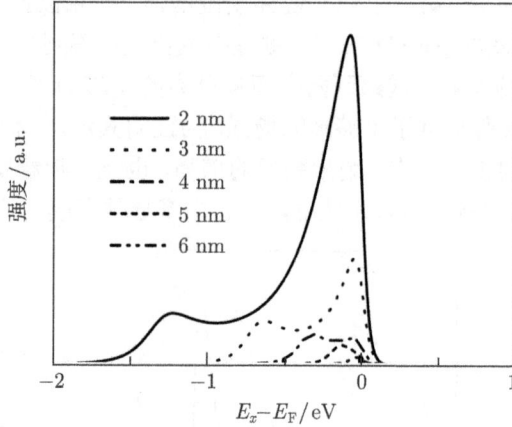

图 6.2.4　在 5 V 电压下, c-BN 的 FEED 随真空间距的变化曲线

2. 半导体薄膜的 FEED 的 NEA 效应

在图 6.2.5 中, 保持其他参数不变的情况下, 仅改变电子亲和势, 研究 c-BN 的 FEED 的 NEA 效应。发现与场强增加的情况一样, 随着电子亲和势的减小, 第二个峰出现并逐步增强。这说明 NEA 也是影响 FEED 多峰行为的一个重要因素。实验上, 多峰的 FEED 特性一般出现在具有 NEA 的宽带隙半导体薄膜的场发射中, 这也间接地验证了计算结果。

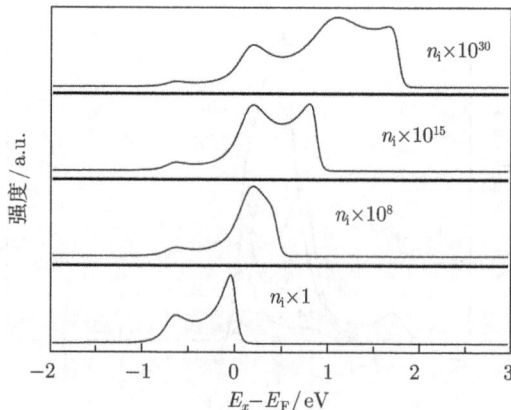

图 6.2.5　在图 6.2.1 结构上加上 5 V 电压, c-BN 的 FEED 随电子亲和势变化曲线

3. 半导体薄膜的 FEED 的掺杂效应

除了电场强度，掺杂也将影响半导体薄膜的场发射特性。为更加完整地理解 FEED 的多峰行为的物理实质，有必要去研究掺杂效应对 FEED 多峰特性的影响。图 6.2.6 计算了不同 n 掺杂浓度对于 c-BN 的 FEED 特性的影响。结果显示随着掺杂浓度增加，FEED 的峰数将增加，如果掺杂浓度足够高，甚至超过两个峰而出现多峰现象。就我们所知，目前没有关于掺杂对 FEED 特性影响的实验报道，而理论计算结果将为探索半导体的 FEED 特性提供一种新的思路与方法。另外，也没有超过两个 FEED 峰的半导体场发射实验报道，而在我们的计算中，在重掺杂的情况下，却发现超过两个 FEED 峰出现，这显然也需要得到进一步的实验支持。

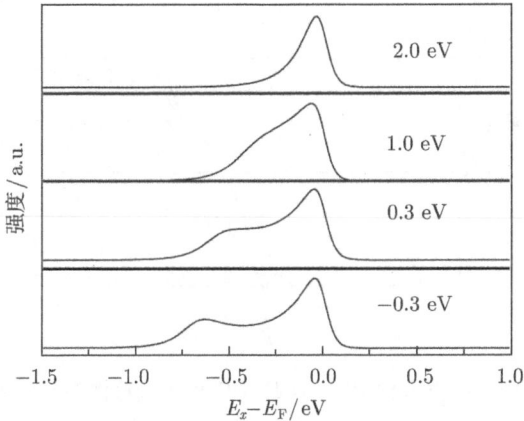

图 6.2.6　在图 6.2.1 结构上加上 5 V 电压，c-BN 的 FEED 随掺杂浓度的变化曲线

4. 半导体薄膜的多峰 FEED 形成机制

由上面的研究可知，对于宽带隙的多峰 FEED 特性，在某种特殊条件下是必然出现的。而在以前对于半导体薄膜的 FEED 特性的理论研究中 [4,19]，并没有观察到多峰行为。这可能有两方面的原因：其一，以前理论计算的透射系数大多是采用 WKB 方法计算的，这可能得不到透射系数共振峰 [4]；其二，在以前的理论研究中，所加场强不够高或者亲和势不够低 [18]。

为理解 FEED 多峰的物理本质，应该着重考虑半导体薄膜场发射的电子隧穿势垒的过程。既然在上面的计算中，所有能带结构的一些细节影响被忽略，那么，在高场作用下，电子隧穿表面势垒将可能是 FEED 中最有影响的部分。也就是说，半导体薄膜的多峰特性可能来源于电子隧穿单势垒结构的外在映象，而透射系数共振峰的出现是由于电子波函数在表面势垒的界面入射及反射相位叠加而出现的 [20]。由方程 (6.2.2) 可知，场发射电流由供给函数与透射系数组成。为了更清晰地理解 FEED 多峰特性的物理本质，在图 6.2.7 中，把场发射电流分作供给函数与透射系数两部分给出。从图中可以看出，在低能区，供给函数的贡献较大，导致第一个峰出现，而第二个峰的形成是在供给函数急剧减小的区域。透射系数的共振峰可能因为极小的供给函数的贡献而湮没掉。从图 6.2.7 中可很容易看到，随着场强的改变，第二个峰的振幅将主要依赖于低能区透射系数共振峰的强度。这意味着 FEED 多峰的出现应该主要来自于电子在表面势垒的共振隧穿特性。另外，透射系数的振荡行为也被认为是与表面势垒紧密相关的 [21]，暗示着 FEED 多峰特征与半导体的 NEA 是相关的。

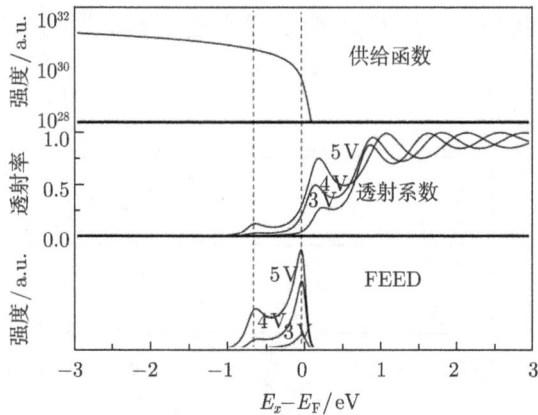

图 6.2.7　根据方程 (6.2.2)，FEED 的多峰特性的机理解释图

而图 6.2.8 给出了不同 n 掺杂浓度情况下 FEED 多峰的特征曲线。可以看出，随着掺杂浓度的增加，供给函数将向高能区移动，这样将可能保持更多的透射系数共振峰，从而导致 FEED 的多峰出现及数目增加。

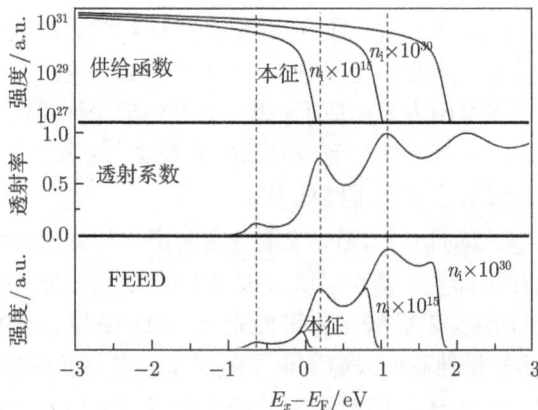

图 6.2.8　在不同掺杂浓度的情况下，FEED 多峰特性的机理解释图

近来的实验已经多次观察到半导体薄膜 FEED 的多峰特性 [7-9]。然而，以前的理论仅发现单个的 FEED 峰。基于此，Chen 等 [7] 认为第二个小的 FEED 峰可能来源于半导体掺杂或者缺陷导致的内部子带；而 Collazo 等 [8] 认为 FEED 的多峰特征，应该是高场作用下，多能级分布导致的谷间散射的结果。然而，在目前的模型中，没有考虑内部子带，也没有涉及谷间散射，但是半导体薄膜的 FEED 的多峰特性仍然能够获得。根据我们的结果，半导体薄膜的 FEED 的特性应该来源于高场作用下电子隧穿表面势垒的共振峰。

6.3 半导体量子结构共振隧穿场发射及其场发射能谱

在第 4 章中，通过对多层纳米半导体薄膜的理论和试验研究均可以验证，多层量子势垒/阱结构的调控可以实现场发射性能的显著增强。结合场发射电子能谱特性的研究，将有助于探索场发射性能增强及电流共振峰现象出现的物理实质，对于进一步优化场发射性能，开发器件应用具有十分重要的作用。

量子势垒/阱结构对电子发射特性的影响主要有以下三个方面：一方面是势垒及势阱的宽度。根据 4.2.3 节，势阱宽度的变化会导致势阱中束缚能级的基态能量位置发生改变，与此同时束缚能级的间距也会随之变化，这将影响到电子源能量位置并由此造成电子发射特性的变化；第二方面是势阱的相对深度，即势垒层的相对高度，在 4.3.4 节中通过实验手段进行了初步探索，但是目前在该方面的研究仍较少。AlInGaN 四元氮化物可以实现从 0.7~6.3 eV 大范围的带隙宽度调控，和 GaN 材料搭配能够形成在 1.4 eV 范围内任意高度的势垒，这将为探索势阱相对深度对场电子发射特性造成的影响具有重大的意义；第三方面是势垒/阱的能带形状。对于 III 族氮化物构成的势垒/阱界面，存在较大的晶格错配将造成较大的应变，并由此形成内建极化电场，从而造成能带弯曲改变势垒/阱的能带形状，而能带形状的变化必然也会改变亚能级位置等相关因素，进而影响场电子发射特性。

因此在本节中，首先设计了基于 Si 基器件结构的量子势垒/阱结构场发射阴极。然后从势垒/阱宽度、势阱深度以及势垒/阱能带形状三个方面调控该阴极量子结构，并通过场发射电子能谱准确定位纳米结构的能级分布及场电子发射源位置，研究薄膜量子结构与 FEED 对应关系，探索量子结构场发射共振隧穿增强机制及其作用机理，为下一代量子结构增强的薄膜型场发射阴极提供理论指导。

6.3.1 AlInGaN 量子结构模型及其极化特性

1. 量子结构模型

目前在绝大部分六方纤锌矿 III 族氮化物半导体的实验研究中，发现该材料均沿 c 轴 (0001) 面生长。而自发以及压电极化效应在量子阱结构、超晶格结构以及异质结构的III族氮化物且沿 c 轴方向外延中最为显著，其在界面形成的电荷积累将导致薄膜内部形成一强极化电场。在该强电场作用下，上述量子阱、超晶格以及异质结的能带结构将会发生强烈弯曲形变，最终对其光学及电学性能产生巨大的影响 [22,23]。因此，当前III族氮化物半导体在功能结构中极化强度的大小及其对具体能带结构的影响是众多研究者深入探索的热点问题之一。

III族氮化物所组成的量子阱结构通常外延在 GaN 缓冲层上，而势垒层通常会选择 AlN 及其合金材料。无外加电场下，晶格错配将导致内建极化电场在薄膜内部产生，这将造成势垒/阱能带结构发生整体向高能量的弯曲 [24,25]。对电子的共振隧穿发射来说，势阱向高能量漂移的同时也将导致势阱中亚能级同方向移动，使得亚能级能量位置远离费米能级，这导致需要较大电场才能使势阱中亚能级下降到费米能级附近。因而与理想的无能带弯曲量子势垒/阱相比，考虑极化效应后场发射性能将显著降低。

根据III族氮化物的性质，势垒层材料受到拉应变时压电极化方向与自发极化方向相互平行，而受到压应变时压电极化方向与自发极化方向相互反平行。对于外延在 GaN 缓冲层上的 AlN(0001) 及其合金薄膜，其受到来自 GaN 的张应力，其方向为由表面指向衬底，和自发极化方向一致，由此总的极化强度为二者之和。但如果能够使 AlN 及其合金薄膜沿 [000-1] 方向外延生长，此时总极化强度为两者之差，这将极大地削弱极化内建电场及其对场发射性能的影响。虽然目前绝大多数的研究中III族氮化物半导体均沿 [0001] 方向生长，但沿 [000-1] 方向生长的III族氮化物材料已经引起人们的关注，从理论 [26-29] 以及实验 [30-32] 上都进行了相关探索。如 Wang[27] 等采用理论方法研究了 GaN(000-1) 材料的特性。Lo[31] 等采用分子束外延生长方法在 LiAlO$_2$ 上生长了 GaN(000-1) 材料，并对其生长机理进行了解释。由此证实了沿 (000-1) 面外延生长III族氮化物是切实可行的。因此，本章多层量子结构场发射阴极模型的构造均基于 (000-1) 面外延生长的III族氮化物。

本节研究的多层量子结构场发射阴极模型的具体结构如图 6.3.1 所示，最下方为厚度 1 μm 的 Si 衬底 (n 型掺杂浓度为 1×10^{18} cm^{-3})，在其上生长了一层厚度为 200 nm 的 GaN 缓冲层 (n 型掺杂浓度为 1×10^{18} cm^{-3})，随后外延了一层 AlInGaN 四元氮化物势垒层 (未掺杂)，最后为一层 GaN 表面势阱层 (未掺杂)。除 Si 衬底外所有III族氮化物薄膜均沿 (000-1) 极性面外延生长。而量子势垒/阱宽度通过调控 AlInGaN 和 GaN 的厚度实现，但半导体势垒层以及势阱层的总厚度固定为 6 nm 不变。

2. 计算模型及参数分析基本参数

III族氮化物三元合金以及四元合金相关参数的实验数据非常少，常见的一种

方法是对其相应二元化合物进行线性插值 [33]

$$\xi\left(\text{Al}_x\text{In}_y\text{Ga}_{1-x-y}\text{N}\right) = x\xi\left(\text{AlN}\right) + y\xi\left(\text{InN}\right) + \left(1-x-y\right)\xi\left(\text{GaN}\right) \tag{6.3.1}$$

式 (6.3.1) 称为 Végard 法则，式中 $0 \leqslant x \leqslant 1$，$0 \leqslant y \leqslant 1$。该方法广泛用于晶格常数等常规的氮化物相关参数。然而对于 $A_x B_{1-x}\text{N}$($\text{Al}_x\text{Ga}_{1-x}\text{N}$、$\text{Al}_x\text{In}_{1-x}\text{N}$ 和 $\text{In}_x\text{Ga}_{1-x}\text{N}$) 三元氮化物的带隙等其他参数，常采用二元化合物 AN、BN 进行二次插值 [34]

$$\xi\left(\text{A}_x\text{B}_{1-x}\text{N}\right) = x\xi\left(\text{AN}\right) + \left(1-x\right)\xi\left(\text{BN}\right) + x\left(1-x\right)b_{\text{ABN}} \tag{6.3.2}$$

式 (6.3.2) 中 b_{ABN} 为该三元氮化物的弯曲系数或修正系数。b_{ABN} 的值非常关键，其决定了三元氮化物相关参数的计算结果是否真实有效。文献 [35] 和文献 [36] 中所报道的相关参数值列于表 6.3.1 中。

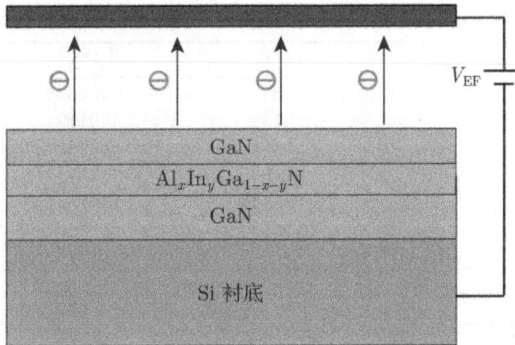

图 6.3.1 量子结构场发射阴极结构示意图

表 6.3.1 Ⅲ族氮化物半导体材料弯曲系数

性质	InGaN	AlGaN	AlInN
E_{g}/eV	1.4	0.7	2.5
$P_{\text{sp}}/(\text{C/m}^2)$	-0.037	-0.021	-0.070

对于 $\text{Al}_x\text{In}_y\text{Ga}_{1-x-y}\text{N}$ 四元氮化物，为了取代 Végard 方法而获得更好的近似结果，Glisson[35] 等发展了对相关三元氮化物进行插值的方法。该方法仍然包含三元氮化物的弯曲系数 b_{ABN}。目前众多研究者通常采用此方法进行四元氮化物相关参数的计算，该公式如下：

$$\xi\left(\text{Al}_x\text{In}_y\text{Ga}_{1-x-y}\text{N}\right) = \frac{xy\xi^u\left(\text{AlInN}\right) + yz\xi^v\left(\text{InGaN}\right) + xz\xi^w\left(\text{AlGaN}\right)}{xy + yz + xz} \tag{6.3.3}$$

式中

$$\xi^u (\text{AlInN}) = u\xi (\text{InN}) + (1 - u)\,\xi (\text{AlN}) - u\,(1 - u)\,b_{\text{AlInN}}$$

$$\xi^v (\text{InGaN}) = v\xi (\text{GaN}) + (1 - v)\,\xi (\text{InN}) - v\,(1 - v)\,b_{\text{InGaN}}$$

$$\xi^w (\text{AlGaN}) = w\xi (\text{GaN}) + (1 - w)\,\xi (\text{AlN}) - w\,(1 - w)\,b_{\text{AlGaN}}$$

$$u = \frac{1 - x + y}{2}, \quad v = \frac{1 - y + z}{2}, \quad w = \frac{1 - x + z}{2}$$

并且 $x + y + z = 1$。

　　AlInGaN 四元氮化物晶格常数由式 (6.3.1) 采用 Végard 法则对二元氮化物进行线性插值获得，这也是研究者普遍采用的方法，二元氮化物的晶格常数列于表6.3.2 中。图 6.3.2 中显示了经计算得出的 AlInGaN 四元氮化物晶格常数随组分的变化关系。由图中可以看出，随Ⅲ族元素组分的变化，四元氮化物晶格常数 a 呈现线性连续变化，从而在本节的模型中，通过组分的控制可以使 AlInGaN 的应变在 $0\%\sim12\%$ 内任意调控。

表 6.3.2　典型Ⅲ族氮化物半导体材料基本参数

性质	GaN	AlN	InN
带隙宽度/eV	3.51	6.25	0.78
晶格常数 a/(nm, 300 K)	0.3189	0.3112	0.3545
晶格常数 c/(nm, 300 K)	0.5185	0.4982	0.5703
热导率/(W/(cm·K))	1.3	2.0	0.8
击穿场强/(V/cm)	$(3\sim5)\times10^6$	14×10^6	
饱和电子漂移速度/(cm/s)	2.9×10^7	—	4.2×10^7
体电子迁移率/(cm^2/(V·s))	900	300	4400
介电常数	9.5	8.5	15.3
电子有效质量	0.22	0.33	0.11
自发极化常数/(C/m^2)	-0.034	-0.090	-0.042

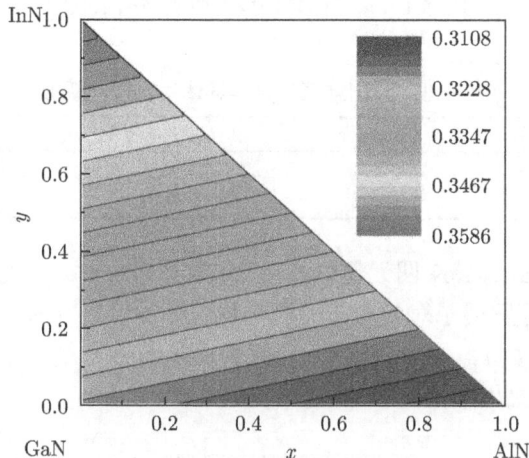

图 6.3.2　$\text{Al}_x\text{In}_y\text{Ga}_{1-x-y}\text{N}$ 四元氮化物晶格常数随组分变化的计算结果 (后附彩图)

　　AlInGaN 四元氮化物带隙宽度首先根据式 (6.3.2) 计算出相应三元氮化物的带隙宽度, 而后由式 (6.3.3) 计算得出, 其中带隙弯曲系数采用表 6.3.1 中数值, 二元氮化物的带隙宽度采用表 6.3.2 中数值。图 6.3.3 给出了 AlInGaN 四元氮化物带隙宽度随组分的变化关系。从图中可以看出, 随Ⅲ族元素组分的变化, 由于带隙弯曲系数的作用, 四元氮化物带隙宽度呈现非线性的连续变化规律。通过组分的控制可以使得 AlInGaN/GaN 势垒阱的带隙差值在 0~2.7 eV 内调控 (仅考虑 AlInGaN 四元氮化物作为势垒层)。

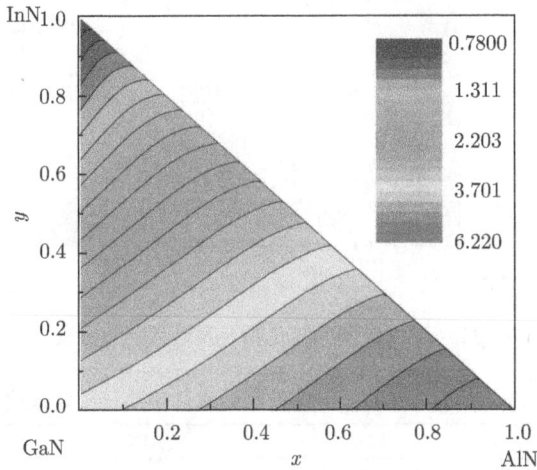

图 6.3.3　$Al_xIn_yGa_{1-x-y}N$ 四元氮化物带隙宽度随组分变化的计算结果 (后附彩图)

3. 量子结构极化特性调控

　　AlInGaN 四元氮化物自发极化由式 (6.3.3) 计算得出, 其中二元氮化物的自发极化采用表 6.3.2 中数值, 氮化物自发极化弯曲系数采用表 6.3.1 中的数值。图 6.3.4 显示了 AlInGaN 四元氮化物自发极化随组分的变化关系。从图中可以看出, 随Ⅲ族元素组分的变化, 四元氮化物自发极化呈现非线性的变化规律且整个组分范围内自发极化均为负值, 而未发生自发极化方向的反转。

　　AlInGaN 四元氮化物压电极化由式 (6.3.4) 计算得出

$$p_{pz} = e_{33}\varepsilon_z + e_{31}\left(\varepsilon_x + \varepsilon_y\right) \tag{6.3.4}$$

式中 e_{33} 和 e_{31} 为压电系数, $\varepsilon_z = \dfrac{c - c_0}{c_0}$ 为沿平行于 c 轴方向的应变, $\varepsilon_x = \varepsilon_y = \dfrac{a - a_0}{a_0}$ 为面内应变分量。将弹性常数和应变的关系式 $\varepsilon_z = -2\dfrac{c_{13}}{c_{33}}\varepsilon_x$ 代入式 (6.3.4) 可得

$$p_{pz} = 2\varepsilon_x\left(e_{31} - e_{33}\dfrac{c_{13}}{c_{33}}\right) \tag{6.3.5}$$

式中 c_{13} 和 c_{33} 为弹性常数，表 6.3.3 列出了Ⅲ族氮化物弹性常数及压电系数值。其中压电系数和弹性常数通过 Végard 法则进行线性插值获得，其中二元氮化物的压电系数和弹性常数采用表 6.3.3 中的数值。图 6.3.5 显示了 AlInGaN 四元氮化物

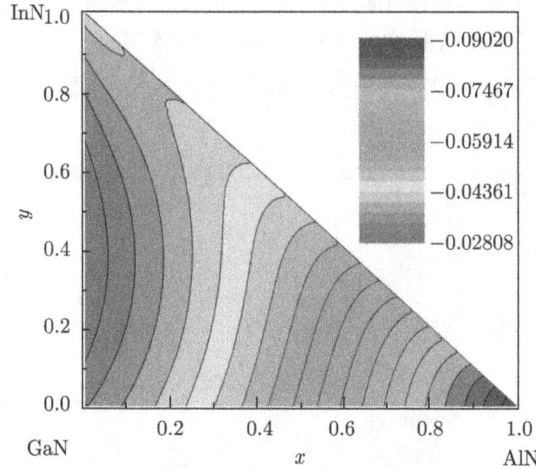

图 6.3.4　$\mathrm{Al}_x\mathrm{In}_y\mathrm{Ga}_{1-x-y}\mathrm{N}$ 四元氮化物自发极化随组分变化图 (后附彩图)

表 6.3.3　Ⅲ族氮化物半导体材料的弹性常数及压电系数 [33,34]

性质	GaN	AlN	InN
c_{13}/GPa	106	108	92
c_{13}/GPa	373	398	224
$e_{13}/(\mathrm{C/m^2})$	-0.34	-0.53	-0.41
$e_{33}/(\mathrm{C/m^2})$	0.67	1.50	0.81

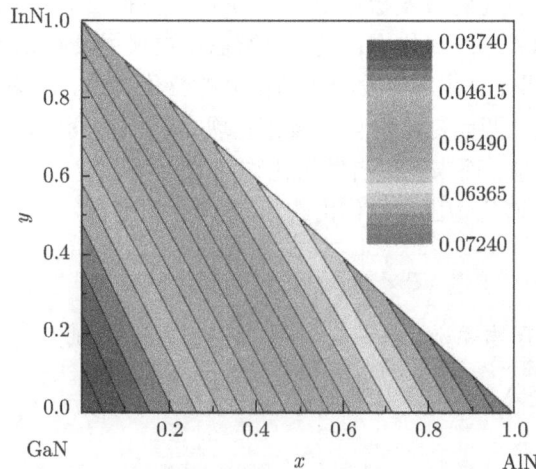

图 6.3.5　$\mathrm{Al}_x\mathrm{In}_y\mathrm{Ga}_{1-x-y}\mathrm{N}$ 四元氮化物压电常数随组分变化的计算结果 (后附彩图)

压电极化随组分的变化关系。从图中可以看出，随III族元素组分的变化，四元氮化物压电极化呈现线性连续的变化。通过组分的控制可以使得 AlInGaN 压电极化在 0.037～0.072 内调控。

将计算得出的压电极化 p_{pz} 与自发极化值 p_{sp} 相加就是界面处总的极化 p_i，从而可以获得界面处的极化电荷：$\sigma = p_i/e$。然而对于实验测试得出的内建极化电场，其值通常要小于理论计算值，这可能是由于部分的极化电荷被缺陷所补偿，其值为理论值的 20%、50% 以及 80% 都有文献给出 [23,36-38]。在本书中，采用 50% 进行计算。

图 6.3.6 显示了经计算得出的 AlInGaN/GaN 界面处极化电荷 (C_p) 及带隙差值 (ΔE_g) 随 AlInGaN 四元氮化物组分的变化关系。由图中可以看出随组分的变化，界面处极化电荷可以从 $-8.15 \times 10^{13} \sim 6.3 \times 10^{13}$ cm^{-2} 大范围连续变化。而极化电荷在界面处的积累将显著改变量子势垒/阱的能带结构，从而影响势阱内部的亚能级，进而对场发射特性产生显著影响。

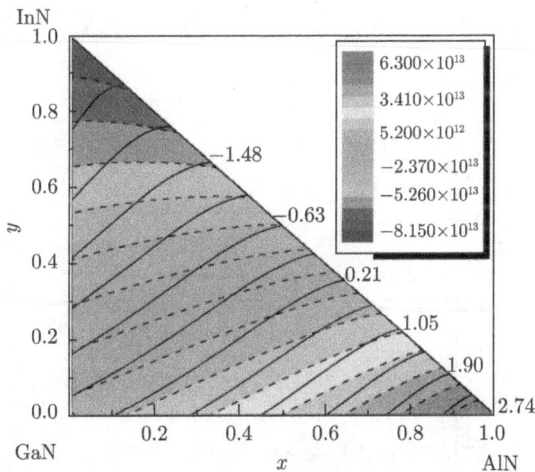

图 6.3.6 势垒/势阱 ($Al_x In_y Ga_{1-x-y} N$/GaN) 界面极化电荷 C_p 及带隙差值 ΔE_g 随组分变化关系图 (后附彩图)

其中虚线为界面电荷等高线，实线为势垒/势阱带隙差值等高线

从图中也可以看出随 AlInGaN 四元氮化物组分的变化，界面带隙差值能够实现 0～2.7 eV 的连续变化。由于组分的变化，相同的界面极化电荷 (图中虚线标明的等高线) 能够对应不同的界面带隙差值，而相同的界面带隙差值 (图中实线标明的等高线) 也能够对应不同的界面极化电荷。这意味着如果将势垒/阱界面极化电荷固定，可以通过调节 AlInGaN 四元氮化物组分在不影响势垒/阱能带形状的条件下实现对势阱相对深度的调控，探索势阱相对深度对亚能级以至于对场发射特

性的作用机理；而如果将势垒/阱界面带隙差值固定，即固定了势阱相对深度，也可以通过调节 AlInGaN 四元氮化物组分实现量子结构能带形状的调控，探索能带形状变化对场发射特性影响的作用机理。

6.3.2　半导体量子结构薄膜共振隧穿场发射普适机制

本小节中采用 APSYS(Advanced Physical Models of Semiconductor Devices) 模拟软件对不同势垒/阱层厚度的场发射阴极能带结构进行了计算。计算结果如图 6.3.7 所示。以势垒/势阱界面带隙差值为 1.6 eV 的阴极结构为例 (其中势垒层为 $Al_{0.85}In_{0.15}Ga_{0.00}N$)，通过调控 AlInGaN 势垒层和表面 GaN 势阱层的厚度对该阴极量子结构进行调控。由图中可以看出，由于 $Al_{0.85}In_{0.15}Ga_{0.00}N/GaN$ 界面极化电荷达到 2.9×10^{13} cm^{-2}，这使得量子结构形状发生了较大的向下弯曲。但由于势垒层组分固定 ($Al_{0.85}In_{0.15}Ga_{0.00}N$)，所以界面极化电荷值不会发生变化，从而图 6.3.7 中三组结构相互间的势垒、势阱处能带形状均相同。因此，尽管势垒形状偏离了无极化电荷状态下的理想矩形势垒，但厚度效应不会受其影响。由此，通过对上述三组对比模型的场发射特性计算，可以获得量子势垒/阱宽度变化对场发射特性影响的物理实质。

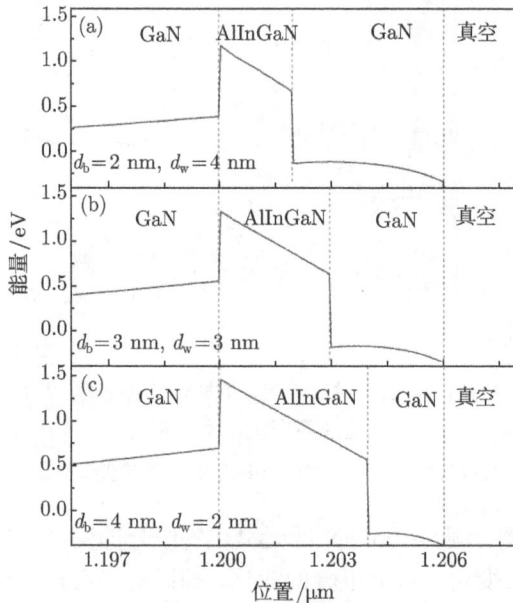

图 6.3.7　$Al_{0.85}In_{0.15}Ga_{0.00}N/GaN$ 量子结构势垒/阱厚度调控的能带结构

势垒/阱结构分别为：(a) 2 nm/4 nm；(b) 3 nm/3 nm；(c) 4 nm/2 nm

首先基于图 6.3.7 所示能带结构，根据式 (2.1.1) 场发射电流密度计算方法对势垒/势阱厚度为 4 nm/2 nm 阴极的场发射 J-E 曲线进行了计算, 其中透射系数采用 2.5.2 节中转移矩阵法计算。图 6.3.8 给出了该势垒/阱带隙差值为 1.6 eV 且厚度为 4 nm/2 nm 阴极的场发射 J-E 曲线。图中曲线 (a)~(e) 分别代表通过调节 AlInGaN 组分而获得的不同界面极化电荷的阴极结构, 但所有结构其势垒/阱界面处带隙差值均保持 1.6 eV 不变。从图中可以看出, 不同阴极结构造成场发射电流密度大小呈现随 Al 元素含量增多而增大的变化, 这源于组分变化对极化电荷的影响, 从而改变了量子结构能带形状, 其能带形状具体作用机理将在 6.3.3 节中分析讨论。值得注意的是, 曲线 (a)~(e) 的场发射特性均表现出图中所示的 A~C 三个具有不同电流特性的区域, 这说明在保持量子势垒/阱宽度不变的条件下, 势垒/阱形状的变化不会对电子发射机制造成影响。对于 A~C 三段电子发射特性的具体机理将通过场发射电子能谱进行详细分析。

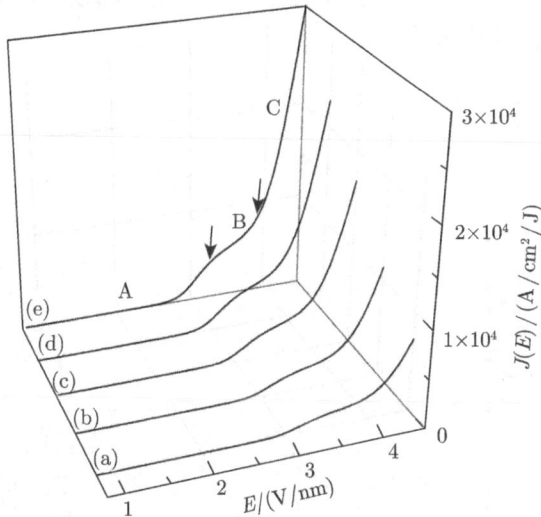

图 6.3.8 势垒/势阱厚度为 4 nm/2 nm 的阴极结构, 调节 AlInGaN 组分对场发射特性
(J-E 曲线) 的影响

(a) $Al_{0.64}In_{0.00}Ga_{0.36}N$; (b) $Al_{0.70}In_{0.05}Ga_{0.25}N$; (c) $Al_{0.75}In_{0.09}Ga_{0.16}N$;

(d) $Al_{0.80}In_{0.13}Ga_{0.07}N$; (e) $Al_{0.85}In_{0.15}Ga_{0.00}N$

采用转移矩阵方法[15] 求解了该结构下的电子透射率, 并对具体的量子结构进行了场发射电子能谱计算, 探索该结构的场电子发射机制。图 6.3.9 显示了势垒/势阱厚度为 4 nm/2 nm 结构阴极的电子透射谱以及相应的场发射电子能谱。从图 6.3.9(a) 中可以看出: 随场强增加, 电子透射率获得了近 10 个数量级的提高, 该现象符合电流密度随场强增加而指数性增强的场发射特性。重要的是, 不同于传统半导体材料的场电子透射谱, 其在费米能级附近形成了多个透射共振峰, 而该共振峰

的峰位即对应于势阱中所形成的分立亚能级 (同 4.3.1 节所述 AlAs/GaAs 量子势垒-势阱结构的亚能级及其对应的透射峰), 图中仅列出了位于最高能级处的 1# 以及其下的 2# 能级共振峰。进一步观察发现: 随场强增加, 相同透射共振能级的峰位向低能级位置偏移, 且同一共振亚能级的峰形会逐渐变得相对平缓。这源于随场强增加能带显著弯曲, 势阱中亚能级位置相应偏移; 另外, 高场下真空势垒显著下降, 对亚能级电子束缚能力减弱, 此时峰形变得平缓, 尤其对于最高能级处的 1# 共振峰最为明显。图 6.3.9(b) 显示了和上述电子透射谱相对应的场发射电子能谱, 该能谱表征了阴极电子在外电场作用下从表面隧穿真空势垒进入真空时的能量分布。其反映了场发射宏观电流中电子的来源, 是探索量子结构场发射机理的重要方法。从图中能够看出: 一方面, 当能量高于费米能级时其能谱强度大幅减弱, 这源于高于费米能级时电子供给函数迅速减小; 另一方面, 从该 FEED 可以看出, 和电子透射谱相对应, 其峰形及峰位随场强变化都发生了显著的改变, 而该 FEED 特性的变化必然导致场发射特性的不同。

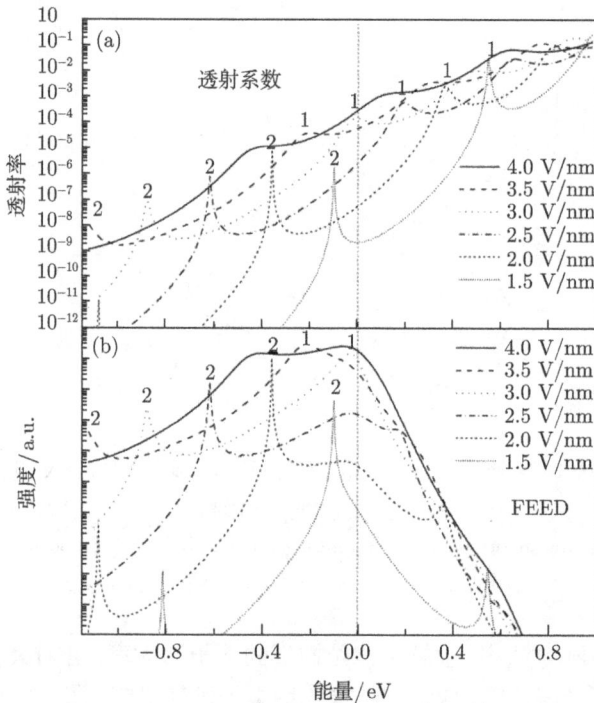

图 6.3.9　势垒/势阱厚度为 4 nm/2 nm 阴极结构的 (a) 电子透射谱和 (b)FEED 特性随场强变化曲线

其中 0 eV 对应费米能级

通过对上述 FEED 进行分析, 可以将随外电场变化的整个场发射过程总结为三种电子发射模式:

(1) 共振隧穿场发射 (F-NR) 模式: 在小于 2.5 V/nm 的电场下, 电子通过 2# 亚能级共振隧穿发射。而当外加电场达到 2.5~3.0 V/nm 时, 原本远离费米能级附近的 1# 亚能级进入到费米能级附近的能量位置, 由于靠近费米能级处电子供给急剧增大, 此时 1# 和 2# 亚能级共同作为电子源主导电子共振隧穿发射, 使得场发射电流迅速增强。对应于 J-E 曲线中的 A 段区域;

(2) FN 场发射 (F-N) 模式: 当电场超过 3.0 V/nm 时, 1# 亚能级从费米能级以上的能量位置进入费米能级以下。由于图 6.3.9(a) 所示的电子透射谱中 1# 亚能级对应的透射峰强度随外加场强增大而减小, 综合考虑电子供给后, 其结果可以从 FEED 图谱中看出, 即随电场增强 1# 亚能级对应的共振峰强度会缓慢增大, 而非外场在 2.5~3.0 V/nm 时快速增大。因而导致在 B 段区域显示出电流增大较缓的现象; 由此电子将从 F-N 模式转变为类似于传统薄膜场发射的在费米能级附近的电子发射模式, 可用经典 F-N 公式描述。

(3) 场–热电子混合发射 (T-F) 模式: 如果进一步增强电场超过 4.0 V/nm, 由于表面真空势垒在电场作用下将会下降到费米能级附近, 此时电子发射过程为直接隧穿 AlInGaN 单势垒后以类似于热电子发射形式直接进入真空, 因此透射几率大幅提高, 且由于真空势垒对表面 GaN 薄膜中电子的限制作用减弱, 分立亚能级消失, 共振振荡模式完全湮没, 对应于 J-E 曲线中的 C 段区域。

图 6.3.10 显示了 3 nm/3 nm 结构的场发射 J-E 曲线。图中结果表明: 其场发射特性和 4 nm/2 nm 结构基本相同, 即场发射 J-E 曲线可以被分为如图 6.3.10 所示的 A~C 三个电流密度区域, 其明显区别仅在于 B 段电流曲线斜率下降而形成一 "平台", 然而其具体电子发射机制是否和 4 nm/2 nm 结构相一致仍然需要对相应的场发射电子能谱进行分析。

通过计算其相关场电子透射谱以及 FEED, 对其场电子发射机制进行了分析。如图 6.3.11 所示, 3 nm/3 nm 结构的研究结果表明, 同样可以将其随外电场变化的整个场发射过程总结为三种电子发射模式, 但其相关的发射机制发生了改变。

(1) F-NR 模式: 由于 3 nm/3 nm 结构中 1# 亚能级和 4 nm/2 nm 结构相比, 整体向低能级处偏移, 所以 1# 亚能级更靠近费米能级, 这使得电子源于 1# 和 2# 亚能级共同发射。但在小于 1.5 V/nm 的较低电场下, 电子主要源于 2# 亚能级。而当外加电场达到 1.5~2.0 V/nm 时, 1# 亚能级进入到费米能级附近能量位置, 此时 1# 和 2# 亚能级共同作为电子源主导场电子发射, 使得场发射电流迅速增强。上述过程对应于 J-E 曲线中的 A 段区域;

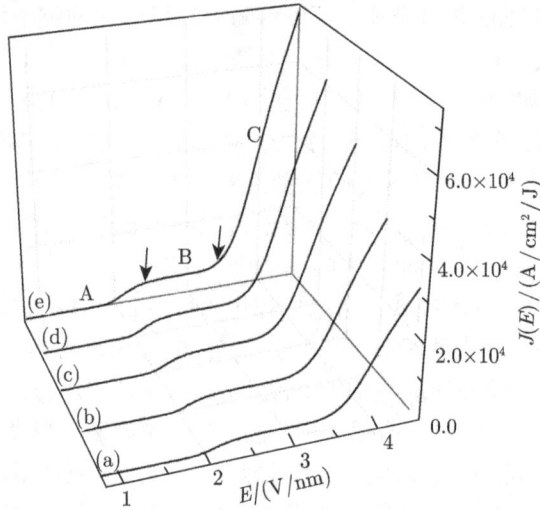

图 6.3.10   势垒/势阱厚度为 3 nm/3 nm 的阴极结构, 调节 AlInGaN 组分对场发射特性
(J-E 曲线) 的影响

(a) $Al_{0.64}In_{0.00}Ga_{0.36}N$; (b) $Al_{0.70}In_{0.05}Ga_{0.25}N$; (c) $Al_{0.75}In_{0.09}Ga_{0.16}N$;

(d) $Al_{0.80}In_{0.13}Ga_{0.07}N$; (e) $Al_{0.85}In_{0.15}Ga_{0.00}N$

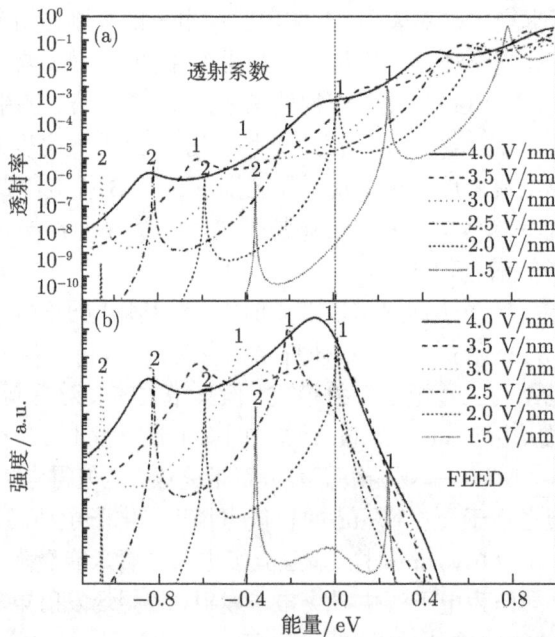

图 6.3.11   势垒/势阱厚度为 3 nm/3 nm 阴极结构的 (a) 电子透射谱和 (b)FEED 特性随场
强变化曲线

(2) F-N 模式: 当电场从 2.0 V/nm 增强到 3.5 V/nm 时, 发射机理和 4 nm/2 nm 结构相同。其 1#亚能级从费米能级以上的位置进入到费米能级以下的能量位置, 由于电子透射谱中 1#亚能级对应的透射峰强度随场强增大而减小, 综合考虑电子供给作用后, 其结果可以从 FEED 图谱中看出: 不同于 4 nm/2 nm 结构中 1#亚能级对应的 FEED 共振峰强度缓慢增大的现象, 其 1#亚能级对应的共振峰强度会出现缓慢降低。因而最终导致在 B 段区域显示出一 "平台" 特性;

(3) T-F 模式: 如果进一步增强电场超过 3.5 V/nm 时, 和 4 nm/2 nm 结构类似, 由于表面真空势垒在电场作用下将会下降到费米能级附近, 此时电子发射过程类似于直接隧穿 AlInGaN 势垒而发射, 透射几率大幅提高, 对应于 $J\text{-}E$ 曲线中的 C 段区域。

图 6.3.12 显示了 2 nm/4 nm 结构的场发射 $J\text{-}E$ 曲线。图中所示结果表明: 其场发射电流特性虽然和 4 nm/2 nm 以及 3 nm/3 nm 结构的三段电子发射模式相同, 但其场发射电流密度明显得到了进一步的提高, 而且在区域 A 中出现了显著的电流共振现象。首先, 其三段电子发射模式将通过电子透射图及其相对应的场发射电子能谱 (图 6.3.13) 进行详细分析。

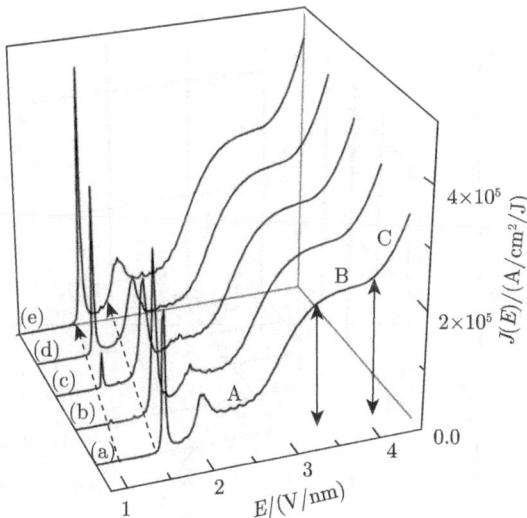

图 6.3.12 势垒/势阱厚度为 2 nm/4 nm 的阴极结构, 调节 AlInGaN 组分对场发射特性
($J\text{-}E$ 曲线) 的影响

(a) $Al_{0.64}In_{0.00}Ga_{0.36}N$; (b) $Al_{0.70}In_{0.05}Ga_{0.25}N$; (c) $Al_{0.75}In_{0.09}Ga_{0.16}N$;
(d) $Al_{0.80}In_{0.13}Ga_{0.07}N$; (e) $Al_{0.85}In_{0.15}Ga_{0.00}N$

(1) F-NR 模式: 和 4 nm/2 nm 以及 3 nm/3 nm 结构相比, 2 nm/4 nm 结构在较低电场时 2#亚能级进入到费米能级以上能量位置, 且 1#亚能级远离费米能

级。这导致在小于 2.0 V/nm 的较低电场下，电子源于 2# 和 3# 亚能级，但以 2# 亚能级为主导，而不同于 4 nm/2 nm 以及 3 nm/3 nm 结构在较低电场下的 2# 以及 1# 和 2# 亚能级发射机制。而当外加电场达到 2.0~3.0 V/nm 时，由于 2# 亚能级对应的透射峰强度随场强增大而减小，因而此时 1#，2# 亚能级和 3# 亚能级共同作为电子源，使得场发射电流迅速增强；

(2) F-N 模式：当电场从 3.0 V/nm 增强到 4.0 V/nm 时。一方面，随外电场增强 2# 亚能级电子透射率会相应降低，综合考虑电子供给后，2# 亚能级 FEED 图谱表明其相应共振峰强度随外场增大而显著降低。另一方面，1# 亚能级对应的电子透射率也随电场增大而减小，这使得 FEED 表现为虽然电场进一步增强，但 1# 亚能级对应的共振峰强度并未明显增强。综合上述 1# 和 2# 亚能级特性，宏观场发射电流不会随电场增强而显著增大。因此会出现电流平缓增大的特性，对应于 J-E 曲线中的 B 段区域；

(3) T-F 模式：如果进一步增强电场超过 4.0 V/nm 时，表面真空势垒在电场作用下将会下降到费米能级附近，此时电子发射过程类似于直接隧穿 AlInGaN 势垒后进行热电子发射，透射几率大幅提高，对应于 J-E 曲线中的 C 段区域。

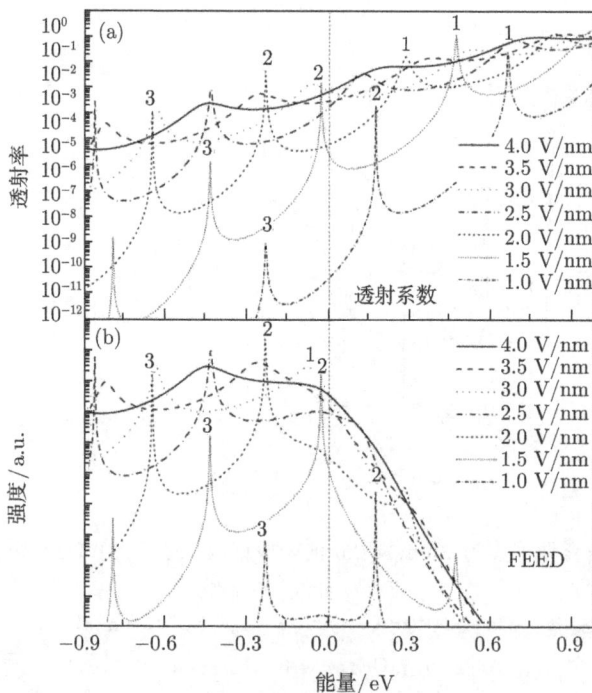

图 6.3.13　势垒/势阱厚度为 2 nm/4 nm 阴极结构的 (a) 电子透射谱和 (b)FEED 特性随场强变化曲线

上述研究结果表明, 在 F-NR 模式以及 F-N 模式下, 2 nm/4 nm 结构的电子发射机制和 4 nm/2 nm 以及 3 nm/3 nm 结构相比均发生了变化。由于在 F-NR 模式的较低电场下 (区域 A 中) 场发射 J-E 曲线出现了显著电流共振现象, 所以下面将对三种对比模型的 F-NR 模式进行进一步的分析。图 6.3.14 显示了不同势垒/阱层厚度的阴极在 2.0 V/nm 场强下的电子透射谱以及场发射电子能谱。从图中可以看出: 在势垒/阱层总厚度不变的条件下, 随势阱层厚度的增大其电子透射率显著提高, 这源于势垒减薄使得电子透射率快速增大, 最终导致 2 nm/4 nm 结构具有最大的场发射电流密度; 另外, 分立亚能级之间的能量差随势阱层厚度的增大而减小。其原因可以根据理想的矩形势阱结构的分析得出, 即势阱宽度 L_{w} 增大导致能级间距 ΔE 减小。

$$\Delta E_{(n_z+1),n_z} = E_{n_z+1} - E_{n_z} = \frac{\hbar^2}{2m^*}\left(\frac{\pi}{L_{\mathrm{w}}}\right)^2\left[(n_z+1)^2 - n_z^2\right] \tag{6.3.6}$$

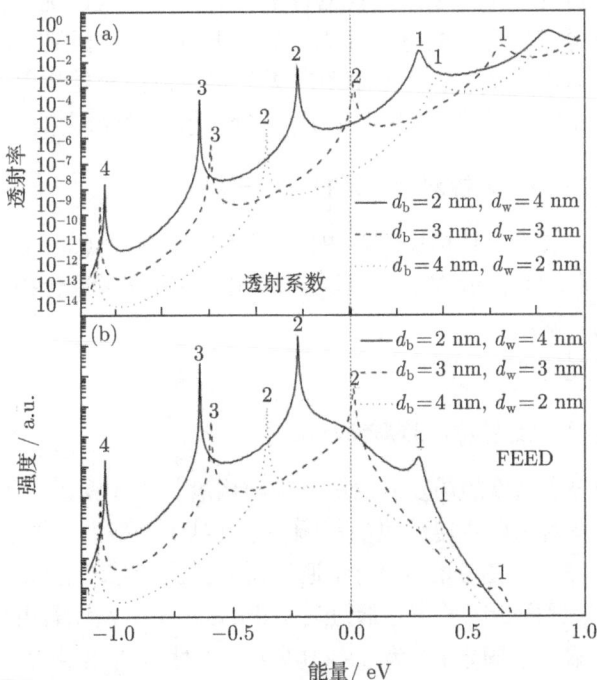

图 6.3.14 不同势垒/势阱厚度阴极结构的 (a) 电子透射谱和 (b)FEED 特性曲线对比

通过本节中对 4 nm/2 nm 结构到 3 nm/3 nm、2 nm/4 nm 结构在 F-NR 模式下的对比分析可以看出, 电子发射机制发生了从单能级向多能级发射逐渐转变的一个过程。这是由于当势阱层较薄时 (4 nm/2 nm 结构) 亚能级间距较大, 费米能级附近仅有单一亚能级对电子发射作出贡献; 而当势阱层较厚时 (2 nm/4 nm 结构) 亚能级间距较小，费米能级附近将会有多个亚能级成为电子发射源。对于单能级电子发射，其亚能级对应的 FEED 共振峰峰形尖锐，"敏感"于外电场的变化，因此会形成锯齿状的发射特性 (但由于单一尖锐的 FEED 共振峰对宏观电流的提高贡献小，所以该电流变化幅度较弱，在如图 6.3.8 和图 6.3.10 中所示的线性坐标中难以显示出)，在 Yamada[39] 等的共振隧穿场发射实验研究中，也可以在较低电场下观测到电流的微弱振荡特性。而对于多能级发射，对宏观电流影响较大，且相对于单能级发射对外电场变化相对反应迟缓，因此其场发射 J-E 特性曲线会形成较少的电流共振峰，即负微分电导 (Negative Differential Conductance，NDC) 特性，且其共振峰强度会非常大 (图 6.3.12)。在 Tsang[40] 以及 Johnson[41] 等的实验研究中，观测到了这种具有明显 NDC 特性的共振隧穿电子发射特性。

众所周知，固态微电子器件由于受到晶格散射影响，其饱和载流子漂移速度在 10^5 m·s^{-1} 数量级 [42,43]。然而电子在真空中的传输接近光速，即 10^8 m·s^{-1} 数量级，由此真空微电子器件在高频以及高速器件中具有不可替代的优势。而放大器以及振荡器作为高速电子器件中的重要组成，其工作均需要共振隧穿二极管以产生负微分电导的 I-V 特性。因此，将本节所获得的场发射阴极结构取代共振隧穿二极管应用于高频以及高速器件，将极大地提高其性能，具有巨大的应用前景。

6.3.3　量子结构中势阱调控对场发射特性的影响

本节研究的多层量子结构场发射阴极模型的结构如图 6.3.1 所示，但模型中量子势垒/阱结构固定为 2 nm/4 nm，且 AlInGaN 层组分含量会相应发生变化以调控量子势阱的相对深度。

计算参数设置同 6.3.1 节。

1. 势阱深度对场发射特性的影响机制

首先对不同势阱深度的场发射阴极能带结构进行了计算。在计算过程中，为了避免能带形状改变对势阱深度结果的影响，每组对比模型中均固定了势垒/阱界面处的极化电荷值 C_p。如图 6.3.15 所示，通过调控界面带隙差值 ΔE_g 实现了对势阱深度的调制，而该界面带隙差值是通过对 AlInGaN 中Ⅲ族元素组分进行调控的。

图 6.3.15(a) 显示了固定 C_p 为 0.8×10^{13} cm^{-2} 时 ΔE_g 变化对能带结构的影响。图中以势垒层为基准，能带结构由上至下对应的 ΔE_g 分别为 0.89 eV、0.60 eV 和 0.40 eV。从中可以看出，调控四元氮化物组分从 Al$_{0.18}$In$_{0.00}$Ga$_{0.82}$N(Al$_{0.18}$Ga$_{0.82}$N) 到 Al$_{0.75}$In$_{0.25}$Ga$_{0.00}$N(Al$_{0.75}$In$_{0.25}$N) 虽然界面极化电荷值未发生变化，但能带结构发生了显著改变，即势阱相对深度提高了 120%(0.49 eV)。

图 6.3.15(b) 给出固定 C_p 为 1.6×10^{13} cm^{-2} 时，能带结构由上至下对应的 ΔE_g 分别为：1.16 eV、0.96 eV 和 0.77 eV。由此图可见，调控四元氮化物组分从

$Al_{0.34}In_{0.00}Ga_{0.66}N(Al_{0.34}Ga_{0.66}N)$ 到 $Al_{0.79}In_{0.21}Ga_{0.00}N(Al_{0.79}In_{0.21}N)$，势阱相对深度能够提高 50%(0.39 eV)。

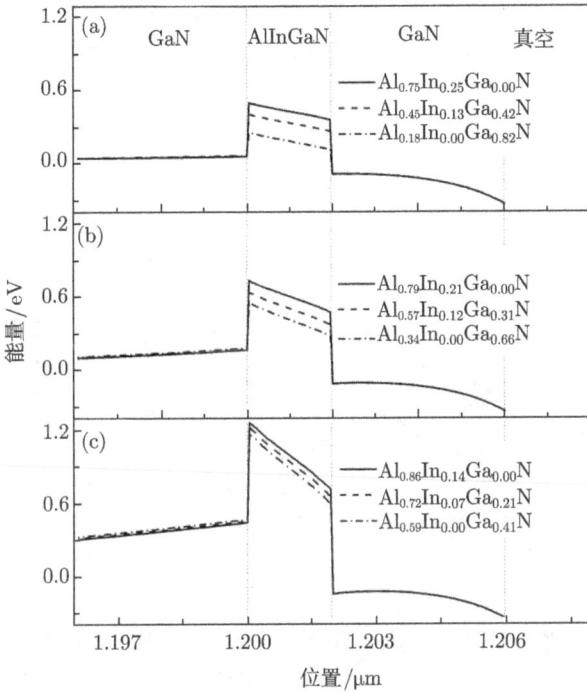

图 6.3.15　无偏压下不同 AlInGaN 组分的能带结构

固定势垒/阱界面极化电荷值为: (a) $0.8×10^{13}$ cm^{-2}; (b) $1.6×10^{13}$ cm^{-2} 和 (c)$3.2×10^{13}$ cm^{-2}

　　图 6.3.15(c) 显示了固定 C_p 为 $3.2×10^{13}$ cm^{-2} 时 ΔE_g 变化对能带结构的影响。能带结构由上至下依次对应的 ΔE_g 分别为 1.70 eV、1.58 eV 和 1.46 eV。可以看出通过组分的调制，势阱相对深度最大仅能够提高 16%(0.24 eV)。这是较大的界面极化电荷所对应的组分变化范围较小所致，所以只能实现小幅的势阱深度调控。经计算，当控制 C_p 为 0 cm^{-2} 时，即界面无极化电荷形成，此时通过组分调制能够实现势阱相对深度从 0.0~0.6 eV 的大范围调控。另外，也可以看出随 C_p 增大，薄膜内部受内建极化效应的增强使得势垒的形状发生了明显的向下倾斜，而势垒/阱能带形状的变化必然导致电子发射特性的变化，此部分内容将在 6.3.4 节中讨论。

　　图 6.3.16 给出了阱/垒界面 C_p 固定为 $1.6×10^{13}$ cm^{-2} 时，调节 AlInGaN 中Ⅲ族元素组分从而控制势阱深度对场发射 J-E 特性的影响。一方面，从场发射 J-E 特性曲线可以看出，所有曲线都可以清晰地划分成如图中所示的 A~C 三个区域，对应于 6.3.2 节中所述 2 nm/4 nm 结构的三种电子发射模式。另一方面，由图 6.3.16

可以看出，在相同外场下 AlInGaN 四元氮化物中 Al 含量的增大使得场发射电流密度有较大幅度的降低。这是由于在固定 C_p 为 1.6×10^{13} cm^{-2} 的条件下，Al 含量增加提高了势垒高度，因此减小了电子透射概率。而且从图中可以看出，随 Al 元素组分含量的增加，$1 \sim 2$ V/nm 的场强范围内电流共振峰的数量由 3 个减少为 1 个，且强度相应降低，其机理将通过场发射电子能谱进行研究分析。

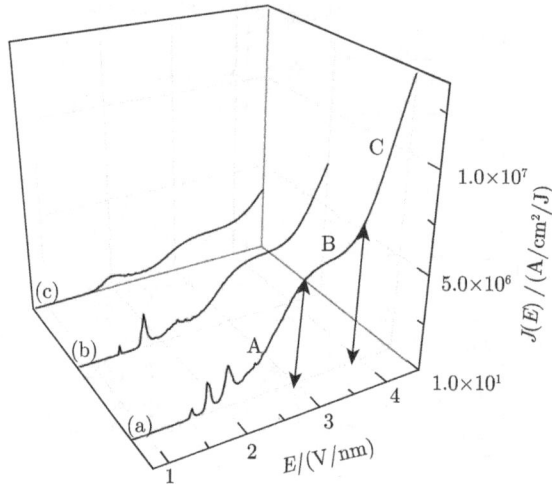

图 6.3.16　C_p 为 1.6×10^{13} cm^{-2} 的阴极结构，调节 AlInGaN 组分对场发射特性
(J-E 曲线) 的影响

(a) Al$_{0.34}$In$_{0.00}$Ga$_{0.66}$N；(b) Al$_{0.57}$In$_{0.12}$Ga$_{0.31}$N；(c) Al$_{0.79}$In$_{0.21}$Ga$_{0.00}$N

图 6.3.17 给出了势垒/阱界面 C_p 为 1.6×10^{13} cm^{-2} 时，在 2 V/nm 的场强下，电子透射谱及其 FEED 随 AlInGaN 四元氮化物组分变化。图中可以看出所有样品均具有 4 个明显的共振峰，其中 4#共振峰对应于势阱中分立亚能级的基态亚能级，1#共振峰对应于势阱中位于最高能量处的亚能级。根据 F-NR 模式中电子发射机制，在较低场强下 (<2 V/nm) 电子主要源于 2#和 3#亚能级，而其中的 2#亚能级占到主导地位。从图 6.3.17 中发现，随势垒层 Al 元素组分增加，基态能级位置没有发生变化，而其他共振能级向高能量处偏移，即 2#和 3#亚能级间距增大。而 2#亚能级位于费米能级附近，向高能级偏移将导致电子供给降低，由此宏观电流密度下降，其相应的电流共振峰也会随之减弱。另外，占主导地位的 2#亚能级贡献相对减小，导致电子发射受电场影响的敏感程度降低，造成电流共振峰数量减少。综合以上两点，随势阱深度的增大，场发射 J-E 特性曲线会表现为在 $1 \sim 2$ V/nm 场强范围内电流共振峰强度降低且数量减少的现象。

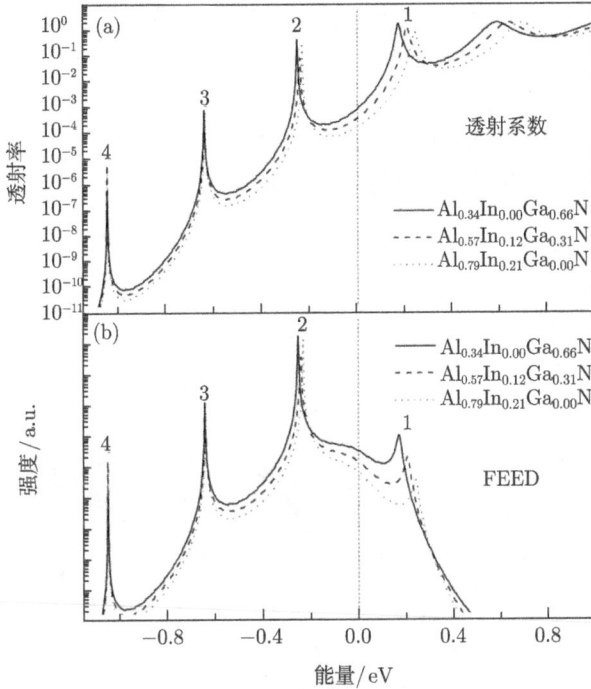

图 6.3.17 势垒/阱界面 C_p 为 1.6×10^{13} 时, 不同 AlInGaN 组分阴极结构的 (a) 电子透射谱和 (b) FEED 特性随场强变化曲线对比

为了验证上述机理的普适性, 对图 6.3.15(b) 和 (c) 所示的两组对比模型进行了计算。图 6.3.18 和图 6.3.19 分别给出了固定 C_p 为 0.8×10^{13} cm^{-2} 以及 3.2×10^{13} cm^{-2} 的两组阴极结构随四元氮化物组分含量变化的场发射 J-E 曲线。

图中表明: 尽管这两组阴极结构所对应的界面极化电荷值不同, 但是从场发射 J-E 特性来说都具有相同的三段场电子发射特性, 因此可以说明界面电荷积累的不同并未改变电子发射模式, 而只影响到电子透射率从而调控了场发射电流密度的大小。具体来说, 一方面随 Al 元素组分增加其相应电流密度呈现逐渐下降的趋势, 这是由于 Al 元素组分的增加导致势垒层高度增大从而减小了电子的透射几率。另一方面, 对于场强在 $1 \sim 2$ V/nm 的范围内, Al 元素组分增加导致电流共振峰的数量减少, 这是组分变化导致电子发射能量位置发生改变, 影响到场发射电流密度的宏观特性。而且可以明显看出, 随界面电荷积累的增加, $1 \sim 2$ V/nm 的范围内的电流共振峰随组分调控的变化减弱, 对于 C_p 为 0.8×10^{13} cm^{-2} 的阴极通过组分调控势阱相对深度使得其电流共振峰数量从 6 个减少到 2 个, 对于 C_p 为 1.6×10^{13} cm^{-2} 的阴极其电流共振峰可以从 3 个减少到 1 个, 然而对于 C_p 为 3.2×10^{13} cm^{-2} 的阴极其电流共振峰未随势阱深度变化而减少。这是由于界面极化电荷积累较小时，AlInGaN 组分能在较大范围调节，因而相对势阱深度也能在较大范围内调节 (势阱相对深度调控可以达到 120%)，这就使得亚能级能在较大范围变化从而引起电子发射特性较大的改变。而对于 C_p 为 3.2×10^{13} cm^{-2}(界面极化电荷积累较大)，对应的 AlInGaN 组分变化范围小，对势阱深度的调控相对较小 (势阱相对深度仅能调控 16%)，从而场发射 J-E 特性变化不明显。

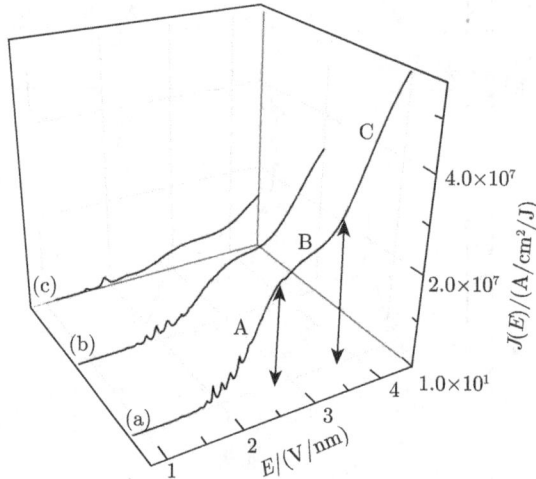

图 6.3.18　阱/垒界面极化电荷值为 0.8×10^{13} cm^{-2} 的阴极结构，调节 AlInGaN 组分对场发射特性 (J-E 曲线) 的影响

(a) Al$_{0.18}$In$_{0.00}$Ga$_{0.82}$N；(b) Al$_{0.45}$In$_{0.13}$Ga$_{0.42}$N；(c) Al$_{0.75}$In$_{0.25}$Ga$_{0.00}$N

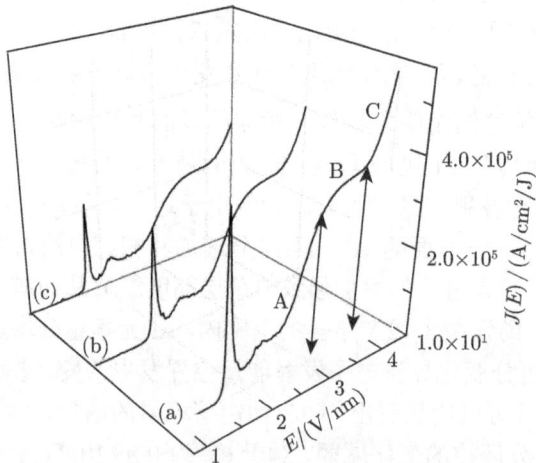

图 6.3.19　阱/垒界面极化电荷值为 3.2×10^{13} cm^{-2} 的阴极结构，调节 AlInGaN 组分对场发射特性 (J-E 曲线) 的影响

(a) Al$_{0.59}$In$_{0.00}$Ga$_{0.41}$N；(b) Al$_{0.72}$In$_{0.07}$Ga$_{0.21}$N；(c) Al$_{0.86}$In$_{0.14}$Ga$_{0.00}$N

6.3.4 量子结构形状对场发射特性的影响

基于 6.3.2 节的研究结果, 本节中量子结构形状对场发射特性的研究同样基于 2 nm/4 nm 的势垒/阱结构, 并通过场发射电子能谱的计算探索量子结构形状和场发射特性间的内在联系。

本节研究中的多层量子结构场发射阴极模型结构同 6.3.3 节, 区别仅在于本节研究中通过 AlInGaN 势垒层组分控制实现界面极化电荷的调控, 从而调节量子势垒/阱能带形状。

计算参数设置同 6.3.1 节。

1. 界面极化电荷对场发射特性的影响机制

对不同势垒/阱形状的场发射阴极能带结构进行了计算。在计算过程中, 为避免带隙差值改变对势垒/阱形状结果的相互影响, 每组对比模型均固定了势垒/阱界面处的带隙差值 ΔE_g。如图 6.3.20 所示, 通过调控界面极化电荷可以实现对能带形状的调制, 而该界面极化电荷的调控是通过控制 AlInGaN 中III族元素组分实现的。

图 6.3.20(a) 显示了 ΔE_g 为 1.6 eV 时 C_p 变化对能带结构的影响。图中以左侧 GaN 缓冲层处为基准, 能带结构由上至下依次对应的界面极化电荷分别为 3.5×10^{13} cm^{-2}、3.2×10^{13} cm^{-2} 和 2.9×10^{13} cm^{-2}。从中可以看出, 组分由 $Al_{0.64}In_{0.00}Ga_{0.36}N$ ($Al_{0.64}Ga_{0.36}N$) 连续变化到 $Al_{0.85}In_{0.15}Ga_{0.00}N$($Al_{0.85}In_{0.15}N$) 虽然界面极化电荷积累仅降低了 17%, 但势垒能带结构发生了显著改变。

图 6.3.20(b) 给出了 ΔE_g 为 0.8 eV 时 C_p 变化对能带结构的影响, 能带结构由上至下对应界面极化电荷分别为 1.7×10^{13} cm^{-2}、1.2×10^{13} cm^{-2} 和 5.4×10^{12} cm^{-2}。由图可见, 调控四元氮化物组分从 $Al_{0.64}In_{0.00}Ga_{0.36}N$($Al_{0.64}Ga_{0.36}N$) 到 $Al_{0.85}In_{0.15}Ga_{0.00}N$($Al_{0.85}In_{0.15}N$) 可以使得界面电荷实现数量级的下降, 有效削弱了极化效应。

图 6.3.20(c) 显示了 ΔE_g 为 0.4 eV 时界面电荷变化对能带结构的影响。能带结构由上至下对应的界面电荷分别为 8.1×10^{12} cm^{-2}、5.2×10^{12} cm^{-2}、-4.9×10^{10} cm^{-2} 和 -6.0×10^{12} cm^{-2}。可以看出通过组分的调制, 对于 ΔE_g 为 0.4 eV 的量子结构, 其界面电荷不仅能够实现较大幅度的降低甚至能够实现从负电荷到正电荷的转变。如图 6.3.20(c) 所示, 上述电荷极性的转变将会导致势垒能带结构形状由向下倾斜转变为向上倾斜。而且通过组分的控制可以完全屏蔽极化电荷积累, 即调控界面极化电荷值为零, 而此时势垒能带斜率也为零。

在 6.3.2 节中, 已经给出了 ΔE_g 为 1.6 eV, 2 nm/4 nm 阴极结构的场发射 J-E 曲线以及场发射电子能谱。其结果表明在相同外场下随 AlInGaN 四元氮化物 Al 含量的增大场发射电流密度获得较大幅度的提高 (图 6.3.8), 和 6.3.3 节中随 AlInGaN

四元氮化物 Al 含量的增大场发射电流密度下降的结果恰好相反 (图 6.3.19)。这是由于在固定带隙差值的条件下，Al 含量增加将会削弱界面极化电荷积累，而界面极化电荷的削弱降低了势垒的高度，由此增大了电子的透射概率。重要的是，从图 6.3.12 中 A 段电流密度区域可以看出，随势垒/阱能带形状的变化，电流共振峰的数量没有发生变化，但是随 Al 元素组分的增加，相同电流共振峰的峰位向高电场区域漂移且强度变化。这说明，能带形状的改变不会影响电子发射特性，然而却能够对电流共振峰的峰位进行调控。这意味着能够通过对势垒形状的调节而在较低电场下获得显著的负微分电导效应，而且其场发射性能可以超过 4.5 V/nm 高场下所获得的电流密度值 (图 6.3.12)。

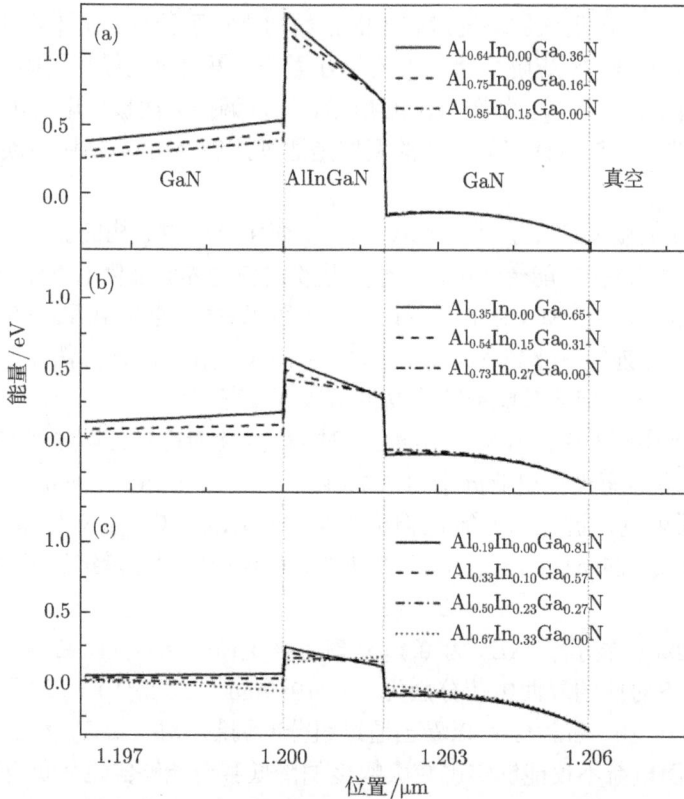

图 6.3.20   无偏压下不同 AlInGaN 组分的能带结构

固定势垒/阱界面 ΔE_{g} 为: (a) 1.6 eV; (b) 0.8 eV; (c) 0.4 eV

为了验证上述机理的普适性，对图 6.3.20 所示的另外两组模型进行了计算。图 6.3.21 和图 6.3.22 分别给出了 ΔE_{g} 为 0.8 eV 以及 ΔE_{g} 为 0.4 eV 阴极结构的

场发射 $J\text{-}E$ 特性曲线。从图中可以看出：一方面，两组模型中每个样品均存在三种普适的电子发射模式，进一步说明了电子发射特性没有发生变化，同时也符合 4.3.2 节的分析结果，即势阱深度变化不会对电子发射特性造成影响。且在 $1\sim2.5$ V/nm 的外场下，场发射 $J\text{-}E$ 曲线出现了多峰特性。然而不同的是，该多峰特性随 ΔE_g 值的变化而具有不同的特征，对于较大的带隙差值 $(\Delta E_\mathrm{g}=1.6$ eV) 共振峰峰形尖锐、峰强强度大且峰的数量少 $(1\sim3$ 个)，而随带隙差值减小共振峰峰形变得平缓、峰强强度减小且数量由 ΔE_g 为 0.8 eV 时的 $3\sim4$ 个变为 ΔE_g 为 0.4 eV 时的 $5\sim6$ 个，这也符合 6.3.2 节所分析的势阱深度变化对电流共振峰数量以及强度的影响。另一方面，每个样品同样在相同外场下随势垒层 Al 含量的增大场发射电流密度呈现出小幅度提高的趋势，如图 6.3.12、图 6.3.21、图 6.3.22 所示。这证实了在带隙差值固定的条件下，Al 含量增加将会削弱界面极化电荷积累甚至可以形成负极化电荷，而界面极化电荷的削弱降低了势垒的高度，增大了电子的透射几率。从图 6.3.22 也同样可以清晰地看到电流共振峰向高电场方向偏移的现象。

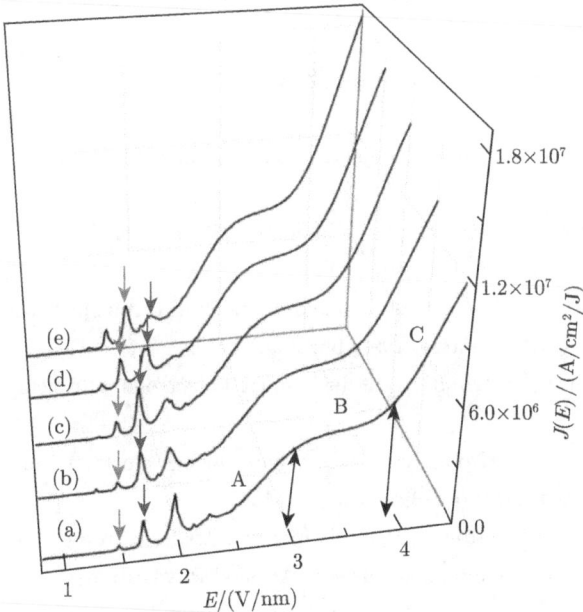

图 6.3.21 固定阱/垒界面带隙差值 ΔE_g 为 0.8 eV，调节 AlInGaN 组分对场发射特性 ($J\text{-}E$ 曲线) 的影响

(a) $Al_{0.35}In_{0.00}Ga_{0.65}N$; (b) $Al_{0.44}In_{0.07}Ga_{0.49}N$; (c) $Al_{0.54}In_{0.15}Ga_{0.31}N$;

(d) $Al_{0.64}In_{0.21}Ga_{0.15}N$; (e) $Al_{0.73}In_{0.27}Ga_{0.00}N$

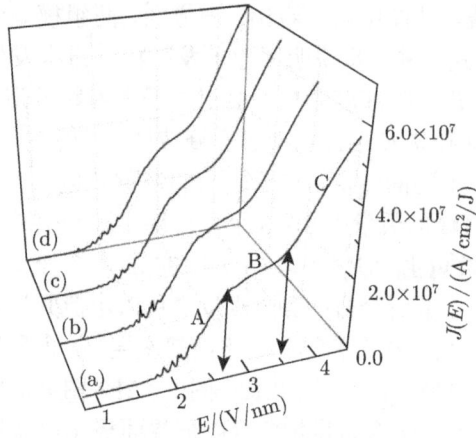

图 6.3.22　固定阱/垒界面带隙差值为 0.4 eV，调节 AlInGaN 组分对场发射特性 ($J\text{-}E$ 曲线) 的影响

(a) $Al_{0.19}In_{0.00}Ga_{0.81}N$；(b) $Al_{0.33}In_{0.10}Ga_{0.57}N$；(c) $Al_{0.50}In_{0.23}Ga_{0.27}N$；

(d) $Al_{0.67}In_{0.33}Ga_{0.00}N$

参 考 文 献

[1] Henderson J E, Dahlstrom R. The energy distribution in field emission. Physical Review, 1939, 55: 473.

[2] Swanson L, Crouser L. Anomalous total energy distribution for a tungsten field emitter. Physical Review Letters, 1966, 16: 389.

[3] Binh V T, Purcell S, Garcia N, et al. Field-emission electron spectroscopy of single-atom tips. Physical Review Letters, 1992, 69: 2527.

[4] Stratton R. Energy distributions of field emitted electrons. Physical Review, 1964, 135: A794.

[5] Geis M, Efremow N, Krohn K, et al. A new surface electron-emission mechanism in diamond cathodes. Nature, 1998, 393: 431-435.

[6] Groning O, Kuttel O, Groning P, et al. Field emitted electron energy distribution from nitrogen-containing diamondlike carbon. Applied Physics Letters, 1997, 71: 2253-2255.

[7] Chen J, Huang N, Liu X, et al. Analysis of the field-electron energy distribution from amorphous carbon-nitride films. Journal of Vacuum Science & Technology B, 2003, 21: 567-570.

[8] Collazo R, Schlesser R, Roskowski A, et al. Electron energy distribution during high-field transport in AlN. Journal of Applied Physics, 2003, 93: 2765-2771.

[9] McCarson B, Schlesser R, Sitar Z. Field emission energy distribution analysis of cubic-BN-coated Mo emitters: Nonlinear behavior. Journal of Applied Physics, 1998, 84:

3382-3385.

[10] Schlesser R, McCarson B, McClure M, et al. Field emission energy distribution analysis of wide-band-gap field emitters. Journal of Vacuum Science & Technology B, 1998, 16: 689-692.

[11] Schlesser R, McClure M, McCarson B, et al. Bias voltage dependent field-emission energy distribution analysis of wide band-gap field emitters. Journal of Applied Physics, 1997, 82: 5763-5772.

[12] Schlesser R, McClure M, Choi W, et al. Energy distribution of field emitted electrons from diamond coated molybdenum tips. Applied Physics Letters, 1997, 70: 1596-1598.

[13] Nagy D, Cutler P. Calculation of band-structure effects in field-emission tunneling from tungsten. Physical Review, 1969, 186: 651.

[14] Waters R, Van Zeghbroeck B. On field emission from a semiconducting substrate. Applied Physics Letters, 1999, 75: 2410-2412.

[15] Wang R Z, Yan X H. Resonant peak splitting for ballistic conductance in two-dimensional electron gas under electromagnetic modulation. Chinese Physics Letters, 2000, 17: 598.

[16] Wang R Z, Wang B, Wang H, et al. Band bending mechanism for field emission in wide-band gap semiconductors. Applied Physics Letters, 2002, 81: 2782-2784.

[17] Huang Z-H, Weimer M, Allen R E. Internal image potential in semiconductors: Effect on scanning tunneling microscopy. Physical Review B, 1993, 48: 15068.

[18] Binh V T, Purcell S, Garcia N. Vu Thien Binh et al. Reply. Physical Review Letters, 1993, 70: 2504.

[19] Chung M, Miskovsky N, Cutler P, et al. Band structure calculation of field emission from $Al_xGa_{1-x}N$ as a function of stoichiometry. Applied Physics Letters, 2000, 76: 1143-1145.

[20] Gundlach K H. Zur berechnung des tunnelstroms durch eine trapezförmige potentialstufe. Solid-State Electronics, 1966, 9: 949-957.

[21] Hickmott T, Solomon P, Fischer R, et al. Resonant fowler-nordheim tunneling in n-GaAs-undoped $Al_xGa_{1-x}As$-n^+ GaAs capacitors. Applied Physics Letters, 1984, 44: 90-92.

[22] Chen J R, Lee C H, Ko T S, et al. Effects of built-in polarization and carrier overflow on InGaN quantum-well lasers with electronic blocking layers. Journal of Lightwave Technology, 2008, 26: 329-337.

[23] Lee W, Kim M H, Zhu D, et al. Growth and characteristics of GaInN/GaInN multiple quantum well light-emitting diodes. Journal of Applied Physics, 2010, 107: 063102.

[24] Sakr S, Warde E, Tchernycheva M, et al. Origin of the electrical instabilities in GaN/AlGaN double-barrier structure. Applied Physics Letters, 2011, 99: 142103.

[25] Ishida A, Inoue Y, Fujiyasu H. Resonant-tunneling electron emitter in an AlN/GaN system. Applied Physics Letters, 2005, 86: 183102-183101-183102-183103.

[26] Smith A, Feenstra R, Greve D, et al. Reconstructions of the GaN (0001) surface. Physical Review Letters, 1997, 79: 3934.

[27] Wang F H, Krüger P, Pollmann J. Electronic structure of 1×1 GaN (0001) and GaN (0001) surfaces. Physical Review B, 2001, 64: 035305.

[28] Northrup J, Neugebauer J. Strong affinity of hydrogen for the GaN (000-1) surface: Implications for molecular beam epitaxy and metalorganic chemical vapor deposition. Applied Physics Letters, 2004, 85(85): 3429-3431.

[29] Gan C K, Srolovitz D J. First-principles study of wurtzite InN (0001) and (000T) surfaces. Physical Review B, 2006, 74: 115319.

[30] Huang D, Reshchikov M, Visconti P, et al. Comparative study of Ga-and N-polar GaN films grown on sapphire substrates by molecular beam epitaxy. Journal of Vacuum Science & Technology B, 2002, 20: 2256-2264.

[31] Lo I, Hsieh C H, Hsu Y C, et al. Self-assembled GaN hexagonal micropyramid and microdisk. Applied Physics Letters, 2009, 94(94): 062105-062105-3.

[32] Choi S, Kim T H, Wu P, et al. Band bending and adsorption/desorption kinetics on N-polar GaN surfaces. Journal of Vacuum Science & Technology B, 2009, 27: 107-112.

[33] Ambacher O, Majewski J, Miskys C, et al. Pyroelectric properties of Al (In) GaN/GaN hetero-and quantum well structures. Journal of Physics: Condensed Matter, 2002, 14: 3399.

[34] Vurgaftman I, Meyer J. Band parameters for nitrogen-containing semiconductors. Journal of Applied Physics, 2003, 94: 3675-3696.

[35] Glisson T, Hauser J, Littlejohn M, et al. Energy bandgap and lattice constant contours of III -V quaternary alloys. Journal of Electronic Materials, 1978, 7: 1-16.

[36] Renner F, Kiesel P, Döhler G, et al. Quantitative analysis of the polarization fields and absorption changes in InGaN/GaN quantum wells with electroabsorption spectroscopy. Applied Physics Letters, 2002, 81: 490-492.

[37] Chichibu S, Abare A, Minsky M, et al. Effective band gap inhomogeneity and piezoelectric field in InGaN/GaN multiquantum well structures. Applied Physics Letters, 1998, 73: 2006.

[38] Zhang H, Miller E, Yu E, et al. Measurement of polarization charge and conduction-band offset at $In_xGa_{1-x}N$/GaN heterojunction interfaces. Applied Physics Letters, 2004, 84: 4644-4646.

[39] Yamada T, Shikata S-i, Nebel C E. Resonant field emission from two-dimensional density of state on hydrogen-terminated intrinsic diamond. Journal of Applied Physics, 2010, 107: 013705.

[40] Tsang W, Henley S, Stolojan V, et al. Negative differential conductance observed in electron field emission from band gap modulated amorphous-carbon nanolayers. Applied Physics Letters, 2006, 89(19): 199-200.

[41] Johnson S, Zülicke U, Markwitz A. Universal characteristics of resonant-tunneling field emission from nanostructured surfaces. Journal of Applied Physics, 2007, 101: 123712.

[42] Foutz B E, O'Leary S K, Shur M S, et al. Transient electron transport in wurtzite GaN, InN, and AlN. Journal of Applied Physics, 1999, 85: 7727-7734.

[43] Foutz B, Eastman L, Bhapkar U, et al. Comparison of high field electron transport in GaN and GaAs. Applied Physics Letters, 1997, 70: 2849-2851.

第 7 章　结论与展望

自 1928 年 Fowler 与 Nordheim 提出金属场发射隧穿 F-N 模型以来 [1]，1962 年 Stratton 建立起了半导体场发射理论模型[2]。自此，场发射特性作为材料的一种典型的量子效应，作为新发现材料必须测试的一种基本物理属性，一直受到人们的关注与重视。而到 1995 年，CNT 首次被发现具有极为优异的场发射性能 [3]，引发了纳米场发射材料的研究热潮。从而基于场发射冷阴极研究真空微电子学逐步跨入了真空纳电子学研究范畴。本领域最负盛名的国际真空微电子会议 (INMC) 也因此从 2004 年开始正式改名为国际真空纳电子会议 (INVC)。真空纳电子学形成与发展也有其必然的原因：一方面，微电子技术的发展在宏观上已达极限，为纳米技术迅速发展为纳米结构材料场发射特性研究提供了可能；另一方面，纳米体系下场电子发射本身所表现出来的奇异的性质以及在其他各种领域的巨大潜在应用价值，必然受到重视。纳米半导体的场发射研究，首先发轫于具有基底场发射阈值电压的纳米金刚石纳米结构 [4]，并扩展其他一些宽带隙纳米半导体结构，其中近些年来研究最热门的纳米半导体当属 ZnO 纳米线结构 [5]。纳米氮化物半导体作为一种典型而具有重要应用价值的宽带半导体材料，其场发射特性也引起了人们研究的极大兴趣与热情。本书在综述已有的重要纳米半导体场发射研究成果的基础上，整理、归纳并重新诠释了我们研究小组自 2000 年以来，在纳米氮化物半导体场发射冷阴极理论与实验方面的一些重要研究进展。以下将本书的一些基本的重要观点进行总结阐述，并基于我们的研究进展与近年来纳米场发射领域发展现状，就实验与理论两方面的未来发展趋势与应用前景，进行分析展望。

7.1　纳米半导体场发射理论研究

金属场发射理论体系自 1928 年建立以来，一直未有大的突破与发展，而半导体场发射理论仅是基于金属场发射理论作了部分修正。自 1990 年以来，纳米材料的场发射引起了关注与重视，实验研究也开展得如火如荼，不断取得进展与突破。然而，理论研究一直停滞不前，对于实验结果的分析，一般都是基于金属场发射理论模型的 F-N 公式。基于此，选用典型的宽带半导体，氮化物半导体作为研究对象，从半导体的表面能带、结构效应、晶粒尺寸及其场发射能谱，较系统地研究了纳米半导体的场发射机制，主要的研究进展包括如下几方面。

7.1.1 宽带半导体场发射能带弯曲理论 [6]

实验表明, 宽带隙半导体一般具有较为优异的场发射特性, 但其理论机制却一直未能明晰。早期理论一般认为宽带半导体具有优异的场发射特性的原因是表面场增强机制及宽带半导体表面一般具有 NEA 特性。然而, 这些理论在解释场发射电子源方面却遇到了困难, 电子如何从价带顶跃迁大的带隙到导带底进行场发射呢? 一直没有相关理论进行合理的解释说明。基于此, 在强场作用下的半导体能带弯曲理论基础上, 以实验参数作为参考变量, 通过分析半导体近表面的空间电荷密度、载流子密度及表面势分布状态, 建立起宽带半导体场发射能带弯曲模型。

我们发现, 在强场作用下, 半导体表面的能带弯曲与带隙宽度呈线性关系, 最大带弯曲一般位于半导体与真空界面处。基于此, 提出一种宽带隙半导体场发射能带弯曲机制。研究结果表明, 对于宽带隙半导体优异的场发射特性, 应该归功于外加电场导致的强能带弯曲及其 NEA 的共同作用, 强能带弯曲提供发射电子源, 而 NEA 使电子易逸出表面势垒。我们的理论模型也取得了与实验一致的结果。

7.1.2 半导体纳米晶场发射增强机制 [7]

诸多实验表明, 纳米晶薄膜具有优异的场发射性能, 然而纳米晶薄膜场发射增强的机制一直不是很明晰。利用带隙大小与纳米晶尺寸的关系式, 我们给出了场发射隧穿电流与纳米晶尺寸之间的相互关系式, 以 BN 为例, 研究了半导体薄膜纳米晶场发射增强机制。小纳米晶粒宽带半导体薄膜将具有更为优异的场发射特性; 在不考虑纳米几何场增强情况, 半导体纳米场发射增强效应可能源于其 NEA 增强及带隙宽化后导致的强带弯曲。

7.1.3 半导体纳米薄膜场发射厚度效应 [8,9]

大量实验表明, 半导体纳米薄膜的场发射特性随着厚度改变发生显著的改变。通过经典场发射隧穿模型与第一原理计算, 系统地研究了半导体纳米薄膜场发射的厚度效应。结果表明: 对于单层纳米半导体薄膜的场发射, 存在厚度效应, 即仅当膜厚在某一适当范围之内时, 其场发射具有最佳性能。进一步地第一性原理计算分析发现, 随着薄膜厚度的变化, 表面功函数发生显著变化, 从而可导致场发射电流数量级的变化; 进一步分析其微观机理发现, 纳米半导体场发射厚度效应源于衬底效应诱导的表面电荷转移、界面电荷转移以及界面态的综合效应。

7.1.4 半导体量子结构场发射增强机制 [10]

纳米半导体的多层薄膜的量子共振场发射隧穿增强是场发射领域近 20 年来一个比较热门的研究领域, 无论在实验还是在理论上都发现了一些有意义的结果。基于相关实验与理论, 我们通过建立量子自洽场发射计算模型, 以 AlGaN 多层薄膜结构为研究对象, 系统研究了半导体量子结构场发射增强机制。

研究结果表明: 仅通过半导体量子结构调整, 就能大大增强场发射性能。这为场发射器件应用与研究提供了一种全新的思路。方法简单, 收益却将远胜于探索或者完善新材料来实现其场发射性能的提高。量子结构场发射增强效应主要来源于两方面: ①通过半导体量子结构的调整, 使近场发射表面形成量子阱实现发射电子大量积累, 进一步通过电子积累导致发射表面势垒的降低; ②通过量子结构调整近发射表面量子阱中的量子能级位置, 实现场发射量子共振隧穿增强场发射。

7.1.5   半导体场发射能量分布多峰机制 [11]

场发射能量分布 (FEED) 特性对于理解场发射本质特征及了解场发射材料的电子隧穿发射过程及其物理机制有着重要作用。如可以通过 FEED 确定场发射电子源发射位置。然而, 无论实验还是理论, 对半导体 FEED 的相关研究都非常缺乏。基于此, 以典型宽带半导体 BN 作为研究对象, 采用量子隧穿模型, 系统探索了半导体薄膜的 FEED 多峰特性。结果表明对于宽带隙的多峰 FEED 特性, 在某种特殊条件下是必然出现的, 半导体薄膜的 FEED 的特性应该来源于高场作用下电子隧穿表面势垒的共振峰。FEED 的多峰特征是与电场强度、掺杂能级及电子亲和势紧密相关的。随着电场强度的增加, 第二个 FEED 峰将逐渐增强, 且向低能区移动。随着掺杂浓度增加, FEED 的峰数将增加, 如果掺杂浓度足够高, 甚至超过两个峰而出现多峰现象。减小亲和势或者增大掺杂浓度, FEED 都将表现相似的行为。我们的理论模型也能很好地解释已有的实验结果。

7.1.6   多层纳米半导体薄膜量子隧穿场发射机制

多层纳米半导体薄膜由于其优异的场发射特性引起了人们重视, 但其理论机制尚不明晰, 缺乏系统深入的研究。以 AlGaInN 四元合金半导体及其多层纳米薄膜结构作为研究材料体系, 构造了一种新型多层量子势垒/阱结构场发射阴极模型, 系统研究了多层纳米半导体薄膜量子隧穿场发射机制, 初步建立起了纳米薄膜结构冷阴极场发射性能的定量预测模型, 为纳米薄膜内部及表面表征提供了一种可选的技术手段, 也为共振量子隧穿器件提供了新的设计思路与预测方案。结果表明: 通过多层纳米半导体薄膜的量子结构调控可实现其场发射性能显著改变, 并可极大地调制其场发射电子能谱峰位、峰形与峰强。在此基础上, 通过系统探索量子结构薄膜影响场发射的物理根源, 发现了纳米薄膜在不同场强下三种普适的场电子发射模式。

(1) F-NR 模式: 低电场情况下, 发射电子能量较低, 可以进行场电子隧穿发射的电子较少, 场电子发射主要表现为共振隧穿发射模式, 场发射电流表现出共振振荡峰特性。

(2) F-N 模式：随着场强变大，电子能量升高，可进行场电子隧穿发射数目增多，正常场电子发射数目远多于共振隧穿电子，电流振荡特性被湮没，表现出正常 F-N 场发射模型。由此电子将从 F-NR 模式转变为类似于传统薄膜场发射的在费米能级附近的电子发射模式，可用经典 F-N 公式描述。

(3) T-F 模式：当进一步增强电场时，由于表面真空势垒在电场作用下将会下降到费米能级附近，电子能量超过了表面势垒，将以热电子发射形式直接进入真空，所以透射几率大幅提高，且由于真空势垒对表面薄膜中电子的限制作用减弱，共振振荡模式完全湮没，电子发射表现为场发射与热发射混合模式。

7.2 纳米半导体场发射实验研究

自 2000 年以来，纳米半导体场发射实验研究开展作为纳米材料的基本属性之一，新发现的纳米材料与结构，一般都进行了场发射特性测试与分析。但就某种材料体系的场发射性能进行系统分析研究得较少。而我们主要围绕纳米氮化物半导体结构，在发展纳米半导体场发射理论基础上，并在所建立的理论模型指导下，开展了纳米半导体场发射材料制备及性能测试研究。通过场发射实验很好地解释了实验理论模型，并进一步拓展了场发射的新的机制模型。如在通过纳米 GaN 薄膜场发射实验研究中提出了极化诱导增强场发射机制，纳米 AlGaN 薄膜的场发射实验提出了混合相场发射增强模型等。在纳米半导体场发射实验研究上，主要有以下方面的进展。

7.2.1 纳米半导体薄膜场发射的厚度效应 [12]

采用 PLD 方法，选用 GaN 与 ZnO 等半导体材料，制备了不同厚度的场发射薄膜并进行了场发射测试分析。结果表明，随着薄膜厚度改变，场发射电流、阈值电压等场发射性能显著变化，实验结果取得了与理论模型一致的结果 [8]。通过厚度调制方法，我们制备出了场发射性能可与 CNT 等一维材料相比的场发射薄膜。当 GaN 纳米结构薄膜厚度在 40 nm 时具有 1.2 V/μm 的低阈值电场，且获得稳定的 40 mA/cm^2 的电流密度时仅需 2.7 V/μm 的场强。对于具有 [001] 极化取向结构六方纤锌矿晶体结构，我们也发现通过薄膜厚度调制，可通过内建电场的极化诱导增强并耦合纳米薄膜结构的量子结构共振隧穿输运，可实现场发射性能的极大增强。我们的研究结果提出了一种基于取向极化诱导增强的量子结构高性能场发射薄膜，为新型半导体纳米薄膜场发射器件奠定了良好的材料与结构基础。

7.2.2 纳米半导体场发射薄膜的晶体微结构调制增强 [13-15]

通过改变生长温度、气氛环境等工艺参数，对纳米氮化物半导体纳米薄膜的生长取向、晶体相、晶粒与晶筹等晶体微结构实现了良好调控，在此基础上，系统研究了纳米薄膜的晶体微结构对其场发射性能的影响，发现纳米半导体薄膜中的合适晶体微结构，是实现高性能纳米半导体场发射薄膜的关键因素。研究结果表明：可以通过薄膜内部晶体微结构调制增强晶界电子传导；可以通过晶体取向的改变实现有利于场发射的内建电场的建立；通过晶体相结构的调制实现表面功函数减小并提升发射电子供给的能力；从而通过晶体微结构综合调制实现场发射性能的极大增强。

7.2.3　纳米半导体量子结构增强场发射 [16,17]

采用 AlAs、GaAs 作为量子垒/阱结构制备出了纳米半导体场发射薄膜，通过量子势垒/阱结构调制，发现场发射性电流发生了数量级的改变，成功地验证了我们前期提出的量子结构增强发射的理论机制与模型 [10]。并在此基础上，进一步地提出量子结构增强场发射定量预测公式，并较完美地解释了实验结果。此外，制备了一系列不同薄膜层厚的 AlN/GaN 双层纳米结构场发射阴极，研究结果表明：AlN/GaN 量子结构场发射阴极和 AlN 及 GaN 单层纳米薄膜场发射阴极相比，场发射性能获得了显著的提高。AlN/GaN 量子结构阴极场发射性能的增强归因于量子势垒/阱结构诱导的场发射共振隧穿效应。实验结果也显示出 AlN/GaN 场发射阴极存在一个最优量子结构，进一步验证了我们前期提出的量子结构增强场发射理论模型 [10]。进一步制备了多层量子结构 AlGaN 纳米薄膜并探索了其场发射性能增强机制。场发射测试结果表明 GaN/AlN/GaN 多层薄膜结构场发射阴极相比 GaN 和 AlN 单层薄膜场发射性能得到显著提升。理论分析表明，GaN/AlN/GaN 多层纳米薄膜结构中的量子阱电子积累效应使其表面势垒高度显著下降，共振隧穿效应提高了电子的透过几率，从而使场发射性能极大提高。

7.2.4　量子结构耦合几何结构纳米半导体薄膜场发射 [18]

设计制备了具有量子共振隧穿特性和几何结构增强的 GaN/AlGaN/GaN 耦合结构场发射阴极并研究了其场发射增强特性。研究表明，场发射 J-E 曲线特性出现电流共振峰现象，该共振峰源于量子势垒/阱结构中分立亚能级所诱导的场发射共振隧穿效应。该结构获得了 1.1 V/μm 的低阈值电场，达到稳定的 5 mA/cm² 的电流密度时仅需 1.8 V/μm 的场强，其优异的场发射性能以及简单直接的制备方法使其适用于大电流、高功率真空微电子器件，成功实现了高性能真空微电子器件应用要求的薄膜型场发射阴极。

7.2.5　纳米半导体场发射薄膜的掺杂、表面修饰、基底与成分调制改性研究 [19-23]

通过对纳米半导体场发射薄膜进行掺杂与成分调制改性研究，表明合适浓度的 n 掺杂，可以提升其场发射性能。随着掺杂浓度增加，场发射电子浓度增强，从而导致场发射电流增大，但进一步增大掺杂浓度，杂质散射作用使得场发射电子隧穿几率增大，若杂质散射影响大于电子浓度增强的作用，将使得场发射性能降低，同样掺杂元素可能导致纳米材料的能级结构调整，从而影响其表面功函数而改变其场发射性能。而通过纳米半导体薄膜的气体表面修饰或等离子改性，将导致表面态改变，影响其表面功函数与表面电阻率，实现薄膜场发射性能的调控。通过纳米薄膜基底的选择，可以改变薄膜的应力状态并影响电子结构特性，实现纳米薄膜场发射性能的调制。我们的研究也发现：相对单相的 GaN 和 AlN 来说，成分调制的混合相纳米薄膜场发射性能有明显的提高，电流密度提高了 4 个数量级，开启电场也明显降低。在此基础上，我们提出了基于电子阶梯传输的场发射机制，场发射显著增强可能部分来自于其内部的高效电子的供给和电子在最优场发射能级中的有效积累。

7.2.6 氮化物纳米线的场发射性能研究 [24-26]

采用无毒无污染、工艺简单、制备成本低的 PEVCD 与 PLD 无氨法制备系列的氮化物纳米线，并研究了纳米线形貌结构对场发射性能的影响，通过低成本的绿色合成方法，我们成功制备出了长度超过 20 μm，直径 100 nm 左右的高结晶质量的 GaN 纳米线，该纳米线结构也具有良好的场发射性能。我们的研究为高性能氮化物纳米线场发射冷阴极器件的实现奠定了良好的实验基础。研究表明：

(1) 通过工艺参数调控，可极大地改变纳米线的形貌结构，从而显著地影响其场发射性能，合适结构形貌纳米线是实现高性能纳米线场发射器件的关键，结晶取向良好并具有合适的长径比的纳米线，一般具有良好的场发射特性。

(2) 通过实验工艺参数调整纳米线表面的氧吸附，改变纳米线表面成分将对纳米线发射性能产生的影响显著，当纳米线表面吸附氧的比例增加时，纳米线表面形成内建电场，纳米线的表面功函数增大，场发射性能降低；

(3) 为了在场发射过程防止因焦耳热效应导致纳米线熔断，需要制备出具有均匀结构电导率高的阈值电压的纳米线结构。

7.3 研究展望

场电子发射的研究源于 19 世纪 80 年代开始的热电子发射，为了探索低能耗且电子发射稳定的冷阴极电子源。20 世纪 20 年代，人们开始尝试用量子力学理论来解释场电子发射现象。自 1928 年 Fowler 与 Nordheim 提出基于金属场发射的 F-N 模型 [1] 以来，目前仍然被广泛引用来解释一些场发射实验结果。场发射理论早期进展主要包括半导体场发射理论 [2] 与考虑热电子发射的场发射理论 [27,28] 等。近年来场发射理论的一些进展主要还是针对 F-N 模型的完善与应用。场发射实验已经从早期的金属材料拓展到了半导体材料、有机材料[29]与铁电材料[30]等各类材料。尺度已从早期的薄膜或尖端型场发射阴极拓展到了纳米线、纳米管、纳米团簇[31]等各种低维结构体系，场发射材料导电基底也从普通的金属拓展了半导体及一些柔性导电基底[32]等。场发射材料的应用包括早期的冷阴极电子源、场发射显示器与微波器件等。近年来，场发射材料的一些新应用也被开发出来，如用于快速成像的 X-射线源[33]、航天飞船电荷中和剂[34]及平行电子束光刻源[35]等。基于目前场发射研究发展趋势，并从场发射研究目前存在的问题及应用技术瓶颈看，我们认为，纳米半导体场发射材料的研究可从以下方面进行考虑。

7.3.1   场发射理论

目前场发射理论模型主要是依据以下假设建立；①基于自由电子体系；②忽略表面态；③发射电子源于费米能级或导带底；④不考虑电子发射引起的表面势垒的变化；⑤量子能级效应往往被忽略。因此，要进一步发展纳米半导体场发射理论并尽可能取得与实验一致的结果，可以考虑从以下方面发展纳米半导体场发射理论。

1. 场发射基本理论模型的完善

在完善基本模型时，不仅要考虑半导体中电子为非自由电子的情况下，还要考虑如何建立起束缚电子的场发射理论模型，尤其在纳米体系情况下，纳米尺寸效应导致的电子能级量子化并可能使得电子表现出更多局域化特征，使得场发射过程变得更为复杂。因此，在量子力学框架范围内，如何建立起一个较为普适而有效的场发射基本模型，将是一个值得探索与需要大力发展的研究方向。

2. 数值模拟方法的拓展与完善

场发射理论由于应用体系改变，其发射过程变得复杂化而难以解析求出。尤其一些纳米半导体材料由于量子效应的存在，其场发射曲线已经不符合经典的 F-N 模型，如 F-N 曲线将不再是直线，可能表现出一些非线性特性。如何从基本的量子力学原理出发，尽量减少一些假设，例如，采用基于密度泛函理论的第一性原理方法，求解高场条件下纳米半导体的能带结构及电子分布，通过数值模拟的方法，探索纳米半导体场发射的真实物理过程。但是，目前第一性原理方法，都是基于基态结构并不考虑温度效应，与实际场电子发射尚存在不小差距。因此，如何拓展与完善一些先进的数值模拟方法，尽可能真实地模拟场发射物理过程，指导新型场发射材料设计开发与应用，也是值得大力发展与探索的研究课题。

7.3.2   场发射材料制备

1. 新型纳米结构半导体场发射材料

高性能、低成本的场发射阴极材料的制备是场发射冷阴极器件应用的前提。新型场发射材料的制备将由"随机生长"向"可控生长"发展，由"无序生长"向"有序生长"发展，由"简单体系"向"复合体系"发展。近年来，我们提出了量子结构增强场发射材料的思想，在此基础上，也进一步发展了取向极化诱导增强、量子结构与几何结构耦合增强与混合相增强半导体纳米材料，实现了薄膜场材料达到或超过一维材料的场发射性能，为低成本高性能的场发射器件奠定了良好的应用基础。如何进一步通过理论设计，利用传统的场发射材料，通过纳米半导体的结构设计，提升其场发射性能，从而极大地降低了场发射器件的研发成本，将是值得长期探索与发展的方向。此外，结合新材料的研发，如石墨烯等二维材料，并进一步通过结构优化设计，制备出具有优异场发性能的新型材料，也将是新型场发射材料研发制备的一个可行思路。

2. 纳米半导体场发射材料制备新方法探索

廉价低成本的化学方法所制备的场发射材料很难用于实际的场发射器件制作。最近我们尝试开展一些低成本绿色环保的 PECVD 方法，成功制备出了一些高性能的场发射材料，也为探索研发低成本高性能场发射器件提供了可借鉴的发展思路。因此，如何发展一些新的制备方法，采用短流程绿色环保的工艺路线，实现高质量大面积场发射材料均匀制备或生长，将是场发射器件大规模推广应用的关键，是纳米半导体场发射材料发展与器件应用的重要研究方向。

7.3.3 新型场发射冷阴极器件

1. 量子增强场发射器件

我们前期诸多研究成果已清晰地表明，采用合适量子结构的纳米半导体材料，可使场发射性能显著提升，即使采用薄膜结构，也能达到一维场发射材料的性能。因此，如何采用纳米半导体材料，实现新型量子增强发射器件，如高亮度荧光冷阴极电子源、高清显示器等，尤其是研制出 Si 基纳米电子半导体器件集成于量子增强场发射器件，会大大拓展场发射器件的应用领域，这将是一个非常有应用前景的发展方向。

2. 低维柔性场发射器件

目前可穿戴带电子器件的高速发展使得柔性器件研发成为当前热门研究方向。近年来，柔性场发射材料也引起了人们极大的热情与兴趣。但是，如何实现低维柔性场发射冷阴极器件却存在着诸多应用问题。如器件柔性化后，如何维持实现其场电子发射的真空环境、柔性器件中真空环境支撑结构在服役过程中如何保持力学特性及低维柔性场发射材料在使用过程中 (弯折等) 场发射性能稳定性等问题。因此，如何通过低维材料与结构设计实现高性能低维柔性场发射器件，并将其应用于可穿戴电子设备、柔性高清显示与高亮发光器件中，将是一个值得大力探索与发展的研究课题。

参 考 文 献

[1]   Fowler R H, Nordheim L. Electron emission in intense electric fields. Proceedings of the Royal Society of London Series a-Containing Papers of a Mathematical and Physical Character, 1928, 119(781): 173-181.

[2]   Stratton R. Theory of field emission from semiconductors. Physical Review, 1962, 125(1): 67-82.

[3]   Deheer W A, Chatelain A, Ugarte D. A carbon nanotube field-emission electron source. Science, 1995, 270(5239): 1179-1180.

[4]   Zhu W, Kochanski G P, Jin S. Low-field electron emission from undoped nanostructured diamond. Science, 1998, 282(5393): 1471-1473.

[5]   Lee C J, Lee T J, Lyu S C, et al. Field emission from well-aligned zinc oxide nanowires grown at low temperature. Appl. Phys. Lett., 2002, 81(19): 3648-3650.

[6]   Wang R Z, Wang B, Wang H, et al. Band bending mechanism for field emission in wide-band gap semiconductors. Appl. Phys. Lett., 2002, 81(15): 2782-2784.

[7]   Wang B, Wang R Z, Zhou H, et al. Field emission mechanism from nanocrystalline cubic boron nitride films. Microelectron. J., 2004, 35(4): 371-374.

[8]   Duan Z Q, Wang R Z, Yuan R Y, et al. Field emission mechanism from a single-layer ultra-thin semiconductor film cathode. J. Phys. D-Appl. Phys., 2007, 40(19): 5828-5832.

[9]   Zhao W, Wang R Z, Han S, et al. Field emission enhancement in semiconductor nanofilms by engineering the layer thickness: First-principles calculations. J. Phys. Chem. C, 2010, 114(26): 11584-11587.

[10] Wang R Z, Ding X M, Wang B, et al. Structural enhancement mechanism of field emission from multilayer semiconductor films. Phys. Rev. B, 2005, 72(12): 125310.

[11] Wang R Z, Ding X M, Xue K, et al. Multipeak characteristics of field emission energy distribution from semiconductors. Phys. Rev. B, 2004, 7060(19): 3352-3359.

[12] Zhao W, Wang R Z, Song X M, et al. Ultralow-threshold field emission from oriented nanostructured GaN films on Si substrate. Appl. Phys. Lett., 2010, 96(9): 092101-092101-3.

[13] Zhao W, Wang R Z, Song Z W, et al. Crystallization effects of nanocrystalline GaN films on field emission. J. Phys. Chem. C, 2013, 117(3): 1518-1523.

[14] Wang R Z, Zhou H, Song X M, et al. Effects of phase formation on electron field emission from BN films. J. Cryst. Growth, 2006, 291(1): 18-21.

[15] 王峰瀛, 王如志, 赵维, 等. 非晶氮化镓纳米超薄膜 PLD 制备及其场发射性能. 中国科学 (F 辑: 信息科学), 2009, 39(03): 378-382.

[16] Zhao W, Wang R, Wang F, et al. Field emission from nanostructured AlN/GaN films on Si substrate prepared by pulsed laser deposition. J. Nanosci. Nanotechnol., 2011, 11(12): 10817-10820.

[17] Wang R Z, Yan H, Wang B, et al. Field emission enhancement by the quantum structure in an ultrathin multilayer planar cold cathode. Appl. Phys. Lett., 2008, 92(14): 142102-142102-3.

[18] Zhao W, Wang R Z, Song X M, et al. Electron field emission enhanced by geometric and quantum effects from nanostructured AlGaN/GaN quantum wells. Appl. Phys. Lett., 2011, 98(15): 152110-152110-3.

[19] Song Z W, Wang R Z, Zhao W, et al. Enhanced field emission from GaN and AiN mixed-phase nanostructured film. J. Phys. Chem. C, 2012, 116(2): 1780-1783.

[20] Li J, Wang R Z, Lan W, et al. Enhancement of field emission properties in La-doped ZnO films prepared by magnetron sputtering. Chin. Phys. Lett., 2008, 25(7): 2657-2660.

[21] 王京, 王如志, 赵维, 等. 硅掺杂铝镓氮薄膜场发射性能研究. 物理学报, 2013, 62(01): 017702.

[22] 陈程程, 刘立英, 王如志, 等. 不同基底的 GaN 纳米薄膜制备及其场发射增强研究. 物理学报, 2013, 62(17): 177701.

[23] Chen C C, Wang R Z, Liu P, et al. Structural effects of field emission from GaN nanofilms on SiC substrates. J. Appl. Phys., 2014, 115(15): 153705-153705-7.

[24] Wang Y Q, Wang R Z, Li Y J, et al. From powder to nanowire: a simple and environmentally friendly strategy for optical and electrical GaN nanowire films. Crystengcomm, 2013, 15(8): 1626-1634.

[25] Wang Y Q, Wang R Z, Zhu M K, et al. Structure and surface effect of field emission from gallium nitride nanowires. Appl. Surf. Sci., 2013, 285(1): 115-120.

[26] Zhao J W, Zhang Y F, Li Y H, et al. A low cost, green method to synthesize GaN nanowires. Sci. Rep., 2015, 5: 17692.

[27] Padovani F A, Stratton R. Field and thermionic-field emission in schottky barriers. Solid-State Electronics, 1966, 9(7): 695-707.

[28] Murphy E L, Good R H. Thermionic emission, field emission, and the transition region. Physical Review, 1956, 102(6): 1464-1473.

[29] Kim B H, Kim M S, Park K T, et al. Characteristics and field emission of conducting poly (3,4-ethylenedioxythiophene) nanowires. Appl. Phys. Lett., 2003, 83(3): 539-541.

[30] Rosenman G, Rez I. Electron-emission from ferroelectric materials. J. Appl. Phys., 1993, 73(4): 1904-1908.

[31]   Satyanarayana B S, Robertson J, Milne W I. Low threshold field emission from nan-
        oclustered carbon grown by cathodic arc. J. Appl. Phys., 2000, 87(6): 3126-3131.

[32]   Chen S, Ying P, Wei G, et al. Flexible field emission cathode materials. Progress in
        Chemistry, 2015, 27(9): 1313-1323.

[33]   Lei W, Zhu Z, Liu C, et al. High-current field-emission of carbon nanotubes and its
        application as a fast-imaging X-ray source. Carbon, 2015, 94: 687-693.

[34]   Aplin K L, Kent B J, Song W, et al. Field emission performance of multiwalled carbon
        nanotubes for a low-power spacecraft neutraliser. Acta Astronautica, 2009, 64(9-10):
        875-881.

[35]   Milne W I, Teo K B K, Amaratunga G A J, et al. Carbon nanotubes as field emission
        sources. J. Mater. Chem., 2004, 14(6): 933-943.

彩　　图

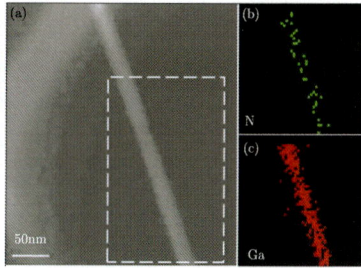

图 5.2.6　2#样品的元素扫描图

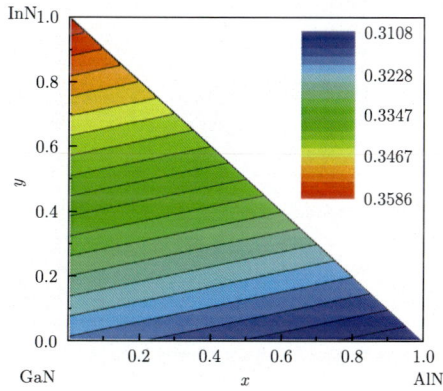

图 6.3.2　$Al_xIn_yGa_{1-x-y}N$ 四元氮化物晶格常数随组分变化的计算结果

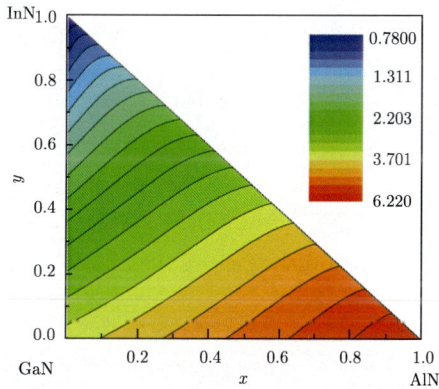

图 6.3.3　$Al_xIn_yGa_{1-x-y}N$ 四元氮化物带隙宽度随组分变化的计算结果

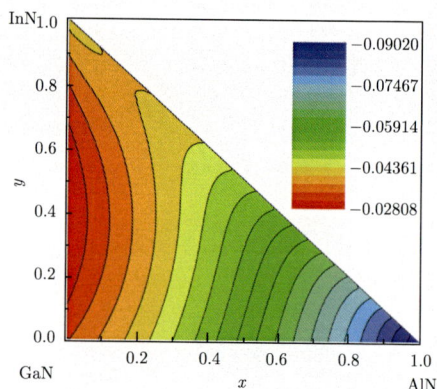

图 6.3.4 $\mathrm{Al}_x\mathrm{In}_y\mathrm{Ga}_{1-x-y}\mathrm{N}$ 四元氮化物自发极化随组分变化图

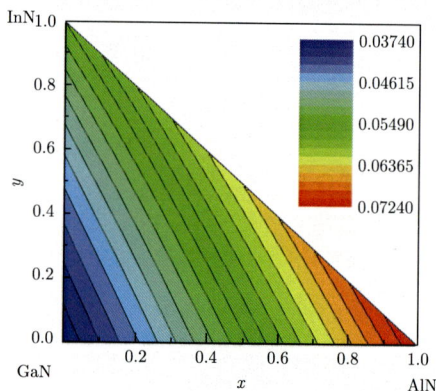

图 6.3.5 $\mathrm{Al}_x\mathrm{In}_y\mathrm{Ga}_{1-x-y}\mathrm{N}$ 四元氮化物压电常数随组分变化的计算结果

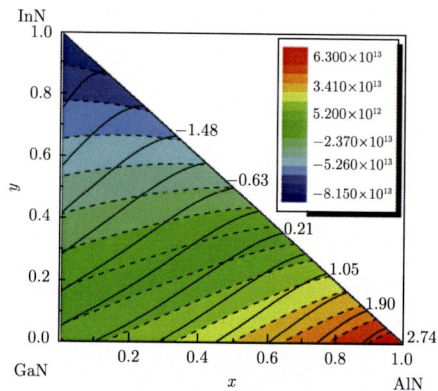

图 6.3.6 势垒/势阱 $(\mathrm{Al}_x\mathrm{In}_y\mathrm{Ga}_{1-x-y}\mathrm{N}/\mathrm{GaN})$ 界面极化电荷 C_p 及带隙差值 ΔE_g 随组分变化关系图

其中虚线为界面电荷等高线，实线为势垒/势阱带隙差值等高线